U0222710

中华文明历史长卷

李代广◎编著

人间有味是清欢

饮食卷

RENJIANYOUWEISHIQINGHUAN

YINSHI JUAN

中华饮食文化是中华文明的重要组成部分，在中国人的生活中占有重要地位，沉淀着中华民族在物质和精神上的追求。

北京工业大学出版社

图书在版编目（CIP）数据

人间有味是清欢：饮食卷 / 李代广编著 . —北京：
北京工业大学出版社，2013.1
（中华文明历史长卷）
ISBN 978-7-5639-3317-4

Ⅰ . ①人… Ⅱ . ①李… Ⅲ . ①饮食—文化—中国
Ⅳ . ① TS971

中国版本图书馆 CIP 数据核字（2012）第 276369 号

人间有味是清欢——饮食卷

编　　著：李代广

责任编辑：钱子亮

封面设计：宋双成

出版发行：北京工业大学出版社

　　　　　（北京市朝阳区平乐园 100 号 100124）

　　　　　010-67391722（传真）bgdcbs@sina.com

出 版 人：郝　勇

经销单位：全国各地新华书店

承印单位：三河市元兴印务有限公司

开　　本：787 mm×1092 mm　1/16

印　　张：25

字　　数：421 千字

版　　次：2013 年 1 月第 1 版

印　　次：2021 年 1 月第 2 次印刷

标准书号：ISBN 978-7-5639-3317-4

定　　价：58.80 元

总　　序

　　在世界文明的历史长河中，中华文明作为最浩浩荡荡的一条支脉，曾为世界注入过滚滚洪流。至少3000年以前，中华文明就已经开始对周边地区产生主导性的影响，带动周边广大地区逐渐走上高等文明之路。马克思关于"四大发明"对世界历史进程影响的论述，仍然是可以成立的："火药把骑士阶层炸得粉碎，指南针打开了世界市场并建立了殖民地，而印刷术则变成了新教的工具……"在这个文明中，读书写字被上升到审美的高度，于是汉字拥有了这世界上独一无二的头衔——书法艺术。在这个文明中，家不仅是安身立命的居所，也是寄情抒怀的天地，于是胸中丘壑化为园林楼台，虽由人作，宛自天开。在这个文明中，人们从艰难到从容地活在每一方水土之上，于是点土成金，向世界奉献了瓷器这朵绚烂的花……无数事实证明，中华文明在诸古代文明中堪称绝无仅有。

　　正因如此，我们精心编写了这套"中华文明历史长卷"丛书，它包括：《人间巧艺夺天工——发明创造卷》、《挥毫落纸如云烟——书法卷》、《淡墨挥毫暗生香——绘画卷》、《巧剜明月染春水——陶瓷卷》、《书卷多情似故人——经典名著卷》、《人间有味是清欢——饮食卷》、《今朝放歌须纵酒——酒文化卷》、《至精至好且不奢——手工艺卷》、《多少楼台烟雨中——古迹卷》、《一尘一刹一楼台——寺庙卷》、《自是林泉多蕴藉——园林卷》、《淡妆浓抹总相宜——山水卷》、《宫阙并随烟雾散——墓葬卷》、《龙章凤姿照鱼鸟——图腾卷》共十四卷。这些辉煌灿烂的古代文明让我们如数家珍，每个领域的每一项成就，如同人类文明天空中的璀璨明星，透射出中华民族耀眼夺目的卓越华魂。

　　作为炎黄子孙，传承并发扬这些文明成果，是我们光荣而神圣的历史使命。虽然有那一百年的备受欺凌，但我们用今天崭新的面貌告诉世界：我们的文明没有中断，智慧仍在传承，这个持续了五千年的古老文明依然具有强盛的生命力！

前　言

中华饮食文化是中华民族在长期的生产和生活实践中所积累的物质财富和精神财富，源远流长，博大精深。中华饮食文化包括"饮"与"食"两个方面。"饮"主要指各种酒和茶；"食"则是我国长期形成的以五谷为主食，蔬菜、肉类为副食的传统饮食。

俗话说"民以食为天"，足见"吃"在中国人生活中的重要地位。自先秦以来，历代不少古圣先贤都参与烹饪之道，使烹饪超越了做菜做饭的局限，从而升华到了一种思想、哲学的境界。

孙中山先生在《建国方略》中对中华饮食文化的博大精深和在人类文明中的地位作了非常深刻的阐述："单就饮食一道论之，中国之习尚，当超乎各国之上。此人生最重之事，而中国已无待于利诱胁迫，而能习之成自然，实为一大幸事，吾人当保守之而勿失，以世界人类之师导之。"他明确断言，中华饮食之道超乎各国之上，在这方面可以为"世界人类之师"。

由于中国幅员辽阔，地大物博，各地气候、物产、风俗习惯都存在着差异，长期以来，在饮食上也就形成了许多不同的风味。中国一直就有"南米北面"的说法，口味上有"南甜北咸东酸西辣"之分，主要是巴蜀、齐鲁、淮扬、粤闽四大风味。后来，浙、闽、湘、徽等地方菜也逐渐出名，形成了我国的"八大菜系"。中国"八大菜系"的烹调技艺各具风韵，其菜肴之特色也各有千秋。北方地区在菜式上以北京的涮羊肉和烤鸭、山东的鲁菜最为经典。南方的主食是米制食品，菜式则相对丰富，既有重辣味的川菜、湘菜，也有重甜鲜口味的淮扬菜和重海鲜汤品的粤菜。

中国的烹饪，不仅技术精湛，而且有讲究菜肴美感的传统，注意食物的色、香、味、形、器的协调一致。另外，中国烹饪很早就注重品味情趣，不仅对饭菜点心的色、香、味有严格的要求，而且对它们的命名、品尝的方式、进餐的节奏、娱乐的穿插等都有一定的要求。中国菜肴的名称也可以说出神入化、雅俗共赏。菜肴名称既有根据主、辅、调料及烹调方法命名的，也有根据历史掌故、神话传说、名人食趣、菜肴形象来命名的，如"狮子头"、"叫化鸡"、"龙凤呈祥"、"东坡肉"等。

春节吃饺子，端午节吃粽子，中秋节吃月饼……传统节日食俗积淀着中华民族文化中最深沉的精神追求，包含着中华民族最根本的精神基因和独特的精神标志，不仅为中华民族生生不息、发展壮大提供了丰富的养料，而且也为人类的文明进步作出了独特的贡献。

中国人的健康意识体现在"医食同源"的饮食理论中。由于深信食物有调养身体、治疗疾患的功效，中国人将许多可食用的植物因其具有预防和保健功能而被纳入家常菜谱；同时中华饮食讲求"食不厌精、脍不厌细"，非常注意菜量的调配、精工细作和荤素搭配，不论做菜做汤，均将各种营养成分作适当配比，以达到营养均衡的目的。

中国人的餐桌礼仪有其传统的规范，例如须坐着进食，男女老少同席须先让长者入席，吃菜用筷子夹着吃，喝汤一定要用汤匙盛着喝，吃饭时不许大声喧哗等。

本书对我国的饮食文化进行了深入的编撰整理。本书内容包括中华饮食文化探源、中华著名饮食思想、中华饮食的艺术倾向、中华饮食器物、中华酒文化、中华茶文化、中华民族麦文化、中华民族菽文化等诸多方面的知识，介绍了中华饮食厨艺的优良传统，有助于读者陶冶情操，开阔视野，激发对中华民族的热爱之情。

限于学识，本书难免有不足之处，敬请读者批评指正。

目　　录

目
录

人间有味是清欢——饮食卷

中华饮食文化探源

中华饮食文化起源

【有巢氏茹毛饮血】

有巢氏时人们不懂得人工取火和熟食，饮食状况是茹毛饮血。

【燧人氏教民熟食】

燧人氏钻木取火，从此之后人们开始熟食。

【伏羲氏首创烹饪】

伏羲氏结网罟以教畋渔，养牺牲以充庖厨。

【神农氏发掘草蔬】

神农氏"耕而陶"，是中国农业的开创者，他尝百草，开创古医药学，发明耒耜，教民稼穑。

陶具让人类首次拥有了炊具和容器，为制作发酵性食品提供了可能，像酒、醢、醯（醋）、酪、酢、醴等。

【黄帝兴灶作炊】

黄帝时中华民族的饮食情况又出现了改善。黄帝作灶，始为灶神，集中火力节省燃料，使食物速熟。

灶具的广泛应用是在秦汉时期，当时的主要灶具是釜，高脚灶具渐渐退出历史舞台。"蒸谷为饮，烹谷为粥"，人们第一次因烹调方法区别食品。，蒸锅发明了，叫做甑。蒸盐业是黄帝臣子宿沙氏发明的，从此人们不但懂得了烹还懂得了调，有益人的健康。

【后稷教民稼穑】

后稷是周族的始祖，相传他是由帝喾的元妃姜嫄"履神人足迹"所生，可是他生下来却非常的不幸。帝喾认为，踏神人足迹受孕而生的孩子必定不祥，于是下令让人将他从他母亲怀里夺下来，抛弃在狭窄的小路上，想让过路的牛羊将他踏死，但过路的牛羊看见这孩子都绕着走过去了。人们又将他丢弃在寒冰上，想把他冻死，可是马上从天上飞来两只彩鸟，用羽翼将他保护了起来。姜嫄听说后，感到很神奇，便又命人把他抱回来抚养，由于他几经抛弃，故取名为"弃"。

弃幼年就喜欢作春种秋收的游戏，而且还悟出了很多种耕作的道理。弃长大成人后，立志于农业技术的研究推广，教人们耕田稼穑。那时候的人们主要靠狩猎和采集为生，经常由于食物不足而忍饥挨饿，他们看到弃的农业成果，都很敬服地向他学习。后来帝尧听到他的名声，还专门聘请他作农师，指导农艺，因此人们尊称他为"后稷"。

【尧制石饼创面食】

人类最早制作面食的历史，可以从尧制作石饼的传说里寻找到些许痕迹。尧时，人类吃五谷还是和树叶一同煮着吃或烤着吃，还没有像如今的面食一样的食物。著名的"黎霍之羹"，记载着这位古代帝王的简朴与勤勉。有一次，尧帝收获的五谷被倒塌的墙压坏了，有的破碎，有的变成了碎粉，又赶上一场大雨，将重压后的五谷变成了浆。依照当时的习惯，五谷只用树叶裹上煮着吃，如今五谷既破碎又被雨淋了，应该扔掉。但是十分俭朴的尧，用手一把一把地将谷浆捧到光滑的石板上，想用太阳将它晒干后收藏。谁知雨后太阳如火，烤得石头发烫，石板上的谷浆逐渐变干变黄，并散发出奇异的香味。尧拿起一块放进嘴里嚼，味道很好。于是，尧叫来百姓，教他们用石头砸碎五谷，然后再用水和成浆，薄薄地铺到青石板上，并在青石板下点燃木柴，用石板将谷浆烤熟后食用。这就代表着石烹时代的开始。

这种用石制饼的做法，经过了几千年的岁月沧桑，流传至今。如今尧都临汾与运城一带，人们将这种石制饼称为尧王饼或石子馍。现在的尧王饼，用细面制成，有的还会加上些花椒叶、盐糖和蛋糊，其香脆远非尧时代的石饼可比，可是这种食品的制作方法，仍然将人们带回了那远古的石烹时代，体验尧时中华先祖们的饮食文明。

【彭祖饮食养生】

彭祖叫篯铿，是颛顼帝三玄孙，轩辕黄帝的第八代传人，由"制羹献尧"而受封于大彭。据传说他八百岁时不知去向，故后人称"彭祖"。由于他首创"雉羹"治好尧帝厌食症而名传于世，被尊称为"厨行的祖师爷"。他"善导引行气"，开创了我国气功练身之始，以"延年益寿"而闻名于世，并以"导引、烹饪、养生"而被后代世人所敬仰。

据《汉书·古今人表》记载，陆终生六子："一曰昆吾，二曰参胡，三曰彭祖……"《神仙传》有云："善导引行气，尧时封于大彭，至殷末，年七百六十七岁而不衰。"刘向所著的《列仙传》也云：彭祖自尧时举用，历夏朝，曾经受封于大彭。传说周穆王曾请他做大夫，因为不愿做官，八百岁而不知去向。屈原的《天问》也有云："彭铿斟雉帝何飨，受寿永多夫何久长。"这些记载和传说，尽管不足为凭，但他是春秋战国前寿命最长的人却是众所周知的，这与彭祖的养神治气（今之气功）、食物养生是分不开的。

有关烹饪的文字记载，最早的是彭祖的"雉羹"。《中国烹饪史略》里说他是中国首位厨师，是厨师的祖师爷，这绝非夸张，他在食物养生方面的传统经验，恐怕后人所知甚少。关于食物养生的历史，与烹饪一样，大概要追溯到彭祖时代了。庄子《逍遥游》中有云："上古有大椿者，以八千岁为春，以八千为秋，而彭祖乃今以久特闻。"《刻意篇》也有云："吹嘘呼吸，吐故纳新，熊经鸟申，为寿命已矣。此导引之士，养形之人，彭祖寿考者之所好也。"《列仙传》中有记载："彭祖善和滋味，好恬静，唯以养神，治生为事，并服广角、水晶、云母粉，常有少客。"表明了彭祖不但懂得饮食保健，而且尤善于导引。下面我们来看一看"雉羹"。

"雉羹"乃是以野鸡煮烂，与稷米同熬而成的一种汤羹类食物，具有鲜香醇厚、易消化等特点，因为源自于上古，故又有"天下第一羹"之美称。《扈从赐游记》中记载：清朝皇帝每年"秋狝大典"，都要在澹泊城殿特赐予王公大臣"野鸡汤"

一器，这是因为野鸡汤乃古代圣君唐尧食用过的，王公大臣均以能品尝到皇帝所赐的野鸡汤为荣。《本草纲目》中说稷米有"益气、补不足，作饭食，安中利胃宜脾，凉血解毒"之作用，雉具有"补中、益气力、止泻痢、除蚁瘘"等作用。两者合二为一，对人体的功效可见一斑。

徐州诗词协会主席辛洁老人曾为赞颂"麋角鸡"菜品而题有"天姻青崖谪仙侣，清风明月友坡公。童颜鹤发人常在，枫上凤凰角内茸"一诗。"麋角鸡"是彭祖食疗菜品之一，是取麋鹿头上的角，与母鸡同炖而制成。《本草纲目》有云"麋茸功力胜鹿茸"，并言其具有"治风痹、止血、益气力、补虚劳、添精益髓、益血脉、暖腰膝、壮阳悦色、疗风气、偏治丈夫"之疗效。彭祖之食疗经验，被历代所承认，也被现代科学所证实，所以，他的食疗菜品也能流传至今。

我们来再看一看另一食疗养生菜品"云母羹"。古诗有云："水晶麋角云母粉，钱铿服食享遐龄。此乃食疗胜药物，煌煌寿城望可登。"云母是云母族矿物的总称，工业用途非常广，但彭祖选用云母作为食养原料，可谓与众不同，说明彭祖对云母的食性有一定的经验。《本草纲目》记载，云母具有"治身皮死肌、中风寒热、除邪气、安五脏、益子精、明目、久服轻身延年，下气坚肌，续绝补中，永五劳七伤，虚损少气、止痢，久服悦泽不老，耐寒暑"等功效。还说"久服云母"可以"颜色日少，长生神仙"。由此可见云母对延年益寿有一定的功效。除上述几种之外，还有"水晶饼"、"乌鸡炖薏"等食养菜品。这些菜品对养生延年的疗效，也都同样受到了后人的重视。

彭祖养生延年的经验，后被历代名人所重视，而且沿袭其法。孔子就非常仰慕彭祖，他在《论语》的《过而》篇中说："述而不作，信而好古，窃比于老彭。"除此之外，荀子的《修身篇》中也说："以治气养生，则后彭祖。"老子的著作中也多有记载。据说春秋战国时期齐国的易牙，非常崇拜彭祖的烹调技艺，曾经三次到彭城学习烹饪技艺，后对其食养有所创新，创出了"易牙五味鸡"等食疗菜款。后人有诗云："巫雍善味祖彭铿，三访求师古彭城。九会靖侯任司庖，八盘五簋宴王公。"据说乾隆皇帝与纪晓岚下江南途经徐州时，在"易牙居菜馆"吃了这道菜后赞赏不绝，并题文作对。乾隆题上联"一溪乌鸡，鸡羹传世"，纪晓岚对下联"竹金戈钱，锳铿调鼎"。唐代诗人皇甫冉也曾经为彭祖题诗云："闻道延年如玉液，欲将调鼎献明方"。

因为彭祖是古代公认的最早的寿星，所以，后人的长寿著作，为了广为流传，有的便托名为彭祖所著，如《彭祖养性经》、《彭祖摄生养性论》、《彭祖养性备急方》等。由此可见，彭祖和中国传统的食疗是有一定关系的，也可以认为，是彭祖开创了中国食养的先河。

【伊尹精研美食】

中国提出"五味调和"学说的第一人是伊尹。伊尹（约公元前1630—前1550年），商代著名思想家、政治家、军事家、元圣（第一个圣人），我国历史上第一位贤能相国、帝王之师、中华厨祖。

有史料记载，伊尹幼年时寄养在庖人之家，得以学习烹饪之术，长大之后成为精通烹饪的大师，并且因烹饪而通治国之道，说商汤以至味，成为商汤心目中的智者、贤者，被任用为相，影响很大。

以伊尹来比喻技艺高超的厨师的词语有很多，如枚乘《七发》中的"伊尹煎熬"，梁昭明太子《七契》中的"伊公调和"，《史记》中"伊尹负鼎"，《汉书》中的"伊尹善割烹"等。《鹖冠子·世兵篇》也有"伊尹酒保"的记载，说明伊尹曾经在餐馆干过。伊尹不但有烹饪理论，而且还有烹饪实践。他去见商汤时曾经烹调了一份鹄鸟之羹，很受青睐。《吕氏春秋·本味篇》中记载伊了尹与商汤的一段关于治国和烹饪的精彩对话。伊尹说："凡味之本，水最为始。五味三材，九沸九变，火为之纪。时疾时徐，灭腥去臊除膻，必以其胜，无失其理。调和之事，必以甘、酸、苦、辛、咸。先后多少，其齐甚微，皆有自起。鼎中之变，精妙微纤，口弗能言，志不能喻。若射御之微，阴阳之化，四时之数。故久而不弊，熟而不烂，甘而不浓，酸而不酷，咸而不减，辛而不烈，淡而不薄，肥而不腻。"由此能够看出其烹饪理论水平之高。在这里，尽管伊尹是借烹饪之事而言治国之道，可是如果没有对烹饪理论的深入研究和对烹饪实践的深刻感受，是不可能说得那么在行、那么精辟的。

伊尹指出，烹调美味，首先要掌握原料的自然性质，烹饪的用火要适度，不得违背用火的道理。调味之事是非常微妙的，要格外用心去掌握体会，烹饪的全过程集中于鼎中的变化，而鼎中的变化更是精妙而细微，用语言很难表达，心中有数也更应去悉心领悟，通过精心烹饪而制成的美味之品，要达到"久而不弊，熟而不烂，甘而不浓，酸而不酷，咸而不减，辛而不烈，淡而不薄，肥而不腻"的高水准。在我国几千年烹饪技术发展的长河中，曾经出现不少技艺高超的名人，如帝尧时代的筱铿、周代的太公吕望、春秋时代的易牙等。他们全都各有特长，而且在烹饪技术的发展中都起了极大的推动作用。可是伊尹在烹调技术及其烹饪理论等方面皆远远胜于他们，成为中国的"烹饪之圣"。

中华饮食文化的形成和丰富

【周秦时期：中国饮食文化的形成时期】

周秦时期是中国饮食文化的形成时期，以谷物蔬菜为主食。春秋战国时期，人们自产的谷物菜蔬大致都有了，可是结构与现在不一样，当时旱田作物主要有以下几种。稷即小米，也叫做谷子，长时期占主导地位，为五谷之长，好的稷叫粱也叫黄粱。黍，是大黄黏米，仅次于稷，也叫做粟，是脱粒的黍。麦，即大麦。菽，是豆类，当时主要是黄豆、黑豆。麻，就是麻子，也叫苴。菽和麻都是百姓穷人吃的。南方还有稻，古时候的稻是糯米，普通稻叫粳秫，周以后中原才开始引种稻子，是细粮，比较珍贵。菰米，是一种水生植物茭白的种子，为黑色，称雕胡饭，特别香滑，和碎瓷片一起放到皮袋里揉来进行脱粒。

【汉代：中国饮食文化的丰富时期】

汉代是中国饮食文化的丰富时期。这主要归功于汉代中西（西域）饮食文化的交流，当时引进了石榴、芝麻、葡萄、胡桃（即核桃）、西瓜、甜瓜、黄瓜、菠菜、胡萝卜、茴香、芹菜、胡豆、扁豆、苜蓿（主要用于马粮）、莴笋、大葱、大蒜等，同时还传入一些烹调方法，如炸油饼，而胡饼就是芝麻烧饼。淮南王刘安发明了豆腐，使豆类的营养得到吸收，物美价廉，还能做出许多种菜肴，1960 年河南密县发现的汉墓中的大画像石上就有豆腐作坊的石刻。东汉时期还发明了植物油。在此以前人们一直都是用动物油，叫脂膏，带角的动物的油叫脂，无角的如犬等的油，叫膏。脂比较硬，膏相对较稀软。植物油有杏仁油、奈实油、麻油，可是很稀少，南北朝以后植物油的品种逐渐增加，价格也便宜很多。

人间有味是清欢——饮食卷

中华饮食文化的高峰

【唐代饮食】

唐宋时期是我国饮食文化的高峰时期。唐代外来饮食最多的是"胡食"。"胡食"源自于汉代人对从西域传入的食品的一种说法。胡食在汉魏时期通过丝绸之路传入中国之后，至唐最盛。《新唐书·舆服志》中有云："贵人御馔，尽供胡食。"唐代的胡食品种非常多，面食有馎饦、毕罗、胡饼等。

馎饦是以油煎的面饼，慧琳《一切经音义》里说："此饼本是胡食，中国效之，微有改变，所以近代亦有此名。"

毕罗一语出自于波斯语，通常认为它是指一种以面粉作皮、包有馅、经蒸或烤制而成的食品。唐代长安有很多经营毕罗的食品店，有蟹黄毕罗、猪肝毕罗、羊肾毕罗等。

胡饼就是芝麻烧饼，中间夹以肉馅。卖胡饼的店摊非常普遍，据《资治通鉴·玄宗纪》中记载，安史之乱，唐玄宗西逃至咸阳集贤宫时，正当中午，"上犹未食，杨国忠自市胡饼以献"。

西域的名酒和其制作方法也是在唐代传入中国的。据《册府元龟》卷九百七十记载，唐初就已经把高昌的马奶葡萄及其酿酒法引入到了长安，唐太宗亲自监制，酿制出八种颜色的葡萄酒，"芳辛酷烈，味兼缇盎，既颁赐群臣，京师始识其味"，并由此出现了很多歌咏葡萄酒的唐诗。

唐代还从西域引入了蔗糖及制糖工艺，使得中国古时候的饮食又平添了几分甜蜜，其意义不亚于葡萄酒酿法的引进。

唐朝与域外饮食文化的交流，一时间激起了巨大波澜，当时在长安和洛阳等都市里，人们的物质生活都有一种崇尚西域的风气。饮食风味、服饰装束全部都以西域各国为美，崇外成为一股很大的潮流。那时候的长安，胡人开的酒店也较多，并伴有花枝招展的胡姬相陪，李白等文人学士经常出入这些酒店，唐诗中有很多诗篇都提到这些酒店和胡姬。胡人酒家与胡姬已成为唐代饮食文化的一个很重要的特征。域外文化使者们带来的各地饮食文化，如同一股股清流，汇入了大唐饮食文化

中华饮食文化探源

7

的海洋，正因为这样，唐代的饮食文化才能表现出比过去任何一个历史时期都要绚丽的色彩。

在汉唐时期，因为胡汉民族长时期的杂处错居，在饮食生活中彼此学习、彼此吸收，并最终趋于融合，使中国传统的饮食文化变得更加丰富多彩。与此同时，胡汉民族的饮食文化交流与融合也并非简单地照搬过程，而是结合了本民族的饮食特点对外来的饮食文化加以改造使之更加适合于本民族。汉族在接受胡族饮食时，往往渗入了汉族饮食文化的因素，如羊盘肠，取米、面作配料作糁，用姜、桂、橘皮作香料去掉膻腥以适合汉人的口味。而汉人饮食在胡人那里也被改变了本来的面目，如北魏鲜卑等民族嗜食环饼等汉族食品，为了适应本民族的饮食习惯而用牛奶、羊奶和面，粉饼也要加到酪浆里面才肯食用。从这里能够看出，虽然胡汉民族在饮食原料的使用上都在互相融合，可是在制作方法上还是考虑到了本民族的饮食特点。这种吸收与改造对唐代及其后世的饮食文化产生了很大的影响，使其在继承发展的基础上最终建立了包罗众多民族特点的中华饮食文化体系。

【宋代饮食】

宋代是我国历史上经济发展比较快的一个时期。经济的发展，令宋代食品业有了很大的进步。宋代饮食颇具特色，同过去相比，宋代百姓的饮食结构有了较大的改变，素食成分增多，素食的艺术成分更加明显，式样也更多了。在宋代的大中城市里，食品行业的竞争已经非常激烈，市民食谱愈发多样化。

1. 宋代饮食结构与特色

（1）主食。在宋代，饼作为一种主食，是百姓餐桌上无法缺少的一部分。宋代的饼并不像如今仅指通过烧烤加工而成的一种圆形食品。当时凡是用面粉做成的食品都可叫饼。烤制而成的叫烧饼，与我们今天的差不多。水瀹而成的称为汤饼。在笼中蒸成的馒头叫笼饼。《水浒传》里的武大郎在街头叫卖时所叫喊的"炊饼"，指的就是馒头。

宋代面食兴旺。北宋的郑文宝，书法和诗文都在当时颇负盛名，他创制的云英面，很受士人青睐。制作方法是把藕、莲、菱、芋、鸡头、荸荠与百合混在一起，再配以瘦肉烂蒸，然后以风吹凉，在石臼中捣细，再加入四川的糖和蜜蒸熟，然后再入白中捣，使糖、蜜和各种原料拌均匀，接着取出揉作一团，待冷了变硬，再用刀切着吃。云英面颇受士人欢迎，后被收入宋代食谱。

稻和粟主要用来煮饭和熬粥。临安一带的粥品有七宝素粥、五味肉粥、粟米粥、糖豆粥、糖粥、糕粥等。宋代南北方都有喝腊八粥的风俗，开封叫做七宝五味粥，临安叫做五味粥。腊月二十五，"士庶家煮赤豆粥祀食神，名曰人口粥"。范成大诗中描述苏州一带的习俗，"家家腊月二十五，渐米如珠和豆煮"，"镂姜屑桂浇蔗糖，滑甘无比胜黄粱"。北方食用的豌豆大麦粥、豌豆大枣粥之类，后者应该是小米粥。糯米食品还有栗粽、糍糕、豆团、麻团、汤团、水团、糖糕、蜜糕、栗糕、乳糕等。蓬糕是用"采白蓬嫩者，熟煮，细捣，和米粉，加以白糖饴，蒸熟"制作而成。水团是"秫粉包糖，香汤浴之"。粉糍是"粉米蒸成，加糖曰饴"。宋代还有米面，当时称为米缆或米线，谢枋得有诗描述"米线"，"翕张化瑶线，弦直又可弯。汤镬海沸腾"，"有味胜汤饼"。粽子又一名"角黍"，宋代"市俗置米于新竹筒中，蒸食之"，叫做"装筒"或"筒粽"，其中加枣、栗、胡桃等类，端午节时食用。这种风俗流传至今。

宋代市民有早晨喝一种叫煎点汤茶药的习惯。煎点汤茶药是用茶叶和绿豆、麝香等原料加工制成，好似煎药。在五更的早市上，煎点汤茶药的叫卖声络绎不绝，蔚为壮观。

（2）蔬菜。蔬菜在宋人饮食中占有至关重要的地位，人称"蔬亚于谷"。宋时的蔬菜品种已经非常丰富。当时在两浙路的临安府，蔬菜品种有苔心、矮黄、大白头、小白头、黄芽、芥、生菜、波棱（菠菜）、莴苣、姜、葱、薤、韭、大蒜、小蒜、茄、梢瓜、黄瓜、冬瓜、葫芦、瓠、芋、山药、牛蒡、萝卜、甘露子、茭白、蕨、芹、菌等。在江南东路的徽州，蔬菜品种包括芥、芹（包括竹芹、水芹）、蒜、葱、姜、韭、胡荽、芸薹、苜蓿、波棱（菠菜）、芦菔、百合、芋、牛蒡、茭首（茭白）、菌、笋、枸杞、蒿、苦蕒、马兰、荠、苋、藜、蕨、瓠等。在福建路的福州，蔬菜品种包括菘、芥、乌葵、白豆、莴苣、芸薹、雍菜、水靳、菠、苦、东风菜、茄、苋、胡荽、茼蒿、蕨、姜、葱、韭、薤、葫、冬瓜、瓠、白蘘荷、紫苏、香芹子、陈紫菜、鹿角菜、芋、枸杞等。很多蔬菜也有不同品种，根据《菌谱》记载，菌类包括合蕈、稠膏蕈、栗壳蕈、松蕈、竹蕈、麦蕈、玉蕈、黄蕈、紫蕈、四季蕈、鹅膏蕈等名品。

宋人沿用和发展了以往的腌渍等加工技术。如开封夜市中有人出售辣脚子姜、辣萝卜、梅子姜、莴苣、笋、辣瓜儿等。临安市中有人出售姜油多、薤花茄儿、辣瓜儿、倭菜、藕、冬瓜、笋、茭白、糟琼枝、莼菜笋、糟黄芽、糟瓜齑、淡盐齑、醋姜、脂麻辣菜、拌生菜、诸般糟腌、盐芥等。

素食的发展自然与佛教有关，"士人多就禅刹素食"。当时有一仲殊长老，"所食皆蜜也，豆腐、面筋、牛乳之类，皆渍蜜食之，客多不能下箸"，只有苏轼"性亦酷嗜蜜，能与之共饱"。

（3）肉类和水产。宋人的肉食中，北方比较突出的是羊。北宋时期，皇宫有"御厨止用羊肉"，原则上"不登彘肉"。陕西冯翊县出产的羊肉，那时称作"膏嫩第一"。宋真宗时期，"御厨岁费羊数万口"，即"市于陕西"。大概在宋仁宗、宋英宗时期，宋朝又从"河北榷场买契丹羊数万"。宋神宗时期，一年御厨支出是"羊肉四十三万四千四百六十三斤四两，常支羊羔儿一十九口，猪肉四千一百三十一斤"，由此可见猪肉的比例很小。宋哲宗时期，高太后听政，"御厨进羊及羔儿肉，下旨不得以羊羔为膳"。看来羊羔肉更加珍贵。即便到了南宋孝宗时，皇后"中宫内膳，日供一羊"。南宋时期，产羊明显不多，"吴中羊价绝高，肉一斤为钱九百"。曾经有人写打油诗说："平江九百一斤羊，俸薄如何敢买尝。只把鱼虾充两膳，肚皮今作小池塘。"

仅次于羊肉的，自然是猪肉。开封城外"民间所宰猪"，一般从南薰门入城，"每日至晚，每群万数，止数十人驱逐"。当地有"杀猪羊作坊，每人担猪羊及车子上市，动即百数"。临安有"城内外，肉铺不知其几"，"悬挂成边猪"，"各铺日卖数十边"。还有"修义坊，名曰肉市，巷内两街，皆是屠宰之家，每日不下宰数百口"，用来供应饮食店和摊贩。由此可见这两大城市的猪肉消费量之大。

在宋代农业社会中，牛是重要的生产力。官府屡次下令，严禁宰杀耕牛。

鸡、鸭、鹅等家禽，还有兔肉、野味之类，也在宋代的肉食中占有一定比例。在当时的经济技术基础上，江河湖海中的水产品是取之不尽、用之不竭的。开封市场中出售有盘兔、野鸭肉、鹑、鸠、鸽、螃蟹、蛤蜊之类。饮食店中出售的菜肴有新法鹌子羹、虾蕈羹、鹅鸭签、鸡签、炒兔、葱泼兔、煎鹌子、炒蛤蜊、炒蟹、洗手蟹、姜虾、酒蟹等。

宋代对肉类和水产的各种腌、腊、糟等加工也发展得很好。

（4）果品。宋时果品的数量、质量和品种都十分丰富。北宋西京洛阳的桃分为冬桃、蟠桃、胭脂桃等 30 种，杏分为金杏、银杏、水杏等 16 种，梨分为水梨、红梨、雨梨等 27 种，李分为御李、操李、麝香李等 27 种，樱桃分为紫樱桃、腊樱桃等 11 种，石榴包括千叶石榴、粉红石榴等 9 种，林檎包括蜜林檎、花红林檎等 6 种。在南方沿海的台州，水果品种还有梅、李、杏、梨、莲、安石榴、枇杷、橘、金柑、橙、朱栾、柚、杨梅、樱桃、林檎、葡萄、栗、榛、椎、银杏、枣、柿、杨桃、瓜、木瓜、榧、菱、芡、荸荠、藕、甘蔗、葛等。福州出产的果品包括荔枝、龙眼、橄榄、柑橘、橙子、香橼子、杨梅、枇杷、甘蔗、蕉、枣、栗、葡萄、莲、鸡头米、芰、樱、木瓜、瓜、柿、杏、石榴、梨、桃、李、林檎、胡桃、奈、杨桃、王坛子等。宋人的果品概念和现代人略有不同，如藕、菱、莲之类，现代人已不作为水果。此外，宋时称为"果子"者，指的是橘红膏、荔枝膏、二色灌香藕、糖豌豆、蜜儿、乌梅糖、薄荷蜜一类食品。

（5）饮料。茶和酒是宋代最重要的饮料，因为赢利丰厚，一直归官府专卖。

宋人的制茶和饮茶方式与现代人不同。制茶包括散茶和片茶两种。按宋人的说法："唐造茶与今不同。今采茶者得芽，即蒸熟焙干，唐则旋摘旋炒。"焙干以后，即成散茶。片茶也叫做饼茶或团茶。其制作方法是将蒸熟的茶叶榨去茶汁，然后将茶碾磨成粉末，放到茶模内，压制成形。因为后一种方法难免会破坏茶的真味，降低茶的养分，所以逐渐被后世所淘汰。但是在宋时，片茶却是茶之上品。有的片茶"以珍膏油其面"，也叫腊茶或腊面茶。还须指出，"唐未有碾磨，止用臼"，宋时方广泛推广碾磨制茶的技术。

宋人饮茶，依旧沿用唐人煎煮的方式，自唐迄宋，饮茶的风俗愈发普遍，"茶之为民用，等于米盐，不可一日以无"。就算在社会底层，茶也成为重要的交际方式。如"东村定昏来送茶"，但是田舍女的"翁媪"却"吃茶不肯嫁"。"田客论主，而责其不请吃茶"。农民为了春耕，"裹茶买饼去租牛"。但是，因为官府实行榷茶，就是专卖，平民的食茶有相当大的比例难免质量低劣。

由社会上层至下层，酒都是宋时消费量很大的饮料。按现代人的研究，当时的酒包括黄酒、果酒、配制酒和白酒四大类。黄酒主要以谷类为原料，"凡酝用粳、糯、粟、黍、麦等及曲法酒式，皆从水土所宜"。因为宋代南方经济的发展，糯米取代黍秫等，成为主要的酿酒原料。宋代果酒分为葡萄酒、蜜酒、黄柑酒、椰子酒、梨酒、荔枝酒、枣酒等，其中以葡萄酒的产量占多数。《五总志》有载："葡萄酒自古称奇，本朝平河东，其酿法始入中都。"河东盛产葡萄，也是葡萄酒的主要产区。可是宋代的果酒制作技术还比较原始，在酒类消费中的比例并不大。宋代的配制酒大多属于品味的滋补性药酒，如有酴酒、菊花酒、海桐皮酒、蝮蛇酒、地黄酒、枸杞酒、麝香酒等，据现代人统计约近百种。

宋酒的一大特点，是比较普遍地使用瓶装。直到唐代，沽酒通常使用升斗之类，宋时则多半使用酒瓶。瓶装酒大致由一升至三升不等。

宋代还有其他饮料，如临安的"诸般水名"，有漉梨浆、椰子酒、木瓜汁、皂儿水、绿豆水、卤梅水、富家散暑药冰水等。

在宋代的食品市场上，清凉饮料也非常受市民的青睐，主要有甘豆汤、豆儿水、鹿梨浆、卤梅水、姜蜜水、木瓜汁、沉香水、荔枝膏水、苦水、金橘团、雪泡缩皮饮、梅花酒、五苓大顺散、紫苏饮、椰子酒，等等。这些饮料可以说是保健饮料，甚至有些还具有药物成分。冷饮能够解渴，亦可热或温饮。这些清凉饮料大多兼具治病防病的作用，夏季上市时很受欢迎。

（6）调味品。宋人有"盖人家每日不可缺者，柴、米、油、盐、酱、醋、茶"一说。还有"早晨起来七般事，油、盐、酱、豉、姜、椒、茶"之说。此处大多数涉及了食物的调味品。盐在调味品中位居首位，宋代的盐由官府专卖，是主要的财政收入。"酱，八珍主人也，醋，食总管也。"有书记载，"单稻酱则麦、豆和面蒸煮，和成酱黄，调水下盐，曝以赫日，凡羹味煎熬，无不用之"。当时的词义与古时有所不同，"酱自是酱，醯自是醋"。除盐以外，油、酱和醋无疑是宋时最主要的调味品。

宋代的甜味包括白糖、砂糖和蜂蜜。程大昌曾说："凡饴谓之饧，自关而东通语也，今人名为白糖者是也，以其杂米蘖为之也。饴即饧之融液，而可以入之食饮中者也。"砂糖是"用甘蔗汁煎"制成。宋代甘蔗种植面积有所增加，蔗糖的名贵产品是糖霜，即糖冰，以至有《糖霜谱》传世。甜味用来制作糕点，浸渍食品以及某些菜肴的调味。可是限于产量，其普及的程度还无法与油盐酱醋相比。宋时已出现所谓"戏剧糖果"，有行娇惜、糖宜娘、打秋千等名目。在临安城"沿街叫卖小儿诸般食件"有麻糖、锤子糖、鼓儿饧等名目。

宋代的调味品种类繁多，甚至还有一些药物作为调味品。除酱油和味精外，已与现代差别不大。如福建一带，"食红糟，蔬菜鱼肉，率以拌和，更不食醋"，和现代福建菜的风味一样。

2. 饮食业的兴旺

宋代的饮食业是与商品经济，尤其是大城市同步发展的。在北宋后期的开封城中，"市井经纪之家往往只于市店旋买饮食，不置家蔬"，"夜市直至三更尽，才五更又复开张，如要闹去处，通晓不绝"。"冬月虽大风雪阴雨，亦有夜市"。在夜市中有出售各种糕饼、果品、肉食、羹汤的，还有"提瓶卖茶者"。"每日交五更"，瓠羹店"间有灌肺及炒肺，酒店多点烛沽卖，一份仅售二十文，并粥饭、点心，亦间或有卖洗面水，煎点汤茶药者"。开封的饮食业大致有酒楼、食店、饼店和茶肆。食店的饮食风格与菜系包括北食、南食和川饭三类。

3. 饮食习俗和烹饪技艺

众所周知，各个民族和时代的饮食习俗和烹饪技艺有很大不同。宋人比较普遍的是一日三餐。陈淳说，乡村贫苦人家"不能营三餐之饱，有终日只一饭，或达暮不粒食者"，说明穷人还难以保证一日三餐。

现代人食用果品，通常是在饭后，而宋人却有放在饭前的。《武林旧事》卷九记载有宋高宗亲幸大将张俊府中的御筵"节次"，首先是"进奉"干果，"雕花蜜煎"和"砌香咸酸"瓜果、"脯腊"、"切时果"、"时新果子"等，随后再进菜"下酒"。这种风俗在《水浒传》里也有所反映，设酒筵待客，都要铺陈果品。

此外，宋代的饮食习俗也有地区、民族等差别。如时称"南食多盐，北食多酸，四夷及村落人食甘，中州及城市人食淡"。

由现存宋代史料，包括《山家清供》所提供的食谱来看，宋人使用水、油以及各种作料进行烹饪，如煮、蒸、炒、煎、炸、脍、炙等，基本已经与现代相似。宋时人们喜欢对各种食看取以美名，如《山家清供》中有黄金鸡、玉灌肺、神仙富贵饼、脆琅、东坡豆腐等，豆腐以文豪苏轼的号来命名，也别有特色。相沿至今，对食看取以美名，已经成为中华饮食文明的重要组成部分。

【明清时期饮食】

明清时期是我国饮食文化的又一高峰，是唐宋时期食俗的继续和发展。明清饮食同时还混入了满、蒙等族的特点，结构产生了很大改变，主食中的菰米已经被彻底淘汰，麻子退出主食行列改为榨油，豆料也不再作主食，成为了菜肴，北方黄河流域小麦的比例大幅度增加，面在宋朝成为北方的主食之后，明代又一次大规模引入，马铃薯、甘薯、蔬菜的种植达到了较高水平，成为主要菜肴。肉类中，人工蓄养的畜禽变成了肉食的主要来源。

明清时期，平民的饮食习惯与其他朝代基本相同，冬季每日两餐，夏季每日三餐，农闲食稀，农忙食干。与平民比起来，贵族地主的饮食生活则丰富得多，正餐之外还有点心，形成了难以数计的小吃品种。宴饮作为一种重要的交际方式，仕宦、商贾乃至中等之家都非常讲究。与之相应的是餐饮业非常发达，结果形成了苏、鲁、川、粤四大菜系，其余如淮扬、苏松、湘鄂的小菜系也比较有名。满族传统的全羊席，也发展成了具有如"水晶明肚"、"七孔灵台"等全羊品菜的120种菜肴以及12种点心的大筵。至于所谓的满汉全席，则囊括了南北名吃，更加奢华。

酒与茶依旧是明清时期的主要消费品。沧州的沧酒、德州泸酒、山西潞酒、甘肃枸杞酒、无锡惠泉酒、苏州陈三白酒、扬州木瓜酒、常州兰陵酒、绍兴苦露酒、四川筒酒等都非常畅销。绿茶除了龙井、六安、松萝、阳羡、毛尖、老君眉、碧螺春等名品外，又研制出了花茶及半发酵的武夷茶。至于少数民族的饮料，满、蒙、回等民族习惯饮用羊奶及盐、茶、奶油熬制的奶茶，藏族有饮用酥油茶的习惯，酥油茶是用酥油、糌粑、盐、茶调制而成的。

中华著名饮食思想

"民以食为天"

【释义】

"民以食为天"这句话的原意是，人将粮食看作生命的根本。人生来就要吃，就喜欢吃。这是因为吃不仅仅是生命赖以生存延续的方式，也是人生乐趣的重要源泉。

【"民以食为天"理念的提出】

"民以食为天"的理念，是由春秋时代齐国的政治家、思想家管仲提出来的，在《汉书·郦食其传》一书中的表述是："王者以民为天，民以食为天。"天，指的是关系生存的首要条件。国家以人民为根本，人民以食物为头等大事。于是，这个提法成了国人在吃饭问题上的经典表述，与俗话所说的"人是铁，饭是钢"意思基本相似，都是强调吃饭对生命的重要意义。"民以食为天"经典地概括了吃对人的重要性。

【粮食最重要】

"民以食为天，食以安为先。""民以食为天"的观念这般源远流长，反映出中国几千年文明史与农业关系甚为紧密，粮食至关重要。人们对于吃的重要性的认识一直贯穿于中国文明发展的始终。"民以食为天"的理念，可以说是中国饮食文化观念中最根本的也是最主要的核心理念。中华饮食是中华民族璀璨文化的重要组成部分，在全世界享有盛誉。

孔子的饮食思想

【孔子饮食思想简介】

孔子的饮食言论及其饮食思想，是在两千多年前的春秋时期形成的，应该说是很难得的，非圣贤之人不可为。他的这些观点对后世的影响也是难以估量的，其意义是深远的。虽然有些言论在某种程度上被一些人误解，可是他那精辟深刻闪耀着光芒的饮食思想却永远不会被人们所忘记。

【孔子饮食思想对中国饮食文化的影响】

孔子的饮食言论，表面上只是零散的片言只语，不成体系，可是透过这些不完整的论述所反映出来的饮食思想，不但在孔子生活的年代影响很大，而且对后世孔府饮食文化的形成奠定了理论基础。同时，因为儒家思想在历代中国统治阶层中占有至高无上的正统地位，令孔子的饮食思想对整个中华民族饮食文化的构成和发展都产生极大的影响，概括来说，主要的有以下几个方面。

1. 强调"民以食为天"的强国富民之道

从孔子自身的行为和言论中所体现出来的对"饱食终日，无所用心"之辈的鄙视，或是对"君子谋道，不谋食"崇高品德的称赞，明显是在文化层面对人思想品德的强调，鼓励年轻人要以求道立业为重。从另一个方面来看，孔子并不反对，甚至积极倡导要尽可能改善人民的饮食生活水平，所以提出了"食不厌精，脍不厌细"的观点。孔子"食不厌精，脍不厌细"并非对自己的饮食追求或倡导有德行的人去追求精美的饮食。正好相反，他的这一饮食思想是针对庶民阶层粗粝饭食而提出的改善饮食的原则。可能由于孔子出身，他的思想更接近于民众。在经济方面，他提出，要让人民有饭吃，才是最成功的治国之道。他宣传和推行"周礼"的基础，是要想方设法取信于民。那么如何才能取信于民呢，在孔子的得意门生子贡要出任地方长官，临行之前他向孔子请教治理政事的办法和秘诀。孔子说："曰食，曰兵，民信之矣。"子贡又问，如果在逼不得已的情况下，二者必去其一，又该怎样做。孔子毫不迟疑地回答说："曰兵。"就是说，食与兵都是保证人民安定的根本要素，如果两者相比较，那么食比兵更为重要。因为一个领导，取信于民，才能有效地执行他的治理政策。如果想这样，必须首先让他们有饭吃，若连饭都吃不上了，即便有强大的武装也毫无用处。我国有"民以食为天"的至理名言，与孔子的主张如出一辙。孔子主张国以富民为重的饮食思想，一直是后世统治者的重要施政内容。《荀子》中的"仓廪实而知礼节"，就是孔子这一思想的最好注释。

2. "饮和食德"与"礼食"思想

中国是一个有着几千年发展史的文明古国，古人经常用"饮和食德"来表明我们的礼仪文明程度，称为"礼仪之邦"。但是发展到今天，人们又沉浸于现代饮食文明的自满之中。毋庸置疑，中国是一个崇尚礼仪的国家，不管从古代的"饮和食德"，还是到今天的现代饮食文明，都充分反映出文化古国的文明饮食风貌。但是，这种传统美德的形成，毫无疑问与孔子主张的"礼食"思想有渊源关系。

古时西周是一个崇尚礼治的朝代，至春秋时期，周礼已经分崩离析，诸侯国之间你争我斗，处处充斥着暴力争伐。当时只有鲁国较为完好地保留了周礼制度。孔子正是在鲁国这样的环境中长大的，后来成为周礼集大成的继承者。但是，人民的生活更多的是需要稳定的发展，而反对暴力的战争。孔子所主张的"礼食"思想正合乎了广大平民的愿望，后世统治者也觉得是稳定政权的良策。所以，孔子的"礼食"思想便成为影响后世食风食德、文明饮食的主要历史背景之一。古人曾有"夫礼之初，始诸饮食"（《礼记·礼运》）的命题，同时这礼反过来又去规范大家的饮食行为，便成为"食礼"，用现代话说就是"饮食文明"和社会美德。饮食文明的发展程度如何，通常是反映一个民族、一个国家文明程度、文化水平的重要标志。当下，我们在经济迅猛发展的时代倡导全社会的饮食文明，依旧要从孔子的"礼食"思想中去寻找理论根源。

3. 提倡科学饮食

在孔子的饮食思想体系中，最光辉的部分就是主张人们应该科学地去加工食品和合理饮食。这一观点就算在今天仍具现实意义。孔子科学饮食的内容基本包括以下几个方面。

首先，让人们重视饮食。饮食是国民之天，更是人生之本。要将饮食视为人类生存、养益的根本所在。"食不厌精，脍不厌细"就是这一观点的高度体现。

其次，饮食应该讲究时、节、度。饮食讲究节度，不可暴饮暴食，这是中华民族一直主张的养生之道。甚至宴席上，也不能由于偏嗜美味的菜肴而过于贪食。"不使胜食气，不多食"，单刀直入地告诉人们要遵守有节度的饮食习惯，现在看来，仍不失其科学价值。进餐不但应有节制和适量，还要按时、按季节的需要定时定量进餐，这些观点在其后世的养生家中一度被奉为圭臬。

再次，饮食应该讲究卫生。孔子格外强调这个问题的重要性。根据史料记载，先秦时，人们对饮食卫生的认识，特别是在平民阶层还是很淡薄的。因此，食物中毒现象很普遍。孔子针对这一问题，警告世人应该严格注意食品卫生，即使分赐的祭肉，超过了贮存的期限，也要弃而不食，虽然这样做可能有冒犯国君的危险。因为饮食卫生直接关系着人们的生命安全。

最后，烹制、调味还应讲究养生之道。菜肴、饭食加工地精细些，不但便于入味和烹熟，还有益于人体的消化吸收。合理的调味除了可以增加菜肴的美味之外，更重要的还在于它的养生意义。因此孔子提出"食精"、"脍细"、"酱姜"调味的观点，是非常合乎道理的。

4. 倡导人们树立健康的人生观

在生产力还比较落后的先秦时期，更多的人只是终生为食而劳累、辛苦。为了生存、为了养家糊口的平民阶层，只能如此。但那些生活条件优裕的社会阶层，却整天只知吃喝玩乐，无所事事。孔子对此深恶痛绝。他倡导"君子谋道，不谋食"的人生追求，主张人们树立健康的人生观，人穷志不短，食劣道不弃。在孔子看来，虽然人生要追求美味，但重要的是树立起远大的理想和政治抱负，培养良好的进取心和正确的人生观。这一观点，被中国历代志士视为最高教诲。历史上有很多"发愤忘食，乐而忘忧"的莘莘学子，在追求学业的道路上终生不渝，其影响力之久，至今犹存。孔子不但主张人们树立良好的饮食观和健康的人生追求，并且对于那些有志于追求学问真理的人，同时又过于讲究吃喝之辈，同样不屑一顾，不予理睬。他说："士志于道，而耻恶衣恶食者，未足与议也。"这种将事业看得比衣食性命还重要的思想境界，被无数后世有志之士作为自己的追求目标。其历史影响之深、之远，是难以估量的。

孟子的饮食见解

【孟子简介】

孟子是战国时期的思想家、教育家。与门徒公孙丑、万章等著书立说，提出"民贵君轻"等口号，劝告统治者重视人民。孟子继承孔子学说，被尊为"亚圣"，在儒家学派中的地位仅次于孔子。

【君子远庖厨】

孟子在饮食上提出了大量的见解，多被后人视为经典。他以"仁爱"为出发点，指出："君子之于禽兽也，见其生，不忍见其死；闻其声，不忍食其肉，是以君子远庖厨也。"后世之人将"君子远庖厨"解为不近厨房，并作为孟子贱视烹饪的理论根据，是不可取的。

而且，孟子还有"鱼，我所欲也，熊掌，亦我所欲也，二者不可得兼，舍鱼而取熊掌者也"的妙语。

《孟子》中记载，饮食是人生最根本、最重要的事情，这和儒家自孔子开始重视饮食的观点是一脉相承的。

崇尚养生的道家饮食理论

【道家崇尚饮食养生】

道家注重养生，认为人的寿命长短，是由自己来决定的，通过饮食养生能够达到延年益寿的作用。道家认为人是禀天地之气而生，因此要"先除欲以养精，后禁食以存命"，在日常饮食中非常注重阴阳调和、荤素平衡、饮食有节等。道教中有些流派禁食鱼羊荤腥和辛辣刺激的食物，以素食为主，并尽可能地少食粮食，以免令人的先天元气变得混浊污秽，要多吃水果，因为"日啖百果能成仙"。

【道家饮食理论的主要内容】

道家的饮食理论最关键的一点就是"饮食有节"，这个说法在陶弘景的《养性延命录》里记载过。这个"节"字，说的是对饮食的质量与数量的把握。

道家认为，饮以养阳，食以养阴。《混俗颐生录》中有云："食不欲苦饱，苦饱即伤心，伤心气短烦闷。""食不欲粗及速，速即损气，粗即损脾，脾损即为食劳。男子五劳，此为一劳之数也。""不欲夜食，日没之后，脾不当磨，为音响断绝故也。"

此处讲的节制，是与身体的融合，是与道家其他功法的配合。不要吃太饱，不要吃太粗糙的，也不要吃得太急，良好的饮食习惯是质量与数量的统一。丘处机在《摄生消息论》里写有"当春之时，食味宜减酸益甘以养脾气"，"当夏饮食之味，宜减苦增辛以养肺"，"当秋之时，饮食之味，宜减辛增酸以养肝气"，在冬之时"饮食之味，宜减酸增苦以养心气"。道家的饮食主张依据季节的变换而转换食物的五味：春天时要多吃甘甜的东西，少吃酸的；夏天时要多吃些辛辣的，少吃苦的；秋天减辛辣的食物，而多吃酸味的；冬天要多吃些苦味的，少吃酸味的。

中医也主张一年四季每个季节各脏腑强的盛和虚弱各有不同，在特定的时候，专对某一脏器的有针对性的调理能够收到很好的养生效果。

不同的体质对食物调理的要求也有所不同，如体胖者远肥腻，多清淡；体瘦者远香燥，多滋阴生津；阳盛实热之人，应摄入清热泻火的食物；阳虚有寒之人，宜温热性之食。

生活区域的不同，饮食调理的方法也要有异，如山区人应适当多吃含碘的海产品；气候干燥的西北地区，宜多吃柔润的食物；气候潮湿的东南地区，则要多吃辛辣食物。只有因时、因地、因人施膳，方能祛病延年。

因为养生和食疗的结合，道家对中国传统医学的发展贡献颇多。道家饮食养生的季节观、体质观、环境观，围绕着"天人合一"的原则，反映出人与外在条件互动变化的辩证思想，对于今天的科学探索，也同样具有巨大的价值。

《遵生八笺》中有："蔬食菜羹，欢然一饱，可以延年。一粥一菜，惜所从来，可以延年。"《笔麈》有记载："每三日一斋素，可以养生，可以养心。"孙思邈说："厨膳勿使脯肉丰盈，常令俭约为佳。"甚至连陆游也曾作诗说："世人个个学长年，不悟长年在目前，我得宛丘平易法，只将食粥致神仙。"由此可见，道家除了讲究素斋，也重视粥的食用。

老子的饮食之道

【老子的饮食智慧】

老子的饮食智慧在他的《道德经》一书中有体现：在《道德经》第十二章，老子指出：五色令人目盲；五音令人耳聋；五味令人口爽；驰骋畋猎，令人心发狂；难得之货，令人行妨。是以圣人为腹不为目，故去彼取此。此处我们可以看出老子的饮食理念："为腹不为目"。但什么叫"为腹不为目"呢？"腹"代表一个人的基本生存条件和物质条件，而"目"则是代表着眼、耳、口、心、行等，眼睛看见的五色，耳朵听见的五音，嘴巴尝到的五味，驰骋田猎使心发狂，难得的宝物使人德行败坏，"目"说白了就是人的各种欲望。人们的饮食是为了生存和健康，而不能为了满足享乐去放纵自己的欲望。

【老子的饮食之道】

历史转化为成智慧，智慧作用于生活，老子在历史中归纳前人，警示后人。在《道德经》第六十二章里，老了指出他的饮食之道——"味无味"，谁能在鱼虾肉蟹，山珍海味中品出它们的无味？谁又能在粗茶淡饭、苦瓜咸菜中品出它的有味？又有谁能真正做到"味无味"呢？在无味中感受有味，在有味中感受无味，老子辩证的饮食理论在《道德经》第六十七章里又更加深化，他又提出"甘其食"饮食之道。

庄子简朴的饮食观

【庄子崇尚简朴饮食】

在《庄子》这部著作里，庄子勾勒出了圣人的生活状态，反映出理想的生活境界，也宣扬了他的饮食观念。

《天运》中说"古之至人，假道于仁，托宿于义，以游逍遥之虚，食于苟简之田，立于不贷之圃。"

《人世间》中说"吾食也执粗而不臧，爨无欲清之人。"

《大宗师》中说："古之真人，其寝不梦，其觉无忧，其食不甘，其思深深。"

《天地》中说"且夫失性者有五：……四曰五味浊口，使口厉爽。"

在庄子的观念里，饮食就是要"食于苟简之田，立于不贷之圃"，倡导清心寡欲过一种简朴单纯的生活。"其食不甘"就是不追求美味，是"真人"的饮食状态，宣扬了庄子简朴的饮食观，不追求珍馐美味。"五味浊口，使口厉爽"，过于追求美味，追求感官的刺激，会失去人的本性，庄子主张过一种简单纯朴的生活，以恢复人的本真状态。

【饮食要适度】

《达生》中言道："饮食之间，而不知为之戒者，过也！"表明饮食应有限度，过于追求是非常有害的。老子也曾经说过"圣人为腹不为目"，与庄子表达的是同一个道理，就是圣人饮食只求适度，而不贪欲无度。在食物资源极为丰富的当下，这个道理依然适用，以此来规范人们的饮食是最好的。多少人由追求吃喝开始，继而追求玩乐及其他方面的享乐，于是身心越来越放纵，越来越不知道有益的追求而逐渐堕落。饮食是一种自控能力，也是一种节制。

茹素修行的佛家饮食理论

【修身养性寓于日常饮食起居中】

修身养性是佛教活动的重要内容之一。修身养性同样也表现在平时生活的饮食起居之中。

饮食起居与人们的健康密不可分。《佛说佛医经》有云："病之缘由凡十。一久坐，二食不节，三多愁忧，四疲极，五淫欲，六嗔恚，七忍大便，八忍小便，九制上风（指哈欠、喷嚏之类）。"又云："一不应饭为饭，二为不量饭，三为不习饭，四为不出生，五为止热……"其中应饭为饭，亦谓不随四时食；不量饭，亦谓多食过足。这些都说明因为饮食起居等生活方面的不规律，将会诱发疾病。

【素食与健康】

佛教从南朝以后，开始流行《梵冈经》，其中规定了"不得食一切众生肉，食肉得无量罪"。南朝梁武帝信奉大乘佛教，于是在天监十年（公元511年）集诸沙门立誓永断酒肉，并以法令形式告诫天下沙门，如果有违反则严惩不贷。从此开始，中国佛教实行严格的素食习惯。素食也慢慢成为了中国佛教风俗习惯的特征之一。

吃素又叫吃斋，僧尼必须终身坚持，在家信徒在斋月、斋日吃斋，也有终身吃长素的。这种素食风俗对民间饮食习惯具有一定的影响力。只是吃肉不能混同于吃荤，佛教中的"荤"专指蒜、葱、韭等气味浓烈、具有刺激性的东西。吃荤是大小乘戒律、南北传佛教所共同禁止的。蒜、葱在佛教中称为"五辛"，认为其气上冲于脑，会令头晕，实为有秽之物，复多增淫欲。

【戒酒】

佛教经论对酒过有很多论述，劝导世人远离酒患。

《四分律》一书中说饮酒有十种过失：颜色转恶；不劣轻浮；眼视不明；现嗔恚相；坏田业资生；致疾病；益斗讼；恶名流布；智慧减少；身坏命终，堕三恶道。

《大爱道比丘尼》里把酒譬为毒药、毒水、毒气，是众矢之源，众恶之本。《沙弥戒经》，《大智度论》更是分别列举出了饮酒的三十六失和三十五失。其大意可概括为：不孝父母；轻慢尊长朋友；不敬三宝；不信经法；讦露人罪；诬人恶事；恒说妄语；传言两舌；恶口伤冬；生病之根；斗讼之本；破散家财；废忘事业；恒无惭愧；不知羞耻；疏远善人；狎近恶人；常怀恶怒；横杀众生；偷人财物；奸犯他妻；伏匿之事尽向人说；无复智慧；恶名流布，人所憎嫌；种狂痴因，遗患后代；常怀忧愁；举止失态；倒卧沟渠；暑月热亡；寒天冻死；身坏命终；堕三恶道，等等。佛教对酒过的描述，就算在几千年后的今天来看，也是基本符合事实的，足能引起人们重视。当时，佛陀释迦牟尼为了防微杜渐而厉行酒戒也就较易理解了。

佛教不但将酒戒列入沙弥戒、比丘戒，还列入菩萨十重禁戒、居士五戒。五戒中杀、盗、邪淫、妄语四戒是性戒，酒戒是遮戒。遮戒的意思就是遮护的戒。

《成实论》中有记载："问曰：酒是灾罪耶？答：非，所以者何，饮酒为恼众生故，而是罪因。若人饮酒，则开不善之门，以能障定及诸善法，如植众果，无墙障故。"《俱舍论》曰："诸饮酒者，心多纵逸，不能守护诸余律仪。故为护余，令离饮酒。"

李渔的饮食养生观

【李渔简介】

李渔不仅是我国清代著名的戏剧理论家、文学家，还是卓有建树的美食家。他撰写的《闲情偶记》一书的饮馔部分，比较全面地记载了其饮食观与饮食美学思想，对饮食养生之道也提出了自己的独到见解。

【李渔的饮食养生见解】

在《闲情偶记》里，李渔提出了"肉不如蔬"的见解，由于蔬食有"渐近自然"之故，所以能养生健体。对此，他指出应发扬上古"重蔬食，远肥腻"的遗风，崇俭以养生。

李渔所述食谱，几乎没有山珍海味。他认为"食不多味，每食只一二佳味即可，多则腹内难于运化。若一饭包罗数十味于腹中，而物性既杂其间岂可无矛盾也"。

李渔用膳讲究物鲜质纯，不加配料，保存食材原有的风味。"馔之美，在于清淡，清则近醇，淡则存真。味浓则真味常为他物所夺，失其本性。五味清淡，可使人神爽、气清、少病。五味之于五脏各有所宜，食不节必至于损，酸多伤脾，咸多伤心，苦多伤肺，辛多伤肝，甘多伤肾。"李渔的这一饮食观念，完全符合现代烹调之理。

李渔觉得，油腻能"堵塞心窍，秘诀既堵，以何来聪明才智"。此话今天看来不一定科学，但是现代医学已经证实，过食油腻食物与肥胖症、冠心病、高血压确实密切相关。

　　李渔指出，米养脾、麦补心，应兼食补充，各取所长；为使饮馔得益，饮食不应过多、过速；饮食时应注意情绪心境，大悲大怒时禁食。

中华著名饮食思想

中华饮食的艺术倾向

中华饮食文化，因为特定的经济结构、思维方式和文化环境，形成了自身鲜明的特色，也就是艺术倾向，这主要表现在以下6个方面。

选 料 精 良

【选料】

选料，是中国厨师的首要技艺，是做好一款中国菜肴美食的前提条件，需要丰富的知识和熟练运用的技巧。每种菜肴美食所需的原料，分为主料、配料、辅料、调料等，都有很多讲究和一定之规。概括来说，则是"精"、"细"二字，即孔子所说的"食不厌精，脍不厌细"也。所谓"精"，指的是所选取的原料，应考虑其品种、产地、季节、生长期等特点，且以新鲜肥嫩、质料优良为佳。

【八珍】

汉唐时代，习惯于把美味佳肴叫做"八珍"。大约从宋代开始，八珍具体指称八种珍贵的烹饪原料。到了清代，各种系列的"八珍"数不胜数，主要是指八种珍稀原料组合的宴席。如"满汉全席"的"四八珍"，就是指四组八珍组合的宴席。四八珍就是山八珍、海八珍、禽八珍、草八珍，共32种珍贵的原材料，具体来说有：

山八珍：即驼峰、熊掌、猴脑、猩唇、象拔、豹胎、犀尾、鹿筋。

海八珍：即燕窝、鱼翅、大乌参、鱼肚、鱼骨、鲍鱼、海豹、狗鱼（大鲵）。

禽八珍：即红燕、飞龙、鹌鹑、天鹅、鹧鸪、彩雀、斑鸠、红头鹰。

草八珍：即猴头、银耳、竹荪、驴窝菌、羊肚菌、花菇、黄花菜、云香信。

刀 工 细 巧

【刀功简介】

刀功，就是厨师对原材料进行刀法处理，使之成为烹调所需要的、整齐一致的形状，以便于适应火候，受热均匀，易入味，并保持一定的形态美，是烹调技术的关键之一。

【我国古代创造丰富刀法】

我国早在古代就重视刀法的运用，通过历代厨师的反复实践，发明了丰富的刀法，如直刀法、片刀法、斜刀法、剞刀法（在原料上划上刀纹而不切断）和雕刻刀法等，将原材料加工成片、条、丝、块、丁、粒、茸、泥等多种形态或丸、球、麦穗花、荔枝花、蓑衣花、兰花、菊花等多样花色，此外，还能镂空成美丽的图案花纹，雕刻成"喜"、"寿"、"福"、"禄"字样，增添喜庆筵席的欢乐气氛。尤其是刀技和拼摆手法相结合，将熟料和可食生料拼成艺术性强、形象逼真的鸟、兽、虫、鱼、花、草等花式拼盘，像"龙凤呈祥"、"孔雀开屏"、"喜鹊登梅"、"荷花仙鹤"、"花篮双凤"等。比如"孔雀开屏"，是以鸭肉、火腿、猪舌、鹌鹑蛋、蟹蚶肉、黄瓜等15种原材料，通过22道精细刀技和拼摆工序才能完成。

【刀功表演】

不只是文学家将精湛的刀工视为完美的艺术来欣赏，普通百姓也往往想一睹为快。古代有人曾经专门组织过刀工表演，引起了一时轰动。南宋曾三异的《同话录》中记载，有一年泰山举办绝活表演，"天下之精艺毕集"，当然也有精于厨艺者。"有一庖人，令一人裸背俯伏于地，以其背为几，取肉一斤许，运刀细缕之。撤肉而视，其背无丝毫之伤。"用人背做砧板，缕切肉丝而背不伤破，其刀功令人称绝。

火候独到

【掌握火候是厨师的绝技】

火候，是烹制风味特色菜肴美食的关键之一。然而火候瞬息万变，没有多年操作经验很难做到恰到好处。所以，掌握适当火候是中国厨师的一门绝技。中国厨师可以精确鉴别旺火、中火、微火等不同火力，熟悉了解各种原材料的耐热程度，熟练控制用火时间，善于掌握传热物体（油、水、气）的性能，还能依照原材料的老嫩程度、水分多少、形态大小、整碎厚薄等，决定下锅的顺序，加以灵活运用，令烹制出来的菜肴，要嫩就嫩，要酥就酥，要烂就烂。

【古代厨师对火候的研究】

早在古时候，中国厨师就对火候有过专门研究，而且还阐明了火候的变化规律及掌握要点："五味三材，九沸九变，必以其胜，无失其理。"（《吕氏春秋》）北宋大诗人苏轼既是著名的美食家，还是一位烹调家，他创造出别具一格的"东坡肉"，这和他善于运用火候有密切关系。他还将这些经验写入炖肉诗里："慢着火，少着水，火候到时自然美。"后人利用他的经验，采取密封微火焖熟法，烧出的肉原汁原味，油润鲜红，烂而不碎，糯而不腻，酥软如同豆腐，适口而风味突出。

【掌握火候需要悟性】

火候是烹调中最重要的一环，同时也是最难把握和说明的事，真可谓是"道可道，非常道"，而一位烹饪者是否能够成为名厨，掌握火候乃其关键。因此中国饮食中的厨者在操作的时候，要积一生之经验、悟己身之灵性，充分发挥自己细微的观察体会与丰富的想象能力，来进行饮食艺术的创造。所谓运用之妙，存乎一心，真是"得失寸心知"了。

技法各异

【烹调技法简介】

烹调技法，是我国厨师的另一门绝技。比较常用的技法包括：炒、爆、炸、烹、溜、煎、贴、烩、扒、烧、炖、焖、氽、煮、酱、卤、蒸、烤、拌、炝、熏，以及甜菜的拔丝、蜜汁、挂霜等。不同技法的风味特色有所不同。每种技法都能烹制出几种乃至几十种名菜。

【"叫花鸡"的由来】

著名的"叫花鸡"，以其泥烤技法，扬名四海。据说古代江苏常熟有一乞丐偷得一只鸡，由于没有炊具，于是将鸡宰杀后除去内脏，放入葱盐，加以缝合，糊以黄泥，架火烤烧，泥干鸡熟，敲去泥土，肉质鲜嫩，香气四溢。后来经过厨师改进，配上多种调料，加以烤制，味道更加鲜美，遂成名菜。

【氽法杰作：过桥米线】

云南"过桥米线"，是氽的技法的杰作。据说古时候有位书生在书房中攻读，其妻为能让他吃上热汤热饭，便发明了这一氽法：用母鸡熬成沸热的鸡汤，配以切成细薄的鸡片、鱼片、虾片和米线，由于面上的浮油能起保温作用，并能氽熟上述食品，所以过桥后还可以保持热而鲜嫩。

五味调和

【调味的作用】

调味，也是烹调的一种主要技艺，所谓"五味调和百味香"。有关调味的作用，据烹饪界学者的研究，主要分为下面几种：

能矫除原料异味；无味者赋味；决定肴馔口味；增添食品香味；赋予菜肴色

泽；能够杀菌消毒。

【调味的方法】

调味的方法也变化多样，主要包括基本调味、定型调味和辅助调味 3 种，其中以定型调味方法使用最多。所谓定型调味，是指原料加热过程中的调味，是为了决定菜肴的口味。基本调味在加热前进行，是预加工处理的调味。辅助调味却在加热后进行，或在进食时调味。

所谓"五味调和"中的五味，是一种概略的指称。我们所食用的菜肴，通常都是具备两种以上滋味的复合味型，而且是多变的味型。《黄帝内经》中记载"五味之美，不可胜极"，《文子》则有"五味之美，不可胜尝也"，说的全都是五味调和能够给人带来美好的享受。

总的来说，调味得恰到好处与否，除了调料品种齐全、质地优良等物质条件之外，主要在于厨师调配得是否恰到好处。对调料的使用比例、下料顺序、调味时间（烹前调、烹中调、烹后调），都有严格的要求。必须做到一丝不苟，方能使菜肴美食达到预定要求的风味。

格 调 优 雅

【"美食不如美器"】

袁枚在《随园食单》里曾引用过一句"古人云"的古语，说"美食不如美器"，说的是食美器也美，美食要配美器，以求美上加美的效果。

中国饮食器具之美，美在质，美在形，美在装饰，美在与馔品的和谐。中国古时候的食具，主要有陶器、瓷器、铜器、金银器、玉器、漆器、玻璃器等几个大的类别。彩陶的粗犷之美，瓷器的清雅之美，铜器的庄重之美，漆器的透逸之美，金银器的辉煌之美，玻璃器的亮丽之美，都曾经为使用它们的人带来美好的享受，而且是美食之外的又一种美的享受。

【美器与美食的组合之美】

美器之美还不只是限于器物本身的质、形、饰，而且还表现出它们的组合之美，它们与菜肴的匹配之美。

周代的列鼎，汉代的套杯，孔府的满汉全席银餐具，都反映出一种组合美。孔府专为组织高级筵宴的满汉全席银餐具，一套总数为 404 件，能上菜 196 道。这套餐具有一部分是仿古器皿，有一部分是仿食料形状的器皿。器皿的装饰也非常考究，嵌镶有玉石、翡翠、玛瑙、珊瑚等，上刻各种花卉图案，有的还镌有诗词和吉言文字，更显得高雅不凡。

孔府的满汉全席餐具，根据四四制格局设置，分小餐具、水餐具、火餐具、点心盒几个部分组成。

美器与美食的和谐，是饮食美学里的最高境界。杜甫《丽人行》中有"紫驼之峰出翠釜，水晶之盘行素鳞；犀箸厌饫久未下，鸾刀缕切空纷纶"的诗句，同时描述了美食美器，烘托出食美器美的高雅境界。

【菜名之美】

在中国人的餐桌上，没有无名的菜肴。一个动听的菜名，既是菜肴生动的广告词，还是菜肴本身一个有机组成部分。菜名能够给人美的享受，它通过听觉或视觉的感知传达给人的大脑，会使人出现一连串的心理效应，发挥出菜肴的色、形、味所无法发挥出的作用。

中华饮食器具

新石器时代的饮食器具

【简介】

作为食器具发展史上的第一阶段，新石器时代的饮食具不仅带有初始阶段的原始性，在几千年的发展中还建立起自成系统的组合与功能，从而奠定了中国古代饮食具的基本架构。饮食具的造型与装饰还寄托着先民的宗教意识与审美观念。

【主要饮食器具】

新石器时代的饮食具几乎都是陶器，虽然当时还使用一定数量的木器和骨器进食，可是数量甚微。

新石器时代的陶制饮食具包括加砂陶和泥质陶两种。加砂陶就是在黏土中加入适量的砂粒、蚌壳等屑和料，以增加陶器的耐高温性能和保温性能，因此主要用于制作炊器。泥质陶是利用纯净的黏土烧制而成，烧成后经过磨光加工，因此器物表面细腻光滑，极富美感。这类陶器主要用于食器和盛贮器。新石器时代的炊器包括灶、鼎、鬲、甗、鬶、甑、釜、斝，食具包括盆、盘、钵、罐、瓮、壶、瓶。

【饮食器具与当时生活密切相关】

这些器具的形态与组合关系，是跟当时的食品组成、烹饪方式及饮食风俗紧密相关的。

人类开始农业种植与畜牧业生产后，食物来源不仅有野生的动植物，也有经人工培育种植的稻、粟、黍等粮食作物及人工驯养的猪、羊、牛、鸡、犬等家禽家畜。因为当时对谷物粮食只能进行脱粒、碾碎等简单的加工，所以，食品加工不外乎蒸、煮两种方式，也就是将碾碎的粮食放入鼎、鬲、釜等炊具中和水而煮，或将粮食揉成饭团面饼放进甑、甗中顺汽而蒸，粥羹类软食与饼团状干食便组成了新石器时代的主要成品食物。

此外，当时已经将栽培的白菜、芥菜等蔬菜瓜果作为人类的辅助食品，但主要是通过生吃或切碎后加粮而蒸、煮的方式进入食谱的。肉食在整个食谱里还占有很大份额，对肉食的加工大多数以较粗的切割和直接烧烤为主。烤熟的肉食块比较大，可以直接手持食用。所以盆、盘、豆、碗类食具主要是用来盛装素食的。

【饮食器具的发展变化】

新石器时代的饮食器具不但有延续发展至夏商周或后来各代而成为中国古代饮食器具祖形的，还有仅存于新石器时代某一阶段而成为特有器皿的。像碗、盘、盆、罐类盛食器皿从产生至今便绵延不绝，成为每个时期最普通的食具。而三足类炊具特别是空三足炊具在新石器时代极盛一时，夏商和西周尚在延用，东周之后便退出了历史舞台。斝作为饮具仅存在于龙山时代，进入夏商、周后便成了酒器。而陶鬶作为炊具仅存在于新石器时代晚期，尽管是昙花一现，却也有一时的辉煌。

夏商周时期的饮食器具

【盛食器】

鼎与现在的锅相似，用来煮或盛放鱼肉。大多是圆腹、两耳、三足，也有四足的方鼎。

鬲用来煮饭，一般为侈口、三空足。

甗与现在的蒸锅相似，全器分上、下两个部分，上部为甑，置食物，下部为鬲，置水。甑与鬲之间有一铜片，称为箅，上有通蒸汽的十字孔或直线孔。

簋铜器铭文作"毁"，与现在的大碗相似，用来盛饭，一般为圆腹、侈口、圈足，有二耳。

簠古书里也写成"胡"或"瑚"，用于盛食物。长方形，口外侈，四短足，有盖。

簋用来盛黍、稷、稻、粱，椭圆形，敛口，二耳，圈足，有盖。

敦用来盛黍、稷、稻、粱，三短足，圆腹，二环耳，有盖。还有球形的敦。

豆用来盛肉酱一类的食物，上有盘，下有长握，有圈足，多有盖。

春秋战国秦汉时期的饮食器具

【简介】

春秋战国时期的食具基本上还是承继商周青铜食器的传统，到了秦汉时期，不管是器形还是质地都有显著的变化。特别是精美的漆器食具的出现，更是突出的成就。先秦时期流行的簋、敦、豆等食器已逐渐消失，汉代使用的盛装食物的食具一般以鼎、壶、钟、钫、盒、盆、盘等为主。

【烹调器具】

鼎在先秦时期是烹调食物的器具，在青铜鼎的下部烧火能够煮熟（或加热）鼎中的食物。汉代的鼎则主要是用做盛装食物的盛器，尤其是那些精美的漆鼎，更是无法用来烹煮食物的。在湖南长沙马王堆一号汉墓出土的遣策便有"狗巾羹一鼎"、"牛苦羹一鼎"的记载，由此可见鼎已成为盛装食物的容器。

【盛食器具】

壶与钟都是用来盛装酒浆的容器，郑玄在注释《周礼·秋官·掌客》里记载："壶，酒器也。"《说文解字》"金部"说："钟，酒器也。"壶与钟器形基本相似，从有铭文的钟之器形来看，钟的腹部比一般的壶腹要圆鼓一点。而钫则是方形的壶。《说文解字》"金部"曰："钫，方钟也。"汉墓中出土有方形的铜壶、陶壶或滑石壶，即《说文》中的"钫"。马王堆一号汉墓遣策中有云："漆画枋（钫）二，有盖，盛白酒。"可与《说文》相印证。钫在西汉中期以后逐渐减少。

盒在汉代又叫"合"，是一种有盖的圆形盒。湖北云梦大坟头西汉墓遣册中有"漆丹画盛二合"。墓中有两件彩绘漆圆盒实物出土。湖南长沙马王堆一号汉墓的遣册中也有云："右方食盛十四合"，"漆画盛六合"。出土的实物是各种圆形的漆盒和陶盒。盒有盖，能够避免食物热量的散失，它所盛装的菜肴应与一般的菜肴有别。东汉中期以后，盒就逐渐减少。

盘在汉代作"槃"。《说文解字》中记载"木部"曰："槃，承槃也。"是用来放一般食物的器具，为浅底的圆盘。马王堆西汉墓中出土了很多彩绘的漆器平盘和圆盘，遣策中记载有"君幸食"文字，可见是盛装食物的器具。

【饮酒器具】

饮用酒浆的器具主要包括卮、樽、杯等。卮是一种带有小把的圆形饮酒器，安徽阜阳汉汝阴侯墓出土的圆筒形漆器就自名为"卮"。卮大多是以木片卷曲制成，故亦称为"圈"。《礼记·玉藻》郑玄注："圈，屈木为之，谓卮、椟之属。"除了木制的卮之外，还有以铜、银、陶制成的卮，容积也因大小不同而有所不同。马王堆西汉墓遣策和器物铭文记载的卮包括小卮、二升卮、七升卮和斗卮等。《史记·项羽本纪》中有项羽赐樊哙"斗卮酒"的记载。汉画像石和壁画墓的宴饮图中也经常出现持卮饮酒的画面。樽似卮而略小，上有盖，能够减少热量的散发，有保温作用，似为饮温热酒浆的饮器。杯呈椭圆形，双侧口沿端部有附耳，因此也称为耳杯，多系漆器，也有用陶制成的。马王堆汉墓中出土的精美耳杯中，书有"君幸酒"文字，能够证明耳杯确是用来饮酒的，当然也能盛装如羹汤之类的食物，即用匙将鼎中的羹汤舀到耳杯中后再食用。

唐宋时期的饮食器具

【唐代盛食器】

唐时人们的主食以米食和面食为主。米食不但有贵族们所食用的以糯米配以龙精粉、冰片制成的"水晶饭"等，而且还有平民百姓日常食用的米饭、米粥等。面食以饼类居多，胡饼、蒸饼等都非常流行，在新疆阿斯塔那201号墓出土的劳动女俑，生动地再现了当时磨面、擀面、烙饼的过程。阿斯塔那唐墓中出土的还有饺子、馄饨以及制作精美的面食小点的实物，由此可见当时面食之丰富、制作技术之高超。唐人的副食类型也很丰富，穷极水陆滋味，基本达到"物无不堪食"的程度。花色菜肴的发明则是这一时期的特色之一。

与这一时期的主要食物品类相适应，该时期的食器主要有盛食器如碗、盘、碟和取食器匕、箸。

碗，从古至今就是一种重要的食器。唐代的主食如米、面等均非常适合盛放于碗中。唐代另一食器生产大宗是盘子。盘，"承槃也"，它的主要作用是用来盛放食物的。这一时期的盛食器还有碟子。

【唐代取食用具】

唐代的取食用具有匕、箸。箸就是筷子，匕"亦所以用比取饭"，就是取饭用的饭匙。在进食时匕、箸是配合使用的，并且有严格的分工，《礼记·曲礼上》中就规定有"饭黍毋以箸"、"羹之有菜者用梜，其无菜者不用梜"，箸在那时候主要是用来捞取羹中菜食，而吃饭则使用匕。这种习惯在唐代仍为沿用。

【唐代酒器】

唐之盛世，使得这一时期酒风大张，唐代不但各地所产酒的品类十分繁多，星罗棋布的酒肆也为人们的饮酒提供了很大便利。

唐人在饮酒时，非常注重饮酒时氛围的营造，经常行酒令助兴。丁卯桥就出土了一组包括有"论语玉烛"、酒令筹、令旗、令纛的宴饮行令专用器具。"玉烛"其实就是用来盛酒令筹的筹筒，而且配有专门的玉烛录事掌管。

为了规范人们在共饮时的斟酌之道，当时在酒席上还有监酒工具"令旗"、"令纛"，也配有专门的录事掌管。

好酒的唐人对于饮酒时的行令器具在制作时都这样用心，对于酒器的设计更是非常重视。

以出土实物来看，这一时期的酒器不管是在种类上还是造型上都与前代有很大不同。以种类上看，因为唐代酒类酿造技术的改进，所制出酒的浓度较之前代有很大的提高，以往汉人可以"饮酒一石而不乱"的现象在唐代已很难再现，这使得唐人在饮酒器上多选用容量相对较小的杯和盏。盛酒器方面，由汉代流行开来的用于储酒、挹酒的樽杓组合还有人沿用，而一种融储酒、注酒功能于一身的"注子"则是这一时期新创造的器形并广为使用。

饮酒器的造型方面，前代多被用于饮酒的带有双耳的椭圆形造型的耳杯已经很少应用，一批前朝所不常见的或带把、或高足、或多曲的杯类造型却被这一时期人们所使用。

带把杯作为一种容器，为了保证其使用功能，在杯身上的造型变化终归有限，所以唐人非常重视把手的造型，除了"6"字形之外，还出现了配有云头形指垫的环形把手、内部造型类似耳朵形状的卷草叶形把手和叶芽形把手，都非常美观并且实用。

对于带把杯来说，因为人们在使用时是单手把持，所以就要求其器形不能过大，以防其在装入液体之后，因为自身太过沉重而影响使用。而唐人在设计时已经留意到了这一点，唐代带把杯的器高大多在 4~7.7 厘米之间，口径多半在 7~10.5 厘米之间。

将唐代带把杯尺寸和我们现在所使用带把杯尺寸经过比对可发现，其尺寸与我们现在容量在 200~250 毫升之间的把杯基本相同，其在尺寸的选取上是十分合适的。

金银带把杯在唐代出现的时间大多数集中在 7 世纪后半叶至 8 世纪前半叶这一时间段内，此后陆续出现的多为瓷器制品。尽管在唐代饮食器中，带把杯所占的比重不是非常大，在中国传统器物群中带把杯也不是一种被普遍使用的典型器物，可是唐以后朝代所出现的带把杯，或多或少的都能够看到一些与唐带把杯之间的联系，可见唐代带把杯所确立卜的造型模式对后代的影响非常深远。

唐代饮器中另一类比较突出的新器形是高足杯。这种多以深腹筒状杯体配以外撇式高足的杯类样式，在唐代具有较高等级、身份的贵族墓壁画中频繁出现，反映出其在贵族中所受欢迎的程度。在唐代画像里，但凡侍女所持一杯者，杯子的质地都一般比较贵重，所以出现在唐墓壁画中的高足杯的材质，除了被学者们分辨是玻璃材质的之外，其他的应为贵金属金、银制成，并且这两种材质的高足杯都有出土实物能够参照。

带有高足的器物在唐之前的饮食用器具群中也有出现，比较突出的是用来盛放菹醢等调料的"豆"。可是从造型上看，豆的上部通常是呈盘状或浅碗状，器腹较浅，并配以较高的足部；而高足杯的杯腹一般较深，足部相对较矮，因为所盛放的对象完全不同，因此从渊源上看，二者之间并没有什么关系。

中华饮食器具

唐代银高足杯现在发现数量较之带把杯要多得多，而且模仿金银器造型的瓷质高足杯在许多中小型墓葬和瓷窑遗址中也大量出土，表明高足杯是唐代社会中使用较为普及的一种日常器皿。

【唐代饮茶器具】

唐代的饮食活动较之前代最明显的一个变化，就是饮茶风气在全国范围内的盛行。

形成唐代这种全国无论南北皆盛行饮茶的风气的原因，首先与这一时期佛教禅宗的兴盛有着非常密切的关系，其次与上层社会及文人的推崇有关。唐代宫廷非常喜欢饮茶，全国各茶叶产地每年都会贡茶用来满足皇室的需求。另外，饮茶风尚在唐时之所以能风靡全国还有一个不容忽视的客观因素，就是自隋炀帝时纵贯南北的大运河的开通，使主要产自南方的茶能够依靠水路源源北上，确保了北方茶叶充足的供应，从而有利于茶在百姓生活中的普及。

在饮茶器具的选择方面，《茶经》里面所记载的唐人饮茶主要是用碗，但在文中对茶碗进行叙述的一段中还提及了"瓯"，《说文》中对这两个字的解释分别为"碗，小盂也"、"瓯，小盆也"，似乎各有所指，没有什么关联。而结合西汉杨雄《方言》中有记载"江东名盂为凯，亦曰瓯也"，颜师古在《急就篇》卷三注中也将瓯解释为"盂"，还有明洪武朝所编的《洪武正韵》中则有"今俗谓碗深者为瓯"，能够看出碗、瓯、盂所指代的大致上是同一对象，碗和瓯基本上是相通的。所以也可推断在唐诗中所常出现的诸如"茶新换越瓯"、"白瓷瓯甚洁"、"静落茶瓯与酒杯"等，所指也应该是与茶碗造型类似的器物。

唐人另一常用的饮茶器是茶托，就是把碗、盏之类的饮器配以托盘的组合。在唐代文献和出土实物里有关盏托被作为茶具使用的确切记载，是在唐代晚期才出现的。

【宋代盛食器具】

随着宋代社会经济关系的转变和文化的发展，民众阶层对饮食器具实用功能的需要与观赏性的追求都出现了很大的变化。为适应民众之需，宋人各式器具的实用性与外观美的统一上做了很大的努力，虽然所生产的盘、碗、壶、瓶、勺、筷子等饮食器具，都是最普通不过的日常生活用品，可是在它们造型的形式处理上都表现出在变化中求得统一，在统一中赋予变化，以取得二者的完美结合，也就是说不仅要有造型局部上的多样变化，还要有整体上的统一，实现了丰富、耐看、和谐、含蓄的目的。

食具类主要包括碗、盘、碟、钵、豆、筷子、勺等。碗自古以来就是最重要的饮食器具之一，形制大致和现代的碗相似，大口、深腹、平底或圈底，圈足或假圈足。碗的底足时代特征非常强，汉至隋代以平底、假圈足为典型，唐代多以平底及壁形底、环条形底足为主。五代两宋以后多圈足。依照功用可分为饭碗、汤碗、菜碗、茶碗、果碗等。宋代碗的造型丰富多样，比较典型的有海棠式、荷叶式、墩子式、鸡心式、草帽式等。海棠式、荷叶式的造型是在前代造型的基础上发展起来的，也是宋碗比较常见的类型。

古时候盘子形制比较大，"盆大者曰盘"，一是盛放食物，一是盛水，后来也有作祭器使用。宋代在历史的基础上又表现出其造型工艺的独到之处，除了比较常见的圆形、方形、四角形外，还有一些做工精致的腰样形、八角形、花瓣形、条环方滕样与四角牡丹状等。像已出土的有宋代鎏金银八角盘，盘为长八角形，宽沿，沿边向里微卷成型，盘沿錾饰格纹一周。腹线和盘沿相对应有八角形，平底、无足。盘底压印出凸起的图案，分别有人物、花木、龙凤、池鱼、亭台楼阁、如意祥云等，组成一幅美好的图景。

钵由于功用所限通常大于碗，口一般比较大，腹部宽而深，造型多半简洁大方。

豆是古代盛食器，分为盆形、钵形、罐形、条形、盘形等；器足有喇叭形、镂孔喇叭形、圈足、镂孔圈足、竹节细把形、高柄把形等。宋代此类食器已经不常使用。

【宋代进食器具】

勺是用来进食、羹、汤的食具，材质分为银、铜、铁、漆、木、陶、瓷等。如出土的北宋初期黑漆勺，残长 17 厘米，深 5 厘米。柄已经残断，斗呈椭球形。是以木为胎，整木挖制而成，外髹黑漆，内髹红漆，表面未加任何装饰雕刻，颇为素雅。调羹属于勺的一种，是在宋代以后出现的，以造型小巧者为佳。

筷子是中国饮食文化中最具有特色的进食器具。《韩非子·喻老》中有"昔者，纣为象箸，而箕子怖"。《礼记·曲礼》中也提到过筷子，"饭黍毋以箸"。由此可断言筷子至少始于商周。其形大多数由圆、方两部分组成，圆形的一端是为了方便夹菜，且不碰伤嘴唇，方形的一端是为了方便摆放，并避免筷子在餐桌上不滚动。发展到宋代筷子的形状有圆、方、六棱、八棱、麻花等多种形状，其大小、粗细也有差异。从质地来说分为竹、木、骨、玉、银、金、漆等。从功能来说分为煎煮用的长筷；有区别个人用的异色筷；有区别男女用的长短筷；还有分生熟用的鱼、肉专用筷，以防腥臭。

【宋代酒具】

宋代的酒具类有注子、注碗、酒瓶、酒杯、酒盏等。酒器，是酒文化的一个重要构成部分。而酒器形状的演变，还能反映出渗透于酒文化中的社会观念的变化。

注又称执壶，饮酒的用具。宋高承约《事物纪原》中有："注子，酒壶名，元和间（公元806年—820年）酌酒用注子。"开元前后的墓葬中出土有盘口、短颈、鼓腹、短流、曲棱，造型丰满圆浑的注子，是酒壶的初期形式。后来，注子经常与温酒用的注碗配用，成为一套酒具。

宋人造瓶，器型多变，而且变化多集中在口、颈与腹部，同是一瓶而形式争奇斗巧，千变万化，稍有变化遂呈异貌。梅瓶和玉壶春瓶都是酒具，可是用途不一样。玉壶春瓶口外撇，细颈便于把握，装入酒后液体重心在腹下，应该是烫酒和酌酒的酒瓶；梅瓶的造型为小口宽沿，短颈、双肩下折、深长腹、圈足，适合做装酒的盛具。

杯与盏也经常作为饮酒器具，盏较杯体量小。宋代杯的造型亦是多种多样，如高足杯，为口大弧形腹，圈足很高，适合握在手中。当时柳斗杯的造型也颇有创意，像耀州窑遗址宋代作坊出土的青釉柳斗状杯，是小敞口，厚圆唇外翻卷，束颈、溜肩、鼓腹、小底、卧足，由于它的造型和纹饰与柳条编织的筐相似，故名柳斗杯。

【宋代茶具】

宋代的饮茶器具主要有盏、盏托、壶等。宋代饮茶之风盛行，王安石《王文公文集》中的《杂著·饮茶法》有云："茶之为民用，等于米、盐，不可一日以无。"
而饮茶习俗的风靡更是促使茶具的设计非同一般，表现在造型上较前代更加精致、
多样、实用。

宋代最典型的茶盏为天目盏，由于日本僧人从浙江天目山寺院带回斗笠状黑釉
茶具，因此将这种造型的碗统称为天目盏，其实并不是天目山所产。该器口大底
小，斜腹壁，侧视呈三角形，方便查看水痕和倾倒茶叶。由于倒置过来形似斗笠，
故又名斗笠碗。釉厚不及底，与前代有所不同，利于保温、减缓水痕的消退。是宋
代一种美观实用的饮茶佳器。

盏托顾名思义是用来盛放茶盏的器皿，是从托盘发展而来的，东晋时已出现，
盏托兴起后，托盘逐渐被淘汰。

宋代壶的品类繁多、名称各异。茶壶也称之为注壶、水壶等，其造型与执壶相
比，主要特征是流粗短小，弯曲度较小或不弯曲，把手小巧，矮足或无足，底部
大，与平地落在一个平面上。颈短或无颈，由肩向下，壶身渐渐溜圆，使造型的中
心亦随之下移，从而在底部增加了足够的重力，自然也就增加了壶的稳定感。

明清时期的饮食器具

【明代的陶瓷餐具】

明代时随着社会经济的快速发展和城市的繁荣，饮食器具手工艺的发展进一步
促进了饮食文化的发展，尤其是陶瓷艺术的发展，此时的色釉和画彩发展到了很高
的水准，这个时期的陶瓷餐具式样丰富、品种繁多、色泽鲜艳，而且纹饰上多"用
白地青花，间装五色，为古今之冠"。

明朝的宣（德）、成（化）、嘉（靖）、万（历）窑器，分为白釉、彩瓷、青
花、红釉等精品，成龙配套，富丽堂皇。《明史·食货篇》中有云，皇帝专用的餐
具就有307 000多件。那时候有御窑58座，日夜不停工，专烧宫瓷；以制瓷为主业
的景德镇，因此一跃而成为"天下四大镇"之一。

当时著名的瓷器餐具，有优秀的画师在瓷胎上挥洒自如，令单色青花瓷具有浓
淡参差的丰富层次，给人以妙趣横生的感觉，很大地增加了餐具的艺术效果。当时

的器具单就纹饰来看，在继承了唐宋时期的纹饰艺术的基础上有了很大的发展，各种花卉果实的器具形象逼真，虫鱼鸟兽呼之欲出，人物神态逼真，达到了一种非常高的艺术意境。"中心画双狮滚球为上品，鸳鸯心者次之，花心者又次。杯外青花深翠，式样精妙"。由此可见，当时不只是餐具形状多样，而且烧制技术极高，色彩丰富鲜艳，纹饰五彩缤纷，质地光泽细润，这些器具都是供宫廷贵族餐饮使用的，而这些饮食器具与当时品种繁多的各类肴馔相结合，构成了丰富多彩的饮食文化的内涵。

另外，明代盛行豪华金银玉牙餐具。奸臣严嵩家中，只金盘一项，就有49件，其中的金鲤跃龙门盘、金飞鹤壁虎盘、金八仙庆寿酒盘、金松竹梅大葵花盘、金草兽松鹿花长盘，全都栩栩如生。

【清代食器】

清代宫廷的食器也非常讲究，开始出现了珐琅彩，而且还饰有"五福"、"万寿无疆"等吉祥祝福之语。此外更加讲究的是，食器在绘饰上还针对某一种菜肴，绘制与菜肴内容有关的图纹，像每年农历七月初七，清宫御膳房所做的巧果，都要置于绘有"鹊桥仙渡"图案的珐琅彩瓷碗中，这个图案取材于喜鹊搭桥牛郎织女天河相会的神话传说，其菜肴与食器在内容上相呼应、色彩上相和谐，可以说在饮食与器具的配合上，从内容到形式都向前迈进了一大步。

清瓷则更上一层楼。如康熙年间的郎窑瓷，形制多样，同时还有多色混合的"窑变"（指在窑炉的高温中釉彩产生的奇妙变化），也是一奇。能与细瓷比美的是宜兴工艺陶。由名匠制作的茶壶，设计古朴，盛茶不馊，海内珍之，价同金璧，名公巨卿全都争相购求。

清代的金银玉牙餐具更加奢侈豪华。慈禧太后宁寿宫膳房里，有金银餐具1500多件，折合成黄金290.8千克、白银529.5千克。1771年，乾隆之女下嫁于孔子七十二代孙子孔宪培。嫁妆中有套"满汉宴银质点铜锡仿古象形水火餐具"，总计404件，能上196道菜品。它再现了先秦时期青铜餐具的雄浑风采，模拟飞潜动杆，镶金嵌玉，刻琢诗文书画，具有极高艺术观赏价值，为我国古食器的杰作。

中华酒文化

酒 的 起 源

【仪狄造酒说】

据说夏禹时期的仪狄发明了酿酒。《吕氏春秋》中记载:"仪狄作酒"。汉代刘向所著的《战国策》则进一步说明:"昔者,帝女令仪狄作酒而美,进之禹,禹饮而甘之,曰:'后世必有以酒亡其国者。'遂疏仪狄而绝旨酒"。

史籍里面有多处提及仪狄"作酒而美"、"始作酒醪"的记载,似乎仪狄乃是制酒之始祖。这是否属实,有待于进一步考证。还有这样一种说法,"仪狄作酒醪,杜康作秫酒"。此处并没有时代先后之分,似乎是讲他们作的是不同的酒。"醪"由糯米通过发酵加工而成。"醪糟儿"性温软,味微甜,多产于江浙一带。现在的很多家庭中,还有自制醪糟儿。醪糟儿洁白细腻,稠状的糟糊可做主食,上面的清亮汁液颇近似于酒。"秫",是高粱的别称。"杜康作秫酒",即杜康酿酒所使用的原材料是高粱。如果非要把仪狄或杜康确定为酒的创始人的话,那么,只能说仪狄是黄酒的创始人,而杜康则是高粱酒创始人。

另有一种说法是"酒之所兴,肇自上皇,成于仪狄"。这就是说,自上古三皇五帝的时候,就有各种各样的酿酒的方式流行于民间,是仪狄把这些酿酒的方法归纳总结出来,使之流传于后世的。能够做出这种总结推广工作的,自然不是普通平民,因此有的书中指出仪狄是司掌造酒的官员,这恐怕也不是没有道理的。《战国策》记载仪狄作酒之后,禹曾经"绝旨酒而疏仪狄",也指出仪狄是很接近禹的"官员"。

仪狄是什么时代的人呢?比起杜康来,古籍中对仪狄的记载要比较一致些,比如《世本》、《吕氏春秋》、《战国策》里都记载他是夏禹时代的人。他究竟是从事什么职务的人呢？是司酒造业的"工匠"，还是夏禹手下的臣属？他生于哪里、葬于哪里？都没有确凿的史料可考。

那么，仪狄究竟是不是酒的"始作"者呢？有的古籍中还有与《世本》相矛盾的记载。比如孔子八世孙孔鲋，说帝尧、帝舜都是酒量非常大的君王。黄帝、尧、舜，都早于夏禹，早于夏禹的尧舜都善于饮酒，那么，他们饮的是谁人制造的酒呢？由此可见，说夏禹的臣属仪狄"始作酒醪"是不太准确的。事实上用粮食酿酒是件程序、工艺都非常复杂的事，只凭个人力量是很难完成的。仪狄再有能耐，首先发明造酒，似不太可能。若说他是位善酿美酒的匠人、大师，或是监督酿酒的官员，他归纳了前人的经验，完善了酿造方法，终于酿出了质地优良的酒醪，这种可能性还是很大的。因此，郭沫若说，"相传禹臣仪狄开始造酒，这是指比原始社会时代的酒更甘美浓烈的旨酒"。这一说法应该更加可信。

【杜康造酒说】

有一种记载，说杜康"有饭不尽，委之空桑，郁结成味，久蓄气芳，本出于代，不由奇方"。意思是杜康把没有吃完的剩饭，放置在桑树的树洞里，剩饭在洞中发酵后，有芳香的气味传出。这就是酒的做法，并没有什么奇异的。由一点日常生活中的偶尔的机会作为契机，启发创造发明的灵感，这非常符合发明创造的规律，这段记载在后世流传，杜康便成了能够留心身边的小事，并能及时启动创作灵感的发明家了。

魏武帝乐府有云："何以解忧，唯有杜康。"自此之后，主张酒是杜康所创的说法便更加多了。窦苹考据了"杜"姓的起源及沿革，指出"杜氏本出于刘，累在商为豕韦氏，武王封之于杜，传至杜伯，为宣王所诛，子孙奔晋，遂有杜氏者，士会和言其后也"。杜姓传到杜康的时候，已经是禹之后很久的事情了，在此之前的上古时期，就已经有"尧酒千钟"之说了。倘若说酒是杜康所创，那么尧喝的是什么人酿造的酒呢？

历史上确实有杜康其人。古籍中如《世本》、《吕氏春秋》、《战国策》、《说文解字》等书，对杜康都有过记载。清乾隆十九年（1754年）重修的《白水县志》中，对杜康也有过比较详尽的记载。白水县，位于陕北高原南缘同关中平原交接处。由于流经县治的一条河水底多白色石头而得名。白水县，是"古雍州之城，周

人间有味是清欢——饮食卷

末为彭戏，春秋为彭衙"，"汉景帝建粟邑衙县"，"唐建白水县于今治"，可谓历史悠远了。白水由于有所谓"四大贤人"遗址而名扬中外：一是相传为黄帝的史官、创造文字的仓颉，出生在本县的阳武村；一是死后被封为彭衙土神的雷祥，生前擅长制造瓷器；一是我国"四大发明"之一的造纸发明者东汉人蔡伦，不知什么缘由也在此地留有坟墓；最后一个就是相传为酿酒鼻祖的杜康的遗址了。一个黄土高原上的小小县城，拥有仓颉、雷祥、蔡伦、杜康这四大贤人的遗址，其显赫程度自是不言而喻了。

"杜康，字仲宁，相传为县康家卫人，善造酒。"康家卫是一个至今还存在的小村庄，西距县城七八千米。村边有一道大沟，长大概十余千米，最宽处有一百多米，最深处也近百米，人们都叫它"杜康沟"。沟的源头处有一眼泉，周周绿树环绕，草木丛生，名曰"杜康泉"。县志上记载"俗传杜康取此水造酒"，"乡民谓此水至今有酒味"。有酒味虽然不精确，可是此泉水质清洌甘爽却是事实。清流从泉眼中汩汩涌出，沿着沟底缓缓流淌，最后汇入白水河，人们将它称为"杜康河"。杜康泉旁边的土坡上，有个直径约五六米的大土包，有砖墙围护着，据说是杜康埋骸之所。杜康庙就在坟墓左侧，凿壁为室，供奉着杜康的造像。遗憾的是，庙与像均已毁坏了。据县志记载，往日，乡民每逢正月二十一，都会带着供品，来到此处祭祀，组织"赛享"活动。这一天十分热闹，搭台演戏，商贩云集，熙来攘往，直至日落西山人们方尽兴而散。如今，杜康墓和杜康庙皆在修整，杜康泉上已经建好一座凉亭。亭为六角形，红柱绿瓦，五彩飞檐，楣上绘着"杜康醉刘伶"、"青梅煮酒论英雄"等故事图画。虽然杜康的出生地等均系"相传"，可是通过考古工作者在此一带发现的残砖断瓦考定，商、周之时，此地确有建筑物。此处产酒的历史也颇为悠久。唐代大诗人杜甫于安史之乱时，曾经离家来此依其舅崔明府，并在这里写下了《白水明府舅宅喜雨，得过字》等诗多首，诗句中有"今日醉弦歌"、"生开桑落酒"等饮酒的记载。酿酒专家们对杜康泉水也作过检验，证实水质适合用于酿酒。1976年，白水县人在距杜康泉不远处建立了一家现代化酒厂，定名为"杜康酒厂"，并以该泉之水酿酒，命名为"杜康酒"，曾经荣获国家轻工业部全国酒类大赛的铜杯奖。

无独有偶，清道光十八年（1838年）重修的《伊阳县志》和道光二十年（1849年）修的《汝州全志》里，也都记载过杜康遗址。《伊阳县志》中"水"条里，有"杜水河"一语，释曰"俗传杜康造酒于此"。《汝州全志》中书有："杜康叭"，"在城北五十里"处。今天，这里倒真是有一个叫"杜康仙庄"的小村，人们说此处就是杜康叭。"叭"，本义是指石头的破裂声，而杜康仙庄一带的土壤也正是由山石风化而成的。从地隙中涌出很多股清冽的泉水，汇入村旁流过的一小河里，人们说这段河就是杜水河。此地村民因为饮用这段河水，居然没有患胃病的人。在距杜康仙庄北约十多千米的伊川县境内，有一眼名为"上皇古泉"的泉眼，据说也是杜康取过水的泉。如今在伊川县和汝阳县，已经分别建立了颇具规模的杜康酒厂，所产之酒都叫杜康酒。伊川的产品、汝阳的产品连同白水的产品合在一起，年产量多达1万多吨，这可能是杜康当年无法想象的。

史籍中还有少康酿酒的记载。少康就是杜康，不过是年代不同的称谓罢了。那么，酒之源到底在何处呢？窦苹认为"予谓智者作之，天下后世循之而莫能废"，这是很有道理的。劳动人民在天长日久的劳动实践中，积累下了制造酒的方法，经过有知识、有远见的"智者"归纳总结，后代人根据先祖传下来的办法一代一代地相袭相循，流传至今。这个说法是比较接近事实的。

【考古资料对酿酒起源的佐证】

谷物酿酒的两个前提条件是酿酒原料和酿酒容器。下面几个典型的新石器文化时期的情况对造酒的起源具有一定的参考作用。

（1）裴李岗文化时期（约公元前5300年—约前4600年）。

（2）河姆渡文化时期（约公元前5000年—约3300年）。

这两个文化时期，都有陶器和农作物遗存，皆具备酿酒的物质条件。

（3）磁山文化时期（约公元前5400年—约前5100年）。

磁山文化时期农业经济比较发达。据有关专家统计，在遗址中出土的"粮食堆积为100立方米，折合重量50000千克"，还出土了很多形制类似于后世酒器的陶器。有人指出磁山文化时期，谷物酿酒的可能性是很大的。

（4）三星堆遗址。

该遗址位于四川省广汉，埋藏物是公元前2800年至公元前800年之间的遗物。这个遗址中发现了大量的陶器和青铜酒器，其中器形有杯、觚、壶等。其器形之大也为史前文物比较少见的。

（5）山东莒县陵阴河大汶口文化墓葬。

考古工作者在山东莒县陵阴河大汶口文化墓葬中发拙出土了很多的酒器。最为引人注目的是其中有一组酒器，包括酿造发酵所用的大陶尊，滤酒所用的漏缸，贮酒所用的陶瓮，用来煮熟物料所用的炊具陶鼎。此外，还有各种类型的饮酒器具100多件。有考古人员分析，墓主生前大概是一职业酿酒者。在出土的陶缸壁上还发现刻有一幅图，据分析是滤酒图。

在龙山文化时期，酒器就更多了。国内专家学者普遍认为龙山文化时期造酒是比较发达的行业。

上文考古所得的资料都证实了古代传说中的黄帝时期、夏禹时代的确有酿酒这一行业。

中国十大名酒

【茅台酒】

贵州茅台酒独产自中国的贵州省仁怀市茅台镇。茅台酒是用优质高粱为原材料，以小麦制成高温曲，而用曲量多过原材料。用曲多，发酵期长，多次发酵、多次取酒等独特工艺，是茅台酒风格独特、品质优异的主要因素。酿制茅台酒需要经过两次加生沙（生粮）、8次发酵、9次蒸馏，生产周期长达八九个月，然后再陈贮3年以上，勾兑调配，接着再贮存一年，使酒质更加和谐醇香，绵软柔和，方可装瓶出厂，整个生产过程将近5年之久。

茅台酒是风格最完美的酱香型大曲酒的典型，所以"酱香型"又称"茅香型"。其酒质晶亮透明，略有黄色，酱香明显，让人陶醉，敞杯不饮，香气扑鼻，开怀畅饮，满口生香，饮后空杯，留香更大，经久不散。味道幽雅细腻，酒体丰满醇厚，回味悠久，茅香不绝。茅台酒液纯净透明、醇馥幽郁的特点，是集酱香、窖底香、醇甜三大特殊风味融合而成，现在已经得知香气组成成分多达300余种。

茅台酒的高质量多年一直不变。全国评酒会对贵州茅台酒的风格给出了"酱香突出，幽雅细腻，酒体醇厚，回味悠长"的评价。有人称赞它有"风味隔壁三家醉，雨后开瓶十里芳"的魅力。茅台酒香而不艳，它在酿制过程中从来不加半点香料，香气成分全都是在反复发酵的过程中自然形成的。它的酒精度始终保持在 52 度到 54 度之间，一度是全国名白酒中度数最低的酒。具有饮后喉咙不痛、不上头，可以消除疲劳、安定精神等特点。

【五粮液】

五粮液是中国最著名的白酒之一，是中国驰名品牌，享有"名酒之乡"美称的四川省宜宾市，是宜宾五粮液的故乡。

五粮液集团有限公司的成名产品"五粮液酒"是浓香型白酒的典型代表。它以高粱、大米、糯米、小麦和玉米五种粮食作为原材料，以"包包曲"为动力，通过陈年老窖发酵，长期陈酿，精心勾兑而成。

五粮液以其"香气悠久、味醇厚、入口甘美、入喉净爽、各味谐调、恰到好处、酒味全面"的独特风格名扬四海，以独有的自然生态环境、638 年的明代古窖、五种粮食配方、酿制工艺、中庸品质、"十里酒城"等六大优势，成为目前酒类产品中卓绝群伦的珍品。

【洋河大曲】

洋河大曲，产自江苏省宿迁市宿城区的洋河镇（原江苏省泗阳县洋河镇），因地名故而称"洋河大曲"。"水为酒之血，曲为酒之骨。"该酒是以当地"美人泉"的水酿制而成的。

洋河大曲独特的传统工艺为：将陈年老窖发酵，通过 60 天的发酵期，面醅部分所蒸馏之酒，由于质量差而另作处理，用作填充料的谷壳也需要进行充分的清蒸。蒸酒需要掐头去尾，中流酒也需经鉴定、验质、贮存、勾兑后，方能包装出厂。

洋河大曲酒液无色透明，酒香醇和，味净格外明显，既有浓香型的风味，又有独自的风格。醇香浓郁，余味爽净，回味悠久，属浓香型大曲酒，具有"色、香、鲜、浓、醇"的独特风格，以其"入口甜、落口绵、酒性软、尾爽净、回味香、辛辣"的特点，享誉四海。是名扬天下的江淮派（苏、鲁、皖、豫）浓香型白酒的卓越代表"三沟一河"之一，"三沟一河"分别指汤沟酒、洋河酒、双沟酒、高沟酒。

人间有味是清欢——饮食卷

【泸州老窖特曲】

著名酒城泸州位子四川南部，依山傍水，气候温和，所产老窖特曲、头曲酒（过去叫泸州大曲）均是古老的四大名酒之一，也是如今的名酒（白酒）之一。

泸州曲酒的主要原材料取自于当地的优质糯高粱，以小麦制曲，大曲有特殊的质量标准，酿造用水取自龙泉井水和沱江水，酿造工艺是用传统的混蒸连续发酵法。蒸馏得酒后，再以"麻坛"贮存一至两年，然后通过细致的尝评和勾兑，达到固定的标准，才可出厂，确保了老窖特曲的品质和独特风格。

泸州老窖特曲是我国久负盛名的名酒之一，一向以"醇香浓郁，清冽甘爽，回味悠长，饮后尤香"的独特风格，名扬古今，畅销中外。这种酒无色透明，窖香浓郁，清冽甘爽，饮后尤香，回味悠长。它的特点是浓香、醇和、味甜、回味长，酒度分为 38 度、52 度、60 度 3 种。

【汾酒】

汾酒是我国历史悠久的名酒，产自山西省汾阳市的杏花村。

杏花村汾酒是取自广大晋中地区、吕梁地区特产、无污染的优质高粱、大麦、豌豆，经由"清蒸二次清，固态地缸分离发酵，清字当头，一清到底"的传统工艺酿制而成。

杏花村汾酒酒液晶亮透明、清香幽雅、醇净柔和、回甜爽口，饮后余香持久。

【郎酒】

郎酒产自四川省泸州市古蔺县的二郎镇。此镇地处赤水河中游，周围崇山峻岭。就在这高山深谷之中有一清泉汩汩流出，泉水清澈甘甜，大家将它称为"郎泉"。郎酒便是因取郎泉之水酿酒而得名。

生产郎酒的二郎滩是一方神韵十足的风水宝地。发源于云贵高原的赤水河，绵延 1000 多千米，其流域千沟万壑海拔全都在 1000 米之上，但是流过二郎滩，却陡然降至 400 余米。位于郎酒厂部右侧约有 2 千米之处的蜈蚣崖半山腰间，悬挂着两个天然酒库——天宝洞、地宝洞，此处便是储藏郎酒的所在。

用天然溶洞来贮藏白酒，这在中国白酒生产厂家中是独一无二的。郎酒"四宝"中的美境、郎泉和宝洞均是上天的馈赠，但其精湛的酿制工艺，则是郎酒人世世代代苦心经营，不断总结前人经验又推陈出新得出的结果。郎酒的全部酿制工艺，艰难曲折，一唱三叹，细致周密，精湛考究，概括起来基本有这样一些环节："高温制曲"、"两次投粮"、"凉堂堆积"、"回沙发酵"、"九次蒸酿"、"八次发酵"、"七次取酒"、"历年洞藏"和"盘勾勾兑"。郎酒生产程序中的"回沙发酵"是其他香型白酒厂家难以效仿的，也是所有白酒生产酿造周期最久的。

郎酒的酒液清澈透明，酱香浓郁醇厚，入口舒软，甜香满口，回味悠久。

【古井贡酒】

古井贡酒产自于安徽省亳州市的古井镇。

古井贡酒是用取自于安徽淮北平原优质小麦、古井镇优质地下水和颗粒饱满、糯性强的优质高粱为原材料，并且在亳州市古井镇特定区域范围内利用其自然微生物依照古井贡酒传统工艺酿制的酒。古井贡酒是传统工艺与现代微生物技术相结合的产物，采取古井贡酒"两花一伏"大曲发酵，贮存期超过 6 个月。将中温曲、高温曲和中高温曲分别依照不同比例混合在不同轮次中使用。酿造采取每年生产 3 轮次，前两轮发酵周期均是两个月，第三轮发酵周期为 8 个月。并采用"三高一低"（入池淀粉高、入池酸度高、入池水分高、入池温度低）及"三清一控"（清蒸原料、清蒸辅料、清蒸池底醅、控浆除杂）的独特技术，依照不同发酵周期再通过分层出池、层层出醅和特殊的甑桶蒸馏，再经小火馏得出的酒，量质摘酒，分级贮存，从而区分出窖香、醇香、醇甜三个典型的酒分别入陶坛贮存，经过尝评、分析、勾兑和陈酿后方包装出厂，由原材料投入到产品出厂至少在 5 年以上。古井贡酒含有适量的醇类和高级脂肪酸酯，这使它具有入口绵甜、醇香清怡、口感饱满的特点，而且在醇甜柔顺中透出幽香。尤其是新研制出的 5 - 羟甲基糠醛物质，其适当的含量和酒中的醇类、酯类、酸类、醛类、酮类、酚类一起构成了古井贡酒幽香淡雅的浓香型独特风格。

【西凤酒】

西凤酒的产地位于陕西凤翔县的柳林镇。

西凤酒取自本地特产高粱为原材料，以大麦、豌豆制曲，配以天赋甘美的柳林

人间有味是清欢——饮食卷

井水。制作工艺采取续渣发酵法，发酵窖包括明窖与暗窖两种。工艺流程有立窖、破窖、顶窖、圆窖、插窖和挑窖等工序，操作方法独特。蒸馏得酒后，通过不少于3年的贮存，然后进行精心勾兑才能出厂。

西凤酒酒液清亮透明，醇香芬芳，清而不淡，浓而不艳，集清香、浓香之优点融于一体，幽雅、诸味谐调，回味悠远，风格特别。被誉为"酸、甜、苦、辣、香五味俱全而各不出头"。就是酸而不涩，苦而不黏，香不刺鼻，辣不呛喉，饮后回甜，味久而弥芳之妙。是凤香型大曲酒，被人们称为"凤型"白酒的典型代表。

【董酒】

董酒的产地在中国优质白酒核心区贵州省遵义市，东接大娄山脉，西邻茅台镇，位于遵义汇川区董公寺镇一带，距离遵义市区7.5千米，而且还是距离红色遵义会议会址最近的国家级名酒。

董酒采取优质高粱作为原材料，用厂区西面8千米处的水口寺地下泉水为酿造用水，小曲小窖制取酒醅，大曲大窖制取香醅，酒醅香醅串蒸而成。董酒的工艺简称为"两小，两大，双醅串蒸"，再通过量质摘酒、分级陈酿、科学勾兑、严格检验、精心包装而方出厂。

董酒酒液无色，清澈透明，香气幽雅舒适，不仅有大曲酒的浓郁芳香，还有小曲酒的绵软、醇和、回甘，还有淡雅舒适的药香和爽口的微酸，入口醇和浓郁，饮后甜爽味长。因为酒质芳香奇特，被人们誉为其他香型白酒中与众不同的"药香型"或"董香型"典型代表。

【剑南春】

剑南春酒的产地位于四川省绵竹市，因为绵竹在唐代属剑南道，故称为"剑南春"。四川绵竹市一向有"酒乡"之称，绵竹市由于产竹、产酒而得名。

剑南春酒取自高粱、大米、糯米、玉米、小麦为原材料，小麦制大曲为糖化发酵剂。

剑南春的工艺为：红糟盖顶，回沙发酵，去头斩尾，清蒸熟糠，低温发酵，双轮底发酵等，配料合理，以精细的操作酿制而成。

剑南春酒质无色，清澈透明，芳香浓郁，酒味醇厚，醇和回甘，酒体丰满，香味柔和，恰到好处，清冽净爽，余香悠远。

中华茶文化

茶 史 渊 源

【茶的起源】

与其他物种的起源一样，茶的起源和存在，自然也是在人类发现茶树和利用茶树之前，直至相隔很久之后，才被人们发现和利用。中国是最早发现和利用茶树的国家，被称为茶的故乡。据文字记载表明，我们祖先早在 3 000 多年前已经开始栽培和利用茶树。人类的用茶经验，也是通过代代相传，从局部地区逐渐扩展开的，又隔了很久，才逐渐见诸文字记载。

【饮茶的发源时间】

在世界上很多地方饮茶的习惯都是由中国传入的。因此，很多人认为饮茶就是中国人首创的，世界上其他地方的饮茶、种植茶叶都是直接或是间接地由中国传过去的。

1. 神农时期

唐朝陆羽的《茶经》中有："茶之为饮，发乎神农氏。"在中国的文化发展史上，通常是将一切与农业、与植物相关的事物起源最终都归结于神农氏。归到这里以后就再也无法向上推了。也正因为这样，神农才成为"农之神"。

2. 西周时期

晋朝常璩的《华阳国志·巴志》中记载："周武王伐纣，实得巴蜀之师，茶蜜皆纳贡之。"这反映出在周武王伐纣时，巴国就已经用茶与其他珍贵产品纳贡与周武王了。《华阳国志》里还记载，当时已经有了人工栽培的茶园。

3. 秦汉时期

西汉时期王褒的《僮约》中记载有"烹茶尽具"，"武阳买茶"，据考察证实荼就是今天的茶。

【饮茶的起因】

人类是如何发明饮茶的，或者说茶是如何被发现的？现在对这一问题的回答有很多种答案。

祭品说：这一说法指出茶与一些其他的植物最早是作为祭品用使的，后来有人尝食后发现食而无害，就"由祭品，而菜食，而药用"，最后成为饮料。

药物说：这一说法指出茶"最初是作为药用进入人类社会的"。《神农百草经》中有记载："神农尝百草，日遇七十二毒，得茶而解之。"

食物说："古者民茹草饮水"，"民以食为天"，食在先比较合乎人类社会的进化规律。

同步说："最初利用茶的方式方法，可能是作为口嚼的食料，也可能作为烤煮的食物，同时也逐渐为药料饮用。"这几种方式的对比与积累最后便发展成为"饮茶"。

【茶树的发源地】

茶树的起源问题，一直以来争论都比较多，随着考证技术的发展和新发现，才逐渐达成共识，即中国是茶树的原产地，而且确认中国西南地区，包括云南、贵州、四川是茶树原产地的中心。因为地质变迁及人为栽培，茶树开始由此传遍全国，并逐渐传播至世界各地。

茶树起源的时间肯定远远早于有文字记载的历史。历史学家无从考证的问题，最后由植物学家解决了。他们根据植物分类学的方法来追根溯源，通过一系列分析研究，认为茶树起源至今已经有六七千万年历史了。

茶树原产于中国，古往今来，一向被世界所公认。《尔雅》中就提到有野生大茶树，而且据现今的资料表明，全国有 10 个省区 198 处发现野生大茶树。其中云南的一株，树龄已经达到 1700 年左右了，仅在云南省内树干直径在 1 米以上的就有 10 多株。有的地区，甚至野生茶树群落大至数千亩。因此从古至今，我国已发现的野生大茶树，时间之早、树体之大、数量之多、分布之广、形状之异，可以称得上是世界之最。

【茶的传播】

在中国古代文献中，很早便出现了关于食茶的记载，并随产地不同而有不同的名称。中国的茶早在西汉时便已经传到国外了，汉武帝时曾经派使者出使印度支那半岛，所带的物品中除了黄金、锦帛之外，还有茶叶。南北朝时期的齐武帝永明年间，中国茶叶随出口的丝绸、瓷器传入了土耳其。唐顺宗永贞元年（公元 805 年），日本最澄禅师回国时，将中国的茶籽带回了日本。后来，茶叶从中国不断传往世界各地，很多国家开始种茶，并且养成了饮茶的习惯。

茶文化的发展

【中华茶文化发展概述】

最早发现茶的是神农时期，神农尝百草日遇 72 种毒，得茶而解之，随后兴起于巴蜀，即秦统一巴蜀之后；至西汉时，成都已经发展成了我国茶叶的一个消费中心，也是我国最早的茶叶集聚地，东汉、三国时期的医学家华佗指出"苦茶常服，可益以思"，是茶药理功能的记述；至隋唐时期，因为隋的历史不长，茶的记载也不多，可是因隋统一了全国并开凿了一条沟通南北的运河，这对茶业后来的发展起到了至关重要的作用。

【汉魏两晋南北朝：茶文化的酝酿】

汉魏南北朝时期，为中国固有的宗教——道教的形成与发展时期，同时也是源自于印度的佛教在中国的传播和发展时期，茶以它清淡、虚静的本性和祛睡疗病的功效广受宗教信徒的欢迎。

【唐代：茶文化的兴起】

茶的兴盛主要是在唐代中期，这是由以下几个因素促成的。

1. 社会环境

社会环境主导旋律是积极向上、奋发进取、自信心十足。在这种良好的社会环境下出现了一位重要人物陆羽，他为以"和"为哲学底蕴的中国茶道奠定了基础。

2. 文化土壤

大唐的文化历史背景在国内反映为道、儒、佛三教鼎盛，相互竞争、相互融合、共同发展。在僧道生活里与茶事上都有所反映，如以茶供祖、以茶释经、以茶养生、办茶会、写茶诗并精心研究制茶技术，推动了茶文化的发展。

另一因素是当时的气候是最温暖的一个时期，有助于茶叶的生长和发展，唐代中期后，随着茶业的发展，使茶逐渐成为一种全国性的社会经济、社会文化和一门独立的学问。

【宋代：茶文化的兴盛】

宋代茶文化在唐代茶文化的基础上持续发展深化，而且形成了独有的文化品位，宋代茶文化和唐代茶文化一起，共同组成了中国茶文化史上的一段灿烂篇章。

1. 茶学的深入

宋代茶学与唐代茶学比起来，在深度上多有建树。因为茶业的南移，贡茶以建安北苑为最，故而很多的茶学研究者在研究重心上也倾向于建茶，尤其是对北苑贡茶的研究，既深又精，在学术专题上构成了强烈的时代和地域色彩。这些研究以著作的形式流传下来后，为当下对宋代茶史、茶文化的研究，提供了详尽的资料。

在宋代茶叶著作中，相对比较出名的有叶清臣的《述煮茶小品》、蔡襄的《茶录》、宋子安的《东溪试茶录》、沈括的《本朝茶法》、赵佶的《大观茶论》等。

在当时茶学作者中，有身为一国之主的宋徽宗赵佶，有身为朝廷大臣和文学家丁谓、蔡襄，也有著名的自然科学家沈括，更有乡儒、进士，还有至今都不知其真实姓名的隐士"审安老人"。从这些作者身份的角度来看，宋代茶学研究的人才和研究层次都很丰富。在研究内容上分为茶叶产地的对比、烹茶技艺、茶叶型制、原料与成茶的关系、饮茶器具、斗茶过程以及欣赏、茶叶质量检评、北苑贡茶名实，等等。

2. 宫廷皇室的大力倡导

宋代茶文化的发展，在很大程度上受到宫廷皇室的影响。不论其文化特色，或是文化形式，都或多或少地都带有一种贵族色彩。与此同时，茶文化在高雅的范畴内，获得了更加丰富的发展。

宫廷皇室的极力倡导主要表现在封建礼制对贡茶的精益求精，进而形成各种饮茶、用茶方式。宋代贡茶从蔡襄任福建转运使后，通过精工改制后，在形式和品质上均有了更进一步的发展，有"小龙团饼茶"之称。欧阳修称这种茶"其价值金二两，然金可有，而茶不可得"。宋仁宗最喜欢这种小龙团，倍加珍惜，就算是宰相近臣，也不轻易赏赐，只有每年在南郊大礼祭天地时，中枢密院各四位大臣才能有幸共同分到一团，而这些大臣一般自己舍不得品饮，专门用来孝敬父母或转赠好友。该茶在赏赐大臣前，先由宫女用金箔剪成龙凤、花草图案贴在上面，称为"绣茶"。

3. 各种茶饮活动的兴盛

宋代是历史上茶饮活动最为活跃的时代。由贡茶一路衍生出来的有"绣茶"、"斗茶"；有文人用来自娱自乐的"分茶"；民间的茶楼、饭馆中的饮茶方式更是多种多样。

宋代民间饮茶最突出的是在南宋时期的临安。南宋建都临安之时，因为南北饮茶文化的交流融合，故而以此为中心的茶馆文化开始崭露头角。现在的茶馆在南宋时期被称为茶肆。在吴自牧的《梦梁录》卷十六中有记载，临安茶肆在格调上模仿汴京城中的茶酒肆布置，茶肆里面挂着名人书画、陈列花架、插着四季鲜花。一年四季"卖奇茶异汤，冬月卖七宝擂茶、馓子、葱茶"，到晚上，还会推出流动的车铺，以备游客点茶之需。当时的临安城，茶饮买卖昼夜不绝，就算是在隆冬大雪，三更之后也还会有人来提瓶买茶。

杭城茶肆包括很多层次，以适应不同的消费者，通常作为饮茶之所的茶楼、茶店，顾客中"多有富室子弟，诸司下直等人会聚，习学乐器，上教曲赚之类"。当时将此称为"挂牌儿"。有的茶肆，"本非以茶点茶汤为业，但将此为由，多觅茶金耳"，当时称为"人情茶肆"。还有"专是五好打聚处，亦有诸行聚行老"，当时称为"市买"。此外，还有一些茶肆，是士大夫专门邀朋会友的约会场所，著名的如"蹴球茶坊"、"蒋检阅茶肆"等。再有一种称为"花茶坊"的茶楼，楼上专门安置妓女诱客，这些茶肆名曰茶坊，实为色情场所。

"绣茶"的艺术是宫廷内的秘玩。在南宋周密的《乾淳风时记》中有记载，在每年仲春上旬，北苑所贡的第一纲茶就列到了宫中，这种茶的包装非常精美，共有百夸，都是以雀舌水芽所造。据说一只能冲泡几盏，可能是太珍贵的缘故，一般舍不得饮用，于是一种仅供观赏的玩茶艺术就出现了。这种绣茶方法，据周密记载为："禁中大庆会，则用大镀金，以五色韵果簇订龙凤，谓之绣茶，不过悦目。亦有专其工者，外人罕见。"

另一种被称为"漏影春"的玩茶艺术，是先观赏，然后再品尝。"漏影春"的玩法大约产生于五代或唐末，到宋代时，已经作为一种比较时髦的茶饮方式。宋代陶谷的《清异录》中，比较详尽地记载了这种做法："漏影春法，用镂纸贴盏，糁茶而去纸，伪为花身。别以荔肉为叶，松实、鸭脚之类珍物为蕊，沸汤点搅。""绣茶"与"漏影春"是以干茶为主的造型艺术，而"斗茶"与"分茶"则是一种茶叶冲泡艺术。

"斗茶"是一种茶叶品质的相互比较的形式，有着极强的功利性，它最早是出现在贡茶的选送和市场价格品位的竞争。一个"斗"字，已然概括了这种活动的激烈程度，故"斗茶"又被称为"茗战"。

若说"斗茶"具有浓厚的功利色彩的话，那么"分茶"就隐含一种淡雅的文人气息。"分茶"也称"茶百戏"、"汤戏"。善于分茶之人，能够利用茶碗中的水脉，创造出很多善于变化的书画来，从这些碗中的图案里，观赏者和创作者均能得到许多美好的享受。

【明代：茶文化进一步发展】

明代是茶文化进一步发展的时期，也是因袭和创新相融合，茶道的新理念、新

中华茶文化

57

规范异彩纷呈的时期。

其主要典型是朱权的《茶谱》，对茶道发展的贡献表现在以下 3 个方面.

1. 发明了直接冲泡的"瀹饮法"，开创千古茗饮之新宗

他推崇饮茶时"天趣悉备"的自然美，欣赏茶的自然形态与故有的色、香、味。

2. 发明了"探虚玄而参造化，清心神而出尘表"的品茗意境

实现了幽趣无穷、超然物外的品茗境界和以茶明志的品茗目的。

3. 改进了茶具和茶艺

在饮茶器具方面，明代宜兴紫砂壶异军突起，独占鳌头。在茶艺方面明代开创了"三投法"，即先茶后汤，曰下投。汤半下茶，复以汤满，曰中投。先汤后茶，曰上投。至今现代茶艺也讲究这种方法。

中国的茶道在明朝时期是一个承上启下、继往开来的朝代。晚明时期，文士们对品饮之境又有了全新的突破，重视"至精至美"之境，在那些文人墨客看来，事物的至精至美的最后之境便是"道"，"道"就存在于事物之中。张源首先在其《茶录》一书里记载了自己的"茶道"之说："造时精，藏时燥，泡时洁。精、燥、洁茶道尽矣。"他主张茶中有"内蕴之神"就是"元神"，发抒于外者称为"元体"，两者互依互存，互为表里，无法分割。元神是茶的精气，元体是精粹外现的色、香、味。只要在事茶的过程中，能够做到淳朴自然，质朴求真，玄微适度，中正冲和，即可得到茶之真谛。张源的茶道力求茶汤之美、茶味之真，追求达到目视茶色、口尝茶味、鼻闻茶香、耳听茶涛、手摩茶器的完美之境。张大复则在此基础上更进一层，他认为："世人品茶而不味其性，爱山水而不会其情，读书而不得其意，学佛而不破其宗。"他想告诉人们的是，品茶不必斤斤计较其水其味之表象，而应求得其真谛，就是通过饮茶达到一种精神上的愉悦，一种清心悦神、超凡脱俗的心境，以此实现超然物外、情致高洁的化境，进入一种天、地、人心融通一体的境界。这可以说是明代对中国茶道精神的发展与超越。

人间有味是清欢——饮食卷

【清代：茶文化走向衰落】

尽管清朝时期有过"康乾盛世"，可是随着封建社会的衰落，茶文化也无力回天。

这主要表现在以下两个方面：首先从精神上看，清朝的一些文人已经失去了以身许国、积极入世、志图畅通的壮志雄心，同时也失去了通过品茶来修身养性、陶冶情操、完善人格、体道悟道的志趣，走上一片着重以茶示雅的狭路，表现出了玩物丧志的倾向；其次是从茶道的表现形式来看，清代之后的一些文人不再具有唐宋时代茶人那种崇尚自然、不拘一格、心闲神静、超然洒脱的茶风，而蜕变成在品茶时故作风雅、侧重繁文缛理、矫揉造作、格调纤弱的病态茶风。

【陆羽《茶经》】

巴蜀经常被称为中国茶业和茶文化的摇篮。从六朝之前的茶史资料来看，中国的茶业最初兴起于巴蜀。茶叶文化的形成，和巴蜀地区早期的政治、风俗以及茶叶饮用有着紧密的关联。唐代茶叶生产的发展，促使茶文化达到一个空前的高度。中唐时，陆羽《茶经》的问世具有划时代的意义，正是这部《茶经》，将茶文化发展到一个空前的高度。千百年来，历代茶人对茶文化的各个方面均进行了大量的尝试与探索，直至陆羽的《茶经》问世后，茶方大行其道。《茶经》的问世，不仅促使"天下益知饮茶矣"，陆羽也由此名扬大下，并为朝廷所知而召为"太子文学"、"徙太常寺太祝"。可是陆羽无心仕途，竟不就职。晚年他从浙江而至江西上饶隐居。《茶经》是一部专门论茶的著作，它对当时盛行的各种茶俗作了总结和追溯，对茶的起源、历史、生产、加工、烹煮、品饮，以及诸多人文与自然因素进行了深入细致的研究与归纳，使茶学真正成为一种专门的学科，因此令中国的茶文化达到了一个全新的境界。从陆羽开始的茶的这种划时代的变化，正是当时茶风盛行，人们在高度物质文明的前提上追求精神享受的一种体现。

中华茶文化

茶 艺

【茶艺简介】

茶艺是指包括茶叶品评技法和艺术操作方式的鉴赏以及品茗美好环境的领略等整个品茶过程的美好意境，其过程表达形式和精神的相互统一，是饮茶活动过程中形成的文化现象。它起源较早，历史悠远，文化底蕴深厚，与宗教结缘。茶艺内容涵盖着选茗、择水、烹茶技术、茶具艺术、环境的选择创造等。大多数传统的品茶，环境要求多是清风、明月、松吟、竹韵、梅开、雪霁等各种妙趣和意境。总的来说，茶艺是形式与精神的完美结合，茶艺里面包含着美学观点和人的精神寄托。传统的茶艺，是通过辩证统一的自然观和人的自身感受，从灵与肉的交互体验中来辨别有关问题，因此在技艺当中，既包含着中国古代朴素的辩证唯物主义思想，还包含着人们主观的审美情趣和精神寄托。茶艺，起始在唐，发扬在宋，改革在明，极盛在清，可以说有相当的历史渊源，自成一系统。

【茶艺内涵】

第一，茶艺内涵首先是指简单的"茶"与"艺"的有机结合。茶艺是茶人将人们平时饮茶的习惯，依照茶道规则，通过艺术加工，向饮茶人和宾客展现茶的冲、泡、饮的技巧，将平时的饮茶引向艺术化，提高了品饮的境界，赋予茶以更强的灵性和美感。

第二，茶艺是一种生活艺术。茶艺各种各样，充满生活情趣，对于丰富我们的生活，提升生活品位，是一种积极的方式。

第三，茶艺是一种舞台艺术。应该展现出茶艺的魅力，需要借助于人物、道具、舞台、灯光、音响、字画、花草等的紧密配合及合理编排，给饮茶人带来高尚、美好的享受，给表演带来活力。

第四，茶艺是一种人生艺术。人生如茶，在紧张繁忙之时，泡出一壶好茶，慢慢品味，通过品茶达到内心的修养过程，体会苦辣酸甜的人生，使心灵得到净化。

第五，茶艺是一种文化。茶艺在融合中华民族优秀文化的前提下又广泛吸收和借鉴了其他艺术形式，而且扩展到文学、艺术等领域，形成了具有浓厚民族特色的中华茶文化。

【茶艺内容】

茶艺内容主要包括以下几点：

第一，茶叶的基本知识。学习茶艺，首先应该了解和掌握茶叶的分类、主要名茶的品质特点、制作工艺，还有茶叶的鉴别、贮藏、选购等内容。这是学习茶艺的基础。

第二，水的基本知识。学习茶艺，一定要懂得水，茶性必发于水，无水怎能谈茶？

第三，茶艺的技术。主要是指茶艺的技巧和工艺。可分为茶艺表演的程序、动作要领、讲解的内容，茶叶色、香、味、形的欣赏，以及茶具的欣赏和收藏等内容。这是茶艺的核心部分。

第四，茶艺的礼仪。通常是指服务过程中的礼貌和礼节。这包括服务过程中的仪容仪表、迎来送往、互相交流与彼此沟通的需要和技巧等内容。

第五，茶艺的规范。茶艺应该真正表现出茶人之间平等互敬的精神，故而对宾客都有比较规范的要求。作为客人，应该用茶人的精神与品质去要求自己，投入地去赏茶。作为服务者，也应该合乎待客之道，特别是茶艺馆，其服务规范是决定服务质量和服务水平的一个关键因素。

第六，悟道。道指的是一种修行，一种生活的道路和方向，是人生的哲学，道是精神的内容。悟道是茶艺的一种最高境界，是以泡茶和品茶去体会生活，体会人生，探寻生命的意义。

【茶艺分类】

茶艺可分成3类，即表演性茶艺、实用性茶艺和宣传性茶艺。

表演性茶艺，主要侧重于表演，自然也要泡好一壶茶。

实用性茶艺主要目的是泡好茶，将茶叶的内涵物质充分融入到茶汤中，使营养成分与口感达到最理想的效果，适当体现艺术性。

宣传性茶艺就是企业或茶乡为了更好地宣传自己的茶文化，将本地文化和茶文化结合在一起，比如旅游景点推出的少数民族茶艺等。

【茶艺用具】

1. 置茶器

茶则：是指从茶罐中取茶放到茶壶的用具。

茶匙：把茶叶从茶则拨入茶壶的器具。

茶漏（斗）：放在壶口上导茶入壶，避免茶叶散落壶外。

茶荷：是多功能器具，除了兼有前三者的作用外，还能视茶形、断多寡、闻干香。

茶播：主要用来把茶荷中的长条形茶叶压断，便于投入壶中。

茶仓：是指分装茶叶的小茶罐。

2. 理茶器

茶夹：用来把茶渣由壶中、杯中夹出；洗杯时可夹杯防手被烫。

茶匙：用来置茶、挖茶渣的器具。

茶针：用于通壶内网的用具。

茶桨（簪）：用于撇去茶沫；尖端可以通壶嘴。

3. 分茶器

茶海（茶盅、母杯、公道杯）：茶壶中的茶汤泡好之后可以倒入茶海，然后按照人数多寡平均分配；人数少时则倒出茶水，能防止因浸泡太久而产生苦涩味。茶海上放滤网能够滤去倒茶时随之流出的茶渣。

4. 品茗器

茶杯（品茗杯）：是用来品啜茶汤的器具。

闻香杯：借以保存茶香用来嗅闻鉴别的器具。

杯托：承放茶杯的小托盘，能防止茶汤烫手，也有美观的作用。

5. 涤洁器

茶盘：是用来盛放茶杯或其他茶具的盘子。

茶船（茶池、茶洗、壶承）：是指盛放茶壶的器具，也用来盛接溢水及淋壶茶汤，是养壶的必须器具。

渣方：主要用来盛装茶渣。

水方（茶盂、水盂）：盛接弃置茶水的器具。

涤方：指放置用过后待洗的杯、盘。

茶巾：一般用来干壶，可将茶壶、茶海底部残留的杂水擦干；也可用来抹净桌面水滴。

容则：用来摆放茶则、茶匙、茶夹等器具的容器。

6. 其他用具

煮水器：煮水器具的种类繁多，主要是指炭炉（潮汕炉）、玉书碾、酒精炉、玻璃水壶、电热水壶、电磁炉等。选用时要注意同茶具配套和谐、煮水无异味。

壶垫：纺织品。主要用来隔开壶与茶船，以防因碰撞而发出响声影响品茶。

盖置：是放置茶壶盖、水壶盖的小盘子（一般以茶托代替）。

奉茶盘：奉茶使用的托盘。

茶拂：置茶后用来拂去茶荷中的残存茶末。

温度计：初学者用来判断水温。

茶巾盘：用来摆放茶巾、茶拂、温度计等。

香炉：喝茶焚香能够增添茶趣。

茶宴与茶食

【茶宴的历史】

有酒宴，自然也有茶宴。茶宴随着茶的普遍饮用而出现。茶宴最早的记载出现在《世说新语·轻诋篇》："褚太傅初渡江，尝入东，至金昌亭。吴中豪右燕集亭中，褚公虽素有重名于时，造次不相识，别敕左右多与茗汁，少箸粽。"茶宴形式多样，吕温的《三月三日茶宴序》中有以茶代酒，花间竹下赏花清饮的；白居易的《夜间贾常州、崔湖州茶山境会亭欢宴》中有庆贺新茶初采，品比贡茶，在两州边境举办的品茶歌舞宴；径山茶宴、喇嘛寺茶会有禅林参禅讲经招待宾客的大型茶宴；还有皇帝和重臣共品贡茶的茶宴等。茶宴最初出现时，是士大夫们标榜俭朴，用来替代酒宴的。随着社会的发展，它也演变得越来越铺张、奢华。从茶宴的记录上能看出，当时人们甚少束缚，自由、快乐，茶宴上具有一种勃勃向上之气。自从陆羽主张茶为修身养性之物，精行检德之人所为后，茶走入淡泊宁静之路，茶宴在中原大地开始走下坡路。对茶宴大力推崇的白居易在自己后来所作的《夜泛阳坞入明月湾即事寄崔湖州》之后写道："尝羡吴兴每春茶山之游，泊入太湖，羡意减矣。"由此可见，这时候茶宴已失去了往日的昌盛。到了明代，文人们更是主张"饮茶以客少为贵，客众则喧，喧则雅趣尽矣"；"饮茶最忌荤肴杂陈"；"饮茶以客少为贵……五六（人）曰泛，七八（人）曰施"。此类将茶宴看作施茶，以及冲泡茶的出现，令茶宴完全消失。

【茶食的种类】

茶宴食品与酒宴也有所不同，主要是较清淡的面食与果品，统称茶食。前引《世说新语》中所提出的"粽"就是糯米做的一种茶食，也就是《大金国志》中所提及的茶食——蜜糕。有关茶食的最好记述可见日本的《禅林小歌》，其中在介绍源自中国的唐式茶会时记载着："端上水晶包子（葛粉做）、驴肠羹（似驴肠）、水精红羹、鳖羹（状似）、猪羹（形似猪肝）、甫美羹、寸金羹（因金色寸方得名）、白鱼羹（白色、似白鱼）、骨头羹、都芦羹等羹汤类；乳饼（小麦饼、形似乳房）、茶麻饼、馒头、卷饼、温饼等饼类及馄饨、螺结、柳叶面、相皮面、经带面、打面、素面、韭叶面、冷面等。"客人们更是相互"诬之"（互劝）。并以高缘果盒盛装龙眼、荔枝、榛子、苹果、胡桃、松子、枣杏、栗柿、温州橘、薯等。因为是禅林，上列食品均为素食。在寻常人的茶食中，也有荤菜，像陆游独好鸭脚，在《听雪为客置茶果》中有云："不钉栗和梨，犹能烹鸭脚。"

【茶食的发展】

茶宴的形成，刺激了茶食的发展。茶宴消失后，茶食便传入了民间。在北京、上海、南京、广州、成都等地的茶馆里，茶食不仅品种繁多精美，而且各地自有特色。除了茶馆之外，茶食在民间风俗中也有一定的地位。在云南昭通地区的绥江，请客人吃点心，当地人将其称为"摆茶"。结婚时男方要给女方送去一些自制的点心，叫做"茶礼"。不管是"摆茶"的点心还是"茶礼"的点心，都叫做"茶食"，其中有一种当地人称之为"果果"，其制作主要用优质糯米为原材料，再配上黄豆、花生、芋头、果药等，置于阴凉干燥处阴干，然后用"油砂"炒酥，再给它裹上蜂蜜、砂糖、猪油、芝麻等的外衣。除果果外，茶食里还有"苕丝"、"玉兰丝"、"油酥米花糖"、"瓜片"、"片糖"、"甜酒粑"等。明代许次纾在《茶疏》中记载着："礼失求诸野，今求之夷矣。"他所说的夷就是指当时的南中，今天的云南。由此可见云南在明代保存了大量中原已失的茶俗。如今的绥江茶食可能就是真正的古风，从中能够看出云南化的中原茶食风俗。

中华民族的饮茶习俗

【汉族的清饮】

汉民族的饮茶方式，基本分为品茶和喝茶。概括来说，重在意境，以鉴别香气、滋味，欣赏茶姿、茶汤，观察茶色、茶形为目的，自娱自乐，可称品茶。但凡品茶者，得以细啜缓咽，侧重于精神享受。如果在劳动之际，汗流浃背，或炎夏暑热，以清凉、消暑、解渴为目的，手捧大碗急饮的人，或不断冲泡，连饮带咽者，可称喝茶。

不过，汉族饮茶，尽管方式有别，目的不同，可是大多推崇清饮，其方法就是将茶直接用滚开水冲泡，不需要在茶汤中加入姜、椒、盐、糖之类作料，属于纯茶原汁本味饮法，认为清饮可以保持茶的"纯粹"，体现茶的"本色"。最具汉族饮茶代表性的，主要有品龙井、啜乌龙、吃盖碗茶、泡九道茶和喝大碗茶。

【藏族的酥油茶】

藏族大多数分布在我国西藏，在云南、四川、青海、甘肃等省的部分地区也有分布。此处地势高亢，有"世界屋脊"之称，空气稀薄，气候干旱寒冷，这里的人以放牧或种旱地作物为生，因当地缺少蔬菜瓜果，所以常年以奶肉、糌粑为主食。"其腥肉之食，非茶不消；青稞之热，非茶不解。"于是，茶成了当地人补充营养的主要来源，喝酥油茶便成了如同吃饭一般重要。

酥油茶是一种在茶汤中加入酥油等作料通过特殊方法加工而成的茶汤。酥油，是将牛奶或羊奶煮沸，经过搅拌冷却后凝结在溶液表面的一层脂肪。而茶叶主要选用紧压茶中的普洱茶或金尖。制作时，首先把紧压茶打碎加水在壶中煎煮 20 ~ 30 分钟，然后滤去茶渣，将茶汤注入长圆形的打茶筒内。同时，再加入适量酥油，也可依照需要加入提前已经炒熟、捣碎的核桃仁、花生米、芝麻粉、松子仁之类，最后还要放上少许的食盐、鸡蛋等。接着，用木杵在圆筒内上下抽打，依照藏族经验，在抽打时打茶筒内发出的声音从"咣当，咣当"变成"嚓，嚓"时，就表明茶汤和作料已经融为一体，酥油茶才算打好了，随即把酥油茶倒入茶瓶待喝。

因为酥油茶是一种以茶为主料，并加有多种食料通过混合而成的液体饮料，因此，味道多有不同，喝起来咸里透香，甘中有甜，它既可暖身御寒，还能补充营养。在青藏高原，人烟稀少，家中少有客人进门。偶尔有客来访，能够招待的东西很少，所以，敬酥油茶便成了西藏人款待宾客的珍贵礼仪。

【维吾尔族的香茶】

维吾尔族主要居住在新疆天山以南，他们大多数从事农业劳动，主食面粉，比较常见的是用小麦面烤制的馕，其色黄，又香又脆，形若圆饼，进食时，多与香茶伴食，日常也喜欢喝香茶。他们认为，香茶具有养胃提神的作用，是一种营养价值很高的饮料。

南疆维吾尔族煮香茶时，大多使用铜制的长颈茶壶，或者用陶质、搪瓷或铝制长颈壶，而喝茶用的是小茶碗，这和北疆维吾尔族煮奶茶使用的茶具是不同的。一般制作香茶时，要先将茯砖茶敲碎成小块状。同时，在长颈壶内注入七八分满水加热，当水刚沸腾时，抓一把碎块砖茶加进壶内，当水再次沸腾约 5 分钟时，则将提前准备好的适量姜、桂皮、胡椒等细末香料，放入煮沸的茶水中，经轻轻搅拌 3 ~ 5 分钟即成。为避免倒茶时茶渣、香料混入茶汤，一般在煮茶的长颈壶上套一过滤网，以防茶汤中带渣。

南疆维吾尔族喝香茶，习惯每天 3 次，与早、中、晚三餐同时进行，一般是边吃馕边喝茶．这种饮茶方式，与其说将它看成是一种解渴的饮料，还不如将它说成是一种佐食的汤料、实是一种以茶代汤，用茶做菜之举。

【回族的刮碗子茶】

回族主要居住在我国西北，以宁夏、青海、甘肃三省（区）最为集中。回族居住处多在高原沙漠，气候高寒干旱，蔬菜很少，以食牛羊肉、奶制品为主。因茶叶中有大量的维生素和多酚类物质，不仅能补充蔬菜的不足，而且还有助于去油除腻，帮助消化。因此，自古以来，茶始终是回族同胞的生活必需品。

回族饮茶，方式多样，最具代表性的是喝刮碗子茶。刮碗子茶用的茶具，俗称"三件套"。它是由茶碗、碗盖和碗托或盘组成的。茶碗用来盛茶，碗盖能保香，碗托可防烫。喝茶时，一手提托，一手握盖，并以盖顺碗口从里向外刮几下，这样一来能拨去浮在茶汤表面的泡沫，二来可使茶味与添加的配料相融，刮碗子茶的名称也是由此而生。

刮碗子茶用的多为一般的炒青绿茶，冲泡茶时，除在茶碗中放茶外，还放有冰糖与多种干果，比如苹果干、葡萄干、柿饼、桃干、红枣、桂圆干、枸杞子等，有的还会加入一些白菊花、芝麻之类，通常多达8种，故也有人美其名曰"八宝茶"。因为刮碗子茶中食品种类较多，加上各种配料在茶汤中的浸出速度不同，所以，每次续水后喝起来的滋味是不很一样的。一般情况下，刮碗子茶以沸水冲泡，随即加盖，经5分钟后开始饮用，第一泡以茶的滋味为主，主要是清香甘醇；第二泡因糖的作用，具有浓甜透香之感；第三泡开始，茶的味道逐渐变淡，各种干果的味道就体现出来，具体依所添的干果来定。大抵说来，一杯刮碗子茶，可以冲泡5~6次，甚至更多。

回族同胞觉得，喝刮碗子茶次次有味，且次次不同，还可去腻生津，滋补强身，是一种甜美的养生茶。

【蒙古族的咸奶茶】

蒙古族主要分布于内蒙古自治区及其边缘的一些省、区，喝咸奶茶是蒙古族人们的一种传统饮茶风俗。在牧区，他们习惯于"一日三餐茶"。每日清晨，主妇第一件事就是要先煮一锅咸奶茶，以供全家一天享用。蒙古族愿意喝热茶，早上，他们会边喝茶边吃炒米。把剩余的茶放在微火上暖着，以便能随时取饮。一般全家人只在晚上放牧回家才正式用餐一次，但早、中、晚三次喝咸奶茶通常是少不了的。

蒙古族喝的咸奶茶，大多用青砖茶或黑砖茶，煮茶的器具用铁锅。制作时，要先将砖茶打碎，并把洗净的铁锅放在火上，盛水 2～3 千克，烧水至刚沸腾时，加入打碎的砖茶 25 克左右。当水再次沸腾 5 分钟之后，放进奶，用量是水的五分之一左右。微微搅动后，再加入少许食盐，等到整锅咸奶茶开始沸腾时，才算煮好了，即可盛在碗中待饮。煮咸奶茶的技术性非常强，茶汤滋味的好与坏，营养成分的多少，与用茶、加水、掺奶，还有加料顺序的先后都有很大的关系。若茶叶放迟了，或者加茶和奶的次序颠倒了，茶味就会出不来。而煮茶时间过久，又会失去茶香味。蒙古族同胞觉得，只有器、茶、奶、盐、温五者互相协调，方可制成咸香可宜、美味可口的咸奶茶来。因此，蒙古族妇女都练就了一手煮咸奶茶的好手艺。一般姑娘从懂事起，母亲就会悉心向她传授煮茶技艺。在姑娘出嫁的时候，还要当着亲朋好友的面，显示一下煮茶的本领，否则就会有缺少家教之嫌。

【侗族、瑶族的打油茶】

分布在云南、贵州、湖南、广西等省区的侗族、瑶族和这一地区的其他兄弟民族，他们世代相处，非常好客，尽管相互之间习俗有别，但却都喜欢喝油茶。但凡喜庆佳节，或亲朋贵客进门时，总喜欢用做法讲究、作料精选的油茶招待客人。

当地将做油茶称之为打油茶。打油茶通常需要四道程序。

首先是选茶。一般有两种茶可供选用，一是经由专门烘炒的末茶；二是刚从茶树上采来的幼嫩新梢，这可依照各人口味来定。

其次是选料。打油茶用料一般包括花生米、玉米花、黄豆、芝麻、糯米、笋干等，要提前制作好待用。

第三是煮茶。先点火，待锅底发热后，放入少许食油，当油面冒青烟时，马上投入适量茶叶入锅翻炒，在茶叶发出清香时，加上少许芝麻、食盐，再炒几下，即放水加盖，煮沸 3～5 分钟，便可把油茶连汤带料起锅盛碗待喝。一般家庭自喝，这又香、又爽、又鲜的油茶就算打好了。

若打的油茶是作庆典或宴请用的，那么，还需进行第四道程序，就是配茶。配茶即把提前准备好的食料先行炒熟，取出放入茶碗中备好。然后把油炒经煮而成的

人间有味是清欢——饮食卷

茶汤，捞出茶渣后，趁热倒进备有食料的茶碗中供客人吃茶。

最后是奉茶。通常在主妇即将把油茶打好时，主人就会招待客人围桌入座。因为喝油茶是在碗内加有许多食料，所以，还得用筷子相助，因此，说是喝油茶，还不如说吃油茶更为贴切。吃油茶时，客人为了表达对主人热情好客的回敬，常常称赞油茶的鲜美可口，赞美主人的手艺不凡，并边喝、边啜、边嚼，在口中发出"啧、啧"声响，赞不绝口。

【土家族的擂茶】

在湘、鄂、川、黔交界的武陵山区一带，居住着很多土家族同胞，千百年以来，他们世代相传，至今还保存着一种古老的吃茶方式，这就是喝擂茶。

擂茶，也称三生汤，是以生叶（指从茶树采下的新鲜茶叶）、生姜和生米仁等三种生原料混合研碎加水后烹煮而成的汤，故而得名。据传三国时，张飞带兵进攻武陵壶头山（今湖南省常德境内），当时正值炎夏酷暑，本地正瘟疫蔓延，张飞部下数百将士病倒，甚至连张飞本人也难以幸免。正在危难之际，村子里一位草医郎中有感于张飞部属纪律严明，秋毫无犯，于是便献出祖传除瘟秘方擂茶，结果茶（药）到病除。实际上，茶可以提神祛邪，清火明目，姜可理脾解表，去湿发汗，米仁可健脾润肺，和胃止火，因此，说擂茶是一帖治病良药，是有科学道理的。

随着时间的推移，与古代比起来，现今的擂茶，在原料的选配上已发生了很大的变化。现在制作擂茶时，一般用的除茶叶外，再配上炒熟的花生、芝麻、米花等，此外，还要加些生姜、食盐、胡椒粉之类。主要是将茶和多种食品，以及作料放在特制的陶制擂钵内，然后再用硬木擂棍用力旋转，令各种原料相互混合，再取出逐一倾入碗中，以沸水冲泡，用调匙缓缓搅动几下，即调成擂茶。少数地方也有省去擂研，而将多种原料放到碗内，直接用沸水冲泡的，可是冲茶的水必须是现沸现泡的。

土家族人都有喝擂茶的习惯。通常人们中午干活回家后，在用餐前都喜欢喝几碗擂茶。有的老年人如果一天不喝擂茶，就会觉得全身乏力，精神不爽，视喝擂茶如同吃饭一样重要。若有亲朋进门，那么，在喝擂茶的同时，还会多加几碟茶点。茶点一般以清淡、香脆食品为主，比如花生、薯片、瓜子、米花糖、炸鱼片之类，以增添喝擂茶的情趣。

中
华
茶
文
化

【白族的三道茶】

白族大多散居在我国西南地区，主要分布在风光秀丽的云南大理。白族是一个好客的民族，但凡在逢年过节、生辰寿诞、男婚女嫁、拜师学艺等喜庆日子里，或是在亲朋宾客来访之时，都会用"一苦、二甜、三回味"的三道茶款待。

制作三道茶时，每道茶的制作方法和原材料都是有所差别的。

第一道茶，叫做"清苦之茶"，寓意做人的哲理："要立业，就要先吃苦。"制作时，首先把水烧开。再由司茶者把一只小砂罐放在文火上烘烤。当罐烤热后，随即取少许茶叶置于罐内，并不停地转动砂罐，使茶叶受热均匀，待罐内茶叶"啪啪"作响，叶色转黄，发出焦糖香时，马上注入已经烧沸的开水。片刻，主人将沸腾的茶水倾入茶盅，然后以双手举盅献给客人。因为这种茶经烘烤、煮沸而成，所以，看上去色如琥珀，闻起来焦香扑鼻，喝下去滋味苦涩，故而谓之苦茶，一般只有半杯，一饮而尽。

第二道茶，叫做"甜茶"。在客人喝完第一道茶后，主人重新用小砂罐置茶、烤茶、煮茶，与此同时，还必须在茶盅内放入适量红糖，待煮好的茶汤倾入盅内八分满为止。如此沏成的茶，甜中带香，尤为好喝，它寓意"人生在世，做什么事，只有吃得了苦，才会有甜香来"。

第三道茶，叫做"回味茶"。尽管煮茶方法相同，但是茶盅内放的原料已经换成适量蜂蜜、少许炒米花、几粒花椒、一撮核桃仁，茶汤容量一般是六七分满。饮第三道茶时，通常是一边晃动茶盅，使茶汤和作料均匀混合；一边口中"呼呼"作响，趁热饮下。这杯茶，喝着甜、酸、苦、辣，各味俱全，回味悠远。它告诫人们，遇事要多"回味"，一定要记住"先苦后甜"的哲理。

【哈萨克族的奶茶】

哈萨克族大多分布在新疆天山以北，茶在他们生活中占有极为重要的地位，将它看成与吃饭同等重要。

哈萨克族煮奶茶使用的器具，一般用的是铝锅或铜壶，喝茶用的是大茶碗。煮奶时，首先把茯砖茶打碎成小块状。同时，盛半锅或半壶水加热沸腾，随后抓一把碎砖茶入内，再煮沸5分钟左右，加入牛奶或羊奶，用量约为茶汤的五分之一。轻轻搅动几下，当茶汤与奶混合后，再加上适量盐巴，重新煮沸 5～6 分钟即可。讲究的人家，也有不加盐巴而加食糖和核桃仁的。这样方能算得上把一锅（壶）热乎乎、香喷喷、油滋滋的奶茶煮好了，可以随时供饮。

哈萨克族人习惯于每天早、中、晚 3 次喝奶茶，中老年人还要在上午和下午各增加一次。如果有客从远方来，那么，主人就会马上迎客入帐，席地围坐。好客的女主人立刻在地上铺一块干净的白布，献上烤羊肉、馕（一种用小麦面烤制而成的饼）、奶油、蜂蜜、苹果等，然后再奉上一碗奶茶。如此，边谈事叙谊边喝茶进食，颇有风趣。

喝奶茶对初饮者而言，会觉得滋味苦涩而不大习惯，可是只要在高寒、缺少蔬菜、食奶肉的北疆住上十天半个月，就会觉得喝奶茶真的是一种补充营养和去腻消食不能缺少的饮料。

【佤族的烧茶】

佤族主要居住在我国云南的沧源、西盟等地，在澜沧、孟连、耿马、镇康等地也分布。他们自称为"阿佤"、"布饶"，至今还保存着一些古老的生活习惯，喝烧茶就是一种流传已久的饮茶风俗。

佤族的烧茶，冲泡方法非常别致。一般是先用茶壶将水煮开。与此同时，另选一块干净的薄铁板，上放少许茶叶，移到烧水的火塘边烘烤。为了让茶叶受热均匀，需要轻轻抖动铁板。在茶叶发出清香、叶色转黄时，马上将茶叶倾入开水壶中进行煮茶。大约 3 分钟后，即可把茶置入茶碗，以便饮喝。

若烧茶是用来招待宾客的，通常要由佤族少女奉茶敬客，待客人接茶后，方能开始喝茶。

【苗族的八宝油茶汤】

苗族居住在鄂西、湘西、黔东北一带，有喝油茶汤的风俗。他们说："一日不喝油茶汤，满桌酒菜都不香。"如果有宾客进门，他们会以香脆可口、滋味无穷的八宝油茶汤来款待。八宝油茶汤的制作比较复杂，需要先将玉米（煮后晾干）、黄豆、花生米、团散（一种米面薄饼）、豆腐干丁、粉条等分别以茶油炸好，分装入碗待用。

然后是炸茶，尤其要把握好火候，这是制作的关键技术。具体做法是放入适量茶油在锅中，当锅内的油冒出青烟时，加入少许茶叶和花椒翻炒，待茶色转黄发出焦糖香时，即倾水入锅，再加入姜丝。一旦锅中水煮沸，再徐徐掺入适量冷水，等水再次煮沸时，加入少许食盐和适量大蒜、胡椒之类，用勺稍加拌动，随即把锅中茶汤连同作料，全部倾入盛有油炸食品的碗中，这样就算把八宝油茶汤制好了。

待客敬油茶汤时，均由主妇用双手托盘，盘中放上几碗八宝油茶汤，每只碗内放入一只调匙，彬彬有礼地敬奉给客人。这种油茶汤，因为用料讲究，制作精细，一碗入手，清香扑鼻，沁人肺腑。喝在口里，鲜美无比，满嘴生香。它既能解渴，又能充饥，还有特殊风味，是我国饮茶技艺中的一朵奇葩。

【瑶族、壮族的咸油茶】

瑶族、壮族主要居住在广西，毗邻的湖南、广东、贵州、云南等省山区也有分布。他们的饮茶风习很奇特，大多喜欢喝一种类似菜肴的咸油茶，认为喝油茶能够充饥健身、祛邪去湿、开胃生津，还可以预防感冒，对一个多居住在山区的民族来说，咸油茶实在是一种健身饮料。

制作咸油茶时，很注重原材料的选配。主料为茶叶，首选茶树上生长的健嫩新梢，采回后，用沸水轻烫一下，沥干待用。配料一般有大豆、花生米、糯粑、米花之类，制作讲究的还会配制炸鸡块、爆虾子、炒猪肝等。此外，还备有食油、盐、姜、葱或韭等作料。制咸油茶，首先把配料或炸、或炒、或煮，制备完毕，分别装入碗内。随后起油锅，将茶叶放入油锅中翻炒，当茶色转黄、发出清香时，加入少许姜片和食盐，再翻动几下，随后加水煮沸3～4分钟，在茶叶汁水浸出后，捞出茶渣，再在茶汤中撒上适量葱花或韭段。稍时，即可将茶汤倾入已放有配料的茶碗内，并以调匙轻轻地搅动几下，这样才算得上将香中透鲜、咸里显爽的咸油茶做好了。

因为咸油茶加有很多配料，所以，与其说是一碗茶，还不如说它是一道菜。这样一来，很多深感自己制作手艺不高的家庭，每当贵宾临门时，还会另请村里的做咸油茶高手操作。又因为敬献咸油茶是一种高规格的礼仪，所以，按当地风俗，客人喝咸油茶，通常不会少于三碗，这叫"三碗不见外"。

人间有味是清欢——饮食卷

中国名茶

【中国主要茶类】

1. 绿茶

绿茶是不发酵的茶（发酵度为0）。

由于汤清叶绿，故称绿茶。绿茶具有香高、味醇、形美等特点，其制作工艺流程有杀青、揉捻、干燥的过程。因为加工时干燥的方法不同，绿茶还可分为炒青绿茶、烘青绿茶、蒸青绿茶和晒清绿茶。绿茶是我国产量最大的一种茶叶，全国有18个产茶省（区）都出产绿茶。我国绿茶花色品种之多位于世界之首，有黄山毛峰、六安瓜片、龙井茶、碧螺春、信阳毛尖、竹叶青等，每年出口都有数万吨之多，占世界茶叶市场绿茶贸易总量的70%左右。我国传统绿茶有眉茶和珠茶，一向以香高、味醇、形美、耐冲泡闻名，极受国内外消费者青睐。

2. 红茶

红茶是全发酵的茶（发酵度为80%～90%）。

因具有红茶、红汤、红叶和香甜味醇的特征，故称为红茶。红茶与绿茶的区别在于加工方法不同。红茶加工时不用杀青，先发酵，使鲜叶流失一部分水分，再揉捻（揉搓成条或切成颗粒），然后再发酵，令所含的茶多酚氧化，变成红色的化合物。这种化合物中的一部分溶于水，一部分不溶于水，积累在叶片中，形成红汤、红叶。红茶主要分为小种红茶、工夫红茶和红碎茶3大类。

3. 青茶

青茶又称乌龙茶，是半发酵的茶（发酵度为30%～60%）。

青茶（乌龙茶），相传是以其创始人而得名（姓苏名龙，因他长得黝黑健壮，乡亲们都叫他"乌龙"）。即制作时适当发酵，令叶片稍有红变，是介于绿茶与红茶之间的一种茶类，它不仅有绿茶的鲜浓，还有红茶的甜醇。由于它的叶片中间为绿色，叶缘呈红色，所以还有"绿叶红镶边"之称。但是安溪铁观音的新贵感德铁观音的最新清香制法是没有"绿叶红镶边"的特征。尤其是感德下村（霞云村、霞春村等）更是其做法的典型代表。

4. 黄茶

黄茶是微发酵的茶（发酵度为 10% ~ 20%）。

在制茶过程中，经由闷堆渥黄，故形成黄叶、黄汤，因此叫黄茶。分有三类：一是"黄芽茶"，有湖南洞庭湖君山银芽、四川雅安和名山县的蒙顶黄芽、安徽霍山的霍山黄芽；二是"黄小茶"，有湖南岳阳的北港茶、湖南宁乡的沩山毛尖、浙江平阳的平阳黄汤、湖北远安的鹿苑；三是"黄大茶"，有广东的大叶青、安徽的霍山黄大茶。

5. 白茶

白茶是轻度发酵的茶（发酵度为 20% ~ 30%）。

加工时不炒不揉，只是把细嫩、叶背满茸毛的茶叶晒干或用文火烘干，而使白色茸毛完整地保留下来，因此类茶是白色的，故而叫白茶。白茶主要产自福建的福鼎、政和、松溪和建阳等县，包括"银针"、"白牡丹"、"贡眉"、"寿眉"几种。

6. 黑茶

黑茶是后发酵的茶（发酵度为 100%）。

是用绿毛茶经过蒸压而成的边销茶，原料粗老，加工时堆积发酵时间比较长，使叶色呈暗褐色，因此叫黑茶。黑茶本来主要销往边区，是藏、蒙、维吾尔等兄弟民族不可或缺的日常生活必需品。如云南的普洱茶就是其中一种。品种包括"湖南黑茶"、"湖北老青茶"、"广西六堡茶"、"四川的"西路边茶"和"南路边茶"、云南的"紧茶"、"扁茶"、"方茶"及"圆茶"等。

【中国绿茶中的名茶】

1. 浙江西湖龙井

龙井茶是我国的第一名茶，产自于浙江杭州西湖的狮峰、龙井、云栖、虎跑一带，历史上曾经分为"狮、龙、云、虎"4个品类，其中大多认为以产自狮峰的品质为最佳。龙井一向以"色绿、香郁、味醇、形美"四绝著称于世。茶叶形光扁平直，颜色翠略黄如糙米色，滋味甜鲜醇和，香气幽远清高，汤色碧绿黄莹；叶底细嫩成朵。

2. 安徽黄山毛峰

黄山产茶，在宋代时期便有"早春英华"、"来泉胜金"之说。在明代许次纾的《茶疏》中也记载过它的品质"可与虎丘、龙井、岕茶雁行"。但黄山毛峰却是在清代光绪初年才开始生产的。

黄山不仅盛产名茶，而且山上到处是名泉。比如著名的"人字瀑"。用此水泡茶，可以进一步展示出黄山毛峰的清香冷韵，使之更加香气袭人。

3. 河南信阳毛尖

信阳毛尖也叫"豫毛峰"，产自河南大别山区的信阳市（主要集中在浉河区内的二大主产区域：浉河港乡和董家河乡）境内，是河南省比较有名的土特产之一；信阳毛尖品质高上，外形细秀匀直，显峰苗，色泽翠绿，白毫遍布。毛尖的汤色嫩绿、鲜亮，香气芬芳，叶底嫩绿明亮、细嫩、匀齐。特级品展开后呈一芽一叶初展的形态。

4. 安徽六安瓜片

在《茶疏》中记载有"天下名山，必产灵草，江南地暖，故独宜茶，大江以北，则称六安"。六安瓜片盛产于皖西大别山茶区，主要为六安、金寨、霍山三县所产，由于其外形如瓜子状，又呈片状，故也称六安瓜片。它最早产于金寨县的齐云山，而且也以齐云山所产瓜片茶品质最佳，因此又名齐云瓜片。六安瓜片的采摘也很独特，茶农取自茶枝嫩梢壮叶，所以，叶片肉质醇厚，营养最佳，是我国十大名茶之一。

5. 江苏洞庭碧螺春

碧螺春是因形状卷曲如螺，色泽碧绿，采于早春而得名。碧螺春条索纤细，卷曲成螺状，幼嫩匀齐，全身披毫，色泽银绿隐翠。香气浓郁，具有清新的嫩青香，味鲜醇甘，汤色嫩绿鲜艳。叶底嫩绿匀齐明亮。本地群众将碧螺春的品质特征归纳为"铜丝条，螺旋形，银翠绿，花香果味，鲜爽生津"。

6. 安徽太平猴魁

这种茶为绿茶类尖茶，是我国"尖茶极品"。尖茶特点是叶芽挺直肥实，两头尖而不翘，不曲、不散。太平猴魁产自安徽省太平县猴坑、凤凰山、狮彤山、鸡公山、鸡公尖一带，其中以猴坑所出产的质量最为上乘。

7. 江西庐山云雾

庐山云雾茶，古称"闻林茶"，从明代起开始称为"庐山云雾"。这种茶主要产于江西庐山，是绿茶类中的名茶。有"匡庐秀甲天下"之称的庐山，北临长江，南接鄱阳湖，气候温和，山清水秀，非常适宜茶树生长。庐山云雾茶的品质特点有芽壮叶肥，白毫显露，色泽翠绿，香孕兰蕙之清，味甘鲜爽，耐冲泡，汤色明亮，饮后回味悠远，为绿茶中的精品。

8. 浙江顾渚紫笋

顾渚紫笋产自浙江省湖州市长兴县水口乡顾渚山一带，为上品贡茶里的"老前辈"，早在唐代即被茶圣陆羽论为"茶中第一"。因鲜茶芽叶微紫，嫩叶背卷似笋壳，故得其名。极品紫笋茶叶相抱如笋；上等茶芽挺嫩叶稍长，形如兰花。成品色泽翠绿，白毫显露，幽香如兰，滋味深厚，鲜爽甘醇；茶汤清澈明亮，叶底细嫩成朵。顾渚紫笋有"青翠芳馨，嗅之醉人，啜之赏心"之美誉。

9. 四川蒙顶甘露

蒙顶甘露是中国最古老的名茶，被尊为茶中故旧，为名茶先驱。蒙顶甘露外形美观，叶整芽全，紧卷多毫，嫩绿色润，香浓而爽，滋味鲜醇而甘，汤色黄中透绿，透明清亮，叶底均匀完整，嫩绿鲜亮。蒙顶甘露通常在"清明"前后 5 天采摘，要求采一芽一叶初展的嫩尖。

10. 安徽屯溪绿茶

屯溪绿茶简称"屯绿"，又有"眉茶"之称，是我国极品名茶之一。主要产自于休宁、歙县、施德、绩溪、宁国等地。因为历史上在屯溪加工输出，故而得名"屯绿"。其品质特征是：茶条紧密，匀正壮实，色泽绿润，冲泡后汤色嫩绿透明，香气清高，味浓醇和。

11. 四川峨眉竹叶青

巴蜀产茶于秦前而兴在汉后，主要产自于海拔 800～1200 米的清音阁、白龙洞、万年寺、黑水寺一带，1964 年陈毅副总理品尝后遂命名为"竹叶青"，1985 年荣获第二十四届世界食品博览会金质奖。其品质特征为：外形扁平秀丽，嫩绿鲜润，状如片片竹叶，清香馥郁，鲜爽醇甘，汤清叶绿。

【中国红茶中的名茶】

1. 祁门红茶

祁门红茶的产地在安徽祁门县的山区，曾经在 1915 年巴拿马万国博览会上荣获金质奖，是红茶中的精品。祁门茶的外形条索紧细秀长，汤色红艳明亮，尤其是其香气酷似果香，又带兰花香，味道清鲜持久。既可单独泡饮，也可加入牛奶调饮。

2. 金骏眉

金骏眉采摘于原生正山小种茶树，这种茶树生长在武夷山自然保护区海拔 1200～1500 米的原始森林中。成品的金骏眉，叶芯金黄莹亮，嫩芽茸毛稠密，冲泡后条形一叶似眉，汤色如油晶莹透明，口感温润顺滑，香气自然馥郁。

【中国茶中的其他名品】

1. 君山银针

君山银针产于烟波浩渺的洞庭湖中的青螺岛，颜色鲜绿，香气高爽，味醇而甘，汤色橙黄，是中国黄茶中的珍品。君山银针全由芽头制成，白毫显露，色泽鲜亮。即便久置其味也不变。冲泡后可见明亮的杏黄色茶汤中根根银针直立向上，几番飞舞之后，团聚一起立于杯底。

2. 白毫银针

白毫银针，也称白毫，一向以茶中"美女"、"茶王"而著称。按制茶种类分，为白茶类。白毫银针分为产自福建省福鼎的中北路银针、政和两市的南路银针。"白毫银针"是白茶中的珍品，芽头肥壮，茶身布满银毫，挺直如针。福鼎白毫，茶芽茸毛厚，白色富光泽，汤色浅杏黄，味道鲜香清爽。政和白毫，汤味醇厚，香气悠远。

3. 武夷岩茶

武夷岩茶产自闽北"秀甲东南"的名山武夷，茶树生长在岩缝之中。武夷岩茶是中国乌龙茶中之极品，茶汤有绿茶之清香、红茶之甘醇。

4. 安溪铁观音

安溪铁观音是乌龙茶中的上品，这种茶产于闽南安溪县内，成品茶外形头似蜻蜓，尾似蝌蚪。泡于杯中"绿叶红镶边"。

5. 苏州茉莉花茶

苏州茉莉花茶是我国茉莉花茶中的佳品，大约在清代雍正年间开始发展，距今已经有近280年的产销历史。据文献记载，苏州在宋代时已栽种茉莉花，并将它作为制茶的原材料。1860年时，苏州茉莉花茶已经在东北、华北一带盛销。

6. 云南普洱茶

普洱茶是在云南大叶茶基础上培育出的一个新茶种。普洱茶也被叫做滇青茶，原运销集散地在普洱县，因此得名，距今已经有1700多年的历史。它是用攸乐、萍登、倚帮等11个县的茶叶，在普洱县加工成而得名。普洱茶的香气高锐悠远，带有云南大叶茶种特性的独特香型，味浓具有刺激性。普洱茶耐泡，经五六次冲泡依然带有香气，汤色橙黄浓厚，芽壮叶厚，颜色黄绿间有红斑红茎叶，条形粗壮结实，白毫密布。

7. 一叶参

一叶参，生长在高山岩石上，每隔3年采摘一次，全都是以手工卷成。一枚枚深褐色的橄榄大小的果子，冲泡后伸展出长长的叶片。品尝时带有一股西洋参和花旗参的味道，清淡微苦，具有提神、醒脑的功效。它适合脑力劳动过多、疲惫过度的人饮用。

8. 荔枝红茶

荔枝红茶产于广东、福建一带茶区。荔枝红茶是在将新鲜荔枝烘成干果的过程中，用工夫红茶（指贡茶，即高等红茶）作为材料，经过低温长时间合并熏制而成，外形普通，茶汤美味可口，冷热皆宜，是进口红茶难以比拟的，值得细细品味。

9. 巴山雀舌

巴山雀舌产自四川省万源县。茶区地理环境优越，山峦起伏，植被茂密，湿度比较大。土壤肥沃 pH 值偏酸，适合茶树生长。茶树是四川中叶群体种。

极品雀舌在清明时节采制，一、二级茶在谷雨后采制，标准为一芽一叶初展。理条手法：用单手双手交替进行，手指伸直抓茶，缓缓拉回，茶从拇指虎口中甩出，手指、掌稍带力，兼用压、捺、拓、抓、带、甩、抖等手势。

成品外形扁平匀直，叶色绿润略显毫；香气幽远绵长，味鲜爽回甘，汤色黄绿透亮；叶底嫩匀成朵。

10. 惠明翠片

惠明翠片产自浙江省的景宁县。生长地崇山峻岭，植被茂密，云遮雾绕，溪水长流。气候温和，雨量充沛，土质肥沃，有机质含量非常丰富，土壤呈酸性。

标准为鲜叶配以单芽或一芽一叶初展。经由摊放、杀青、理条、整形、干燥等工序加工制成。

中华茶文化

成品纤秀细紧直略扁，略有白毫，叶色绿润；兰花香高锐悠远，汤色嫩绿清澈透亮，味鲜爽醇和；叶底单芽细嫩均匀完整、嫩绿明亮。

11. 武陵剑兰茶

武陵剑兰茶产于贵州省东北部的武陵山，主要生长在武陵山茶场。武陵剑兰茶外形扁平光滑，叶色绿翠，汤色黄绿透明，清香持久，味醇而甘，叶底嫩黄。

12. 鹿苑毛尖

鹿苑茶品质独具风格，芳香浓郁，味道醇厚，被誉为湖北茶中之佳品。鹿苑毛尖的品质特点是：外形条索环状（环子脚），满布毫毛，色泽金黄（略带鱼子泡），香气高长，滋味醇厚回甘，汤色黄净透明，叶底嫩黄匀整。

13. 高峰云雾

高峰云雾产自湖南省祁东县高峰茶场。其品质特点是：鲜叶以一芽、二叶初展为标准，采摘于清明前后。经过摊放、杀青、青风初揉、初干、做形、提毫、摊凉、烘焙等8道工序精制而成。

成品细紧弯曲，显露白毫，色泽深绿尚润；香气高而持久，汤色嫩绿透明，味鲜醇甘；叶度芽叶完整成朵、嫩绿透明。

中华民族麦文化

从粒食到粉食的演变

【粒食的历史】

古人最开始蒸饭煮粥是粒食的。人们是如何将谷物脱粒做饭的呢？《诗经·生民》中有记载："舂之揄之，簸之揉之，释之叟叟，蒸之浮浮。"由此可见，谷物脱粒和做饭是一个烦琐复杂的集体劳动过程，有的人以木杵在地上掘出的臼里捣着谷物，有的人以木瓢将舂好的谷粒舀出来，有的人用双手搓揉着谷粒令糠皮脱下，有的人在簸糠皮、秕子，当谷物加工好以后，就去淘洗，淘洗的声音嗖嗖响，然后下锅蒸煮，热气升腾，这样才能实现粒食。

先秦时期人们吃的粥饭是以黍、稷和菽为主。黍和稷统称粟，菽是豆的古称。当时稻米和麦子都是珍粮，寻常人不易吃到。那时候的麦子，也不能粉食，只能粒食，因为石磨还没有发明出来。人们将小麦仁蒸煮成麦饭、麦粥食用。

【粉食之始】

春秋末期，公输般发明了石磨。用石磨来磨碎谷物，既能磨脱谷物皮壳，还能作进一步加工，使小麦的麸皮和麦面分离开来，做成了面粉。当人们学会磨制面粉和米粉的时候，各种粉食制品开始应运而生。

汉代时，用人工手推和用畜力牵动的石转磨试制成功，人们又发明了簸选谷物用的木制农具枣风车（利用扇板回转生风的原理制成），就这样，经过从原粮到口粮、从粒食到粉食一系列加工过程，面貌彻底改观了。

由两汉至近代，我国黄河流域、长江流域的农村，杵臼、踏碓、水碓、风车、石转磨等设置，是非常普及的。

中华民族麦文化

81

元代时，我国巧工瞿氏创造了机械传动磨面的方法，将磨设在楼上，楼下设机轴以旋之（据明陶宗仪《辍耕录》）。这是世界上首台机械传动磨面的设备。人们想要粒食还是粉食，可以随心所欲了。而采用钢磨加工粮食，则是上个世纪中叶以后的事情了。

【中国传统发酵面制品的历史地位】

中国的传统食品不但是宝贵的文化遗产，而且还是人类伟大文明的重要组成部分。在人类发展史上，因为社会历史、自然环境等因素，形成了不同的饮食文化圈，基本分为两大类，也就是以中餐为代表的农耕食文化和以西餐为代表的游牧食文化。我国传统发酵面制品不但过去和现在是国人之生活必需品，而且将来会深刻影响着整个人类的饮食文明。

中国人吃馒头的历史起码能追溯到战国时期。《事物绀珠》中有记载"秦昭王作蒸饼"，萧子显在《齐书》中亦有云，朝廷规定太庙祭祀时使用"面起饼"，即"入酵面中，令松松然也"。"面起饼"可视为中国最早的馒头。西汉末年时我国的发酵食品已经非常发达，被称为世界上最古老的食品加工全书《齐民要术》更是详尽记载了发酵面制品、发酵乳制品、发酵肉制品、腌渍鱼（虾、蟹、果、菜）、豉、酒、酱、醋等的做法。由书中所列举的资料能够看出当时我国北方居民的餐桌食品种类中发酵面制品名目之多，工艺之精妙，范围之广泛，时至今日都令人叹为观止，在今天许多方法还在沿用。

馄　饨

【馄饨简介】

馄饨是中国的传统食品，源自北方。西汉扬雄所作《方言》中有记载，"饼谓之饨"。馄饨是饼的一种，不同之处在于其中夹内馅，经蒸煮后食用；如果以汤水煮熟，则称"汤饼"。

古代中国人觉得这是一种密封的包子，没有七窍，因此称为"混沌"，依据中国造字的规则，后来才称为"馄饨"。在这时候，馄饨与水饺没有什么差别。

千百年来水饺并没有什么明显改变，后来馄饨在南方发扬光大，有了独立的风格。从唐代开始，正式区分了馄饨与水饺的称呼。

【冬至吃馄饨的传说】

1. 汉代匈奴说

以前老北京有"冬至馄饨夏至面"的说法。据说汉代时，北方匈奴经常骚扰边疆，百姓不得安宁。当时匈奴部落中有浑氏和屯氏两个首领，非常凶残。百姓对其恨之入骨，于是用肉馅包成角儿，取"浑"与"屯"之音，称为"馄饨"，恨以食之，并求平息战乱，可以过上太平日子。因最初制成馄饨是在冬至这一天，因此在冬至这天家家户户吃馄饨。

2. 西施说

据说春秋战国时，吴王夫差打败越国，生俘越王勾践，得到无数金银财宝，尤其是得到了绝代美女西施后，更加得意忘形，整天沉湎于歌舞酒色之中，不问国事。这年冬至节到了，吴王依例接受百官朝拜，宫廷内外歌舞升平。谁知饮宴之中，吃腻山珍海味的他居然心有不悦，搁箸不食。这一切都被西施看在眼里，她趁机跑进御厨房，和面又擀皮，想做出一种新式点心来，以表自己的心意。面皮在她手里翻了几个花样后，终于包出一种畚箕式的点心。放进滚水中一余，点心便一只只浮上水面。她盛进碗里，加入了鲜汤，撒上葱、蒜、胡椒粉，滴上香油，献给吴王。吴王一尝，鲜美至极，一下子吃了一大碗，连声问道："这是什么点心？"西施暗中好笑：这个无道昏君，终日浑浑噩噩，真是混沌不开。听到问话，她便随口应道："馄饨。"从此后，这种点心便以"馄饨"为名流入民间。吴越人家不仅平时喜欢吃馄饨，而且为了纪念西施的智慧和创造，还将它定为冬至节的应景美食。

3. 道教说

另有一种记载是：冬至之日，京师各大道观有盛大法会，道士诵经、上表，庆贺元始天尊诞辰。道教认为，元始天尊象征混沌未分、道气未显的第一大世纪，故民间有吃馄饨的习俗。《燕京岁时记》中有云："夫馄饨之形有如鸡卵，颇似天地

中华民族麦文化

混沌之象，故于冬至日食之。"其实"馄饨"与"混沌"谐音，所以民间将吃馄饨引申为打破混沌，开辟天地。后世不再解释其原义，只是流传有所谓"冬至馄饨夏至面"的说法，将它单纯看做是节令饮食而已。

【馄饨的特色】

将馄饨和水饺做一比较，馄饨皮是边长约 6 厘米的正方形，或顶边长约 5 厘米，底边长大约 7 厘米的等腰梯形，水饺皮是直径大约 7 厘米的圆形。

馄饨皮比较薄，煮熟后有透明感。也由于薄厚之别，等量的馄饨与水饺入沸水中煮，煮熟馄饨所需时间较短。煮水饺过程中另需加入 3 次凉水，经历所谓"三沉三浮"，才能保证煮熟。

馄饨重汤料，而水饺则重蘸料。

【各地的称呼】

北京：中国北方等地一般称为馄饨。

广东：由于口音不同而沿"馄饨"之音叫做云吞。英语中称之为"wonton"即源自广东话。

福建：俗称扁食，也有少数人称扁肉，肉馅通常是用槌敲打而成。

四川：俗称抄手，川人喜欢食辣，有道名菜叫做"红油抄手"。

湖北：俗称馄饨，有人也叫做水饺。

江西：俗称清汤。

台湾：闽南语称扁食，1949 年前后全国各地的移民将家乡的叫法带到台湾，所以在台湾馄饨、云吞、扁食、或是抄手的说法都很常见。

此外日本沿其音称"ワンタン"（wantan），是由中国北方传过去的。

【常见的馅料】

馄饨馅料一般是由猪肉、虾肉、蔬菜、葱、姜构成的。菜肉大馄饨与鲜肉小馄饨曾经是上海小吃店的基本选项。

源自于无锡东亭的无锡三鲜馄饨，是用鲜猪肉、开洋、榨菜作为馅料的。常州三鲜馄饨则是用鲜猪肉、虾仁与青鱼肉做馅。猪肉、水产、干货和酱菜的搭配组合也启发了后来的馅料创新。

20 世纪 90 年代以来，上海出现了数家连锁经营的风味大馄饨店，兼营堂食与外卖。菜单里，各色酱菜、荤素时鲜、南北干货纷纷汇入馅料，馄饨馅料的品种也获得了大幅丰富与提升，出现了像莲藕叉烧鲜肉、腊肉山药鲜肉、咸肉鲜肉、三菇鲜肉、荷兰豆鲜肉、蛋黄香酥鸭、哈密瓜鲜肉、银鱼蛋黄、蟛子鲜肉、平菇虾仁、松仁粟米鲜肉等新鲜组合。牛肉、螺肉、鸡肉、各色鱼肉等水产、时鲜蔬菜水果、各色豆制品等均可作为鲜货之选。干货中，开洋、干贝、香菇、香肠、咸鱼、咸肉、梅菜也能入馅。酱菜中，尤以榨菜、大头菜和萝卜干受欢迎。

【常见的汤料】

在江南地区，馄饨汤底料的主要选择是鸡汤、肉骨头汤。但是普通店铺内都只是在滚水中加入调味料和紫菜等。比较常见的汤料还有蛋皮丝、榨菜丝、干丝、虾皮、鹌鹑蛋、葱花。

【馅料的做法】

由于馄饨皮较薄，不适合包裹大颗粒的食材，所以食材多需剁碎；为美观考量，虾一般只经剥壳处理，并未剁碎。除剁碎外，另一手工作法为"砸"，不过最常见的方式，是使用机械绞碎。

【常见的形状】

比较常见的形状分为：圆形，圆筒形，半圆形（类似水饺），长方形（对边对折），三角形（对角对折）。

【常见的种类】

鲜肉馄饨：是把猪肉和葱剁碎并搅拌后，用馄饨皮包裹后煮食，是最基本的制作方法。

鲜虾馄饨：广东盛产海鲜，常用虾肉和猪肉为材料。

虾肉馄饨：用剁碎的虾肉及猪肉制成。

菜肉馄饨：以猪肉搭配切丝的青菜，一般体积比较大，也称"菜肉大馄饨"。

中华民族麦文化

红油抄手：通常把鲜肉馄饨搭配以辣油为主的酱料食用，为四川特有的料理。

馄饨面：用馄饨、面条和汤烹煮制成。

炸馄饨：用油炸的方式烹调。

馒 头

【简介】

馒头，也称作"馍"、"馍馍"、"卷糕"、"大馍"、"蒸馍"、"面头"、"窝头"等。此类产品是用单一的面粉或数种面粉为主料，除了发酵剂外通常少量或不添加其他辅料（添加辅助原料用以制作花色馒头或烤馒头），通过和面、发酵和蒸制等工艺加工而成的食品。成品外形为半球形或长条形。味道可口，营养丰富，是餐桌上不能缺少的主食之一。面粉通过发酵制成的馒头更容易消化吸收。馒头加工简单，携带方便，松软可口。馒头是我国北方小麦生产地区人们的主要食物，在南方也很受青睐。最初，"馒头"是带馅的，但"白面馒头"或"实心馒头"则是不带馅的。后来伴随历史的发展和民族的融合，北方人民的生活出现了变化。如今，江浙沪地区依旧将带馅不带汤的馒头称为"馒头"，而不带馅的称为"白面馒头"，而"包"是指带汤的。像苏州汤包，这和北方不同。北方话中，带馅的叫做"包子"，不带馅的称为"馒头"，北方没有带汤的馒头。

【名称的由来】

据说三国时期，诸葛亮率兵攻打南中，七擒七纵蛮将孟获，最后使得孟获臣服。诸葛亮班师回朝，途中必须经由泸水。军队车马正准备渡江，忽然狂风大作，浪击千尺，鬼哭狼嚎，大军不能渡江。此时诸葛亮召来孟获问明原因。原来，两军交战，阵亡将士的亡魂无法返回故里与家人团聚，所以在江上兴风作浪，阻挠众将士回程。如果大军要渡江，必须用49颗人头祭江，才能风平浪静。诸葛亮心想：两军交战死伤难免，岂可再杀49条人命？他想到此处，遂生一计，即命厨子用米面为皮，内包黑牛白羊之肉，捏塑出49颗人头。接着，陈设香案，洒酒祭江。从此后，民间便有了"馒头"一说，诸葛亮也因此被尊奉为面塑行的祖师爷。明代郎瑛在其笔记《七修类稿》中有云："馒头本名蛮头，蛮地以人头祭神，诸葛之征孟获，命以面包肉为人头以祭，谓之'蛮头'，今讹而为馒头也。"诸葛亮发明的馒头，里面加上了牛羊肉馅，工序复杂而且花费较多。于是，后人就把做馅的工序省去，便成了现在的馒头。而有馅的，则成为包子。

【分类】

依照风味、口感不同，馒头可分为下列几种软、硬面馒头。

1. 北方硬面馒头

这是中国北方一些地区，如山东、山西、河北等地百姓喜欢的日常主食。根据形状不同又分为刀切形馒头、机制圆馒头、手揉长形杠子馒头、挺立饱满的高桩馒头等。

2. 北方软面馒头

这是我国中原地带，如河南、陕西、安徽、江苏等地百姓喜爱的日常主食。其形状分为手工制作的圆馒头、方馒头和机制圆馒头等。

3. 南方软面馒头

这是我国南方人经常食用的馒头类型。南方人多以大米为日常主食，而以馒头和面条为辅助主食，南方软面馒头的颜色较北方馒头白，而且多带有各种风味，如甜味、奶味、肉味等。形状有手揉圆馒头、刀切方馒头、体积很小的麻将形馒头等。

4. 杂粮馒头

随着生活水平的提高，人们开始注重主食的保健性能。杂粮具有一定的保健作用，比如高粱具有促进肠胃蠕动防止便秘的功效，荞麦有降血压、降血脂的作用，加上特别的风味口感，杂粮馒头很受消费者欢迎。比较常见的有以玉米面、高粱面、红薯面、小米面、荞麦面等为主要原料或在小麦粉中添加一定比例的此类杂粮制作的馒头。

5. 营养强化馒头

营养强化主要有强化蛋白质、氨基酸、维生素、纤维素、矿物质等。因为主食安全性和成本方面的因素，大多强化添加料由天然农产品加工而成，有植物蛋白产品、果蔬产品、肉类及其副产品和谷物加工的副产品等，如添加蛋白粉强化蛋白质和赖氨酸，添加骨粉强化钙、磷等矿物质，添加胡萝卜增加维生素 A，添加处理后的麸皮加强膳食纤维等。

6. 点心馒头

用特制小麦面粉为主要原料，比如雪花粉、强筋粉、糕点粉等，加入适当辅料，制作出组织柔软、风味特别的馒头，比如奶油馒头、巧克力馒头、开花馒头、水果馒头等。这种馒头通常个体较小，其风味和口感可以与烘焙发酵面食相媲美，作为点心而消费量较少，是非常受儿童欢迎的品种，也是宴席面点品种。

【生产制作】

1. 原料准备

普通面粉 1000 克、温水 500 毫升、发酵粉 3 茶匙。

2. 发面过程

将发酵粉倒入温水中，搅拌均匀后静置 10 分钟左右；

面粉放进盆内，在面粉中间挖一个小洞，逐渐的加入发酵粉和温水的混合物并将面粉搅拌至絮状；

把和好的面揉光，盆地撒上一层薄薄的干面粉，将揉好的面团置于盆中，用一块湿布盖好，放在温暖处（30 摄氏度左右）进行发面；

大约 1 小时之后，面团发至两倍大，用手抓起一块面，内部组织呈现出蜂窝状，醒发完成。

3. 制作步骤

将发好的面团在案板上用力揉 10 分钟左右，揉至光滑，并尽可能使面团内部无起泡；

把揉好的面搓成圆柱，再用刀等分地切成小块；

把切好的面团制作成圆形；

若不喜欢圆形，就把切好的面团稍加整理，制成方形的刀切馒头；

蒸锅中加入适当的冷水，在蒸笼中铺好湿的屉布或者油纸，把整理好的馒头置于屉布上，中间留有一定的间隙；

盖上锅盖，将锅放在火上蒸 30 分钟左右，时间到后关火，但不要马上打开锅盖，几分钟后再打开锅盖。

4. 注意事项

馒头的形状没有特定的，可以做成圆形，也可以是方形，当然，若家中有宝宝，也可以发挥想象力捏制成各种动物的造型；

凉水上锅蒸，使馒头可以缓慢均匀地受热，从而更加蓬松柔软；

蒸制的时间，通常控制在 30 分钟左右，当然也要根据馒头的大小确定，如果要蒸制巨无霸型的特大个，则要适当增加蒸制时间；

蒸好后，切记不要马上揭开锅盖，否则馒头突然遭遇冷空气，可能会导致塌陷；

判断馒头生熟时，用手轻轻压一下，可以复原即为蒸熟；

可以用全麦面粉蒸制健康的全麦馒头，或者掺杂一些荞麦面，增加粗纤维。

饺　子

【饺子的来历】

对于饺子的来历，文献记载和民间传说颇多。

饺子源自古代的角子。早在三国时期，魏张揖所著的《广雅》一书中，就记载了这种食品。据史料考证，饺子是由南北朝至唐朝时期的"偃月形馄饨"和南宋时的"燥肉双下角子"发展而来的，距今已经有 1400 多年的历史了。清代有关文献记载说："元旦子时，盛馔同离，如食扁食，名角子，取其更岁交子之义。"还有：

"每届初一，无论贫富贵贱，皆以白面做饺食之，谓之煮饽饽，举国皆然，无不同也。富贵之家，暗以金银小锞藏之饽饽中，以卜顺利，家人食得者，则终岁大吉。"意思是说，新春佳节人们吃饺子，寓意吉利，以示辞旧迎新。徐珂编著的《清稗类钞》中写道："中有馅，或谓之粉角……而蒸食煎食皆可，以水煮之而有汤叫做水饺。"千百年来，饺子作为贺岁食品，颇受人们的喜爱，相沿成习，流传至今。

饺子的来历，除史书记载外，民间还有另外一种传说。传说，饺子在历史上最早的名字是"娇耳"，这种受到人们青睐的食品是由医圣张仲景首先发明的。他的"祛寒娇耳汤"的故事在民间流传甚广。张仲景是东汉时期河南省南阳人，从小苦读医书，博采众长，成为中医学的奠基人。他的著作《伤寒杂病论》，集医家之大成，被历代医者奉为经典，是中国首部由理论到实践、确立辨证论治法则的医学专著，是中国医学史上影响最大的著作之一。张仲景认为："进则救世，退则救民；不能为良相，亦当为良医。"他不但医术高超，任何疑难杂症都能手到病除，而且医德高尚，不管穷人和富人，他都认真施治，挽救了数不清的性命。被人尊称为"医中之圣，方中之祖"。

张仲景处于动乱的东汉末期，连年混战，"民弃农业"，都市田庄多成荒野，老百姓颠沛流离，饥寒困顿。各地连续爆发瘟疫，特别是洛阳、南阳、会稽疫情严重。"家家有僵尸之痛，室室有号泣之哀。"据说在张仲景任长沙太守时，经常为百姓除疾医病。有一年长沙瘟疫盛行，他在衙门口垒起大锅，施药救人，深得当地人民的爱戴。张仲景从长沙告老还乡后，正好赶上冬至这一天，来至家乡白河岸边，见很多穷苦百姓忍饥受寒，甚至连耳朵都冻烂了。原来当时伤寒流行，病死的人很多。他心里十分难过，决心救治他们。张仲景回到家，求医的人非常多，他忙得不可开交，可是他心里总记挂着那些冻烂耳朵的穷百姓。他仿照在长沙的办法，让弟子在南阳东关的一块空地上搭起医棚，架起大锅，由冬至那天开始，向穷人施药治伤。

张仲景施舍出来的这个特殊的药物叫做"祛寒娇耳汤"，是总结汉代临床实践而成的，其具体做法是用羊肉、辣椒和一些祛寒药材在锅内煮熬，煮好后再将这些东西捞出来切碎，以面皮包成耳朵状的"娇耳"，下锅煮熟后分别舍给乞药的病人，每人两只娇耳、一碗汤。大家吃下祛寒汤后全身发热，血液通畅，两耳变暖。老百姓从冬至吃到除夕，抵抗了伤寒，治好了冻耳。张仲景施药一直持续到大年三十。

大年初一，人们庆祝新年，也庆祝烂耳康复，于是就仿照"娇耳"的样子制成过年的食物，并在初一早上吃。人们将这种食物称为"饺耳"、"饺子"或"扁食"，在冬至和年初一吃，以此来纪念张仲景开棚施药和治愈病人的日子。

【称谓】

唐代时饺子被叫做"牢丸"，水饺叫"汤中牢丸"，蒸饺称为"笼上牢丸"。大约在宋代之前，都叫这个名称。宋之后，叫法比较杂乱，分别有"粉角"、"扁食"、"水角"、"饺儿"、"水点心"、"煮饽饽"等。明朝万历年间沈榜的《宛署杂记》中有云："元旦拜年，作匾食。"刘若愚的《酌中志》中记载："初一日正旦节，吃水果点心，即匾食也。"（"匾食"的"匾"，如今已通作"扁"）统称为"饺子"，大约已经是清末民初的事情了。

如今，北方和南方对饺子的称谓也不尽相同。北方人称为"饺子"，南方很多地区却叫"馄饨"。饺子因为其用馅不同，名称也五花八门，有猪肉水饺、羊肉水饺、牛肉水饺、三鲜水饺、红油水饺、高汤水饺、花素水饺、鱼肉水饺、水晶水饺，等等。此外，因为其烹熟方法有所不同，有煎饺、蒸饺等。，大年初一吃饺子在精神和口味上都是一种极好的享受。

【北方饺子的做法】

馅可依照自己喜好随意调配。例如白菜饺、韭菜饺、三鲜饺、牛肉饺、猪肉饺、鱼肉饺、虾仁饺等。

两人份的原材料：肉馅（直接到超市买即可）500克，面粉700克，大白菜一棵（约500克），韭菜50克，香菇3个，虾仁50克。（可根据实际情况增减）

作料：油、盐、花椒、五香粉、酱油、醋、姜、葱、味精、香油、料酒（也可用红酒）、高汤（可用水）皆适量。（因为各地各人口味不同，作料未给出具体分量）

制作步骤如下：

将面和好后（面团宁硬勿软），置于面盆中，加盖醒30分钟。

将肉馅加入高汤，逆时针搅拌，使之成糊状。

炸油锅中加油烧至九成热，加入花椒，关火，待油温降下，捞出花椒，同时将油倒入肉馅。

将大白菜切碎，放入食盐杀出水分，挤出水分，加进肉馅；韭菜切碎，放入肉馅；香菇用水发好切碎，加入肉馅；虾仁切碎，放入肉馅；与此同时加入盐、味精、香油、葱末、姜末、五香粉等辅料，逆时针搅拌直至充分混合。

接下来包饺子，将面团制成小面饼，放入馅，捏在一起即可。

水烧开后，放入包好的饺子，当饺子浮起时，加凉水，反复两次便可捞出食用。

吃时依照自己口味酌情蘸取调料。

【包饺子的诀窍】

1. 包饺子省时省力妙法

饺子是深受中国人喜欢的一种食品，只是饺子的制作过程比较复杂，接下来介绍两个小诀窍，能够让你在包饺子时省时省力。

首先，和的面必须"醒"好，这样才好擀皮、好包，而且不破。

其次，调馅时若全用肉馅，应向肉馅里"打"水，水要缓慢添加，并边加边用筷子朝一个方向搅动。馅的瘦肉多，可以多放一些水；肥肉多应少放水。然后再加入葱花、酱油、姜末、味精等调匀，最后加入食盐。如用肉菜馅，蔬菜最好用生的，要用水烫，避免维生素流失。蔬菜剁好后如果有汤，可轻轻挤一挤，以防包饺子时渗出。剁好的菜和肉馅放到一起后，不可多搅，搅多了便会出汤。出汤后，可掺些干面，冬天也可以拿到室外冷一冷，油脂一凝就稠了。

2. 巧做饺子馅

饺子馅的肉与蔬菜比例应适当，通常以1：1或1：0.5为宜。饺馅里适当加些蔬菜，不仅味道好，而且营养更全面。蔬菜中的长纤维素能促进人体肠胃蠕动，以防节日荤食过多，影响消化吸收。

据证实，大白菜去汁后维生素会损失90%以上。为了防止维生素的流失，可将菜馅剁好后，将菜汁挤出来，拌肉馅的时候再将菜汁掺入进肉馅里搅拌。也可将菜馅剁好后，先用食油搅拌，最后放盐和辅料，亦可防止菜汁被"杀"出来。

先将肉剁成或绞成碎馅，向肉馅中加少量水（或菜汁）用力搅拌。也可一点一点地加入酱油（有肉汤最好加肉汤），边滴边搅拌，搅拌成糊状后，加菜拌匀即成。这样做好的饺馅，吃时汤汁饱满，美味可口。

在调剂饺馅时，加入适量白糖，吃饺子时，会感到有鲜香海米味。

【包饺子技巧】

左手拿着面剂，右手拿小面杖，随着面杖擀动，左手转动剂子，记住擀的时候只要擀过剂子的一半或者不到一半就可以了。一般刚开始可能擀得慢，还不圆，但是只要多练几次就行了。

小锁饺：取饺皮一张放在掌心，放入适量馅，把饺皮对折立起，两手的食指和拇指分别从饺皮左右两端向中间捏，中间自然留一个口，将左右两边合拢后，留口部分折起捏牢，两边各自形成一条褶折。

元宝饺：取饺皮一张放在掌心，放入适量馅对折成半圆形，先将中间捏牢后，再把右半边饺皮封口，同样把左半边饺皮也封口，将饺皮封牢，随后将饺子两端向中间弯拢，把两端饺边相互捏牢，使半圆形的边略微向上翘。

月牙饺：将左手握成拳，大拇指和食指自然伸出，取饺子皮一张放上并放好馅料，把右端边角捏住，用右手拇指向外轻推内侧皮，食指把外侧皮捏成褶折，右手拇指把褶折捏紧，重复这一步骤至左端饺边并将两端封口处捏牢。

波波饺：取饺皮一张放在掌心，放入适量馅把饺皮对折封口成半圆形，食指稍过拇指前捏，捏住饺边食指轻轻将饺皮往前推出褶折，重复褶折直推至右端顶处放手，这样一只波波饺就捏好了。

蛤蜊饺：取饺皮一张放在掌心，放入适量馅，把饺皮对折后将两侧往里折。将对折的边捏牢，同时将两边折起来的口捏牢，用右手拇指捏住右顶端角，将之捏薄，将变薄的顶端向下按，连续向下按捏形成绞边纹直至左端，一个蛤蜊饺就捏好了。

四喜蒸饺：取饺皮一张置于手掌心，放入适量肉馅，将面皮捏成"田字形"方格（四角空、中间黏合的四方形），田字形可以用手指沾适量的水以便黏合，在田字格里分别放入烫软切碎的菠菜，热炒切碎的蛋皮，泡软剁碎的香菇末以及叉烧肉末。

鱼形饺：以左手握拳，将大拇指和食指自然伸出，取过一张饺子皮放入馅料，把饺皮对折，将其中一边向里折起大约1～2厘米，捏牢后再向里折1～2厘米，再捏紧，这样重复直至另一边，最后收口时将尾巴稍微向上翘捏牢即成。

钱包饺：取饺皮一张放在掌心，放进适量馅，把饺子皮对折封口成半圆形，右手拇指捏住右顶端角，将之捏薄，把变薄的顶端向下按，连续往下按捏形成绞边纹直至左端即可。

葵花朵朵：取饺皮一张置于掌心，放入适量馅，将馅整理成一个圆形，取另一张饺皮覆上，将上面的饺皮按照馅的形状轻按定形，然后将两张饺皮叠起来的边定一起点将之捏薄，再将变薄的顶端向下按，连续往下按捏形成葵花。

汤饼与面条

【面条之源——汤饼】

中国面条最早起源于东汉之前。距今1900多年前，东汉崔寔所著的《四民月令》中记载"距立秋，毋食煮饼及水溲饼"。据证实，"水溲饼"即最早的水煮无馅的面食，是中国面条之源。

早期的面条，只是人们把面块擀成薄饼状。当时的面食统称为"饼"，故煮面即称为"煮饼"或"水溲饼"。因为是在"汤"中煮熟，所以又被人们称为"汤饼"。由于汤饼的原材料是白面，所以古人又美其名曰"汤玉"。晋人束皙写过一篇《饼赋》，文中记载了10多种属饼的面食，蒸的煮的炸的烙的皆有。

束皙在《饼赋》中把面条极力赞扬了一番，说是"玄冬猛寒，清晨之会，涕冻鼻中，霜成口外。充虚解战，汤饼为最。"只是，有条件用汤饼"充虚解战"的，非贵即富，其他人等，只能站在一边干瞧着："行人垂液于下风，童仆空瞧而邪盼。擎器者舐唇，立侍者干咽。"区区一碗面条，居然可以将人馋成这样。

此处所说的"汤饼"，即是今天的"热汤面"。晋代束皙《饼赋》中说：做汤饼时要用一只手托着和好的面，另一只手往锅里撕片。

程大昌曾经在《演繁露》中有解释："古之汤饼皆手持而擘置汤中，后世改用刀儿，乃名不托，言不以掌托也。"后来写成"饦"、"馎饦"。如今中国北方还有类似于这种制面方法的刀削面。《齐民要术》中也列举了"水引"、"馎饦"等面食，它们的特点就是极薄的面片用肉汁调和而成，故而味道十分鲜美。明代蒋一葵的《长安客话》中载有："水瀹而食者皆谓之汤饼，今蝴蝶面、水滑面、托掌面、切面、挂面、馎饦、馄饨、饸饹、拨鱼、冷淘、温淘、秃秃麻失类是也。"说明到后世，"汤饼"的种类已经非常多了。

【驸马与面条的故事】

相传东汉末期，大将军何进有一孙名为何晏，曹操为司空时纳其母，并收养何晏。何晏幼时聪慧过人，得宠于曹操，被视若诸公子。后来，何晏娶了金乡公主为妻，成为货真价实的驸马。何晏不仅才华出众，而且还是一个实实在在的小白脸儿。如果问白到什么程度？甚至白到连魏明帝曹叡都心生疑虑：这家伙是不是在脸上厚厚地敷了一层白粉——用今天的话来说，是不是化了浓妆。人的好奇心一旦萌发，便难以克制，贵为皇帝者也不例外，可是高高在上的曹叡，怎么说也不可能把何晏叫到身旁亲手摸一摸吧！怎样才好呢？有道是"眉头一皱，计上心来"，曹叡想出了一个主意，他把何晏召至殿前，赐给他一大碗热汤饼。大殿之前，想来何晏应该是先磕头谢恩，再喝汤吃面吧！结果如何呢？"大汗出，以朱衣自拭，色转皎然"。何晏吃汤饼吃得是满头大汗，用红衣袖抹汗，而色却更显得白了。一场"殿前测试"，就这样结束了。

另外一位和面条有瓜葛的驸马，是南朝宋顺帝手下的何戢。驸马何戢的祖、父都曾经在朝里任过高官。他在担任司徒左长史的时候，与军事长官萧道成关系密切，经常在一起吃吃喝喝。所吃何物？面条！萧道成喜欢吃"水引饼"，于是何戢便叫妻女亲自动手做面条款待他。后来，萧道成仰仗军队硬逼宋帝下台，自己取而代之，成了南齐的开国皇帝。登基伊始，他便提出让何戢当宰相，有人反对说这个人的资历太浅，而且也没有建树，萧道成便任命他担任吏部尚书。当时何戢只有30岁出头而已。

【唐代食汤饼风俗】

在《唐会要·光禄寺》中有记载：唐代宫廷中每到冬天要"造汤饼"，夏天则要做"冷淘"（过水凉面）。诗圣杜甫喜欢吃槐叶冷淘面，为此还特意写有"青青

中华民族麦文化

95

高槐叶，采操付中厨。新面来近市，汁滓宛相俱"一诗。《新唐书·列传·玄宗皇后王氏》记载着："陛下独不念阿忠脱紫半臂易汁面，为生日汤饼耶！"由此可见，在唐代就已经有过生日吃面条这一风俗了。唐代人食用汤饼要用筷子夹起，诗人刘禹锡在给一个朋友的诗中就写有"举箸食汤饼"之句。《东京梦华录》中就说得更加明确了："旧只用匙，今皆用箸矣。"表明面食在当时已经发展成"条"状，这标志着中国制面技术迈入了一个全新的发展阶段。

【宋元明清时期面条的发展】

在北宋、南宋时期，面条的制作方法更多了，花色品种也比前朝丰富。南宋年间的《东京梦华录》中有记载，在汴梁居住过20多年的孟元老，对往日京华繁荣景象的追忆，其中提及北宋汴京市场上的面条名品有十几种。而吴自牧写于宋末元初的《梦粱录》一书，则指出南宋时期临安市场上的面条，竟达到了三四十种。再往后，元代蒙古族医学家呼思慧在他所著的《饮膳正要》一书中提到，当时，已经出现了能够贮存时间较长的"挂面"。到了明、清时期，更是出现了制作技艺独出心裁、别具一格的抻面和刀削面，清朝末期的《素食说略》一书中，对制作这两种面的工艺流程，有着详细的记载。

胡饼名实

【胡饼由来】

胡饼大约是在汉代班超通西域时传入的。遗憾的是，至今尚未找到直接的文字记载。最早一条记载"胡饼"的文字，出现在《太平御览》中。引《续汉书》："灵帝好胡饼。"其次是《三辅决录》中有记载："赵岐避难至北海，于市中贩胡饼。"可见汉代已有"胡饼"。即便有人说《三辅决录》出自后人之手，《晋书》中也有王羲之独坦腹东床，啮胡饼，神色自若的记载。由此可知"胡饼"在晋代之前已经传入了。

时至唐代，"啮胡饼"已经成了一种最时髦的享受。《旧唐书》中有云："贵人御馔，尽供胡食。"所谓"胡食"的种类，慧琳的《一切经音义》中第三十七卷

"陀罗尼集"第十二指出：这种油饼本是胡食，中国效之，微有改变，因此近代亦有此名，诸儒随意制字，未知孰是。胡食者，即毕罗、烧饼、胡饼、搭纳等是。

"胡食"自汉魏开始，即在中国风行，到唐代最盛。安史之乱时，玄宗西幸，来至咸阳集贤宫，没有东西吃，只能以"胡饼"充饥。《通鉴》中玄宗纪说：日向中，上犹未食，杨国忠自市胡饼以献。胡三省注说："胡饼今之蒸饼。"高似孔说："胡饼言以胡麻著之也。"看起来高似孔说更为确切一些胡饼即是麻饼，亦即烧饼。崔鸿所著的《前赵录》说，石虎忌讳"胡"字，因此改"胡饼"为"麻饼"。《湘素杂诗》又记载：有卖胡饼者，不晓得胡饼原名，就改个名字称为"炉饼"。因此"胡饼"又可称"麻饼"，也称"炉饼"。与如今四川的"锅魁"相似。《清异录》记述说，汤悦在驿舍遇见一位士人，招待他吃饭。其中有一种"炉饼"，分为五种馅味，细细品味，五种馅味各不相同。于是请教士人，说，这是"五福饼"啊！从这里可看出"胡饼"有的也有馅。而且，唐代长安非常盛行此饼。当时日本僧人圆仁《求法巡礼行记》中记载："开成六年（公元840年）正月六日立春。命赐胡饼寺粥。时行胡饼，俗家皆然。"在此之前。北魏贾思勰《齐民要术》中记载的"烧饼作法"，与唐代"烧饼"作法，相去不远。

由此可知"胡饼"即是"烧饼"、"炉饼"，亦即"麻饼"。至于"毕罗"的得名，《资暇录》指出，番邦有毕氏、罗氏，好食这种食品，因此称"毕罗"。《唐语林》亦有此类记载。日本人桑原骘藏考证说，隋唐时期来华的西人，说"安国"的西边百余里，有"毕国"，其人经常到中土贸易，可能"毕罗"是由他们从毕国等地带来的，因以为名，正如慧琳所谓，随意制字，了无正体者。杨升庵的《集韵》说：毕罗，修食也。唐人小说里，宰相有樱笋厨，食之精者，有"樱桃毕罗"。在此之前，北宋人的《青箱杂记》中，也记载说：饼一名毕罗，北方有所谓波波者，今俗书作毕罗即此。唐代长安有专门出售毕罗之店，一在东市，一在长头里，可见《续酉阳杂俎》。唐代卖毕罗亦以斤计，只是中有蒜为饼，和宋代北方的甜馎饦有所不同。通过记述可知，毕罗也是"胡食"，是由西域胡人传入的。唐代称毕罗，宋代以后，北方称毕罗为"波波"或"馎饦"，南方叫"磨磨"。亦即今日四川称的"馍馍"。但是四川方言中的"馍馍"，是用面粉之类蒸制的饼，火上烤成的，称"锅魁"。

河 漏 面

【简介】

河漏也称为饸饹，为北方面食三绝之一，和北京抻面、山西刀削面齐名。是把豌豆面、莜麦面、荞麦面或其他杂豆面和软，将和好的面投进特制的河漏床（中间有圆洞，下方有孔，上面有比圆洞直径略小的木柱圆形头伸入洞中挤压）迫使面从下方均匀的孔内下入锅中，整个河漏床利用杠杆原理，横跨锅上。待面压到一定长度，用刀从下方将面条截断，煮熟后再配上各种浇头或打卤食用。这种面，操作简单，速度快，适合食堂集体食用，吃着筋滑利口。河漏面的叫法很多，如河捞、疙豆、河漏子等，是北方传统的大众面食。在河南、山西、陕西、山东等地均有其踪迹，是城乡人民最喜欢的面食之一。

【文献记载】

《辞海》里有关于"饸饹"的定义，解释是："北方一种用荞麦面轧成的食品，参见'河漏'"。而对河漏的记载则是："即饸饹，北方一种面食。王桢《农书·荞麦》：'北方山后，诸郡多种，治去皮壳，磨而为面……或做汤饼，谓之河漏。'"元代的农学家王桢，在他的农学专著《农书·荞麦》中提及："以供长食，滑细如粉。"意思是说，饸饹即是过去的"河漏"，表面滑滑细细像粉一样，在当时是一种家庭自己制作食用的食物，就如同今天家里做的擀面条一样平常。

面 点

【中国面点概述】

中国面点历史悠久，自古以来就是人们日常生活中必不可缺的食品。在社交场合的各种筵宴中和居家过日子当中人们总是以面食、米食、点心为主食；出门在外和休闲的时候，面点都常作为调剂口味的补充食品。面点的内容具有广义和狭义之分。

从广义上来讲，主要是指以各种五谷杂粮、果品豆类、根茎鱼虾、蔬菜肉类、食用菌藻等为原料，有的还搭配各种馅心，制作成不同风味的面点、小吃、小食品等。

从狭义上来讲，指的是人们在正餐以外经常食用的点心、糕团等。

在中国幅员广阔的疆土上，因地理环境的不同，气候状态的不同，生活习俗的不同，全国各地方的饮食文化具有悠久的历史渊源。自古以来，生活在黄河流域、长江流域、珠江流域、松花江流域的居民，在饮食文化中有着各自的特点和不同，造就了"南米北面"的饮食习惯，"靠山吃山，靠水吃水，山水都有，山水都吃"的民风民俗。所以，从古至今，中国的面点制作不管是在选料上、口味上，还是在制法上、风格上，都形成了各自不同的浓郁地方特色，基本分为南味和北味两大类。

【中国面点发展史】

1. 早期面点

商代及其之前的面点食品，古代史料记载了一部分，主要是现代考古发掘证实。先民们当时主要以"火燔，石烹"为面点，如爆谷、石子馍；有煮熬成熟的谷物，捣砸成粉末状的"糗食"或糕状；有蒸熟的面点，如甑糕、蒸粉。从1万多年前的原始农业，发展到周代、春秋战国时，中国面点已形成了比较完整的体系，有了丰富的面点品种。

随着农业的发展，到了商周时期谷物品种越来越多。有被称为五谷，九谷或者百谷的麦、稻、菽、粟、稷、麻等。其中，麦分为大麦、小麦，稻分为籼稻、粳稻、香稻等许多品种，黍、稷、菽也有很多品种。

谷物的加工技术有了很大的发展。中国古代先民们早期对谷物加工，使用的工具是杵臼、石磨、石盘、石碾、冲窝、磨棒等，对生料、熟食都能加工，可以使谷物脱壳，也可以破粒取粉。干谷物取粉比较吃力，于是就用水泡软，然后再取粉。

经过长时间的探索和实践，先民们终于发明了石磨，比起用石碾子明显地提高了工效。据说是由春秋时期杰出的工匠鲁班改进创新制成的。1956年在河南省洛阳市，考古学家发现了战国时期的石磨，1965 年还在秦都栎阳遗址出土了石磨。石磨的创造和使用，促进了面类食品的发展。

调味料、油料也已产生。早在西周时期的都城沣京、镐京，周天子的饮食就已经是"五味调和百味香"了。如今烹调技术中应用的 10 种基本味型在西周的调味品中都能见到，据文献记载常用的调味料多达 100 余种。如：盐、酸果汁、饴、蜜、蔗浆、酱、姜、桂、葱、蓼、醯、醢、薤等，经常在面点里应用。油料当时应用的主要是猪、羊、犬等动物的油脂，植物油主要自秦汉后才普及应用。

周代各种炊具品种已经非常丰富，一些青铜炊具和铁具、陶具能够用来油炸或者蒸制面点，而类似炒盘、平底锅的青铜炊具，则可以用来烤烙、炙烘面点。

因为物质条件的发展，周代面点出现了很多品种，大的种类主要有：

饵，是一种蒸制的糕，也叫做饼。

蜜饵，是饵的一种，味甜。

餈，是一种糕饼，用稻米或黍米粉制成的。

酏食，是一种通过发酵的面糊制作而成的饼，也能制成酒或者稀饭。

糁，指的是一种用稻米粉加入牛或羊、猪肉丁粒制成的油煎肉饼。也可以加水做成鲜肉粥。

粔籹，有点类似后来的馓子、麻花等的油炸类食品。

糗、糒，指的是两种加工成便于携带、打仗时食用的面点干粮，分为甜味和咸味面点。

2. 汉代面点

随着生产技术的快速发展，各种大小型石磨的广泛应用，发酵工艺不断改进，面点品种迅速增加，而且在民间广为普及。汉代已有在节日吃面点的习俗，据《西京杂技》中记载："九月九日，佩茱萸，食蓬饵，饮菊花茶，令人长寿。"蓬饵就是蓬糕，重阳节食糕被人们所重视。

据史料记载，汉魏时期面点品种已相当多了，崔寔所著的《四民月令》中，记有很多农家的面点，像蒸饼、水溲饼、煮饼、酒溲饼等，其中的"酒溲饼入水即烂。"据专家考证，应该是一种发酵饼，是《周官经》中酏的发展。扬雄在《方言》中指出："饼谓之饦，或谓之饳，或谓之馄；饵谓之糕，或谓之餈，或谓之铃，或谓之圆，或谓之淹。"表明各个地方已经有许多的名称。

据考古发现，在长沙马王堆一号汉墓出土的竹简上，列举有"居女，仆粹"等面点的名称。汉代末期，刘熙在《释名·释饮食》中记载："饼，并也。溲面使合并，胡饼作之大漫湖也，亦言以胡麻著上也。蒸饼、汤饼、蝎饼、髓饼、金饼、索饼之署。皆随形而名之也。"其中，胡饼是炉烤的芝麻饼，也有人认为是由胡地传入的；蒸饼类似馒头，汤饼为水煮的揪面，索饼类似于现在的抻面、著头面、拉条子的面条，髓饼是用动物骨髓、油脂制成的带有馅的饼。

魏晋南北朝时是面点的重要发展时期，面点制作技术的提高主要表现在面粉通过过细密的罗筛，筛罗出极细的粉；各种发酵的方法广泛应用于一年四季；笼蒸炊具进一步完善，使面点品种更加丰富多彩；面点成形使用模具。把制作的面点胚，放进刻有禽兽、花草的模具中，成为形象美观的艺术面点，深受人们的青睐。

晋人束皙在《饼赋》中有记载"粔籹、安乾、豚耳、狗舌、培饨、馒头、牢丸、起溲、汤饼、薄壮、剑带、案成、髓烛"等10多个品种。《齐民要术》中列举的面点类型有20多种，应用的烹调方法有几十种。在北方，人们习惯在春日吃馒头，夏日吃薄壮，秋日吃起溲，冬日吃汤饼。荆楚地区的风俗是立春吃春饼，夏至食粽子，伏日做汤饼。

3. 隋唐五代的面点

秦中自古帝王州，根据《唐西京城坊考》记载，在唐代京城长安的东市。西市以及朱雀大街上，茶坊，酒馆，饭店林立。《西安历史述略》中有"颁证坊有混沌曲，曲是坊里的小街，长兴坊有毕罗（包子）店，盛业坊有推车卖饼的，长乐坊出美酒。"唐代段成式所著的《酉阳杂俎》中，对长安有名气的面点记载："萧家馄饨，漉去汤肥可以瀹著；庚家粽子，白莹如玉；韩约能做樱桃毕罗，其色不变。"

包子一词最早出现在《清异录》中和唐代的《韦巨源食谱·附张手美家》中，说的是苏州阊门外的张手美家，有19种节日面点，依据一年四季不同，每个季节用一种，夏季六月六食用的是"绿荷包子"。唐代时饺子和馄饨两者在名称上没有差别。《韦巨源食谱》中记载的面点有饼、饭、糕、面、馄饨、粽子等，其中"生进二十四气馄饨"注称："花形馅料各异，凡二十四种。"由此可见，当时的馄饨和饺子为同一名称。1963年的考古发掘中，在新疆吐鲁番的阿斯塔堂墓葬中出土了

1300多年前的完整饺子，与现代的饺子形状相同，表明了唐代吃饺子的习俗由中原已经传到了周边的国家和地区。

唐代炉饼包括油酥、羊肉、豆豉为馅心的名品；有的胡麻饼达到了面酥油香的境界，受到了诗人白居易的称赞；当时面条有过水凉面，诗圣杜甫认为吃了有夏天“经齿冷于雪”的美感；蒸饼还有莲花饼、玉尖面等品种。米面制成的馓子，出现了既酥又脆“嚼着惊动十里人”的品种；糕团发展更快，出现几十种名品，包括水晶龙凤饼、满天星粉团、花折扇鹅糕等。

节日面点除了春饼、粽子、重阳饼之外，还有湟盘兜（天饺儿）、如意圆、盂兰饼、萱草面、玩月羹、中秋饼等。

随着丝绸之路中外饮食文化的沟通交流，西域饮食传进中原。唐朝盛世“贵人御馔，尽供胡食”，名品有搭纳子、醅斗等。因为鉴真东渡及日本僧人、留学生的来华，中国的捻头、蒸饼，毕罗等也传进了日本，日本学者称这些食品为唐果子。

4. 宋元面点

宋元时期面点在全国发展，新品种大量产生，全国各地面点流派已经出现。传统面点在市场上供应的就多达数百种，北宋都城汴梁、南宋都城临安、元大都京城均是饮食业相当繁荣的地区，制作和销售面点的店铺不胜枚举。这一时期少数民族面点发展非常快。在忽思慧所著的《饮膳正要》中记述着蒙古、回回、维吾尔等族的面点就有30多种。

据史料记载，中国的面条在元代传入欧洲意大利等国，馒头在元代也传入了日本。

5. 明清面点

明清时期面点在饮食中的地位更加突出，面点的相关著作也更加丰富。随着中外文化不断交流，中国的面点制作大量传入国外，西式的面点也传入了中国。比较来说，北方精于做麦面点，南方地区大多擅长制米类面点。宴席中面点是必不可少的品种，满汉全席中的面点依照不同的规格，应上四至十八道。

中国农历节日所食的面点品种，明清时期已经大致成形。如春节吃饺子、年糕、长寿面，正月十五食用元宵、汤圆，端午食用粽子、绿豆糕，中秋食用月饼、枣月，九月九食用重阳糕等。现如今，过去传统节日食用的面点，一年四季基本都能品尝到。随着科学的发展，机械加工的食品不断增加，中外交流愈发频繁，推陈出新，开拓进取，21世纪的面点新品种必将不断涌现，为人民的日常生活和健康服务。

6. 面点体系的形成

中国面点发展到明清时期，出现了第三个高潮。

其表现一是制作工艺的深化。不但出现了质地优异的"飞面"和澄粉，发酵方法和油酥面团完善，创造了肉冻等特殊馅料，而且成型方法多达30余种，而且采用混合加热法成熟。

二是花式繁多，新品不断推出。一方面旧有品种持续扩充花色（像面条就推出抻面、刀削面、五香面、八珍面、伊府面、担担面、油泼面、鹅面、鱼面等40多个花色），相继载入各种著作或食谱；另一方面，地方小吃崭露头角，以特色风味独占鳌头。如金陵薄皮包、淮扬三丁包、苏杭汤团、湘鄂豆腐干、马蜀红油水饺、云贵饵丝、松沪南翔馒头、徽赣鸟饭团、冀豫四批油条、甘宁泡儿油糕、京津狗不理包子、秦晋羊肉泡馍、内蒙古哈达饼、新疆的抓饭等。

三是节令点心的定型和筵席点心的规范化。在节令点心中，基本是二十四节气，节节有食，月饼有数十种，腊八粥各地均不相同；在筵席点心中，祭筵有供点，婚筵有喜点，寿筵有寿点，茶果席有茶点，满汉全席有套点，东南西北，各成章法；尤其是在民族酒筵中，民族点心多种多样，风情浓郁。

在这种情势下，中国面点体系初步形成。面点分为京式、苏式、广式3大流派；小吃主要有北京、天津、山东、山西、上海、江苏、浙江、福建、安徽、河南、湖北、四川、广东众多分支；点心主要有北京的宫廷御点、山西的民间礼馍、苏州的市肆粉点、无锡的太湖船点、扬州的富春茶点、上海的南翔花点、广州的早茶细点、杭州的灵隐斋点、回族的开斋节点、满族的敬神供点、蒙古族的毡房奶点、藏胞的标花酥点等著名的系列，百花吐艳，五彩纷呈。

7. 面点生产的革新

辛亥革命之后，因为世界食品科技快速发展，饮食潮流不断变化，以手工方式制作的中国传统面点面临着挑战。为了在竞争中图强，面点制作工艺进行了努力革新。

第一是选用新型原料，如咖啡、蛋片、干酪、炼乳、奶油、糖浆以及各种润色剂、加香剂、膨松剂、乳化剂、增稠剂和强化剂，增加面团和馅料的质量。

第二是遵从营养卫生要求调整配方，低糖、低盐、低脂肪、高蛋白、多维生素与矿物质；极力发展健美面点、滋补面点、食疗面点和特殊工种的营养面点。

第三是积极利用现代机具（如原料处理机具、成型机具、熟成机具、包装机具等），改善成品的外观与内质，降低劳动强度，增加生产效率。

第四是进行科学研究，培训技术人才，出版面点书刊，力求做到配方科学化、营养合理化、生产机械化、风味民族化、储存包装化和食用方便化。如此一来，面点在饮食中的地位和作用更为突出，愈来愈受到广大民众的喜欢。

【中国面点的主要流派】

1. 秦式面点

秦式面点，泛指的是中国黄河中上游、汉江嘉陵江上游及西北广大地区所制作的面点，以陕西为代表。由于这些地区在春秋战国时期曾经是秦国的辖地，故有秦式面点之称，是中国北部地区的一个主要流派。距今约 100 万年前的蓝田人便生活在秦岭北麓，炎帝神农氏、黄帝轩辕氏最早也是生活在这个区域，陕西为华夏文明的摇篮之一，古都西安向来是西北地区的中心城市，也是古代对外交流的丝绸之路的起源点。汉族的古老面点与少数民族的风味点心水乳交融，是秦式面点的主要特色，用面、米、杂粮、油、糖作为主要原料。

秦式面点最早出现在新石器时代，距今 7000 年前，被誉为"华夏第一村"的"半坡村"中被称为面点活化石的"石子馍、甑糕"时至今日还在民间制作和广泛食用。在中国历史上，曾经有周秦汉唐等 13 个王朝在西安建都，历史长达 1000 多年。西安古代称为长安，是世界著名的历史文化古都，作为表现饮食文化的面点制作艺术，在秦地具有悠久的历史。西北地区还是少数民族聚集之地，每个民族都将自己的生活习惯保存了下来，并不断充实和交流，促进了秦式面点的形成和发展。

秦式面点时至商周时期已经形成了完整的体系，至秦汉时期已经远近闻名。是

人间有味是清欢——饮食卷

由宫廷面点、官府面点、市肆面点、宗教面点、民间面点、民族面点等美食会聚而成。民间流传的古代传统面点制作对秦式面点影响比较大，而且有所继承和创新，千百年来在长期不断的推陈创新中，各类面点大约有 1000 多个品种，各种口感、各种味型的面点，皆受到来自不同地区的中外来宾的称赞和欢迎。比较出名的品种有关中的蓼花糖、太师饼、黄桂柿子饼、石子馍、水晶饼、泡泡油馍、秦式八件、金线油塔、芙蓉饼、甑糕、枣泥饼、核桃酥、太后饼；有陕北的马蹄酥、枣果馅、小酥饼；有陕南的米粉团子、炸麻团；有西乡的泡粑馍；有商洛的四季粽、炕炕馍、芝麻卷子。

2. 京式面点

京式面点指的是黄河以北的华北、东北、山东等地生产的面点，以北京为代表。京式面点地处北方，主要原料是面粉和杂粮原料，代表了北方以面食为主的特色。京式面点最早出现在华北、山东、东北等地的乡村及蒙、满、回等少数民族地区，进而在北京形成一个流派。

北京是六朝古都，尤其是元、明、清三朝均定都在这里，汇聚了东南西北的原料和面点制作高手，长时间的杂居，取长补短，形成了京式面点体系的一大流派。口味爽滑，筋斗，受到广大群众的欢迎，比较有名气的品种有一品烧饼、清油饼、烧卖、狗不理包子、千层糕、艾窝窝、肉末烧饼、豌豆黄等。在馅心制作方面，肉馅大多用"水打馅"，作料有葱、姜、黄酱、香油、味精等，入口鲜咸而香，柔嫩松软，具有独特的风味。

3. 苏式面点

苏式面点，指的是长江下游江、浙、沪一带所制作的面点，以江苏为代表，源自浙江河姆渡和长江三角洲的鱼米之乡，兴盛于苏州、扬州。苏州是"今古繁华地"，古城扬州是官僚政客、巨商大贾和文人墨客的会聚之地。这均为苏式面点的创制和发展提供了条件，因此形成了品种繁多、应时迭出、风味独特的风格。《吴中食谱》有记载："苏州船菜，驰名遐迩。妙在各有其味，而尤以点心为最佳。"《随园食单》中有云："扬州发酵面最佳。手捺之不盈半寸，放松隆然而高。"

苏式面点制作非常精美，注重造型，馅心多样，以松软糯韧、香甜肥润的糕团见长，讲究调味，馅心注重掺冻，汁多肥嫩，味道鲜美。苏州船点，形态不同，栩栩如生，被称为食品中精美的艺术品。比较闻名的品类有扬州三丁包子、翡翠烧卖，淮安文楼汤包，镇江蟹黄汤包。

4. 广式面点

广式面点，指的是珠江流域及南部沿海地区所制作的面食，以广东为代表。由于地处华南，使得本地饮食习惯与北方有了明显的差异，面点制作自成一格，富有浓郁的南国风味。这一地区自古地处岭南，交通不便，直至汉代建立"驰道"，岭南地区的经济、文化才和中原联系密切，饮食文化才有较大的发展。明清时期，广式面点广集京都风味、姑苏风味、淮扬西点及其西他点之长，融会贯通，在面点行业中崭露头角，扬名于海内外。

广式面点最早是以民间食品为主，多用大米为原料，如伦敦糕、炒米饼、糯米糕、油炸糖环、年糕、萝卜饼等。长期以来，广州一向都是中国南方的政治，经济和文化中心，外国商贾来往比较多。制作时多用油、糖、蛋为辅料，味道清淡鲜爽。善于用土豆、芋头、荸荠、山药、鱼虾等作胚料，创制出大量美点，具有浓郁的南国风味，比较有名的品类有娥姐粉果、沙河粉、叉烧包、虾饺、马蹄糕、莲蓉甘露酥。

5. 川式面点

川式面点，主要是指长江中上游川、滇、黔、渝一带地区所生产的面点，以四川为典型代表，是西南地区的一个流派。巴蜀和西南各族人民、自古以来就喜欢食用各类面点小吃。早在三国时期就有"食品馒头，本是蜀馔"的说法。唐宋时期渐渐形成了自己的风格特色，制作了很多面点品种，如蜜饼、胡麻饼、红棱饼等。至元明清时期，川式面点在门类、品种、规格、花样等方面逐渐完善，面貌整齐可观。

根据《东京梦华录》《武林旧事》《梦粱录》中记载的"川菜分茶"之店，供应的菜肴、面点有百余种，由此可知川式面点对宋朝时期的京城饮食已经很有影响了。清朝末年傅崇榘著的《成都通览》一书，其中专章记载了成都的面点，具体列举了138个品种。川式面点用料众多，制法多样，既有以面制成，也有以米制成，口感上侧重咸甜、麻辣、酸等味，地方风味浓厚。比较有名的品类有赖汤圆，担担面、龙抄手、钟水饺，珍珠圆子、鲜花饼；有重庆的山城小汤圆、熨斗糕、提丝发糕、八宝枣糕，还有昆明的过桥米线，贵阳的刷把头、糕粑。

6. 晋式面点

晋式面点，指的是三晋地区所生产的面点，是北方风味的又一流派。面点食品不但是山西人必不可缺的食品，也是三晋文化不能缺少的一个组成部分。晋式面点最早起源于三晋地区的广大农村，随后在城镇获得了发展和提高，比较常用的原料有麦面、杂粮、豆类等。

山西一向有"面食之乡"的美誉。早在汉代就有煮饼、水溲饼、汤饼等，到明代已经接近现代的品类，已经出现了鸡丝面、炸酱面、萝卜面、蝴蝶面等。晋式面点制作精细，各种食料单一或混合制作，各有所长，风味各异，有"一面百味"之美誉。比较有名的面点品种有刀削面、刀拨面、剔尖、拉面、猫耳朵、太谷饼、千层酥、葱花脂油饼、鸳鸯酥等。

【中国著名面点小吃】

1. 中国面点小吃的历史

中国的面点小吃历史悠久，风味各异，品种众多。面点小吃的历史能够追溯到新石器时代，当时已经出现石磨，可加工面粉，做成粉状食品。到了春秋战国时期，已有了油炸及蒸制的面点，如蜜饵、酏食、糁食等。后来，随着炊具和灶具的改进，中国面点小吃的原料、制法、品种愈发丰富，出现许多大众化风味小吃。比如有北方的饺子、面条、拉面、煎饼、汤圆等，有南方的烧麦、春卷、粽子、元宵、油条等。此外，各地根据其物产及民俗风情，又演化出大量具有浓厚地方特色的风味小吃。

2. 各地著名面点小吃

北京有焦圈、蜜麻花、豌豆黄、艾窝窝、炒肝、爆肚。

上海有蟹壳黄、南翔小笼馒头、小绍兴鸡粥。

天津有嘎巴菜、狗不理包子、耳朵眼炸糕、贴饽饽熬小鱼、棒槌果子、桂发祥大麻花、五香驴肉。

太原有栲栳、刀削面、揪片等。

西安有牛羊肉泡馍、乾州锅盔，兰州的拉面、油锅盔。

新疆有烤羊肉、烤馕、抓饭等。

山东有煎饼。

江苏有葱油火烧、汤包、三丁包子、蟹黄烧麦。

浙江有酥油饼、重阳栗糕、鲜肉粽子、虾爆鳝面、紫米八宝饭。

安徽有腊八粥、大救驾、徽州饼、豆皮饭。

福建有蛎饼、手抓面、五香捆蹄、鼎边糊。

台湾有度小月担仔面、鳝鱼伊面、金爪米粉。

海南有煎堆、竹简饭。

河南有枣锅盔、白糖焦饼、鸡蛋布袋、血茶、鸡丝卷。

湖北有三鲜豆皮、云梦炒鱼面、热干面、东坡饼。

湖南有新饭、脑髓卷、米粉、八宝龟羊汤、火宫殿臭豆腐。

广东有鸡仔饼、皮蛋酥、冰肉千层酥、广东月饼、酥皮莲蓉包、刺猬包子、粉果、薄皮鲜虾饺、及第粥、玉兔饺、干蒸蟹黄烧麦等。

广西有大肉粽、桂林马肉米粉、炒粉虫。

四川有蛋烘糕、龙抄手、玻璃烧麦、担担面、鸡丝凉面、赖汤圆、宜宾燃面、夫妻肺片、灯影牛肉、小笼粉蒸牛肉。

贵州有肠旺面、丝娃娃、夜郎面鱼、荷叶糍粑。

云南有卤牛肉、烧饵块、过桥米线等。

除此之外，还有很多的少数民族特色风味食品，极大地丰富了中国烹饪文化的内涵。

中华民族菽文化

菽 的 驯 化

【文献记载】

大豆是中国特产，早在新石器时代便已有人栽培，大豆的祖本野生大豆在我国南北方都有广泛分布。

大豆是中国人驯化最早的菽类品种，在先秦典籍中频繁和大量出现的"荏菽"、"菽"、"藿"均指大豆，"藿"多半泛指豆叶。"菽者，众豆之总名"（宋·罗原《尔雅翼》），"古语但称菽，汉以后方谓之豆。"（清·顾炎武《日知录》）

距今3000多年前，豆类就已经是中国人最重要的食物原料之一。春秋战国时的史料有记载，通常将"菽粟"并举："贤者之治邑也，蚤出莫入，耕种树艺，聚菽粟，是以菽粟多而民足乎食。""圣人治天下，使有菽粟如水火，菽粟如水火，而民焉有不仁者乎？""君之厩马百乘，无不被绣依而食菽粟者。"以上这些均是例证。

【菽是百姓活命之本】

菽与粟二者都是庶民百姓的活命之本，仰食之天，"民之所食，大抵豆饭藿羹"；而国家粮食储备也将这两物视为根本，诸侯或因"菽粟藏深，而积怨于百姓"。食菽粟民众尚不仅力耕之农，"工贾不耕田，而足乎菽粟"，只有社会上层的成员才不像大众庶民那样三餐是赖、世代仰给。《氾胜之书》中记春秋战国时期北方农人"谨计家口数，种大豆，率人五亩，此天之本也"。而根据当时户田百亩的常规说法，则"五口之家"种豆田为二十五亩，"八口之家"豆田则达到四十亩，也就是说，豆田占所有农田比重的25%或40%，由此可见，大豆为先秦民人所仰食。当然，这主要是北方农业区的情况。

豆的种植之所以有如此高的比重，就是因"大豆保岁易为，宜古之所以备凶年也"。人们已经充分认识，并有效地利用了大豆的稳产易保藏、耐饥壮力和效用（既为三餐主副食的饭、羹原料，又是牛马使役牲畜和猪等肉食牲畜的饲料）等众多特点。荒年没有他谷而仅以豆充饥的记载多见于封建中世之前的史料中。

直至战国末年，当中原的政治家从统一和全局的角度来认识所有社会问题时，菽也被列在北方第一谷和南方第一谷的粟、稻两者之后备受关注："得时之菽，长茎而短足，其荚二七以为族，多枝数节，竞叶蕃实，大菽则园，小菽则搏以芳，称之重，食之息以香，如此者不虫。先时者必长以蔓，浮叶疏节，小荚不实；后时者短茎疏节，本虚不实。"菽的种植农艺研究具有北、南方的广泛意义。

入汉以后，因为耕作技术的发展，粟、麦的亩产提高和它们更宜作三餐主食的固有特点，以及其他食料的有效开发与利用等因素，大豆种植在耕田总数中的比重渐渐下降。可是大豆在汉代，甚至直至赵宋以前的10余个世纪里，在庶民膳食结构中的地位依旧没有根本改变。大豆始终是重要的"五谷"之一，北方农业区则尤其如此，作为与麦、粟轮作种植的品种，其播种面积仍占一定比例。所以西汉人的观念中仍极重视菽，政治家依旧主张以"欲实菽粟货财市"的政策来裕国强国。

入汉之前，大豆主要食用方法是主食的"豆饭"、"豆粥"；副食是以"豆羹"、"藿羹"为主；调料的"酱"、"豉"以及同时兼作药用的"大豆黄卷"——豆芽等。"以洮（淘）米泔和小豆而煮之"的"甘豆羹"等"皆野人农夫之食耳"，体现了汉代的基本民情。

大豆磨粉食用是封建中叶之后的事，近现代开始增大比重。

【丰富的菽类品种】

大豆之外的菽类品种是非常丰富的，它们可以分作主食和副食的两大类。

主要用来做豆饭、豆粥或豆馅、豆粉等主食原材料的黑豆（乌鸡豆）、白豆、绿豆、褐豆、青豆、斑豆、赤小豆（又称红小豆或小红豆等）、稆豆（又称黑小豆等）、豌豆（曾有胡豆、戎菽、回鹘豆、毕豆、青小豆、青斑豆等称）、蚕豆、豇豆、扁豆、黎豆、花豆、眉豆、脑豆、芸豆等。

主要用来做菜肴原材料的刀豆、扁豆、豆角、龙豆、坑船豆、四季豆、荷兰豆、绿豆芽，以及用于主食原材料诸类品种生长青嫩时的籽、荚、叶、苗、秧等，用来作蔬食。

此外，还有一些品种的豆类可以制粉、酱、豉、麸、粉丝（或条、片）等，作为肴品原材料丰富人们的餐桌，改善人们的营养状况。

中国历史上的传统大豆制品

【大豆的营养】

大豆源自中国，中国人吃大豆已有几千年的历史。现在，大豆更是膳食指南中规定的中国居民每天都应当摄入的食物之一。人们常吃的豆类有 10 余种，为何独独大豆获得了"豆中之王"、"田中之肉"、"绿色的牛乳"等美誉呢？这主要是由于大豆具有 5 个无可比拟的优点：

所有植物性食物中，只有大豆蛋白能够与肉、鱼及蛋等动物性食物中的蛋白质相媲美，被誉为"优质蛋白"。

尽管动物性食物能够补充优质蛋白，可是却带来了饱和脂肪酸及胆固醇。大豆中的脂肪以不饱和脂肪酸为主，富含的卵磷脂还有利于血管壁上的胆固醇代谢，防止血管硬化。

富含钙质。每 100 克大豆中含有 200 毫克左右的钙，其钙含量是小麦粉的 6 倍，稻米的 15 倍，猪肉的 30 倍。

含有多种保健因子。比如异黄酮、植物固醇、皂甙等多种"非营养成分"，对于调节机体的生理功能、维护健康具有重要功效。

食用方式丰富。能够加工制成豆浆、豆腐、豆干、腐竹、豆芽，发酵后能制成豆豉、豆汁、酱油及各种腐乳，大豆深加工还可以生产分离蛋白、卵磷脂等产品。

【豆酱的出现】

两汉及至赵宋之前的 10 多个世纪里，除了传统的食用法之外，最值得一提的是豆酱、豆豉和豆腐的普遍食用。先秦时期，酱的使用在庶民之家还不是十分普遍和倚重，那时普通百姓多是直接用盐作为咸味调料，而汉时则大不然，酱已经成为与传统的"醢"（以各种肉料为之）并列而存的咸味调料之一："酱以豆和面而为之也。""酱之为言将也，食之有酱，如军之须将取其率领进导之也。"这些成为生活常识。

酱类品种很多，其中以豆为原材料的酱还分作"以供旋食"称为"末都"的酱和长贮的"大酱"；又因用盐多少而分为咸味、略酸味两种。自汉以后，酱在人们日常食事中的地位一直居于调味料的首位，"可以调食，故为之酱焉"，"酱，八珍主人"，"酱，食味之主"等一类说法表现出这种历史实情。而其对寻常百姓而言，则更是三餐是赖、一日不可缺少；对于他们，酱不只是调味之酱（庶民百姓无"百味"可调，通常只是一盂豆饭、一瓯豆羹的"一饭一汤"而已），而且还是每餐必需的佐食之肴，是始终经久不变的副食。

"百家酱，百家味"，是中国历史上一句经久的俗谚，它说明酱是庶民百姓家千家万户各自长年贮备的最重要的调味料。

【豆腐的出现】

我国是最早种植大豆的国家，而且也是最早利用大豆制成豆腐制品的国家。豆腐的起源，可追溯到汉代。两汉时期，淮河流域的农民已经使用石制水磨。农民将米、豆用水浸泡后装进装有漏斗的水磨内，磨出糊糊摊在锅里制成煎饼吃。煎饼再加上自制的豆浆，是淮河两岸农家的日常食物。

农民种豆、煮豆、磨豆、吃豆，积累了大量的经验。后来，人们从豆浆久放变质凝结这一现象获得启发，终于用原始的自淀法发明了最早的豆腐。中国是毋庸置疑的豆腐之乡，它的老家就在现在的安徽淮南一带。五代谢绰所著《宋拾遗录》中载："豆腐之术，三代前后未闻。此物至汉淮南王亦始传其术于世。"南宋大理学家朱熹也曾经在《素食诗》中记载："种豆豆苗稀，力竭心已腐；早知淮南术，安坐获泉布。"诗末自注："世传豆腐本为淮南王术。"

淮南王刘安，是西汉高祖刘邦之孙，在公元前 164 年被封为淮南王，都邑设于寿春，举世闻名的八公山正在寿春城边。

刘安雅好道学，欲求长生不老之术，不惜重金广招方术之士，其中比较出名的有苏非、李尚、田由、雷波、伍波、晋昌、毛被、左昊八个人，被称为"八公"。刘安有八公相伴，登北山而造炉，炼仙丹以求寿。他们取来山中的"珍珠"、"大泉"、"马跑"三泉清冽之水磨制豆汁，又用豆汁培育丹苗，谁知炼丹不成，豆汁与盐卤化合成一片芳香诱人、白白嫩嫩的东西。本地胆大农夫取而食之，居然美味可口，于是取名"豆腐"。北山从此更名为"八公山"，刘安也在无意中成为了豆腐的发明者。

豆腐，古时已经在南北食物市场上出现。根据当时的《清异录》记载，人们呼豆腐为"小宰羊"，觉得豆腐的白嫩与营养价值可与羊肉相提并论。

宋代，豆腐作坊在全国各地如雨后春笋般开设出来。唐代，豆腐之法随鉴真东渡传进日本，日本豆腐界一直将他视为祖师。宋代豆腐传入朝鲜，又在19世纪初传进欧洲、非洲和北美，渐渐成为世界性的食品，成了中国对外开展文化交流的历史见证，这也是中华民族对全世界人民的杰出贡献。

【豆浆的利用】

制豆腐必须先泡豆磨浆，所以豆浆的利用更应在豆腐之先。西汉时期，大量使用的旋转磨主要用途就是用来研磨浸泡过的豆等谷物原料的，其实早在磨发明之前的谷物加工工具杵臼即有这个功用。由于浸泡过的大豆一经粉碎性加工过程，便有浆汁析出，而且越是研磨或舂捣精细浆汁便析出越多。而早在豆腐尚未发明之前，就是在大豆主要用来烧豆饭、煮豆粥和豆羹时期，为了使组织坚硬的大豆能够与其他易烂熟的谷物协调烹饪，通常要先将大豆浸泡相当长的时间（这样既适口也可节省燃料、事功）。

富贵大家待客以豆粥能"咄嗟便办"，主要是因为"豆制南煮，豫作熟末，客来，但作白粥以投之"。如果是考虑到三代时人们用杵臼舂制"糍"、"饵"等主食品的情况，那么捣击泡豆出浆并加以利用的历史还应该更早许多。

西汉时期，都市之中甚至有以豆浆出售而成巨富的人："通邑大都，酤一岁千酿，醯酱千瓨，浆千甔……""卖浆，小业也，而张氏千万。"此处的"浆"，既不是酒浆，也不是水浆，而应该是包括豆浆在内（当以豆浆为主）的各种果汁、酵汁饮料的统称，文中的"张氏"就是略近现代意义的张记饮料店。

由豆浆制成的豆腐脑和各种风味的豆花，同样是从古至今广大下层社会民众喜欢食用和经常食用的副食或风味小吃食品。

"豆腐……其最嫩不能成块者曰豆腐花"，就是点腐时使浆聚而不凝；而点豆腐之后不加压去水，便成豆腐脑，"点成不压则尤嫩，为腐花，亦曰腐脑"。

【豆腐制品】

豆腐的细加工品种十分丰富，如"熏豆腐"、"酱油茶干"、鸡汤豆腐丝、五香干豆腐卷、五香豆腐丝、油豆腐、茶干等，都在清代及其以前的食谱中有大量文字记载。

清人李调元的《豆腐》打油诗便十分形象写实地反映出人们对豆腐的加工利用：

家用可宜客非用，合家高会命相依。（豆浆，制作豆腐之前必须先泡豆磨浆，故豆浆是庶民之家相依为命的饮料，而且极价廉易得）

石膏化后浓如酪，水沫挑成皱成衣。（豆腐皮）

剁作银条垂缕滑，划为玉段载脂肥。（水豆腐）

近来腐价高于肉，只恐贫人不救饥。（泛指水、干两种）

不须玉豆与金箔，味比佳肴尽可损。（豆腐干等）

逐臭有时入鲍肆，闻香无处辨龙涎。（臭豆腐）

市中白水常成醉，寺里清油不碑禅。（油豆腐）

最是广大寒彻骨，连筐称罢御卧寒。（冻豆腐）

才闻香气已先食，白楮油封四小甔。（豆腐乳）

滑似油膏挑不起，可怜风味似淮南。（豆腐脑）

中国豆腐包括8大系列：一为水豆腐，分为质地粗硬的北豆腐和细嫩的南豆腐；二为半脱水制品，包括百叶、千张等；三为油炸制品，包括炸豆腐泡和炸金丝；四为卤制品，主要有五香豆腐干和五香豆腐丝；五为熏制品，主要有熏素肠、熏素肚；六为冷冻制品，也就是冻豆腐；七为干燥制品，有豆腐皮、油皮；八为发酵制品，主要是人们熟悉的豆腐乳、臭豆腐等。在这8类制品中，安徽淮南的八公山嫩豆腐、广西的桂林白腐乳、浙江绍兴腐乳、黑龙江的克东腐乳、广东的三边腐竹、北京的王致和臭豆腐、湖北武汉的臭干子等，都是驰名中外的豆腐精品。

【黄豆芽】

黄豆芽，是中国人很早以前利用为蔬食原料的大豆的活性转化形态，有目的地培养和食用豆芽，毫无疑问比简单和直接利用大豆原始形态更为进步。黄豆芽在先秦时期典籍《神农本草经》中记为"大豆黄卷"，这一称谓其后沿用很长的时间，

人间有味是清欢——饮食卷

在长沙马王堆汉墓出土的遣策中也有"黄卷一笥"的记载。

　　黄豆芽（当然也包括其他豆类的芽），很早并长期和大宗被用作历史上庶民阶级基本每天必食的"豆羹"的主要原料，直到今天还是南北城乡广大民众四季常食的蔬菜品种，特别是北方漫长冬季里大众的传统食料。当然，今天人们食用豆芽的方法，除了两三千年传统的汤煮之法外，还有炒、炝、拌、渍、馅料（煮、蒸、炸等），或与其他原料搭配的更多烹制方法是古今无法同日而语的。

中华传统节日食俗

立春食俗

【概述】

立春这天，山东与北京、天津、山西、江苏、河北、福建等省市很多地方都有"咬春"、"尝春"的风俗，可是其具体内容、形式却因为时代和地域的差别而不尽相同。

【咬春】

根据汉代崔寔的《四民月令》中记载，我国很早就有"立春日食生菜……取迎新之意"的饮食习惯，而到了明清以后，所谓的"咬春"主要指的是在立春日吃萝卜，明代刘若愚在《酌中志·饮食好尚纪略》中有云："至次日立春之时，无贵贱皆嚼萝卜"，名曰"咬春"。清代富察敦崇的《燕京岁时记》中也有"打春即立春，是日富家多食春饼，妇女等多买萝卜而食之，曰'咬春'，谓可以却春困也"的记载。

【吃春盘】

自唐朝起，民间普遍流传有吃春盘的立春习俗。如南宋后期陈元靓所著的《岁时广记》一书引唐代《四时宝镜》记载："立春日，都人做春饼、生菜，号'春盘'。"春盘一词也常见于唐代的诗词作品中，像诗人岑参在《送杨千趁岁赴汝南郡觐省便成婚》一诗中就曾经这样写道："汝南遥倚望，早去及春盘。"直至宋代这一习俗更加普遍，北宋大词人苏轼曾经在其诗词作品中多次提到这一风俗，如"沫乳花浮午盏，蓼茸蒿笋试春盘"、"愁闻塞曲吹芦管，喜见春盘得蓼芽"；而南宋大诗人陆游在自己的《感皇恩·伯礼立春日生日》和《木兰花·立春日作》两词中也各有"正好春盘细生菜"、"春盘春酒年年好"这样的诗句。清代的潘荣陛在《帝京岁时纪胜·正月·春盘》中有云："新春日献辛盘。虽士庶之家，亦必割鸡豚，炊面饼，而杂以生菜、青韭菜、羊角葱，冲和合菜皮，兼生食水红萝卜，名曰'咬春'。"

据史料考证，春盘其实是由魏晋时期的五辛盘发展演变而来。南朝宗懔《荆楚岁时记》引西晋周处《风土记》载有："元日造五辛盘，正元日五熏炼形。"南朝诗人庾信的《岁尽应令诗》中亦有"聊开柏叶酒，试奠五辛盘"这样的句子。所谓五辛就是五种辛味蔬菜，在李时珍的《本草纲目》中有："元旦立春以葱、蒜、韭、蓼、芥等辛嫩之菜，杂合食之，取迎新之义，谓之'五辛盘'，杜甫诗所谓'春日春盘细生菜'是矣。"实际上，古时候人们吃五辛盘不只是像李时珍所说的那样是为了"取迎新之义"，同时也是为了散发五脏之气、健身防疫。依据现代科学观点，立春之际，寒尽春来，正是易患感冒之时，用五辛来疏通脏气，发散表汗，对于预防时疫流感，毋庸置疑具有一定的功效。到了唐宋时期，人们对五辛盘作了改进，增加了一些时令蔬菜，使其从单调的辛辣变成色香味俱佳的翠缕红丝，并名曰"春盘"。

吃春盘的风俗一直流传至今，可是春盘的内容已发生了更大的改变，变为主要用青韭、豆芽、香芹等新春时令菜为主，外加肉丝、豆腐丝等合炒成盘，也可以添加海参、香菇、鸡丝等食材，因人而异，自由搭配。

【吃春饼】

立春这天，民间还有吃春饼的风俗。如晋代潘岳所著的《关中记》有记载："（唐人）于立春日做春饼，以春蒿、黄韭、蓼芽包之。"清人陈维崧在自己的《陈检讨集》中亦有记载："立春日啖春饼，谓之'咬春'。"旧时，立春日吃春饼这一习俗不但普遍流行在民间，在皇宫中春饼也经常作为节庆食品颁赐给近臣。在陈元靓的《岁时广记》也载有："立春前一日，大内出春饼，并酒以赐近臣。盘中生菜染萝卜为之装饰，置奁中。"

最早的春饼是以面粉烙制或蒸制而成的一种薄饼，食用时，常辅以用豆芽、菠菜、韭黄、粉线等炒成的合菜一起食用，或以春饼包菜吃。清代诗人蒋耀宗和范来宗的《咏春饼》联句中有一段非常精彩生动的描述:"……匀平霜雪白,熨帖火炉红。薄本裁圆月,柔还卷细筒。纷藏丝缕缕,才嚼味融融……"清代诗人袁枚在《随园食单》中也有春饼的记载:"薄若蝉翼,大若茶盘,柔腻绝伦。"据说吃了春饼和其中所包的各种蔬菜,能令农苗兴旺、六畜苗壮。有些地方认为吃了包卷芹菜、韭菜的春饼,能使人们更加勤(芹)劳,生命更加长久(韭)。

清《调鼎集》一书中曾经记叙了春饼的制作方法:"擀面皮加包火腿肉、鸡肉等物,或四季应时菜心,油炸供客。又咸肉腰、蒜花、黑枣、胡桃仁、洋糖、白糖共碾碎,卷春饼切段。"这是清代的食用方法。现在的春饼在制法上仍沿用了古代的烙制或蒸制,大小可由自己的喜好而定,在食用时,有些人爱抹甜面酱、卷羊角葱食用,有的地方还会把酱肚丝、鸡丝等熟肉食夹在春饼里食用。

【吃春卷】

除了春饼之外,春卷也是立春日人们经常食用的一种节庆美食。春卷是用薄面皮包馅、用油炸制而成。

其具体制作方法是将面粉和成浆状,在平锅底放上些许,采用文火,不断旋转平锅,制成薄如蝉翼的春卷皮,然后包好馅,卷成大约二寸左右的长筒状,两端用面糊黏住,以浮油煎至外焦里嫩、色香味俱佳。春卷皮通常用麦面,也有用鸡蛋皮、豆腐皮的。至于馅料则分南北两类,北方多用韭菜、豆芽、肉丝等,但江南则多用白菜、肉丝、虾丝、海米、芹菜、豆沙、水果等为原材料。

春卷这一食品名称最早记载在南宋吴自牧的《梦粱录》中,该书中曾提到过"薄皮春卷"和"子母春卷"这两种春卷。在明清时期,春卷已经成为深受人们喜爱的风味食品。时至当下,色泽金黄、外皮酥脆、肉馅鲜嫩、香气诱人的春卷已成为很多大酒店宴席上一道风味独特、备受青睐的美食。现在人们吃春卷已经不再局限于立春日了,平时也经常能吃到它。但是,春卷在立春日这一天吃起来还是会别有一番感觉的。

咬春和尝春作为一种传统的饮食文化,本来是立春节庆风俗中不可分割的一个组成部分。然而,现在这种节庆习俗已经淡化了很多,甚至于很多年轻人都已经不知道这一习俗了。如今,人们更多地用吃面条和饺子代替了吃春盘、春饼、春卷,来迎接春天的到来,所以民间广泛流传有"迎春饺子打春面"的这一说法。

春 节 食 俗

【饮酒】

在中华民族绚丽多姿的众多节日中，春节是历史最悠久、最隆重、最富有民族特色的一个节日；在春节的众多习俗中，饮酒又是十分重要的一个习俗。

早在西周时期，人们为庆贺一年的丰收和新一年的到来，便捧上美酒，抬着羔羊，聚在一块儿，高举牛角杯，齐声祝贺，从此开了过年饮酒的先河。到了汉代，"年"作为一个重大节日渐渐成形。到了这一天，家人放过爆竹之后欢聚一堂饮椒柏酒，而且是让年龄最小的先饮。东汉时候，初一（也称元旦）黎明时分，各级官吏都要到朝廷给皇帝行贺年之礼，皇帝也兴致勃勃地接受群臣的朝贺，名曰"正朝"。汉制规定，群臣入宫朝拜需依照品位的高低带有不同的礼品，皇帝也要设宴款待群臣，两千石以上的官员都能够参加御宴。经学家戴凭官侍中时参加一次御宴，皇帝为了考察大臣们的学识，特令大家相互以经史考辩诘难，释义不通者让座给通者，戴凭接连获胜，连坐五十余席，一时被传为佳话。这种朝贺之风后来愈演愈烈，曹植在诗中描述曹魏时期的盛况有："初岁元祚，吉日惟良。乃为佳会，宴此高堂，尊卑列叙，典而有章。衣裳鲜活，黼黻玄黄，清酤盈爵，中坐腾光。珍膳杂沓，充溢圆方。笙碧既设，筝瑟俱张。悲歌厉响，咀嚼清商。俯视文轩，仰瞻华梁。愿保慈喜，千载为常。欢笑为娱，乐哉未央！皇家荣贵，寿考无疆。"傅玄在《朝会赋》中描写晋时情况更加生动形象，读之让人如同身临其境。元、清两朝时，蒙、满两族入主中原以后，也都积极汲取汉文化，极为看重元旦朝贺之礼，将赐宴当成笼络人心的有力手段。元诗人萨都剌在《都门元日》一诗中写道："元日都门瑞气新，层层冠盖羽林陈。云边鹊立千官晓，天上龙飞万国春。宫殿日高腾紫霭，萧韶风细入青雯。太平天子恩如海，亦遣椒觞到小臣。"

汉族素有"守岁"的习俗，周处的《风土记》载有"除夕达旦不眠，谓之守岁"。唐代宫中守岁，经常大设宴席，让侍臣应制作诗，歌舞升平。初唐诗人杜审言在《守岁侍宴应制》一诗中写道："季冬除夜迎新年，帝子王臣捧御筵。宫阙星河低拂树，殿庭灯烛上熏天。弹琴奏即梅风入，对局深钩柏雨传。欲向正元歌万

寿，暂留欢赏寄春前。"

　　皇帝大臣这样，一般的骚人墨客是夜也常常饮酒赋诗，但他们多是有感而发，与御用诗人的一味歌舞升平极为不同。贾岛一生坎坷贫困，以"苦吟"闻名于世，除夕守岁时，常将一年所作之诗全都放在几案之上，以酒肉为祭，焚香祷告道："此吾终年苦心也。"祭过举杯痛饮，长歌度岁。韦庄却痛感韶华易逝，游子飘泊："我惜今宵促，君愁玉漏频。岂知新岁酒，犹作异乡身。雪向寅前冻，花从子后春。到明追此会，俱是隔乡人。"

　　宋时人们不但"守岁"，还有"馈岁"、"别岁"等花样，每样都离不开酒，"士庶不论贫富……如同白日，围炉团坐，酌酒唱歌"，"守岁之事，虽近儿戏，然而父子团圆把酒，笑歌相与，竟夕不眠，正人家所乐也"。南宋末年的名臣文天祥，兵败被俘之后，除夕夜想起往日此刻阖家团圆饮屠苏酒的欢乐，再瞧瞧如今身陷囹圄、孤灯残照的凄凉情景，感慨油然而生："乾坤空落落，岁月去堂堂。末路惊风雨，空边饱雪霜。命随年欲尽，身与世俱忘。无复屠苏梦，挑灯夜未央。"

　　王安石客居他乡，佳节思亲，不免心生"断肠人在天涯"的感伤："一樽聊有天涯意，百感幡然醉里眠。酒醒灯前犹是客，梦回江北已经年。佳时流落真可得，胜事蹉跎只可怜。唯有到家寒食在，春风东泛濑溪船。"

　　与文天祥的沉痛苍凉迥然不同，也与王安石的淡淡哀伤大不一样，词人杨无咎的除夕之作则表现出对新一年的美好祝愿和欢度除夕的悠闲情调："劝君今夕不须眠，且满满，泛觥船。大家沉醉对芳筵，愿新年，胜旧年。"

【吃年糕】

　　春节，我国很多地方均有吃年糕的习俗。年糕也叫"年年糕"，和"年年高"谐音，隐有人们的工作和生活一年比一年更高之意。

　　年糕作为一种食品，在我国具有悠远的历史。1974 年，在浙江余姚河姆渡母系氏族社会遗址中出土了稻种，这表明早在 7000 年前我们的祖先就已经开始种植稻谷了。汉朝人对米糕就有"稻饼"、"饵"、"糍"等很多称呼。古人对米糕的制作也有一个从米粒糕到粉糕的发展进程。公元 6 世纪的食谱《食次》中载有年糕"白茧糖"的具体制作方法，"熟炊秫稻米饭，及热于杵臼净者，舂之为米糍，须令极熟，勿令有米粒……"就是把糯米蒸熟之后，趁热舂成米糍，然后再切成桃核大

人间有味是清欢——饮食卷

小，晾干油炸，滚上糖即能食用。将米磨粉制糕的方法也早有记载。这一点可从北魏贾思勰的《齐民要术》中得到证实。其制作方法是，把糯米粉用绢罗筛过后，加水、蜜和成稍硬的面团，将枣和栗子等贴于粉团上，以箬叶裹起蒸熟即成。这种糯米糕点颇具中原特色。

年糕多半用糯米磨粉制作而成，糯米是江南的特产，在北方有糯米一样黏性的谷物，古来首推黏黍（俗称小黄米）。这种黍脱壳磨粉，加水蒸熟之后，既黄又黏，而且还甜，是黄河流域人民庆丰收的美食。在明崇祯年间刊刻的《帝京景物略》一文中有记载，当时的北京人每于"正月元旦，啖黍糕，曰年年糕"。由此可以看出，"年年糕"是由北方的"黏黏糕"谐音而来。

年糕的种类非常多，比较具有代表性的有北方的白糕、塞北农家的黄米糕、江南水乡的水磨年糕、台湾的红龟糕等。年糕风味分有南北之别。北方年糕有蒸、炸两种，都是甜味；南方年糕除蒸、炸之外，还有片炒和汤煮诸法，味道甜咸均有。相传最早的年糕是为年夜祭神、岁朝供祖先所制，后来逐渐成为春节食品；年糕不但是一种节日美食，而且岁岁均为人们带来新的希望。正如清末的一首诗中所记载："人心多好高，谐声制食品，义取年胜年，籍以祈岁稔。"

【吃饺子】

民间春节吃饺子的风俗在明清时期已经非常盛行。饺子通常要在年三十（或二十九）晚上 12 点之前包好，待到半夜子时食用，这时正是农历正月初一的初始，吃饺子取"更岁交子"之意，"子"为"子时"，交和"饺"谐音，有"喜庆团圆"和"吉祥如意"的寓意。

民间传说吃饺子的民俗与女娲造人有关。女娲抟土造人时，因为天寒地冻，黄土人的耳朵很容易被冻掉，为了能使耳朵固定不掉，女娲在人的耳朵上扎一个小眼，然后用细线将耳朵拴住，线的另一端放入黄土人的嘴里咬着，这样才算将耳朵固定住。老百姓为了纪念女娲的功绩，用面捏成人耳朵的形状，内包有馅（线），用嘴咬着食用。

饺子成为春节必备的食品，究其原因，一是饺子形如元宝，人们在春节吃饺子取"招财进宝"之意；二是饺子有馅，便于人们将各种吉祥的东西包进馅里，以寄托人们对新的一年的祈望。

在包饺子的时候，人们常把金如意、糖、花生、枣和栗子等包进馅里。吃到如意、吃到糖的人，来年的日子会更加甜美，吃到花生的人将健康长寿，吃到枣和栗子的人能够早生贵子。

有些地区的人家在吃饺子的同时，还会搭配一些副食以示吉利。如吃豆腐，象征全家幸福；吃柿饼，象征诸事如意；吃三鲜菜，象征着三阳开泰。台湾人吃鱼团、肉团和发菜，象征着团圆发财。

饺子因所包的馅和制作方法的差别而种类繁多。就算同是一种水饺，也有不同的食用方法。内蒙古和黑龙江的达斡尔族要把饺子放在粉丝肉汤中煮，然后连汤带饺子一同吃；河南有些地方将饺子和面条放在一起煮，名曰"金线穿元宝"。

饺子这一节日佳肴在给人们带来年节欢乐的同时，已经成为中国饮食文化的一个重要组成部分。

【新春三道茶】

我国南方等地对饮茶非常讲究，春节尤是。正月走亲访友，特别是有长辈的必定要上门拜年。客人进门之后先是互祝新春，问候老辈，然后入座待茶。

第一道为甜茶。祝客人一年甜到头。甜茶是以糯米锅巴和糖泡成的。将糯米煮成饭后，把饭贴于热铁锅内，烧结成一片片锅巴，泡成甜茶既香又糯，非常可口。

第二道为熏豆茶。熏豆茶一共有6种作料，其配置十分得当。

熏青豆，具有丰富的蛋白质。

胡萝卜丝，富含胡萝卜素。

腌制过的橘皮丝，可以调中快隔，导滞化痰。

苏子，能够宽胸下气，润肺开郁。

芝麻，可以益胃渗湿，补肺清热。

少量嫩芽茶。这种茶鲜美可口极富营养。

第三道为清茶。餐后饮用能够清涤肠胃油腻。新春这三道茶，既合乎礼仪，又合乎保健原理。

元宵节食俗

【吃元宵】

正月十五吃元宵，"元宵"作为食品，在我国也是由来已久。宋代，民间就流行一种元宵节吃的新奇食品。这种食品，最初称为"浮元子"，后叫"元宵"，生意人还美其名曰"元宝"。

元宵又称"汤圆"，用白糖、玫瑰、芝麻、豆沙、黄桂、核桃仁、果仁、枣泥等为馅，以糯米粉包成圆形，可荤可素，风味不同。可汤煮、油炸、蒸食，有团圆美满之意。陕西的元宵并不是包的，而是在糯米粉中"滚"成的，可以煮可以油炸，热热火火，团团圆圆。同时，人们还会吃些应节食物。在南北朝时期人们食用浇上肉加入带汤汁的米粥或豆粥。可是这项食品主要用来祭祀，还谈不上是节日食品。到了唐代，在郑望之的《膳夫录》才有记载："汴中节食，上元油锤。"油锤的制作方法，据《太平广记》引《卢氏杂说》中一则"尚食令"的记载，近似于后代的炸元宵。也有人美其名为"油画明珠"。

唐代的元宵节吃的是面蚕。王仁裕的《开元天宝遗事》中记载，每岁上元，人们有造面蚕的习俗，到宋代仍有遗留，但不同的应节食品则较唐朝更为丰富。吕原明在《岁时杂记》一书中提到："京人以绿豆粉为科斗羹，煮糯为丸，糖为臛，谓之圆子盐豉。捻头杂肉煮汤，谓之盐豉汤，又如人曰造蚕，皆上元节食也"。

至南宋年间，出现了所谓"乳糖圆子"，可以说，这便是汤圆的前身了。

到了明朝，人们以"元宵"来称呼这种糯米团子。刘若愚在《酌中志》中记载了元宵的具体作法："其制法，用糯米细面，内用核桃仁、白糖、玫瑰为馅，洒水滚成，如核桃大，即江南所称汤圆也"。

清代康熙时，御膳房特制的"八宝元宵"，是名闻朝野的美食。马思远则是当时北京城内制作元宵的高手。他制作的滴粉元宵远近闻名。符曾在《上元竹枝词》中有云："桂花香馅襄胡桃，江米如珠井水淘。见说马家滴粉好，试灯风里卖元宵。"诗里所咏的，就是鼎鼎大名的马家元宵。

近千年来，元宵的制作愈发精致。光就面皮来说，就有江米面、黏高粱面、黄米面和苞谷面。馅料的内容更是甜咸荤素、一应俱全。甜的有所谓桂花白糖、山楂白糖、什锦、豆沙、芝麻、花生等。咸的有猪油肉馅制成油炸炒元宵。素的有芥、蒜、韭、姜制成的五辛元宵，有勤劳、长久、向上的寓意。

制作元宵的方法也南北各有不同。北方的元宵多用箩滚手摇的方法制作，南方的汤圆则多用手心揉团。元宵有大似核桃的、也有小似黄豆的，煮食的方法分为带汤、炒食、油余、蒸食等。不管有无馅料，都一样的美味可口。现在，元宵已经成了一种四时皆备的点心小吃，随时都能来一碗解解馋。

中和节食俗

【吃太阳糕】

中和节又称"龙抬头"、"龙头节"，为每年的二月初二。清代时京城有习俗于当日日出时在院内摆设香案供奉太阳糕三五碗，并焚香向东遥拜。在《清稗类钞》中有记载，太阳糕"以米面团成小饼，五枚一层，上贯以寸余小鸡"。民国年间，糕的开头有所变动，为二寸大小的长方块，内包豆沙馅。糕上的小鸡原样保存着，还涂上了色彩，使小鸡更加生动。糕上的小鸡大约取自于传说中太阳中的一只三足乌鸟。所以，不管糕形怎么样，小鸡不能变，它是太阳的象征。清代宫门外有一家称为"袁记斋"的小店，最早创制了"太阳糕"。"太阳糕"原名"小鸡糕"，是打上小鸡戳记的一种普通糕点。后来，这种糕点进了宫，慈禧太后品尝后觉得不错，鸡打鸣，太阳升，很吉祥，遂将这糕点改名为"太阳糕"。家家户户吃太阳糕，是为了图个吉利。

【吃猪头】

猪头是古代用来祭奠祖先、供奉上天的贡品，一般农户人家辛辛苦苦忙了一年，到腊月二十三小年就会杀猪宰羊，待正月一过，腊月杀的猪肉差不多都吃完了，最后剩下的猪头就留到二月初二才能吃。

【吃驴打滚】

驴打滚为一种豆面糕，是北京清真风味小吃。具体制作方法是，用蒸熟的黄米

（或糯米）揉成团，撒炒熟的黄豆面，然后再加入赤豆馅心，卷成长条，撒上芝麻、桂花、白糖食用。

因为清代食摊现制现售"驴打滚"时，随制随撒豆面，好像野毛驴就地打滚粘满黄土一般，故得此诙谐之名。

老北京有风俗，人们总喜在农历二月买"驴打滚"品尝，所以经营这种食品的摊贩和推车小贩非常多，以天桥市场百姓食摊和"年虎糕"最为有名。

二月二的节日饮食，各地不尽相同。除了上述的太阳糕、猪头、驴打滚外，还有的吃花糕，寓意着步步高升。龙口等地则是将年下蒸的糕留在这一天吃。

清明节食俗

【吃青团子】

清明时节，江南一带有吃青团子的风俗习惯。青团子的面是用一种名叫"浆麦草"的野生植物捣烂后挤压出汁，然后取用这种汁与晾干后的水磨纯糯米粉拌匀揉和而成。团子的馅心是用细腻的糖豆沙制成，在包馅的时候，另放入一小块糖猪油。团坯制好后，把它们入笼蒸熟，出笼前用毛刷把熟菜油均匀地刷在团子的表面，这便大功告成了。

青团子的外形油绿如玉，入口糯韧绵软，清香扑鼻，吃起来甜而不腻，肥而不油。

此外，青团子还是江南一带人用来祭祀祖先的必备食品，正因为这样，青团子在江南一带的民间食俗中显得特别重要。

【吃鸡蛋】

在很多地方，清明吃鸡蛋，就跟端午节吃粽子、中秋吃月饼一样重要。民间习俗认为清明节吃个鸡蛋，一整年都会有好身体。据说，清明时节吃鸡蛋的习俗，已经具有几千年的历史了。民俗专家指出，清明吃鸡蛋象征着人们对生命、生育的敬畏和崇敬之情。

吃鸡蛋，是源于古代的上巳节。人们为了婚育求子，把各种禽蛋如鸡蛋、鸭蛋、鸟蛋等煮熟后涂上各种颜色，称为"五彩蛋"，他们来到河边将五彩蛋投进河内，顺水冲下，等在下游的人争相捞取、剥皮而食，食后便能孕育新生命。

现在清明节吃鸡蛋寓意圆圆满满。在农村的一些地区，还有儿童之间"撞鸡蛋"的风俗。

【吃馓子】

中国南北各地清明节还有吃馓子的习俗。"馓子"是一种油炸食品，香脆精美，古时称为"寒具"。寒食节禁火寒食的风俗在中国大多数地区已经不再流行，但与这个节日有关的馓子却深受世人的喜爱。

如今流行在汉族地区的馓子有南北方的差异。北方馓子大方洒脱，主要原材料是麦面；南方的馓子精巧细致，多用米面为主要食材。在少数民族地区，馓子的品类繁多，风味各不相同。其中，尤以维吾尔族、东乡族、纳西族和回族的馓子最为著名。

【吃清明螺】

清明时节，正是采食螺蛳的最佳时令，由于这个时节的螺蛳尚未繁殖，最为丰满、肥美，所以有"清明螺，抵只鹅"之说。螺蛳食法颇多，可以和葱、姜、酱油、料酒、白糖同炒；也可以煮熟后挑出螺肉，拌、醉、糟、炝，无不适宜。如果食法得当，真可称得上"一味螺蛳千般趣，美味佳酿均不及"了。

【吃薄饼、蒸朴籽粿】

潮汕人过清明节，具有浓郁的地方色彩。清明吃薄饼在潮汕非常盛行，几乎每家每户都会食用。薄饼分为皮、馅两部分，皮是将面粉拌水搅成黏糊状，在热锅中烙成一张张圆形的熟面皮，皮薄如纸。馅包括咸、甜两种。用香菇和豆芽、韭菜等熟料混合制成的馅称咸馅；用糖和麦芽糖经过特殊方法加工成为"糖葱"的为甜馅。吃的时候用薄饼皮卷成圆筒状就食。

潮汕有一种称为朴籽树（又叫朴丁树，属榆科）的树，叶椭圆形，果实如绿豆般大小，味甘甜。相传先人在饥荒年，采摘这种树叶充饥度荒。清明时节，气候转暖，草木荫茂，朴籽树叶满丛嫩绿。后人为不忘从前，就在清明节采此树叶，和米春捣成粉，发酵后配糖，用陶模蒸制成朴籽粿，分为梅花型及桃型两种，也有称其碗酵桃的。粿品呈浅绿色，味甚甘甜，据说食用后还能解积热，除疾病。

【吃润饼菜】

泉州人有在清明时节吃润饼菜的食俗。据说，这是古时寒食节食俗之遗风。

润饼的正名应该是春饼。清明吃润饼，不只是泉州独有的，厦门也有这种习惯。相传这种吃法是由明代总督云贵湖广军务的同安人蔡复一最先开始的。当时同安属泉州府辖，因此这种吃法便流传开来，在闽南成了家常名品。只是，闽南各地的春饼形式虽相同，内容却有很大差别。

泉州的润饼菜是用面粉为原材料擦制烘成薄皮，俗称"润饼"或"擦饼"，食用时铺开饼皮，卷入胡萝卜丝、肉丝、蛎煎、芫荽等混锅菜肴，制作很简单，吃起来甜润可口。

晋江的润饼菜却复杂得多，做润饼菜的主料种类繁多，足能摆满一张桌子。这些主料菜肴有豌豆、豆芽、豆干、鱼丸片、虾仁、肉丁、海蛎煎、萝卜菜。还有很多配料，油酥海苔、油煎蛋丝、花生敷、芫荽、蒜丝。吃的时候必须要有两张润饼皮才能保证其不被丰富的内容所撑破。此种脆嫩甘美、醇香可口的美味，一般人有两卷足矣。

【吃乌稔饭】

说到清明食俗，不能不提到畲家的乌稔饭。闽东是畲族聚居地，每年三月初三，畲族人家家户户都会煮乌稔饭，并馈赠给汉族的亲戚朋友，久而久之，当地的汉族人民也有了清明时吃乌稔饭的食俗。尤其是枯荣县民间，每年都必须用"乌稔饭"来祭祀，由此能够看出中国自古以来就是一个民族和睦相处的大家庭。

畲族有民间传说，唐总章二年（公元669年），畲族英雄雷万兴带领畲军抗击官兵，后被围困于山中。时值严冬粮断，畲军只能采摘乌稔果充饥。雷万兴在农历三月初三日时率众下山，冲出重围。从此后，每到三月三，雷万兴都会召集兵将设宴庆贺那次突围胜利，并命畲军士兵采回乌稔叶，让军厨制成乌稔饭，然后让全军上下饱食一顿，以志纪念。乌稔饭的制作方法很简单，先将采摘下来的乌稔树叶洗净，放入清水中煮沸，捞掉树叶，接着，将糯米浸泡在乌稔汤中，浸泡9个小时捞出，放入蒸煮笼里蒸煮，熟后即可食用。制好的乌稔饭，只从表面来看，不甚美观，颜色乌黑，但是米香扑鼻，与一般糯米饭比起来，别有一番风味。而畲族人民为纪念民族英雄，此后每年的三月三均要蒸乌稔饭食用，日久相沿，就成为畲家风俗。又因闽东一带，畲汉杂居，人民历代友好相处，婚嫁频繁，于是，食用乌稔饭也成了闽东各地各民族共同拥有的清明食俗。

【子推馍、面花】

子推馍，也叫老馍馍，类似于古代武将的头盔，重约250～500克。里面包着鸡蛋或红枣，上边有顶子，顶子周围贴面花。面花是用面塑成的小馍，形状有燕、虫、蛇、兔或文房四宝。人们食用子推馍极有讲究，圆形的子推馍是专门给男人们食用的。已婚妇女要吃条形的"梭子馍"，未婚姑娘则吃抓髻馍。孩子们可以食用燕、蛇、兔、虎等面花。大老虎是专门给男孩子吃的，也最受他们喜欢。父母用杜梨树枝或细麻线把各种各样的小面花串起来，吊在窑洞顶上或挂到窗框旁边，让孩子们慢慢享用。风干的面花，可以保存到第二年的清明节。

制作面花是陕北妇女的拿手好戏。她们用自己灵巧的双手，把发酵后的白面捏成各种形状的面花。制作面花工具只是梳子、剪子、锥子、镊子等日用品，辅料则是红豆、黑豆、花椒子和食用色素。蒸出来的面花惟妙惟肖，犹如艺术珍品，令人爱不释手，舍不得立刻吃掉。

【蒸面燕】

也称为子推燕，是将面和着枣泥，捏成燕子的模样，制作工序和蒸馒头差不多，做好后用杨柳条串起来，插在门上，以此来纪念介子推。

【清明狗】

清明狗是浙江地区人们在清明时节制作的一种食品。先采摘一些嫩莲，然后拌上糯米粉，就做成了，家里有几个人就制作几只，挂在阴凉处，直至立夏，煮熟后食用，民间流传着"吃了清明狗，一年健到头"的说法。

此外，有些地区在清明时节还有吃蛋糕、清明果、夹心饼、清明粽、馍糍、清明粑、干粥等多种多样食品的风俗。

人间有味是清欢——饮食卷

端午节食俗

【吃粽子】

端午节时出现最早的食品，应属西汉的"枭羹"。《史记·武帝本纪》注引如淳言："汉使东郡送枭，五月五日为枭羹以赐百官。以恶鸟，故食之。"可能因为枭很难捕捉，因此吃枭羹的习俗并没有持续下来。端午的主角——粽子，是在稍晚的东汉时期出现的。一直到了晋代，粽子才成为端午的应节食品。《风土记》中有云："五月五日，与夏至同……先此二节一日，又以菰叶裹黏米，杂以粟，以淳浓灰汁煮之令熟。"与此同时，还有另一种端午节食物，称为"龟"，也仅在晋代昙花一现，随即销声匿迹。只有在《风土记》中叫做"角黍"的粽子，由于附会在屈原的传说上，千百年来，一直是最受人欢迎的端午节食品。

从《风土记》中记载的制作方法来看，当时的粽子是用黍为主要原料，除了粟以外，不添加任何馅料。可是在讲究饮食的中国人巧手经营之下，今天所能看到的粽子，无论是造型或馅料，都发生了很大的变化。

先就造型来说，各地的粽子有三角形、四角锥形、枕头形、小宝塔形、圆棒形等。粽叶的材料则因地而异。南方由于盛产竹子，就地取材用竹叶来缚粽。一般人都喜欢用新鲜竹叶，这是因为干竹叶绑出来的粽子，煮熟后失去了竹叶的清香。北方人则习惯用苇叶来绑粽子。苇叶叶片细长而窄，因此需要用两三片重叠起来使用。粽子的大小也差异甚巨，有多达一两千克的巨型兜粽，也有小巧玲珑、长不足两寸的甜粽。

就口味来说，粽子馅荤素兼具，有甜有咸。北方的粽子以甜味为主，而南方的粽子则甜少咸多。馅的内容，是最能反映地方特色的部分。

【吃五毒饼】

老北京人在端午节时都会食用五毒饼。五毒饼是北京端午节的传统食品，是一种镶以蝎子、蛤蟆、壁虎、蜈蚣、蛇五毒形象的酥皮玫瑰饼。象征着端午节吃了这五毒，就可以在这个节气远离相关的疾病。

【吃夏橙】

秭归又称为脐橙之乡，每年端午，都是夏橙收获的季节，所以，吃夏橙以及用橙子皮做菜，也渐渐成了本地人端午节的一种食俗。

【吃黄鳝】

我国江汉平原每逢端午节时，还有吃黄鳝的习俗。黄鳝也称鳝鱼、长鱼等。端午时节的黄鳝，圆肥丰满，肉嫩鲜美，营养丰富，不但味道好，而且具有滋补的作用。所以，民间有"端午黄鳝赛人参"之说。

【吃面扇子】

甘肃省民勤县一带，在端午节这天都有蒸面扇子的习俗。面扇子是用发面蒸制而成的，呈扇形，有5层。每层撒上碾细的熟胡椒粉，表面捏成各种各样的花纹，染上颜色，非常好看。这种食俗相传是由端午节制扇、卖扇、赠扇的风俗演变而来的。

【吃茶蛋】

江西南昌地区，在端午时节会煮茶蛋和盐水蛋吃。鸡蛋、鸭蛋、鹅蛋均可。将蛋壳涂上红色，然后用五颜六色的网袋装着，挂在小孩子的脖子上，寓意祝福孩子能逢凶化吉、平安无事。

【吃大蒜蛋】

河南、浙江等省农村每逢端午节这天，家里的主妇起得格外早，把提前准备好的大蒜和鸡蛋放在一起煮，以供全家人早餐食用。有些地方，还在煮大蒜和鸡蛋时放入几片艾叶。早餐食大蒜、鸡蛋、烙油馍，据说这种食法能够避"五毒"，有益健康。

【吃打糕】

端午节是吉林省延边朝鲜族人民十分隆重的节日。这一天最具有代表性的食物是清香的打糕。打糕，就是把艾蒿与糯米饭，放在独木凿成的大木槽内，用长柄木捶打制而成的米糕。这种食品不仅很有民族特色，还能增添节日的气氛。

【吃煎堆】

福建晋江地区，端午节每家每户都要吃"煎堆"。所谓煎堆，就是将面粉、米粉或番薯粉和其他配料调成浓糊状，下油锅煎制成一大片。据说古时闽南一带在端午节之前是雨季，阴雨连绵不止，民间认为天公穿了洞，要"补天"。端午节吃了"煎堆"后雨就停了，人们说是将天补好了。这种食俗由此而来。

【吃薄饼】

在温州地区，端午节家家户户都有吃薄饼的习俗。薄饼是采用精白面粉调成糊状，在又大又平的铁煎锅内，烤制成一张张形似圆月、薄如绢帛的半透明饼，然后将绿豆芽、韭菜、肉丝、蛋丝、香菇等制成馅，卷成圆筒状，一口咬下去，能够品尝到多种味道。

【食栀粿】

潮州人还有在端午节吃栀粿的习俗。栀粿是用中药材栀子与草药铺姜（干品）煅制浸渍滤出的浸液，含有黄色栀子甙、鞣质及碱性溶液，与以糯米碾磨成的粉浆，经过充分拌匀后盛入蒸笼加热蒸熟，便成为了棕黄色晶莹润滑的栀粿，然后用纱线拉切成小片，蘸白砂糖食用，味道独特，柔软可口，具有清热毒、助消化、保健的作用。

【谷精子煎猪肝】

谷精草是一种一年生的草本植物，谷精草带花茎的花序，中医常常用来治疗风热目疾。端午夏至，眼疾尤多，潮州人以谷精子和猪肝一同煎水服用，具有清肝明目的功效。

七夕节食俗

【食巧食、巧果】

七夕节也称乞巧节、女儿节或香桥节，时在七月初七之夜，据说该夜牛郎织女在银河的鹊桥上相会，少女向其求取巧智，因此得名。

古人认为织女除了管理妇女纺织外，还是主宰瓜果生长的女神。在《晋书》中有记载："织女，天女也，主司瓜果、丝帛、珍宝……"故而在七夕食品中，除了茶、酒之外，还盛陈"酒、脯、瓜果、菜于庭中"。用来祭祀的瓜果中有新鲜水果和"五子"（桂圆、红枣、榛子、花生、瓜子）等干果。

乞巧节的食俗主要是摆设"巧果筵"，此筵包括花糕、花点和花瓜、花果组成。前两种"乞巧果子"，是用粮面塑制，均呈飞禽走兽或奇花异果的形状，五光十色；后两种是用"瓜果切雕"而成，在金瓜、葫芦等上面镂刻上吉祥图案或祝福的文字，点缀节日气氛。此筵在深夜摆设于庭院中祭祀织女，互相观摩；祭毕可以自食，也可馈送女友和亲邻。

民间祭拜结束后，一般将供品中的一半投于屋上给织女用，剩下的大家分食，多半以饺子、馄饨、面条和油果子等作为节日食品，统称为"巧食"，吃的时候人们经常一面吃花生瓜果、喝茶聊天，一面玩乞巧游戏。

七夕节的饮食风俗，各地皆有不同。有的地区吃云面，这种面是用露水制成，吃它可以获得巧意。还有很多民间糕点铺，喜欢制作一些织女人形象的酥糖，俗称"巧人"、"巧酥"，出售的时候也叫"送巧人"，此风俗在一些地区流传至今。

河南新乡一带流行将葡萄、石榴、西瓜和桃等七样瓜果，烙七张油烙饼或糖烙饼，包七碗小饺子，再做七碗面条汤一同供奉织女，以此来祈求"织女送巧"的愿望。

在福建，七夕节时还要让织女欣赏、品尝瓜果，以求她能够庇佑来年瓜果丰收。供品有茶、酒、新鲜水果、干果、鲜花以及妇女化妆用的花粉和一个上香炉。

山东是摆设瓜果乞巧，如果有喜蛛结网于瓜果之上，就意味着乞得巧了。

而在鄄城、曹县、平原等地吃巧巧饭乞巧的风俗却非常有趣，巧巧饭是由七个

人间有味是清欢——饮食卷

要好的姑娘集粮集菜包饺子，然后将一枚铜钱、一根针和一个红枣分别包入三个水饺里，乞巧活动结束以后，她们聚在一起吃水饺，据说吃到钱的有福，吃到针的手巧，吃到枣的早婚。

浙江各地在七夕节这天用面粉制成各种小型物状，用油煎炸后称之"巧果"，晚上在庭院内摆设巧果、莲蓬、白藕、红菱等。

在金华一带，七月七日家家户户都会杀一只鸡，意为这夜牛郎织女相会，如果没有公鸡报晓，他们便能永远在一起了。

七夕乞巧的应节食品中，以巧果最为有名。巧果也称"乞巧果子"，款式极多。制作巧果的主要材料是油、面、糖、蜜。在《东京梦华录》中将其称之为"笑厌儿"、"果食花样"，图样则有捺香、方胜等。宋朝年间，街市上已经有七夕巧果出售，巧果的具体做法是：首先把白糖放入锅中熔为糖浆，然后和入面粉、芝麻，拌匀后摊于案上扞薄，晾凉后再用刀切为长方块，最后折为梭形巧果胚，入油炸至金黄即可。手巧的女子，还会捏塑出各种和七夕传说相关的花样。

中秋节食俗

【吃月饼】

在中秋节这一天人们都会吃月饼以示"团圆"之意。月饼，也称胡饼、宫饼、月团、丰收饼、团圆饼等，是古代中秋时用来祭拜月神的供品。

据说我国在古代时，帝王就有春天祭日、秋天祭月的礼制。在民间，每逢八月中秋，也有拜月或祭月的习俗。一句"八月十五月儿圆，中秋月饼香又甜"的俗语道出中秋之夜人们吃月饼的习俗。月饼最初是用来祭奉月神的祭品，后来人们渐渐地将中秋赏月与品尝月饼作为一家人团圆的象征，慢慢地月饼也就成了节日的礼品。

据文献记载，早在三千年前的殷周时代，民间就已经出现为纪念太师闻仲的"边薄心厚太师饼"。汉代张骞出使西域，引入胡桃、芝麻等，有了以胡桃仁为馅的圆形"胡饼"。唐代，李靖出征突厥，在中秋节凯旋，当时恰有一个吐蕃商人进献胡饼，太宗皇帝非常高兴，手拿胡饼指着当空的皓月说："应将胡饼邀蟾蜍（月亮）。"然后分给群臣食之。如果这种说法属实，这可能是中秋节分食月饼的开始。
"月饼"一词，最早见于南宋吴自牧的著作，称为"红菱饼"。月饼是圆的，被赋
予团圆之意是在明代，刘侗在《帝京景物略》中有记载："八月十五日祭月，其祭
果饼必圆。"田汝成的《西湖游览志余》有："八月十五谓之中秋，民间又以月饼
相遗，取团圆之义。"沈榜在《宛署杂记》中还记述了明代北京中秋时节制作月饼
的盛况：坊民皆"造月饼相遗，大小不等，呼为月饼。市肆至以果为馅，巧名异
状，有一饼值数百钱者"。制作月饼的工人心灵手巧、翻新出奇，在月饼上做出各
种花样，彭蕴章在《幽州土风吟》中描述说："月宫符，画成玉兔瑶台居；月宫
饼，制就银蟾紫府影。一双蟾兔满人间，悔煞嫦娥窃药年；奔入广寒归不得，空劳
玉杵驻丹颜。"

清代，中秋吃月饼已成为一种很普遍的习俗，而且制作技巧越来越高明。清代
诗人袁枚在《随园食单》中写道："酥皮月饼，以松仁、核桃仁、瓜子仁和冰糖、
猪油作馅，食之不觉甜而香松柔腻，迥异寻常。"

围绕中秋拜月、赏月还出现了许多地方民俗。如江南的"卜状元"：将月饼切
成大中小三块，叠在一起，最大的放在下面，是"状元"；中等的放在中间，是
"榜眼"；最小的在上面，是"探花"。而后一家人掷骰子，谁的数码最多，即为状
元，吃大块，依次为榜眼、探花，以此游戏取乐。

月饼发展到今天，品种更加繁多，风味因地域而有所不同。其中京式、苏式、
广式、潮式等月饼广为我国南北各地的人们所青睐。

月饼寓意着团圆，是中秋佳节必备之品。在节日之夜，人们还喜欢吃些西瓜等
团圆的果品，祈祝全家人能生活美满、甜蜜、平安。

【吃鸭子】

福建人有在中秋时节吃鸭子的习俗，因为这个时候正是鸭子最肥壮的季节。福
建人用福建盛产的槟榔芋与鸭子一同烹制，称槟榔芋烧鸭，味道特别好。

南京人除在中秋爱吃月饼外，还必吃金陵名菜桂花鸭。"桂花鸭"在桂子飘香
之时上市，肥而不腻，美味可口。酒后则必食一小糖芋头，浇以桂浆，美不待言。
"桂浆"一词来自于屈原《楚辞·少司命》中的"援北斗兮酌桂浆"。桂浆，又叫
糖桂花，中秋前后采摘桂花，用糖及酸梅腌制而成。江南妇女手巧，将诗中的咏物

变成了桌上的佳肴。

四川人在中秋节除了吃月饼外，还杀鸭子、吃麻饼、蜜饼等。在川西地区，烟熏鸭子是中秋节必备美味，因为这时候当年生鸭已长大，肥瘦适宜。选用当年生的仔鸭，宰杀后褪尽羽毛，开膛取出内脏，洗净之后，去掉翅尖、鸭脚，加盐码味腌渍一夜后，放进沸水中略烫至皮紧，捞出抹干水分，置于熏炉中，用稻草烟熏至呈茶色，出炉后放进卤锅中卤熟，食用时改刀装盘，色泽金红、肉质细嫩、烟香浓郁的烟熏鸭即成。制作烟熏鸭，卤水的调制至关重要。卤水应该用老卤，每次卤时加入适时的香料、食盐、糖色，卤制时应该用重物把鸭子充分压入卤水中，卤制时间一般以 20 分钟左右为宜，时间过久鸭肉质老，影响质量和口感。

【吃麦箭】

在即墨等地中秋节有吃一种叫麦箭的应节食品的习俗。

【吃西瓜】

陕西西乡县在中秋之夜男子泛舟登崖，女子安排佳宴。无论贫富，必食西瓜，而且还会将西瓜切成莲花状。

【饮桂花蜜酒】

上海人有在中秋宴以桂花蜜酒佐食的习惯。

【食莼菜鲈鱼】

杭州的莼菜鲈鱼烩之所以成为中秋家宴上的菜肴，不只是由于这一时节的莼菜鲈鱼好吃，还由于晋代张翰借思念家乡的"莼菜、鲈鱼"，弃官返回故里的史实，这一故事不只是成为千古美谈，还使莼菜成为思乡的象征。

莼菜是中秋家宴和八月时令菜羹。莼菜也叫马蹄草、水菜，是水生宿根生叶草植物。莼菜的根、茎、叶不但碧绿清香，鲜嫩可口，而且还营养丰富。莼菜在春、秋二季皆可摘取，不过，以秋莼为多为好。

【吃糕饼水果】

潮汕中秋美食品种较多，这和潮汕人过中秋节的文化内涵、潮地气候、农事生产有很大关系。这些美食一是糕饼类，潮汕各地月饼，甜的、咸的、荤的、什料的、多味的各式各样种类众多。此外，还有面饼、软糕、云片糕，都是中秋节糕饼，为潮汕人送亲戚之佳品，可以说潮汕人送糕饼是睦亲的习俗。二是水果类，潮汕在中秋时节天高气爽，正是水果成熟之时，柚、柿、杨桃、菠萝、石榴、橄榄、香蕉等也是潮人中秋的另一种美食。

重阳节食俗

【吃羊肉面】

"羊"字和"阳"字谐音，应重阳之典。面要吃白面，"白"是"百"字去掉上面的"一"，寓意一百减一为九十九，以应"九九"之典。在京城有给九十九岁老人过生日叫"白寿"的说法。有钱人家当日会举办以羊肉为主的宴会，爆、烤、涮羊肉甚至上全羊席。秋天是羊儿最肥美的时节，羊肉性暖，能够御寒。

【吃重阳糕】

九月食糕的风俗起源很早，"糕"之名，虽然兴起于六朝之末，可是糕类食品在汉朝时即已出现，在当时叫做"饵"。饵的原料主要是米粉，米粉分为稻米粉与黍米粉两种，黍米有黏性，二者和合，"合蒸曰饵"。黍是五谷之首，在古代是待客与祭祀的佳品。九月，黍谷成熟，人们将黍米作为应时的尝新食品，所以，首先以黍祭享先人。重阳糕的前身即九月的尝新食品。这也就是后世民间在重阳节，用重阳糕荐神祭祖的秋祭风俗的来由。

六朝时期登高古俗获得发展，重阳节俗形成，糕类自然成为节令食品。如童谣所谓："七月刈禾伤早，九月吃糕正好。"（《隋书·五行志上》）唐宋时重阳食糕风俗开始流行，唐称"麻葛糕"，宋人已经习称"重阳糕"。吴自牧在《梦粱录》中记载九月九日，"此日都人店肆，以糖面蒸糕，上以猪羊肉鸭子为丝簇钉，插小彩旗，名曰'重阳糕'"。因为糕面有多种装饰，重阳糕在明清以后又多称之为"花糕"，重阳花糕已经成为都市、乡村的应节食品。1936年《山阴县志》中记述重阳节俗有：重阳登高，蒸米为五色糕，剪彩旗供小儿娱戏。花糕的品类主要有"糙花糕"、"细花糕"和"金钱花糕"。糙花糕是在糕面上粘些香菜叶，中间夹着青果、小枣、核桃仁之类的糙干果；细花糕分为 2 ~ 3 层不等，每层中间都夹有细碎的蜜饯干果，像苹果脯、桃脯、杏脯、乌枣之类；金钱花糕与细花糕基本相似，只是个儿较小，如同金钱一般，多是上层府第贵族的食品。

糕在汉语中的谐音为"高"，糕寓意着生长、向上、进步、高升。宋代有民俗，在九月九日天亮时，"以片糕搭儿女头额，更祝曰：愿儿百事俱高。作三声"（吕原明《岁时杂记》）。糕不但谐音"高"，而且重阳糕上的诸种饰物也都有着各自的象征。如糕上置小鹿，叫做食禄糕。糕上的枣、栗、狮子之类饰品，均是中国传统的祈子象征物，它们明白地表达出人们在秋收时节祈求子嗣的愿望。重阳也是出嫁的女儿回家的日子，接出嫁女儿回家吃重阳糕，是重阳的另一风俗，俗语有"九月九，搬回闺女息息手"。因此重阳也被称为"女儿节"。

冬 至 食 俗

【吃冬至肉】

吃冬至肉是南方冬至扫墓完毕同姓宗族祠堂按人丁分发"胙肉"的古老食俗。肉包括生、熟两种，分时有许多规矩。此外还区别学历高低，清代有童生、秀才、举人、进士四级，民国分为高小、中学、大学、留学四级，以示鼓励。分肉时优先照顾年纪人的，在 50、60、70、80、90 年龄段，数量依次增加，以示敬重。冬至肉是用祠堂公积金或富家捐款购买的，族长主理其事，在当时被视作一份厚礼。

【吃狗肉】

相传冬至吃狗肉的风俗是从汉代开始的。据说，汉高祖刘邦在冬至这一天吃了樊哙煮的狗肉，觉得味道非常鲜美，赞不绝口。从此后在民间形成了冬至吃狗肉的习俗。如今人们纷纷在冬至这一天，吃狗肉、羊肉以及各种滋补食品，以求来年能有一个好兆头。

【吃冬至团】

"供冬至团"也见于江南。冬至团是用糯米粉和成面团，内包肉、菜、糖、果、豇豆、赤豆沙、萝卜丝等蒸制而成，主要充作供品，也可以赠送亲邻或待客，是冬至亚岁宴上必不可少的食品之一。

【吃馄饨】

吃馄饨是北方的冬至食俗。在《燕京岁时记》中有："（冬至）民间……唯食馄饨而已。"《帝京岁时广记》中也记载有："预日为冬夜，祀祖羹饭之外，以细肉馄饨奉献。谚所谓冬至馄饨夏至面之遗意也。"之所以选用馄饨来拜冬，是由于"夫馄饨之形有如鸡卵，颇似天地混沌之象，故于冬至日食之"。

【吃赤豆糯米饭】

在江南水乡，有冬至之夜一家人欢聚一堂共吃赤豆糯米饭的风俗。据说，有一位叫共工氏的人，他的儿子不成才，作恶多端，死在冬至这一天，死后变成疫鬼，接着残害百姓。因为这个疫鬼最怕赤豆，于是，人们就在冬至这一天煮吃赤豆饭，用来驱避疫鬼，防灾祛病。

【吃汤圆】

冬至食用汤圆，是我国的传统风俗，在江南尤为盛行。民间有"吃了汤圆大一岁"之说。汤圆又叫汤团，冬至吃汤团也称吃"冬至团"。清朝时江南人用糯米粉做成面团，里面包上精肉、苹果、豆沙、萝卜丝等制成的馅料。冬至团可以用来祭祖，也可用于互赠亲朋。旧时的上海人最讲究吃汤团，他们在家宴上品尝新酿的甜白酒、花糕和糯米粉圆，然后把肉块垒在盘中祭拜祖先。古人有诗云："家家捣米做汤圆，知是明朝冬至天。"汤圆也是我国传统的美味食品。

【吃年糕】

从清末民初直至现在杭州人都有在冬至吃年糕的习惯。每逢冬至，做三餐不同风味的年糕，早晨吃的是用芝麻粉拌白糖的年糕，中午吃的是油墩儿菜、冬笋、肉丝炒年糕，晚餐吃的是雪里蕻、肉丝、笋丝汤年糕。冬至吃年糕，寓意年年长高，图个吉利。

【吃荞麦面】

浙江等地每逢冬至这天，一家老小都要集齐，就算嫁出去的女儿也要赶回娘家，家家户户都会做荞麦面吃。习俗认为，冬至吃了荞麦，能够清除肠胃中的猪毛、鸡毛。

腊八节食俗

【吃腊八粥】

腊八粥最开始时是佛教的一种宗教节日食品。《中国年节食俗》中记载："释迦牟尼成佛之前，曾游遍印度的名山大川，以寻找人生的真谛。他到了北印度的摩揭陀国时，由于又累又饿，昏倒在地，这时有一位牧女见此情景，急忙把自己带的午餐拿出来，一口一口地喂释迦牟尼。牧女的午餐，是由各种食品混合组成的，里面有采来的各种野果。释迦牟尼吃了这顿香美的午餐，元气顿复。后来他在尼连河里洗了个澡，到菩提树下静坐沉思，于十二月初八日得道成佛。从此每年到'腊八'这天，寺院的僧侣们都要取清新干果，放入洗净的器皿中终夜熬至天明。将熬成的粥用以供奉佛祖，届时，寺院僧侣诵经演法，尔后喝粥以示纪念。"这便是腊八粥的来历。佛教在我国流传很深远而沿袭了这一习俗。腊八粥的用料，北宋用杏仁、桃仁、果脯、江米、黄豆、豆子等；南宋时用胡桃、松子、柿栗之类；元代粥色则是殷红的，也叫红糟粥、朱砂粥，大约是用赤豆、莲子、花生、红枣之类致红的原料。

宋代孟元老在《东京梦华录》中记有：十二月八日，"诸大寺作浴佛会，并送七宝五味粥与门徒，谓之'腊八粥'。都人是日各家亦以果子杂料煮粥而食也"。

另据安徽民间相传，朱元璋幼年时给地主放牛，经常因断炊而饥饿。有一天，他在一间小屋内发现一个洞，他伸手下去一摸，原来是个老鼠的"粮仓"。掏出来的有大米、黄豆、红枣、栗子等物，于是他将这些五谷杂粮一同放入锅内，煮了一锅热粥，吃起来香极了。后来，朱元璋登基称帝，整天山珍海味吃腻了，想换口味。腊八这天，他忽然想起儿时从老鼠洞掏粮煮粥的事，于是，立刻下令御厨以各色谷果煮粥进食，吃后大悦，并且将这种粥赐名为"腊八粥"。

元、明、清一直沿袭这一食俗，清代最为盛行。当时有诗云："家家腊八煮双弓，榛子桃仁染色红。我喜娇儿逢览揆，长叨佛佑荫无穷。"

明代腊八粥的用料有江米、白果、核桃仁、栗子等。

著名的雍和宫腊八粥，除了江米、小米等五谷杂粮之外，还会加入羊肉丁和奶油，粥面上撒着红枣、桂圆、核桃仁、葡萄干、瓜子仁、青红丝等配料。

腊八粥在古时是用红小豆、糯米煮成，后来食材渐渐增多。时至今日我国江南、东北、西北广大地区人民依然保留着吃腊八粥的风俗，广东地区已经不多见。各地所用材料各有不同，大多都用糯米、红豆、枣子、栗子、花生、白果、莲子、百合等煮成甜粥。也有加入桂圆、龙眼肉、蜜饯等一起煮的。冬季吃一碗热气腾腾的腊八粥，不仅可口又营养，确实能够增福增寿。

天津人煮腊八粥，与北京差不多，讲究些的还会加入莲子、百合、珍珠米、薏仁米、大麦仁、黏秫米、黏黄米、芸豆、绿豆、桂圆肉、龙眼肉、白果、红枣及糖水桂花等，真是色、香、味俱佳。近年还有加入黑米的，这种腊八粥可供食疗，具有健脾、开胃、补气、安神、清心、养血等作用。

山西的腊八粥，也叫八宝粥，以小米为主，附加上豇豆、小豆、绿豆、小枣，还有黏黄米、大米、江米等一同煮之。晋东南地区，腊月初五就开始用小豆、红豆、豇豆、红薯、花生、江米、柿饼，合水煮粥，也称甜饭，亦是食俗之一。

陕北高原在腊八之日，熬粥除了用多种米、豆之外，还会加上各种干果、豆腐和肉混合在一起煮。一般是早晨就煮，或甜或咸，依人口味自选酌定。如果是午间吃，还会在粥内加入一些面条同煮，全家人团聚共餐。吃完以后，还要将粥抹在门上、灶台上及门外树上，寓意驱邪避灾，迎接来年的农业大丰收。民间相传，腊八这天忌吃菜，说吃了菜，庄稼地里的杂草就会多。

陕南人在腊八这天，会吃杂合粥，这种粥分"五味"和"八味"两种。前者用大米、糯米、花生、白果、豆子煮成。后者除了用上述五种原料外加大肉丁、豆腐、萝卜，而且还会加些调味品。腊八这天人们除了吃腊八粥，还要用粥供奉祖先和粮仓。

【煮"五豆"】

有些地方煮食腊八粥，不叫"腊八粥"，而称为煮"五豆"，有的在腊八当天煮，有的在腊月初五就开始煮了，而且还要用面捏些"雀儿头"，和米、豆（五种豆子）同煮。相传，人们在腊八吃了"雀儿头"，麻雀头痛，来年不危害庄稼。煮的这种"五豆"，除了自己吃，也赠予亲邻。每天吃饭时加热搭配食用，一直吃到腊月二十三，象征着连年有余。

【吃腊八面】

我国北方有些不产或少产大米的地方，人们不煮腊八粥，而是煮腊八面。用各种果、蔬做成臊子，将面条擀好后，到腊月初八早晨全家吃腊八面。

祭灶节食俗

【糖瓜粘】

旧时，每当腊月二十日过后，孩子们就会唱起"二十三，糖瓜粘，灶君老爷要上天"的歌谣，并且期盼着大人们快些买回糖瓜来。糖瓜是一种用黄米和麦芽熬制成的黏性非常大的糖，将它抽为长条形的糖棍叫做"关东糖"，拉成扁圆形就称为"糖瓜"。冬天把它放在屋外，由于天气严寒，糖瓜凝固得很坚实而且里边还有一些微小的气泡，吃起来脆甜香酥，别有风味。

糖瓜在屋子里遇热后就变成了又黏又硬的糖疙瘩。这种黏性很大的麦芽糖，在晋代的《荆楚岁时记》中就有过记载，当时叫做"胶牙饧"。唐代大诗人白居易在一首诗中也写道："岁盏后推兰尾酒，春盘先劝胶牙饧"。从这里能够看出，早在唐朝它就已经与美酒一样，成了春节期间不可缺少的佳品。到了明清时期，麦芽糖又被派上了新用场，成了祭祀灶王爷时黏糊其口的武器。

民间有传说，灶王爷原本是天上的一颗星宿，由于犯了过错，被玉皇大帝贬谪到了人间，当上了"东厨司命"。他端坐在家家户户的厨灶中间，看着人们如何生活，怎样行事，把好事坏事都详细记录下来，到了腊月二十三这日就回转天庭，向玉皇大帝禀报各家各户的善恶情况。到了腊月三十晚上再返回人间，依照玉帝的旨意惩恶扬善。

因此人们在腊月二十三日都会祭灶，并将又黏又甜的糖瓜献给灶王，黏住灶王爷的嘴巴,让它能"上天言好事,下地保平安"。孩子们则把这一天当做春节的"序幕"和"彩排",天刚擦黑儿,就会放起鞭炮,在鞭炮声中由家中的男主人将糖瓜一盘,清茶一碗供奉在灶王像前,点上蜡烛和线香,祈祷行礼结束后,把灶王像从墙上揭下来烧掉,然后再把茶水泼在纸灰上,糖瓜则由孩子们抢着分而食之。

腊月二十三糖瓜祭灶,形式既热闹隆重又风趣幽默,民间因此将这一天称之为"过小年"。

【吃饺子】

祭灶节,民间有吃饺子的习俗,取意"送行饺子迎风面"。山区多吃糕和荞面。

【吃炒玉米】

晋东南地区,讲究吃炒玉米,民谚有"二十三,不吃炒,大年初一——锅倒"的说法。人们喜欢把炒玉米用麦芽糖黏结在一起,冰冻成大块,吃起来酥脆香甜。

中华人生礼仪食俗

婚 礼 食 俗

【旧时北京婚礼食俗】

旧时订婚包括小订和大订。小订指的是提亲后双方交换八字，确定姻亲关系，一般称为"放小订"。男方向女方送的礼品中必须有食盒，盒为方形，上有提梁。食盒中放饽饽（点心），每样四品，取"四喜"之意。后来也有以蒲包取代食盒的。

大订指确定吉日，也要送食盒，除了要有点心和酒外，必有鹅。鹅的翅膀应染成红色，鹅"哦、哦"地叫着，对应了"鸿（红）雁传书"的吉语。定下了具体的迎娶日期，女方就该准备送嫁妆了。嫁妆的箱子不能是空的，应装上干果、栗子或是荔枝等。有的还会送一套绘有白头翁图案的茶具，取其白头偕老之意。

迎亲的时候，男方会请两位迎亲娘（必须是"全福人"）坐着轿子与新郎（骑马、系红彩球）一起去女方家。新郎官要拜祖宗，拜岳父、岳母。新娘子在两位伴娘（也须是"全福人"）伴送下抵达男家（或由兄弟扶着轿子伴送）。落轿以后，新娘的脚不可以踩地，要铺红毡（租来的）铺地，一直铺到拜堂处。拜过天地、拜过亲人后送入洞房，洞房内用高脚的盘子，盛着枣、栗子、花生等干果。

旧时，大户人家的婚宴很少在家举行，通常都在饭庄里举行。北京有专门办喜庆宴席的饭庄，设有专门的戏台，可以请戏班演戏助兴。只有地位较低的人家才在家中搭棚请客。

20世纪50年代以后，订婚和结婚都没有了固定规矩。富者可以到饭庄里举行婚宴，但是却没有戏班子唱戏了。一般人家都在家中举行，依照经济条件，席面可大可小。宴席的内容和举行的时间也没有一定之规，有中午举行的，也有在晚上举行的。还有不设宴席，只请亲友吃些茶点糖果的。

【旧时京郊婚礼食俗】

旧时，京西一带在结婚的前一天，男方会给女方家抬去食盒，里面装着米、面、肉、点心等；娘家会请"全福人"用送来的东西制成饺子和长寿面，俗谓"子孙饺子长寿面"，将包好的饺子再抬回男家。结婚这天，新娘下轿后，先吃"子孙饺子长寿面"。送入洞房，新郎新娘同坐一处，由"全福人"喂没有煮熟的饺子吃，并且要问："生不生?"新娘必须回答："生（取生子之意）!"晚上入睡前要由四个"全福人"为新人铺被褥，被子下面应放栗子、花生、枣，寓意为"早立子，花插着生"。结婚这天宴请客人吃面条，讲究吃大把的抻面。也有的人家吃大米饭炒菜，菜的多少要视经济条件而定。

京北一带结婚这天要由娶亲太太（由"全福人"充当）将新娘接来，拜天地入洞房时，床前会放一袋米（通常是高粱米），新娘被人搀着倒退着走，登着粮食上床。然后吃子孙饺子，新娘新郎各咬一口，会有人隔着窗子问："生不生?"新娘要连答三声："生!"新娘结婚后的前三天要一直在床上坐着，每天只吃少许饭，一般只吃栗子——主要为的是能够少出门上厕所。结婚后的第四天男方会请女方娘家人吃酒。这天由男家找人端着喜布（落红布）给大家看，如果没有喜布，娘家人则无脸吃酒了。酒席结束后，新娘与新郎一同回娘家，称"回门"，当天返回男家。旧时，结婚一个月以后，娘家应接女儿回家住一个月，叫"住得月"。

【山西婚礼食俗】

保德县一带结婚需经过定亲、纳聘、探话、娶亲、回门 5 个程序。有的地方则会有问名、纳彩、纳吉、纳正、婚期、迎亲 6 个程序，就是所谓的"六礼告成"。订婚之后还有一种"西瓜月饼吃三年"的习俗，就是每年的七月十五，男女双方要互送面人，每个面人大约有 2.5 千克重，一共要送三年。每年的八月十五，男方用食盒给女方送上好的大西瓜 4 个、月饼一塔（垒成塔形的大小月饼若干），也要送三年。到娶亲的时候男方还要送与女方油炸糕 80 个。河曲、保德一带，结婚这一天必须吃油糕，菜肴是浇头，即素菜上浇一点肉汤。家境好一些的吃三圆盘——盘猪肉，一盘羊肉，一盘鸡肉，即"上三圆"；还有"下三圆"，即一盘豆芽，一盘炒粉，一盘大素杂烩。有的人家以顺六碗为主。还有的人家有八碗八碟子、九围碟、九碗十三花之席。入席座次也有严格规定，娘舅坐首席，陪新亲。左为上，右为下，依次一左一右顺序安排。坐好后，新娘亲舅先开拳，别人才能饮酒进餐，酒过三巡，菜肴上齐之后，新娘新郎执壶把盏，一一敬酒劝饭。繁峙县一带，婚礼时饭菜会上三道，接连不断。第一道为茶饼，第二道为炒菜蒸馍，第三道为炒菜油糕，其间有鼓乐（现今是录音机等）助兴，猜拳行令，尽欢而散。近年来，宴会结束后另备夜宵，专请新娘亲舅。宁武、河曲等地，新郎新娘回门，娘家会设宴招待，要给新郎吃下马饺子。小舅子、小姨子要捉弄姐夫，一般会向饺子里加辣椒、花椒、醋等，谓之"耍新女婿"。

【陕北婚礼食俗】

陕北一带有喝订婚酒、给女方送高母饭、吃儿女饺子等婚姻习俗。结婚的前一天晚上，新郎新娘家必须要吃荞麦饸饹。最为隆重的要算送面花了，一个面花要有两千克多重，比较常见的有"二龙戏珠"、"龙凤呈祥"、"莲生贵子"等，象征着长命百岁、早生贵子等吉祥之意。在送贺礼的仪式过程中，随着赞礼先生一声高唱："进礼喽！"亲友们由舅家带头，端着托盘，献上面花和其他礼物。然后将这些面花凑在一起，供宾客们欣赏评比，借以增加喜庆气氛。

婚礼宴席，第一天是男方外家陪女方外家，第二天称为浮头席，是女方外家陪男方外家。在全部宴席中，一席为首席，首席的上席是介绍人和男女外家的坐席，如果首席坐不下，再安排次席。通常每席8人，有3个上座，左上右次。开席之后，男方要将女方的陪嫁（即"填箱"）在席上宣读，女方送亲客应答礼。继而新郎新娘及公婆为宾客敬酒。吹鼓手三吹三打向坐席客"讨赏"。男女外家全都赐赏。酒宴中的下酒菜和吃饭用的菜碟数，必须符合"八碗"、"十三花"、"十全"、"十五观灯"的讲究。碟碗放置也有规矩，稍有差错就会招致麻烦。常常由于座次安排不当等原因，客人索性起席，主人难免要多费口舌，赔话调解。婚宴一般会从早晨坐到晚上，有的还认为有乞丐来坐席是吉祥的。

新郎到妻子娘家，岳父应该为新上门的女婿摆宴，新郎坐上席。妻弟妻妹们为戏耍姐夫，会在饺子中包上辣椒面、盐等。

陕北宴席的八碗有红烧肉、白条肉、丸子、肘子、酥肉、鸡肉及两碗素菜。近年来流行的九魁十三花，即在八碗基础上另加一菜四汤，有时还有甜八碗，就是八味素菜，并无统一的规格。一般情况下，城市趋向于素多于荤。现在，婚宴是越来越讲究了。

【江苏婚礼食俗】

举行婚礼当天上午，新郎由男青年陪同，带着鸡、鸭、鱼、肉、彩蛋、两大盘贴有大红"喜"字的圆蒸糕（俗称"送大盘"）来到女方家接新娘。将蒸糕放于新娘床前，新娘穿上新鞋，踩在糕上，俗称"踩高（糕）鞋"，寓意来到夫家后高高兴兴，日子蒸蒸日上。其他的食品是送给岳母的，以示回报岳母养育新娘之恩，俗称"肚皮疼肉"。岳母家要准备婚宴菜点。

新房内的铺床人必须是"全福人"。床上要放秤、扁担、食物，如甘蔗（要选红皮甘蔗两根，节节相对，取"节节高、节节甜"之意）、花生、枣子（"早生贵子"之意）、蒸糕（"高高兴兴"之意）、团子（"团团圆圆"之意）。

城市中的婚宴，大多在餐馆中举办。新郎新娘在门口恭候。菜肴多以"四六四"为主，也就是四冷盘、六热炒、四大菜（包括汤）。每道菜肴的名称都和婚礼相吻合，如龙凤呈祥（冷盘）、双色鱼片、鸳鸯莼菜汤、八宝饭等，取其吉祥之意。婚筵菜肴还非常讲究上菜程序，不得有误。要先上冷盘，后上热炒，热炒中间上点心，最后上大菜。上菜时肉为第一道，鱼为最后一道，象征着吃而有余。农村婚筵，大多自己杀猪宰家禽，请厨师来家中掌灶，也很丰盛。农村注重十六碗、二十四碗、三十二碗。上菜也有一定的程序，吃过的空碗不能拿开，直至婚筵结束，俗称"吃全"。

婚礼时，多以茉莉花茶、碧螺春茶待客，茶点主要是苏式蜜饯、炒货、糖果、糕点、风味小吃等。晚间，闹过新房之后，新婚夫妇要在新房内吃和合饭、和合汤（红糖茶）。

【鄂伦春族婚礼食俗】

鄂伦春族订亲时，男方父母要由媒人领着带上酒到女方家求婚。先给女方父母敬酒，如果女方父母同意这门亲事就会端盅饮酒，不饮这酒就表示不同意。订亲之后，男方家选定吉日，未婚夫在媒人、母亲的陪同下携带一两只野猪、一两桶白酒前去女方家认亲。女方收下彩礼之后，要举行认亲宴会，请亲邻好友吃手把肉，喝白酒。席间，未婚夫必须给女方所有的长辈人敬酒磕头。当晚未婚夫妻即可同房。女方要为一对新人做好一碗"老考太"，拌好荤油和糖，让一对新人共餐。吃时要共用一个碗、一双骨筷子（或用骨制成的扁匙）你一口我一口地吃，表示夫妻能够同甘共苦，感情如胶似漆。结婚之前，男方应该给女方送马匹、布匹、猪、酒、首饰等彩礼，同时商定结婚日期。送彩礼这天，一对新人还要同床共枕。有的由于认亲时年幼，尚未举行同房的仪式，此次同房时就要举行共吃"老考太"的仪式。结婚当天，男方组成迎亲队，带上酒与肉前往途中某处，升起篝火，等候女方送亲队伍到来。送亲队伍到后，新郎的父母、男女宾客要向送亲的人逐一敬酒，然后席地而坐入宴。席间新郎新娘要举行赛马活动，随后回到男方的乌力楞（一种以血缘关系维系的社会组织），正式举办婚礼。酒席间，一对新人要向宾客敬酒，歌手唱赞歌祝福新人白头偕老，永远幸福。青年男女们唱歌跳舞，以此来贺喜，直到深夜，尽欢而散。晚间，新婚夫妇要搬进一个新的仙人柱（房屋）里，先向火堆敬酒、掷肉，双双叩头，祭祀火神。从此开始，一个新的家庭便诞生了。

【朝鲜族婚礼食俗】

朝鲜族的婚礼非常与众不同。16、17 世纪之前，这里还沿袭着"男归女家"的旧制。新郎必须到新娘家举办婚礼，并在新娘家住至有了第一个孩子之后，才能择吉日携妻归家，还要再举行一次盛大的婚礼。现在尽管没有"男归女家"的习俗了，可是其影响至今仍可见到。比如，朝鲜族习惯上称婆亲为"入丈家"，丈家就是丈人家。通常来说，在结婚活动中，女方的花销也要比男方多。结婚的第一阶段仍在女方家里举行，叫"新郎婚礼"；第二阶段在男方家中举行，称"新娘婚礼"。结婚后的第三天，还是要回去妻子家里一趟，也可以说这是"男归女家"的一种遗留。

新郎婚礼是在新郎到新娘家迎亲时举行的仪式，分为莫雁礼、交拜礼、房台礼、席宴礼等。席宴礼上的食俗内容比较多。席上摆满了糕饼、糖果、鸡、鱼（海味）、肉、蛋等。新郎在宾客、邻居的相陪下入席。席宴即将结束的时候，给新郎上饭上汤，在大米饭碗底放上 3 个剥去了皮儿的鸡蛋。新郎用饭时要吃鸡蛋，可是不能全吃，要留下一两个给新娘吃，以示体贴。仪式结束之后，新娘即随新郎来到男方家。临行前，新娘要向父母长辈逐一叩首告别。

新娘来到新郎家后，要举行新娘婚礼。也备有婚宴，菜肴还要更加丰盛一些。除备有各种美味之外，还必须摆上一只烧熟的昂首的公鸡，鸡嘴中叼着一个大红辣椒。新郎新娘要分桌赴宴。宴席摆好之后，首先请陪伴新娘前来的女方亲友过目，以示男方不会亏待新娘。举行婚礼的当晚，是婚礼最热闹之时，近亲与邻居要为新郎、新娘举行一次联欢会，唱歌跳舞，直至深夜。随后，由姐姐将夜餐送入洞房，让新娘、新郎共同进夜餐。

【蒙古族婚礼食俗】

蒙古族的婚筵充满了戏剧色彩。婚庆筵席有两种，一种是许婚筵，一种是迎亲筵。

许婚筵，是在女方家举办的，称作女方的"不兀勒札儿筵"。"不兀勒札儿"是蒙古语，意思是动物的颈喉（此处专指羊的颈喉）。许婚筵上用这个东西，象征着"好马一鞭，好汉一言"，今生今世，永不反悔。后来，有的地方不设许婚筵时，就在结婚筵上举行这个仪式。新娘的嫂子和弟弟们，为了戏弄新姑爷，故意将"不兀勒札儿"煮得硬一点，甚至会在椎骨里插入一截小木棍，使新姑爷掰不断骨节。这时男方的"跟姑爷"（伴郎）、随行亲友就会偷偷帮助新姑爷，女方发现后会罚酒，吵吵嚷嚷，场面非常热闹、有趣。

迎亲筵，也是在女方家举行的筵席。蒙古族娶亲多在结婚吉日的前一天来到女方家，去的人除了新郎之外，还要有主婚人、亲友、祝词家（歌手）和"跟姑爷"等等。

迎亲筵在晚上举行，蒙古语称"沙恩吐宴"，是新娘出嫁、告别父母的筵席。新娘、新郎、嫂子和姑娘们同坐在一桌。宴席上吃的手把肉，应该吃带有"沙恩吐"的部分。"沙恩吐"，俗称"嘎拉哈"，即绵羊右后腿胫踝骨。筵席一开始，这块寓意吉祥的、新郎必须带回去长期保存的"沙恩"，在女方同伴的偏袒下，就被新娘的嫂子、妹妹们夺走了。男方为要回这块沙恩，就会唱歌：

玲珑的小沙恩，连着骨头连着筋，只要沙恩在，大腿小腿不能分。

珍贵的小沙恩，连着血肉连着心，沙恩若比人哟，连着男女两家亲。

沙恩吐宴，是喜庆的宴席，是赛歌的宴席。围绕争夺沙恩吐，歌曲一支接着一支地唱个不停，但沙恩吐还是要不回来。直到唱完了《姑娘的歌》、《额莫的歌》、《报时歌》，由于启程的时间到了，女方的姐妹们才无可奈何地将沙恩吐交还给新郎，筵席才告以结束。

生 育 食 俗

【旧时北京生育食俗】

孩子出生三朝、十二天都必须吃面条。富家办满月也多在饭庄里举办，客人要送孩子小衣帽、挂面等礼品。普通人家只在家里宴请亲友。

【旧时京郊生育食俗】

生了小孩要由姑爷（女婿）先给岳父家报信。有给小孩过三朝的，也有过十二天的。过满月的时候，娘家要送"满口馒头"，通常是4个，有的里边还包上肉，产妇要在每个馒头上都咬一口，可能是希望孩子将来有好饭吃吧！

富家办满月需要杀猪置办大席，讲究吃米饭，上大菜。即便贫家也要吃面条。山区一些地方，亲友通常要给产妇送油饼或几斤白面为礼物。

产妇坐月子期间一般要吃煮鸡蛋、炖鸡、小米粥、面条等营养丰富的食品。有些山区，产妇们还要吃用热水泡了的油饼，据说这样可以补身体。

【辽南生育食俗】

在辽南地区，婴儿出生以后，必须请孩子的外公、外婆来吃饭、喝酒，宴席上的菜海味居多。孩子百天称过"百岁"，还要请外公、外婆来吃饭，也是好酒好菜招待。席间要吃"百岁面"（多为海味面条）。外婆要给孩子戴上小锁、手镯、项链等，预祝孩子长命百岁。

【鲁中生育食俗】

在鲁中地区，孩子出生的当天，要用红鸡蛋向孩子姥姥家及众亲友"报喜"。亲友要用鸡蛋、小米、红糖贺喜，谓之"看喜"。第三日举行酒席，亲友来贺。如果是男孩，则会更加隆重。

【胶东生育食俗】

在胶东一带，得子的第三日，要煮面条分送给邻里，谓之"吃喜面"。并以红鸡蛋（染大红色）、葱油饼送外婆家"报喜"。外婆要回送鸡蛋和小米。邻里送鸡蛋（数量不限），叫做"看喜"。而且还要选择吉日为新生儿剪发浴身，同时用红线穿枣、栗、葱、铜钱系于桃枝上，悬在门框上，以取"逃（桃）脱灾难、早年立身、聪（葱）明多财"之意。在小孩过百日时，要蒸枣馒头100个，谓过"百岁"。周岁的时候，摆放各种物品，令小儿任意抓取，谓之"抓生日"。以后每年过生日都要吃面。

【河南生育食俗】

妇女生孩子是一件很重要的事，饮食极为讲究，禁忌颇多。即将临产的妇女，通常都要多吃些大肉、鸡蛋等滋补身体。孕妇要禁食驴肉、兔肉。民间认为吃驴肉会延长孕期，吃了兔肉将来生下的孩子会是豁嘴。有些地方还会禁食鱼和辣椒。据说吃了鱼肉，生下的孩子身上会长出鱼鳞相（蟒皮）；吃了辣椒，孩子以后会得"烂红眼病"等。

在虞城等地，临产之前，孕妇的母亲要带着米、糖之类的礼物去看望临产的闺女，谓之"送饱米"，其实这是安慰产生恐惧心理的孕妇。如果到了产期尚未生产，孕妇的母亲还要再次去探望。这次去必须要带去一点面条，做熟后让孕妇吃，这称为"催生面"。

婴儿落地后，要煮鸡蛋或荷包蛋给产妇吃。林州市等地农村还要让产妇喝艾水，并且用艾水洗产妇的手心。俗语说这样能够避风寒，健筋骨。南阳等地的产妇要吃米花（爆米花加红糖，加沸水冲后食）。襄城等地的产妇只吃荷包蛋，不吃煮鸡蛋。

荷包蛋放红糖是产妇在"月子"里的主要食物，每天要吃五六顿。刚生产过的产妇，通常还要在荷包蛋里放上一点米酒（用小米加曲发酵而成，也叫黄酒，在妇女怀孕后期就制好的），入口酸甜，略带酒香，能够驱寒活血。产妇未满月，除鸡蛋之外还要吃些稀饭（面疙瘩）、面条等容易消化的食品。农村产妇在月子里禁食肉类和水果（所有树上生长的都在禁食之列），同时还禁食五香调料和烧糊的稀饭。尤其是糊饭、芹菜和花椒，绝对不能吃，民间认为吃了就会回奶。另外，豫北一些地区，如果家里有产妇，一个月之内忌烧干锅，做饭也不得油炸和烹炒，认为若要这样婴儿身上会起泡。如果必须这样做饭时，可以在锅台上放碗凉水，这样就可以"破"了禁忌。

吃喜面的习俗主要流行在河南中部。旧时吃喜面条的范围只限于亲朋好友，而且还是生了男孩才吃，生女孩一般不吃。如今，生男生女都是"大喜"，形成了"一家得子，全村吃面"的风俗。在孩子出生的第三天中午，得子之家即通知全村家家户户（每户派一到二人，多为老年妇女和小孩）去吃喜面条。面条都是手工擀成的，用大锅煮熟后捞出，然后用凉水拔过，浇上臊子（多为萝卜丁、豆腐丁、肉丁掺和熬成）。无论大人小孩，都像在自己家里吃饭一样，自己动手，吃多少捞多少。吃喜面的人进进出出，源源不断，多者可达几百口人。去吃喜面条，手不能空着，通常都会带点红糖或鸡蛋，也有送小孩衣、帽、布料和钱的。

吃喜面条的当天，得子之家需要派人去孩子老娘（姥姥）家里报喜，去时带点油馍和点心一类的东西，当面议定送米面的日期。通常男孩是在第九天、女孩在第十二天，外婆家亲友把小米、白面、鸡蛋、红糖、挂面、衣服、布料、玩具等物放在食盒内抬上或装在篮子中用车推上，热热闹闹地来送米面。得子之家要设宴款待来送米面的客人。

有些人家为了显示出娘家的"实力"，常常借着送米面之机，跟去很多的人。因此，民间有"娶得起媳妇待不起米面客"的俗语。

开封一带生孩子的人家不吃喜面条。而且送米面（或其他贺礼）都在第九天，俗称"做九"。邻居好友要为产妇馈送礼品，但是没有时间规定，只要是在一月之内就可以。主人要为馈送礼品的亲友回敬煮熟的鸡蛋。鸡蛋涂上红颜色，视亲疏远近、礼品厚薄，送6到10个不等，以示喜庆，俗称"红喜蛋"。报喜是在生产的当天，如果是男孩要煮鸡蛋6到8个（必须是双数），鸡蛋染红后在一端涂上黑点，表示"大喜"；若是得女孩，鸡蛋仅染红色，要煮5至7个（必须是单数），表示"小喜"，然后由女婿亲自送往岳父家。"做九"时，岳家送的生鸡蛋，男孩要涂黑点、女孩则无。其余的米、面等贺礼必须要用红纸封裹。得子之家要大宴宾客，热闹一场。

【江苏生育食俗】

在江苏一带，孩子出生后20至30天（也有60天的）之内举行诞生礼。"剃头"是这项活动的中心。亲友都要给孩子送衣料、毛线、服装、玩具等，也有用红纸包钱相贺的，并且都要带上一份茶食糕点以讨口彩，如云片糕（祥云片片）、如意糕（事事如意）、大蜜糕（甜甜蜜蜜）、豆沙馒头（兴隆馒头）。糕点中，除了奶糕是给婴儿的外，其他都是给产妇吃的，所以，购买时，不但要考虑名字好听，还要考虑到有营养、好消化。通常会在上午10时左右，为孩子剃头。剃毕开筵，主要是吃面条。吃面之前要饮酒，菜肴以各色冷盘卤菜和热炒为主。面条主要是双饺面（拌面之菜多用鱼与肉，或鳝与肉、鸭与肉等）。筵席结束后，家人将面条（双饺面2碗）、红蛋（5只，谓五子登科），分送给邻居和亲友。这时孩子要到外祖母家住几天，俗称"移窝"。同时还要准备糕点、面条、红蛋等送给孩子外祖母家的邻居们。

【浙江生育食俗】

妇女怀孕期间和即将分娩时，娘家有送食物给怀孕女儿补养身体的风俗，称为"送过水面"、"送催生饭"等。食物包括糖、麦面、鸡蛋、虾皮、羹等。在舟山，娘家必须要送红糖和干面，为孕妇产后服用，称为"挈糖面"；在宁波，娘家要送金团、肉、鸡等食物至女婿家。凡孕妇想吃之食物，公婆都尽可能设法采购，有"依耳朵"的俗称。在温州，孕妇快要临产的时候，母亲要送肉给女儿。肉约3厘米见方，切得端正、不偏不倚，烧熟送去，叫"快便肉"，民间认为产妇吃了，临产快便。

孕妇禁忌非常多，在饮食方面，如禁吃螃蟹，认为吃了会使胎横难产；禁止动刀切肉和鱼，否则认为会令胎儿皮肤破裂，或者四肢畸形、五官不正。

孩子落地后，要向亲友和四邻分送糖面，表示添丁之喜。亲朋前来贺喜时，吃"长寿面"，意思是祝贺新生儿长命百岁。娘家要送鸡、肉、鸡蛋、长面、红糖、河虾、鲫鱼（食之奶多）等，叫做"送生母羹"或"送贺生担"。亲友也送红糖、鸡蛋、长面等。旧时，有的人家还会专门为生下长子而举行"落地酒"，或叫"生儿酒"。

孩子出生后的 3 天之内，母亲一般还无乳哺育，要为其"开喉"。在温州，要选择潮平时，朝邻居家讨奶吃，称"开喉奶"。生男孩要向生女孩的讨，生女孩的要向生男孩的讨，并且必须是别姓，隐含将来向别姓找配偶。在宁波，为孩子喂奶之前，先喂黄连汤一口，意思是先苦后甜。又把肥肉、状元糕、酒、鱼、糖等分别制成汤，用手指蘸汤涂孩子的嘴上，边涂边念："吃了肉，长得胖；吃了糕，长得高；吃了酒，福禄寿；吃了糖和鱼，往后生活甜蜜又富裕。"在台州一带，开喉要用"川连汤"、"川芎大黄汤"等清凉解毒药，有时要连吃 10 天，时间最长的吃一个月，俗谓"吃得苦，养得大"，其实是为婴儿解除胎毒。

孩子出生后的 3 天，俗叫"三朝"。在温州，会摆"三朝酒"，亦叫"解襁酒"，主要请接生者、赠利市衣者以及临褥时帮忙的人，但都是女客。如果产妇生头胎，其娘家要送礼给婿家，叫"三朝礼"，除了衣物之外，在食物方面，则有彩饼六色和寿桃、红蛋、花生（染红）、福寿糕等，皆取吉利之意。

孩子满月，外婆家要赠送食物、衣饰等，亲戚好友亦送礼相贺，家内祭神祀祖，并且要盛筵招待亲朋，叫"满月酒"。还向四邻分送肉丝炒面。当天，为孩子剃头。在台州，会由祖辈为其烧剃头汤。烧汤时，汤中要放鸡蛋、鸭蛋，这是专门用来酬谢剃头师傅的。面的盖头以肉、蛋、金针菇、豆腐、海带、虾干、鱼干等炒成，盛在碗里，由主人分送给邻居、亲戚。住处较远的亲戚，则要送去未烧的生面、生肉和生蛋。

满月之后，要为孩子开荤。在温州，大人要带婴儿到人多的人家，或做喜事的地方，乞取鱼、肉、鸡、鸭之类开荤，俗称"叨光"。在宁波、余姚等地，孩子开荤要吃鹅头（尝汤），寓意为将来跌跤时，头会像鹅头一样昂起。

孩子满一周岁，称"够周"。在台州，这一天要烧"够周面"，连同猪肉送到外婆家。外婆家接到礼物之后，要制作雪团、包子、米糕等东西回赠，叫做"够周果"。然后再由男家将这些够周果分赠给亲戚、邻居。

【山西生育食俗】

产妇在月子里一般忌食肉和稠食。可是保德县一带，妇女坐月子就能够吃羊肉。

孩子诞生后第三天，姥姥、姑姑都要来道喜。姥姥给马蹄馍一份，姑姑赠礼可

中华人生礼仪食俗

随意。主家招待吃面，俗称"三日面"。孩子诞生 12 天，姥姥要送米面。办满月时，亲朋都要备礼前来贺喜，姥姥家赠的礼物最多，除了婴儿衣物之外，还有斗米、斗面、面片干粮、花馍、鸡蛋、红糖等。

一般亲友要赠送布料、锁、线、白馍等。主家应该设酒席招待。有的人家动辄要摆二三十席，一般人家也要吃较讲究的饭菜，叫做"吃喜"。另外到 39 天、100 天都要庆祝一番。从周岁开始，逐年过生日，一直到 15 岁开锁为止。过生日要吃长寿面条（白面条）。

【陕北生育食俗】

陕北一带，孩子满月，要吃烙馄饨（饺子）。比较娇气的，要请干大（认干亲），要吃八碗或吃糕。直到孩子度过 12 周岁算过关。

【鄂东生育食俗】

在鄂东地区，孩子诞生后的礼仪持续时间很长，内容也很丰富。比较常见的有三朝（又名洗三）、九朝（洗九）、匝月（满月）、百日、周岁等。这些仪式，在武汉、咸宁、鄂州一带都要设宴待客，有的只用鱼、肉做菜肴，有的人家则海鲜杂陈，以显示其对孩子诞生的重视。天门一带，孩子初生之时，亲朋族邻都要送鸡、米、鱼、蛋之类给产妇，称之为"送汤饼"，主人设宴款待来客。

【四川生育食俗】

旧时俗语说："男人望赶场，堂客望坐月。"男人赶场（赶集）可以吃喝一顿，女人只有坐月子的时候才能饱口福。没分家的媳妇，刚一怀孕或还没怀孕，就要早早地孵一抱或两抱小鸡，待到坐月子的时候，小鸡已经长大，既有蛋吃，又有鸡吃。

但是鸡爪子都要留给男人吃，据说如此，待儿子长大也会抓财（挣钱）。产妇娘家的"月礼"，一般是几个猪蹄膀、十几只鸡、几百个鸡蛋，另有糯米、红糖等。由娘家兄弟们挑着，浩浩荡荡而来，寓意着娘家人的深情厚谊，也壮了媳妇的声威。尤其是生了女孩之后，岳父母家怕男方嫌弃自己的女儿，更是要多送一点，"壮声威"的意图也就更加明显。在宜宾一带，谁家添了千金，亲朋中的妇女们齐来帮忙，特制几坛低度酒，称为"女儿酒"，加入香料埋于地下，待这位千金十六七岁后出阁时，取出美酒，专供女宾饮用。女人酿，女人喝，与男人没关系。清代时期，此酒曾为贡品。现在则有女儿酒酒厂，产品非常受妇女喜爱。

产妇在月子里常吃的食品包括清炖蹄膀、墨鱼蒸全鸡、红糖荷包鸡蛋、糯米醪糟等。一日五餐或六餐，出了月子后，产妇大多养得又白又胖，饮食上的禁忌主要有：不吃母猪肉，不吃花椒、辣椒、姜、蒜、葱等刺激性强的食物，不能喝凉水，不能吃生冷，而且还禁用冷水洗涤。如果需要催奶，可以吃葱、团鱼等。以上经验，都具有一定的科学道理。贺生男称为"弄璋之喜"，农村则戏称"看水的"（种水稻看田水）；贺生女称为"弄瓦之喜"，农村戏称"看甑脚水的"（煮饭的）。有摆设"三朝酒"或"满月酒"之礼。贺礼主要是食品和衣物。吃酒系一般规格的席面。也有办置"周岁酒"、生日酒的（如满十），农村较重视，富人家尤为讲究。

【鄂伦春族生育食俗】

鄂伦春族的妇女怀孕后，禁杀正交配的野兽和哺乳期的雌兽，也不能杀孵卵的飞禽。分娩的时候要在离仙人柱（房屋）百步之外另搭个小仙人柱做产房，鄂伦春语是"恩克那力纠哈汗"之意，有的地方称为"雅塔安嘎"。吃饭时，由丈夫或婆母把饭菜装进桦树皮盒里，系在木棍上，从远处伸入产房里让产妇食用。产妇要多吃鲫鱼汤、鲶鱼汤下奶，也有吃猪鞭、鹿鞭等催奶的。在孩子满月后，产妇才能搬回原来的仙人柱里。

【柯尔克孜族生育食俗】

柯尔克孜族在婴儿出生3天后，要请村里一位年纪最大的有知识的老人或宗教人士起名。孩子的父亲向前来表示祝贺的人宣布孩子的名字，并对命名的长者和祝贺者表示谢意，然后摆设命名宴。命名宴上的食品是一种名叫"建贴克塔拉坎"的特制饭食。这种饭的主要原料是用煮熟的去核沙枣，炒熟磨碎的小麦、青稞，加酥油、奶皮、熟肉末搅拌而成，吃起来既酥又香。吃这种饭是祝愿婴儿一生丰衣足食、生活幸福，意思是山上跑的、地上长的、树上结的都将为他（她）所有。

【土家族生育食俗】

妇女生育后的第三天，即派人抱鸡去娘家报信，如果生的是男孩就要抱公鸡，生女孩则要抱母鸡。娘家得信后，将早已经准备好的一担稻、两罐米酒、几十个染红的鸡蛋及诸多婴儿用品，送到婆家。亲戚也要送这种礼，所以这一日，娘家的送礼队伍浩浩荡荡，非常热闹。男方先用红蛋招待，继以酒席。饭后男客辞去，女客留宿。

寿 诞 食 俗

【旧时北京寿诞食俗】

一般人过生日都会吃面条，即所谓的"长寿面"。禁食鸡肉（与"饥"谐音），禁食饺子，觉得吃饺子会"捏寿"。为老年人办寿，大多数也吃面条，亲友多送寿桃。近年来讲究送生日蛋糕。

【山西寿诞食俗】

山西一带，年满60岁（有的地方50岁）的老人，儿女们就开始为其祝寿，会给老人敬献寿桃、寿面、点心等，如今多为寿糕。

【陕西寿诞食俗】

在陕西关中地区，如今老人年过60岁，每逢生辰，都要祝寿。祝寿的客人一般是至亲好友，如外甥、女婿、出嫁的姑娘等。祝寿送的礼品主要是寿桃，用面粉蒸制而成。大的寿桃每个有五六千克，小的也会有250克重。数目是送双不送单，如20、40、60个不等。寿星家要捏一对寿桃，里面有油心，上面捏一个"寿"字。

在陕南地区，年过花甲者，上无父母的人才能大办生日。这一天，儿女们要为老人设宴祝寿。就算是家境困难者，也要准备一桌酒菜，举行拜寿仪式。席桌上必须要有一大碗豆腐菜和一大碗面条，蕴含着"祝老人和宾客们幸福、长寿"之意。

【甘肃寿诞食俗】

在甘肃一带，过生日必吃寿面，面条讲究越长越好。为老人祝寿，除了吃面之外，也讲究以面制寿桃，祝福老人长寿不老。

【胶东寿诞食俗】

胶东民间的寿宴，必须食用老板鱼。这种鱼学名孔鳐，鱼味并不鲜美，可是肉质却较细嫩。沿海人平时不常食，但逢寿诞则必备，这是因为此鱼谐音"老伴"，便有祝夫妻白头到老、永为伴侣之意。

【河南寿诞食俗】

祝寿，是儿女孝敬长辈的一种表达方式。祝寿的方法和送给老人的寿礼也是各式各样的。河南农村，大都将庆寿称为"做生儿"。自古以来，不分贫富之家，在老人寿辰之时，都要庆贺。在民间有"不到花甲不庆寿"之说，也就是60岁以后才能庆寿。每逢庆寿，除自家所有成员聚会祝寿之外，女儿、女婿们都必须用白面做成寿桃、寿鱼前来庆贺。时近中午，女儿和媳妇们就开始忙着和面擀面条。人们都尽量将面和得筋道些。把面切得又细又长，煮熟捞出后，浇上一勺又香又软的臊子，由晚辈双手递给老人。这碗面叫做"长寿面"。接着就是祝酒，儿女子孙们欢声笑语，热闹非凡。

平时祝寿是吃长春面，但是到了66、73、84岁的时候祝寿就不一样了。"六十六，娘吃闺女一块肉"。在母亲66岁的生日的时候，出嫁闺女给母亲的寿礼，是一块肉。这块肉寓意着女儿是娘身上掉下来的一块肉，趁着六六大顺之年，女儿前来报答母亲养育之恩，偿还母亲一块肉。买这块肉时，一不能与卖肉的讨价还价，二是要一刀下来，有多少是多少，不添不去，不可以计较斤两，以表示孝敬母亲的诚意。卖肉的也都知道本地的风俗，只要听说是为母亲割寿肉的，便主动挑选一块最好的，一刀割下来一大块，上秤称了，哈哈一笑放到姑娘的篮子里，再多你也不能说不要。这个习俗是如何兴起来的呢？据说过去有一位孝顺的姑娘嫁到了远方，多年没见母亲的面。母亲66岁生日这天，姑娘特意割了一块肉赶回娘家。大家看到她这么远还带来一块肉给母亲祝寿，都夸她真是娘身上掉下来的肉，知道心疼自己的娘。远村近邻出嫁的姑娘们知道了这件事，也都争相效仿。"吃到闺女一块肉，能活到百岁庆大寿。"当母亲的也都为能够吃到闺女的一块肉而感到荣耀。

"七十三、八十四，阎王不叫自己去。"据说老人到了这两个年龄，也就是到了"难关"，是不祥之年。所以，河南的很多老年人到了73或84岁就忌讳，故意将73岁说为74岁；将84岁说成85岁，意即闯过了难关。做儿女的应该帮助老人渡过难关，趁父母生日时，买条鲤鱼，让老人吃了。因为鲤鱼善"蹿"，这一蹿，老人就算过了难关，太平无事了。其他生日祝寿中的"面鱼"也有这种含义。

【江苏寿诞食俗】

吴地习俗到50岁才开始做寿，逢五称小生日，逢十称大生日，主要做九不做十（如49岁做50岁寿）。"寿星"接受晚辈的鞠躬（旧俗磕头）和祝愿。亲友晚辈要送来糯米粉制的寿桃、寿糕、寿面等。寿糕的形状为两头大、中间小（称为定胜糕）。

寿桃、寿糕都是淡红色，以渲染热烈气氛，数目必须要成双成对，并与寿星的年龄相符，只可以多，不能少。送来的寿桃、寿糕不要全数收下，要留下一定数量（也要成双），俗称"留福"。

寿筵的主食也是面条，酒席有冷盘、炒菜，面条也是双饺面，可是面条上还要加两只带须的大虾。寿筵结束后，由晚辈把面条两碗及寿桃、寿糕两对（也可多送，但必须是双数）分送给邻里和亲友，俗称"散福"。

苏北地区，老年人做寿时，女儿要为父亲购买寿桃、寿面、寿糕。寿糕要在食品店定做，大都是用小鸡蛋糕堆成宝塔状，并用红绳捆扎。逢父亲60大寿或65岁寿日，出嫁的姑娘均要购两条活鲤鱼为父亲添寿。寿宴请客分为"中面、晚酒"，也就是中午吃寿面，晚上饮酒聚餐。也分发"寿桃"和"寿碗"。

【浙江寿诞食俗】

在金华，生日分大小。每年一次是小生日，一般是吃面和蛋，叫"寿面"、"生日面"。旧时用土法制成的素面，长达七八尺，烧时不能切断，象征圆满长寿。逢十为大生日。50岁以上老人，做寿比较隆重。每逢寿辰，都要摆设寿堂，亲友都会送礼并前来祝贺。在寿日前一天，亲友到达，晚宴要设十大碗或吃寿面，叫"暖

人间有味是清欢——饮食卷

寿"。同时，给左邻右舍每户送两碗长寿面。

在绍兴一带，老年人到50岁、60岁、70岁、80岁，一般由其儿孙在其寿诞之日祀神祭祖，办寿酒。临近寿诞日，要由儿孙出面邀请亲朋好友来喝酒。来人要送寿礼，其中必须要有"寿桃"（一般是用麦粉做成桃形大小的馒头）。主人要办酒席宴请宾客，街坊邻里大都也可分到寿面或寿桃。

温州地区，每逢家中长幼的生日，一般都吃切面，曰"长寿面"。如果是长辈生日，女婿、外甥则要馈送面和鱼肉，剪红纸放在礼物上，称为送"生日面"。如果逢十周岁的生日，亲友也要买面和鱼肉送礼，称"祝十"。

祝寿要送寿礼，一般亲戚会馈赠礼物，或者送醵钱制锦屏；外甥和女婿则要送厚礼；女婿除了送鱼、肉、鸡、鸭之外，必须送福寿糕、寿桃、红烛、切面。

其中米制的寿桃要根据年龄送，如60岁送60个。有的大寿桃每个2千克重，扁桃则每对2千克重。送寿桃时，要放在寿桃架上，约两米高，用鼓吹旌旗伴送。岳家给女婿家的回盘是扁桃和面，而且还有拜见钱。

宁波、舟山一带，老人到了66岁那年，女儿要烧66块猪肉（如果父母吃素，可用烤麸代替）、糯米饭一碗和葱一根，从窗槛递进去，请父亲或母亲食用，以祝健康长寿。

【赣南寿诞食俗】

过去赣南人过50才能做寿，每逢十年为一大庆。寿辰前夕，家人要恭恭敬敬地献上美酒，俗称"暖寿"。第二天是寿诞正日，客人前来祝贺，一般要设酒宴款待，宴请一连三餐。如今，因为接连宴请费时破财，所以多改为只宴请一餐了。

【四川寿诞食俗】

老人满50岁后有祝寿活动，称为办生或办生期酒；60岁，要大办花甲酒。酒席为一般规格的酒席，过去上大寿桃，现在多用生日蛋糕。有的地方寿辰时会吃乌龟，取乌龟长寿之意。有的寿宴是主人出资筹办的，亲朋来贺；寿高者或地位高者，还会有人出面集资替办。

【福建寿诞食俗】

福建人做寿，习惯上有两种限制：其一是年满50（或60）却依然没有第三代或未见三代男孙，认为是一大缺憾，不能祝寿；其二是父母或祖父母仍健在，遵照"亲在不敢言寿"的古训，也不可以做寿，如果要做，其规模不能超过长辈。

做寿礼仪有在诞辰之日举行的，也有安排在年底或春节期间的。闽东地区春节时祝寿的居多，晋江、泉州、湄洲湾一带特别流行正月初三做寿，闽西人的寿庆一般放在生日前数日进行，忌讳推后。

做寿前夕，寿家要提前知会亲友，令其皆来祝贺。亲友们都要馈以贺礼，如寿联、寿幛、寿轴、寿桃、寿烛、鞭炮、衣料、鞋袜、鸡蛋、猪腿、猪肉、线面等，俗称"送寿"或"送十"。

寿联主要是在"寿"字上做文章，如"颐性养寿，屡获嘉祥"、"仁慈殷实、获寿保年"、"晚年逢盛世，青松迎舞鹤"等。寿幛就是题有吉语贺词的大幅布帛或绸缎被面，以金色或红色为主。寿轴多为"松鹤图"、"百寿图"、"福禄寿三星图"。

寿桃是用米面制成的，取蟠桃"延年益寿"、"长命百岁"之意。寿烛就是专供祝寿用的红色蜡烛，要比一般的蜡烛粗大许多，重约斤把、甚至三五斤，蜡面印有金色"寿"字或"福如东海"、"寿比南山"等吉祥语句。送寿礼品必须是双数，以示"好事成双"，如一副寿联、一对寿烛、一套衣服（或相当的布料），甚至连猪腿的重量也不能是单数的。礼品全部都要贴上红纸或染成红色，表示吉庆，俗谚"见红大吉"。福州有些乡村，普通贺客多送线面若干，带一鸭蛋；如果寿庆者配偶健在，则要带两个蛋。在莆田，如果是女性过寿，贺礼中常有花粉一物。在漳平，所送寿桃的数目，必须要超过寿翁、寿婆的年龄数，取"添福寿"之意。在古田，50 至 80 岁的 4 次寿庆，亲友全都要送"猪蹄"、"寿面"，90 岁要送"猪头"，百岁则要送"全猪"。

庆寿送礼，视亲疏关系而别。一般来说，女婿（包括女儿）向岳父母祝寿，所送礼品要最多。在福安，女儿、女婿不但要与其他亲友一样送布料、鞋袜、毛巾、寿联等，而且必须要送猪脚（其他亲友有无皆可）。莆田、仙游等地，亲朋好友要准备蜡烛、寿面、寿蛋、衣料之类的礼物，然后用红篮子装着，提去祝寿；女儿、女婿必须要准备寿桃、寿龟、寿面、猪脚、寿联、衣料、蜡烛、蛋等，用红盘、红布袋盛装，挑去祝寿。

在武平地区，一般亲友要送蛋、鸡、酒、寿面、寿联等，女婿家必须加衣料、

人间有味是清欢——饮食卷

鞋帽等。在泰宁，亲友赠送寿联、布料、面条、猪肉等，女儿、女婿则一定要送糕、面条或粉干、酒、鸡、猪腿、鞋袜、衣着、蜡烛等。在惠安，女儿、女婿送的贺寿礼要有线面、猪脚、衣服、寿烛、寿幛等，一般的亲友可以酌情从简。女婿平时少与岳家往来，可是岳父母做寿之日必须要到。在漳平，朋友送寿幛、烛和鞭炮，亲戚要加送寿桃或寿龟以及冰糖、线面，女婿除了上列诸物之外，还要奉上衣帽、鞋袜全套穿戴和一只鸡。

主人收受礼物也有一套规矩，一般不能全收，而且要回礼答谢。在仙游，主人收亲友所送的蜡烛、寿蛋、寿面各一半，衣料则不收，另外应回敬红团白糕、柑橘、糖果等；对女儿、女婿送来的贺礼，要收衣料和其他部分东西，也要予以回礼。在长乐，女儿、女婿送来的"十色"礼品，寿者只能各收一部分，然后再回馈寿饼。在霞浦，亲友的送寿礼包括猪肉、布料、鞭炮、寿烛、寿联等，主家一般只收后面三种，并以钱、橘回谢。在漳平，凡送寿桃的统统要折款回付；其他物品，女婿送的可以全都收下，亲友送的布料不能收，母舅送的要全部奉还。

寿庆之时，主家宅内要悬灯结彩，寿堂装饰一新。正厅头用红幛为底张贴一金色"寿"字或寿星图，两旁高挂着亲友们送来的寿联、寿幛、寿轴，下设香案，上燃寿烛，或者摆以寿桃、寿面、寿饼等（均应叠成塔形）。一般是子孙有几人，寿堂中就要点燃几对寿烛，表示子孙满堂。在连城，寿堂中的神桌、几案前至屋檐还要铺松毛（松叶），寓意松柏长寿。

做寿的当天早晨或前一天，寿家要用三牲、酒肴、果品、寿桃等，摆在寿堂或厅口的供桌上，点烛焚香，烧纸鸣炮，儿孙辈跪拜叩头，祭祀祖先、天地等神明，谢其恩泽和赐福，祈求长命富贵、保佑后代。永定人称之"酬神"。沙县的祭神活动大都是在诞辰前一天的申刻举行。尤溪人祭神完毕，取供品中的鸡肉、猪肉和面条装一大盆，端给寿者吃，并且要由内亲为之添酒，祝其延年益寿，称"添寿"。少数地方，寿家会请道士或僧人设坛做法，诵读"寿经"。

祭神活动结束以后，在寿堂正中摆放一张椅子，请寿翁或寿婆上坐（配偶健在者，则双双上坐），接受子孙、亲友的拜贺，称之"拜寿"。子孙和亲族晚辈行以叩拜礼，一跪三叩头或三跪九叩头，子孙中已经结婚者，必须夫妻成双作对叩拜。至于其他戚友，寿者多拘礼谦让，不敢受拜，执意要拜的，亦只好请其向"寿"字、百寿图或空椅拜拜，而且要有寿者子孙在旁边陪着施礼。作为回礼，寿者一定要给每个拜寿人分赠红包，通称"百岁包"，在闽东一带叫做"膝头钱"。在永定，拜寿时，子孙和亲友都只是向堂中的"寿"字、寿星图或空椅跪拜，寿者本人不受拜。当地人认为，只有死去的人才能受活人之拜，而活人受活人跪拜是不吉利的。

拜寿时间大多是在寿庆日早晨，民间认为上午属阳，朝曦初露，又是阳中之阳，讨得吉祥。可是闽西一带，也有人在前一日夜间拜寿。在福安坂中，拜寿仪式是在寿宴临近尾声时举行。

寿宴是祝寿的主要一环，主家一般在寿庆日中午或晚上摆设宴席，款待贺客来宾。宴席上自然少不了线面（俗称"长寿面"），意在祝愿寿翁（寿婆）寿命绵长。与婚宴中母舅坐首席有所不同，寿宴的寿翁寿婆要坐在首桌首位。在周宁，因女婿贺礼最丰厚，所以寿宴上座次也最高。在上杭，寿诞当天的早上和前一天晚间，都要置办寿宴。在清流，寿诞前一天晚上设筵宴客，称为"暖寿"；寿诞正日再大摆寿宴。在沙县，前一日设宴招待来宾，称为"吃寿面"；翌日寿辰，正式宴宾。在宁德，正月初一办寿酒，专门供族人享用，叫"初一饭"；此后于正月内择一日重办寿酒，专请戚友，叫"办寿酒"。

畲族人家家境比较富裕的，通常在 50 岁做寿，谓"做生日"，从 50 岁起每逢 60 岁、70 岁、80 岁等整寿时做生日。50 岁寿庆的时候，亲朋好友送寿礼可以简单一点，一般有鞋、帽、袜和衣衫等。60 岁寿诞比较隆重，出嫁的女儿要赠送寿被、红裙等，其他亲戚要送猪肉、寿面等寿礼，以示祝贺。畲族人做生日的时间，基本都不在自己诞辰的那一天，而是在正月初二、初三、初四、初五这四天。

丧 葬 食 俗

【旧时北京丧葬食俗】

旧时，人死后在灵前均要供奉奶油饽饽和干鲜果品。奶油饽饽一层层码上去，多的时候可达数百枚。灵前要供上香的瓦盆，在出殡的时候要由儿子摔瓦盆，摔得越响越碎越好。灵前还有一罐（瓶），出殡时把各种吃食尽量装进去，由主妇抱着葬于棺前，算是送给死者的食粮。20 世纪 50 年代之后，这种习俗逐渐消失。

【辽东满族丧葬食俗】

1. 丧葬宴席

旧时满族人办丧事，都要在院内搭大棚，安排厨房，租赁家具，并讲究家具数目。上等人家，讲究办燕菜席、鱼翅席；中等人家，大多置办海参席、鸡鸭席；普通人家，多为"六六席"、"八八席"等。有酒的叫做"酒席"，有果子的叫做"果子席"。果子席上有干果子、鲜果子、蜜饯果品及熘菜和饽饽等。丧事宴席，不能用烧烤或白煮方法制作菜肴，这是因为此类菜被认为是生子办满月时用的。

2. 蒸食（定食）

是用江米面捏制而成的若干个小人，摆在灵桌上，即为"食"。所捏小人，有八仙，有古戏人，文官冠袍带履，武将顶盔掼甲，色泽鲜艳。江米面人制成以后要蒸熟。

3. 供饭

给亡人的供饭也称"朝夕奠"。死者的孝子（长子）跪倒在灵桌前，丧家其他人则跪在孝子之后。孝子一手高举铜盘，盘中垫一块白布，铜盘中摆着茶。孝子双手向前方一举，茶房遂将茶端出，供奉在灵前。然后，茶房又将做好的肴馔依次置于铜盘中，孝子依次举盘，再逐一供在灵桌上。供毕，孝子等人一同磕头举哀，吹鼓手奏丧调。

4. 喝汤

办丧事必须请和尚放焰口。和尚放完焰口，丧家要请他们吃一顿饭，俗称"喝汤"。这顿饭有各种各样的菜肴和饽饽，可是均为素食。一般准备两三桌左右。和尚们落座后，茶房请丧家拜见和尚，并行磕头之礼。

5. 烧饭

烧饭是满族古老的风俗，女真时期已有之。《北盟会编》中有记载："所有祭祀之物尽焚之，谓之'烧饭'。"祭祀之物中包括食品、衣服、用具等，经过焚烧表示是送给死者在阴间使用的。清太宗皇太极在位时，因为当时殡葬之俗越来越奢华，所以他曾经说："凡吃穿不过阳间所用之物，死后至阴间所用的，亦阴间之物，烧煅彼能得之耶？若果得之，烧煅之物阴间用尽后，可常继乎？不过无益之费耳。"这反映出皇太极是不提倡这种风俗的。后来"烧饭"风俗逐渐改变，只是将死者衣服放在灵柩下，焚烧之物也只是枕头中的荞麦皮、谷物及纸制的祭奠品（车马人，与汉族相同，不同的是满族要求车马人面北）。

6. 供饽饽桌子

出殡之前，丧家要供饽饽桌子，这是给死者准备的食物。饽饽包括花糕、七星饼子等，桌子是红漆的，高宽大约70厘米，长100厘米。桌上摆的饽饽以节来计算，都取单数，如3节、5节、11节，最多的是13节。最一般的是三节，俗称"官三节"。供桌上还要供鲜果、鲜花或纸花。供桌与饽饽都是由饽饽铺子备办。饽饽的盛具上，通常写有"满筵"二字。丧家出殡以后，饽饽铺会来人把供桌与盛具拿走，将饽饽给丧家留下。当时租饽饽桌子的价钱非常昂贵，只有富人才租得起。

7. 祭席

给亡者摆供的饭菜，称为"祭席"。祭席分为丧家自备和亲友所送的两种。亲友送的，有席票，也有实物。送实物的亲友，要在灵前上祭行礼，吹鼓手此刻要吹打哀调，祭席一般由茶房来摆。亲友送的祭席，大多由市肆酒楼饭店备办。有的还用素席，用冬瓜、茄子、豆制品、萝卜等为原材料，制作出鸡、鸭、鱼、肉等形状。亲友上完祭席后，要给茶房和吹鼓手打赏。

上述丧葬礼仪食俗，在清代比较盛行，民国时发生了很大的变化。现在这些食俗基本上已经都不复存在。

【旧时济南丧葬食俗】

济南旧俗，在老人死后第三天，丧家要用瓦罐盛米汤赴土地庙，呼唤亲人并遍洒米汤，称为"送三"。出殡日，全家及亲友食用丧葬饭。在鲁北平原，这天晚上必备八碗菜，并且会用祭礼上的菜品烩锅待客。所以此地的"八大碗"就是丧宴的

人间有味是清欢——饮食卷

代称，在喜庆场合是绝对禁说的。

【胶东丧葬食俗】

胶东地区，在人亡当日，必须快速报知亲属。入殓、守灵、报庙皆如鲁中。出殡下葬之后，亲属都急忙低头抢着回家，称为"抢福"。随后进餐，要吃白面馒馒、白米饭。

【河北丧葬食俗】

河北一带，祭奠死人用的馍馍称为"食团儿"，呈圆球形，一盘放一个，每桌共用 16 个，供毕，本家留下一半，俗称"折礼"、"折供"。

灵床前放着一只罐子，俗称"仙食罐子"，每顿吃饭的时候，孝子、孝妇都要挑些死者生前爱吃的食品放到罐里，以示孝心。在出殡时带到坟上，埋入墓坑内。

发丧（又称出殡、送葬）归来，必须给送殡人和小孩子们散发馒头块儿，并要吃掉，大意是吃了晚上不害怕，夜里睡觉不咬牙。

上供的食品是用饺子，讲究"神三鬼四"，所谓的"神三鬼四"讲的是给神上供用三碗，每碗盛三个；给祖先、逝者上供用四碗，每碗四个。只有灶王爷最不受尊敬，上供时只上一碗，而且碗里只盛一个饺子。

旧时，没有子女继承家业的人家俗称"绝户"（亦称"绝户头"）。如果某人无亲生儿女，无过继儿孙或上门女婿，也无亲戚来继承财产，那么，在他死后乡邻们就会聚议变卖其财产，大家动手发丧。然后用剩余的财帛，摆席宴请每一个为发丧出了力的人。

【河南丧葬食俗】

河南民间有"老人入土为安"之说，所以也称之为"喜"。人死以后，丧家很讲究挖墓坑的土工们的饮食，农村有"半晌一小饮，开饭头把勺"的规矩。林州地区，在墓道挖成时，女儿、儿媳要身穿重孝，携带着炊具来到墓地给土工们烙饼吃。下葬那天，亲朋好友前往奔丧，左邻右舍也要送葬。

中午，丧家要摆设丧宴招待客人和前来帮忙的人们。丧宴一般没有婚宴丰盛，气氛肃穆。尽管也备有酒，可一般都是"闷喝"，从不猜拳行令。大部分人家，除下酒的四荤四素菜之外，都是把肉、白菜、粉条等放在一起，用大锅煮了，一碗一碗端上，每人一碗。只要每桌坐够 8 人就上菜，吃完就走，这叫"流水席"。馍通常是烙馍或蒸馍，也有蒸花糕的。吃饭的时候，孝子由一位长辈领着，向众人逐一叩头谢恩，这时，客人要放下筷子，双手把孝子扶起。

过去的流水席，是富豪之家为了炫耀富贵、装潢门面而特设的。丧事期间，无论认识与否，只要坐够 8 人就端上酒菜，此去彼来，络绎不绝。

老人去世后，以三周年和十周年为大祭之日，届时丧家通常都会设比较丰盛的宴席款待客人，同时要在死者神位或遗像前摆设供案（一般供有花馍、瓜果、点心、烟、酒等），燃香焚纸钱祭奠。

【江苏丧葬食俗】

江苏一带祭礼，是从死者去世第一天直到五七（35 天）才算结束。现在多为 3 天。由亲属守灵，饭菜以素为主，夜宵多为面条。如今在结束丧葬事后要吃"离事饭"，意为"分离的事情"，又取谐音"利事"，主要是素食，偶尔有肉。如果去世者为古稀老人，丧事则要当成喜事来办，菜的数量不限，不过，菜数必须是单数。

亲友离席的时候，要送馒头和云片糕，叫做"离（利）事馒头"、"离事糕"，数量不限，但也必须是单数。吃"离事饭"有个规矩，就是不能邀请，要由亲友自己去；食毕离席时，也不可以向事主道谢和告别。"离事饭"吃过后，晚辈每天以水果、糕点、蜜饯等供亡灵，有的会一直供到"五七"。过去，"五七"会夜请道士和尚做道场，晚饭、夜宵皆吃素斋。

【南昌丧葬食俗】

江西南昌民间办理丧事，会依照死者的年龄、辈分情况而有所区别。60 岁之内丧者为"短寿"，超之则为"长寿"。给长辈办丧事非常铺张，要设灵堂，两侧摆放魂帛莫帐，灵桌上放着死者遗像及生前喜食的脯醢酒果。一般要设几桌甚至上百桌酒席。在出殡的前一天，以鸡豚酒醴祭奠。奠祀分早奠、午奠和晚奠。下葬之前，要请"八仙"（扛灵柩的八个人）喝酒，必须用特大的全鸡、全鱼、蹄花犒劳。回灵之后，用草扎火把，在墓旁烧 3 天，俗称"送火三日"，继而摆酒馔祭墓，叫"关山"。

【山西丧葬食俗】

老年人从过世到埋葬的程序，山西各地基本相同，分为停尸、报丧、入殓、奠灵、出殡、服三等仪式。在五寨县，讲究的人家从死人之日起开始禁荤，称为"敬孝把斋"。

在平鲁县一带，亡人入殓之后，棺前要设灵桌，摆放"倒头"捞饭、祭鬼馍馍、照世灯等祭物。保德、河曲一带，在出殡这天早饭要吃得格外早，多以红粥、油糕、面条为主。饭后举行祭奠活动。祭品有用 17 个馒头（每个约用 0.5 千克白面）的，也有用九个点心、猪、羊等。应县的祭品则是 120 个白面馍为一架，还有送半架的，外加猪头、面鱼等食品。宁武县一带的祭品有大祭、小祭。大祭要用 12 个马蹄馍及猪、羊、鸡三牲，小祭则要准备 2.5 千克白面制成的 12 个馍。五寨县在开吊之日要放出冲天纸一串，在引魂幡上悬挂着苦命饼、打猪馍，据说是供亡者路上食用的。有些地方送纸扎（烧化为死者准备的纸车、纸马、家奴等），要准备红豆稀饭（用红豆、菜豆、红高粱、蚕豆、软米、小米煮制而成），在天亮之前要让孝子提着一罐红汤从家门一直洒到坟地，天明时分开早斋，喝红豆稀饭，上四素菜（由豆芽、白菜、豆腐、黄瓜、粉皮、青椒、葱花等制成），主食一般是软米油糕。

宁武县地区，出殡之前要设宴招待参加祭奠的亲友，吃素席。有的地方在下葬后第二天早晨，孝子携带柴、炭、熟食来到墓地吃饭祭祀，意思是结庐守孝，迷信说法是给死者安锅。应县一带在服三（出殡次日）孝子们一齐吃爬山糕，然后在坟上给死者安灶，以砖垒一个象征性的灶门，下埋砂锅等。过三周年的时候要吃圆糕（不论馅是什么，糕要捏成圆形）。20 世纪 50 年代后，葬礼由繁就简，几乎废除了迷信色彩，甚至不穿白、不吃席，开完追悼会后便下葬。

【甘肃丧葬食俗】

甘肃中部地区祭奠亡灵的时候一般要做麻腐包子。这种包子的具体制作方法是：首先要把麻籽晒干簸净，磨成黏块状，在温锅中轧出油，然后加入适量的清水，用细箩过滤，锅中留下奶状腐汁；把腐汁逐渐加温，起泡时用凉水"点"一下，麻腐就会自然成块浮在水面上，捞出后加入葱花、盐、花椒粉和原轧出的麻油，拌和成馅，然后再用面团包成包子。麻腐包子最好趁热食用，味道清香，油而不腻。

甘肃河西地区，一般老人去世，亲友要送 10 到 20 个"碗壳篓"（"大供养"馍馍），要么送 15 个"桃儿"，要么送一盘"祭花"；有血缘关系的亲戚会送"看碗"馍馍；而女婿则要送 20 个馍馍，其中必须要有 4 个"花供养"。花供养也称为"祭供养"，是在"大供养"的表面，将玉米粒、面蛋、杏仁、刨花、萝卜片等制作成各种花草飞虫，并绘上各种颜色。

【土族丧葬食俗】

土族丧葬仪式比较隆重，饮食也很丰盛。人过世后的当天晚上，请家族家长商议治丧事宜。第二天由一位丧官前往亡者的舅家报丧（已嫁妇女则要向娘家报丧）；舅家会对亡人的丧礼提出具体要求，这些要求一般情况下都必须照办。

在丧礼上要请三四个喇嘛念三五天经，还要请村中的老年人念"嘛呢"。送葬的前一天，亲朋好友会来给亡人烧纸、吊唁、献馒头（互助县是 12 个，民和县是 10 个）。女婿、外甥等晚辈亲属，除了献馒头之外，还要献油煎饼 12 张，茯茶一包、哈达一条。丧主家，要用油条、油包子、米饭、酥油炒面等较丰盛的茶饭来招待亲友。在亲友临走时，还要送两个馒头，谓之"回盘"。经济条件好些的，还要回送一块茯茶（250 克至 500 克）、白布一块及钱若干，回给已经出嫁的姑娘每个人一块衣料。

土族大多数都实行火葬（民和县三川地区实行土葬，夭折的小孩、产妇和无子女的亡人才火葬）。人亡后要用白布条缚成蹲坐状，上穿斗篷"布日拉"，下围布裙（老人用黄布，年轻人用白布），入殓在木制灵轿之内。老年人的灵轿做得如同小庙，有雕刻的悬梁吊柱及花卉图案等，修饰得十分华丽。火化之前会烧纸和奠茶。亡者面西放入火炉之内，灵轿也要投入炉内。此时喇嘛在场念经，并向亡者身上撒下五色粮食，浇酥油汁。丧官代表丧主给前来参加葬礼的每个人散点零钱，并且邀请他们到家中喝茶、吃饭。火化之后第三天，由长子开始，执木筷拣些骨灰放入骨灰盒或瓷坛内，裹以红布，待来年葬入祖坟之内，也讲究夫妇合葬，子孙要服丧 49 天，穿素服。服丧期间春节不能贴春联和钱马，不能走亲访友。

【侗族丧葬食俗】

侗家有人过世，在下葬前，不忘给死者手中捏一团糯饭，供死者"返回故地"时在途中"食用"。黎平、从江、榕江一带的侗族老人去世，家族人全都要回避，所有的后事均由娘舅家的亲戚办理。在亡人尚未入土前，家族中的晚辈忌荤，可是鱼不在此例。老人们日常中就会贮备腌鱼，留待去世后待客。老人去世后，必须准备一尾大的酸草鱼供奉在灵前，谓之"陪头酸奠"。为老人挖墓穴的亲友，要在墓地吃顿饭，而且要用酸草鱼敬神，称"坟地酸礼"。丧事结束后，晚上举行丧宴，料理丧事的亲友全都入席就餐，孝子也可以吃荤食。饭后，娘舅亲返家时，要送他们一份猪腿肉。如果双方有适龄男女，则必须要从猪腿上割下一小片肉，表示"留亲"，即今后姻亲不断。下葬后的第三天，亲朋来到新坟举行祭奠，祭品仍是酸制品，所以也称"三餐酸奠"。

【赫哲族丧葬食俗】

赫哲人信仰神灵，认为人的灵魂永远不死。在死者"出魂"的晚上，亲友们要向死者的灵魂献佳肴，敬酒告别。人去世了，乡邻亲友都来吊唁，劝慰死者的家属，主人办置酒席招待客人。

送完葬以后，要请帮助送葬的人吃喝，首先要由死者的子女向帮忙的人敬酒，以示谢意，然后帮忙的人吃喝到深夜，尽兴而散。

【鄂伦春族丧葬食俗】

鄂伦春人去世后，在当天和第二天要向死者供祭两次。祭品包括"倒头饭"、"浆水饭"和肉类食品，同时要敬酒叩头。参加吊唁的亲友都要带来酒、肉等供品。送葬结束回村后，主人家要准备酒肉招待亲友。

鄂伦春人非常重视周年纪念，3年之内都要举办周年供祭。最隆重的是头周年祭，亲友们都要带祭品来到死者墓地进行祭奠。祭祀时，主祭人要先向火神敬几滴酒，剩下的要一饮而尽，然后带着家属向亲友逐一敬酒，继而众人围坐在篝火旁饮宴。吃喝完毕，死者的儿女脱去孝服，气氛转为活跃，可以随意谈笑。吃剩下的肉，每人一份带回家中享用。

【塔吉克族丧葬食俗】

　　塔吉克族的丧葬仪式庄严肃穆。人去世后，家属迅即通知远近亲人。左邻右舍给死者家属送来牛羊肉和牛奶等食品，帮助接待来客。丧家 3 天之内不能动烟火，饮食全都由亲邻供给。

中华饮食礼仪

食礼概述

【食礼组成】

"食礼"主要包括饮食礼仪、饮食礼制、饮食礼义、饮食礼俗、饮食礼貌、饮食礼节等。其中，饮食礼仪是人们在饮食活动中应该遵从的社会规范与道德规范；饮食礼制是被国家礼法所认可的饮食典章制度和重要经籍；饮食礼义是筵席上为表达某种敬意而隆重举办的各种仪式；饮食礼俗是和礼仪、礼制、礼义相关而且在民间流传已久的饮食习惯；饮食礼貌是餐饮活动中表达敬意与友情的日常行为规范；饮食礼节是饮食礼仪的节度和饮食礼貌的综合评价。总的来说，作为"礼"的一个重要组成部分，食礼在是饮膳宴筵方面的社会规范和典章制度，餐饮活动过程中的文明教养与交际准则，赴宴人和东道主的仪表、风度、神态、气质的生动体现。

【食礼分类】

食礼的涵盖面非常广，可依照多种方法进行分类。如根据时代来划分，包括原始社会食礼、奴隶社会食礼、封建社会食礼、资本主义社会食礼和社会主义社会食礼；根据民族划分，分为汉族食礼和少数民族食礼；根据社会阶层划分，有宫廷皇家食礼、官府缙绅食礼、军营将士食礼、学院士子食礼、市场商贾食礼、行帮工匠食礼、城镇居民食礼和乡村农夫食礼；根据地域来划分，包括东北地区食礼、华北地区食礼、西北地区食礼、华东地区食礼、中南地区食礼和西南地区食礼；根据用途来划分，包括祭神祀祖食礼、重教尊师食礼、敬贤养老食礼、生寿婚丧食礼、贺年馈节食礼、接风饯行食礼、诗文欢会食礼以及社交游乐食礼、百业帮会食礼和民间应酬食礼等，形式和内容丰富多彩。上自帝王将相，下至黎民百姓，无不与之存在广泛的联系，无不倚靠它进行社会交际。

【食礼起源】

从古至今，中国一直是"礼仪之邦"、"食礼之国"，懂礼、习礼、守礼、重礼的历史，源远流长。据《礼记·礼运》中的记述："夫礼之初，始诸饮食。"而最早出现的食礼，又与远古的祭神仪式有直接关系。对此，《礼记·礼运》又有一段概括性的记载，其意思是：原始社会的先民，将黍米和猪肉块放在烧石上烤炙而献食，然后在地上凿坑当做酒樽用手掬捧而献饮，而且还用茅草扎成长槌敲击土鼓，以此来表达对鬼神的敬畏和祭奠。后来食礼由人与神鬼的沟通扩展出人与人的交际，以便调节越来越复杂的社会关系，逐渐形成了吉礼、凶礼、军礼、宾礼、嘉礼等"先秦五礼"，为古代饮食礼制打下了基础。

【食礼的发展演变】

食礼诞生之后，为了能够使它更好地发挥"经国家、定社稷、序人民、利后嗣"的作用，周公首先对其神学观念加以修正，提出"明德"、"敬德"的观点，经过"制礼作乐"对王室和诸侯的礼宴作出了很多具体的规定。后来，儒家学派的三大宗师——孔子、孟子、荀子，又继续对食礼加以规范，补充了仁、义、礼、法等内涵，把其拓展成人与人之间的伦理关系，"以礼定分"，消除灾患。而且他们的学生也对先师的理论加以阐述、充实，最后形成《周礼》、《仪礼》、《礼记》三部经典著作，使之成为几千年来封建宗法制度的核心与灵魂。因为注重"人无礼不生、事无礼不成、国无礼则不宁"，食礼与其他的礼，便成为了奴隶社会与封建社会贵族等级制度的社会规范和道德规范，是维系压迫、剥削制度的思想工具。但是，古代食礼中也有一部分积极健康的内容，即人与人之间的行为准则和筵席、餐饮上的礼尚往来。在长时间的流传过程中，它们被广大劳动人民群众所接受，逐渐演变成各种合理的饮食礼仪与礼俗，成为中华民族杰出的文化传统之一。

先秦时期的饮食礼仪

先秦时代作为贵族社会，对礼仪是非常注重的，在进食方面也不例外。在《论语·乡党》中记载孔子在对待饮食的态度时有："食不厌精，脍不厌细。食饐而餲，鱼馁而肉败，不食。色恶，不食。臭恶，不食。失饪，不食。不时，不食。割不正，不食。不得其酱，不食。肉虽多，不使胜食气。惟酒无量，不及乱。沽酒市脯不食。不撤姜食。不多食。祭于公，不宿肉。祭肉不出三日。出三日，不食之矣。食不语，寝不言。虽蔬食菜羹，瓜祭，必齐如也……席不正，不坐……君赐食，必正席先尝之；君赐腥，必熟而荐之；君赐生，必畜之。侍食于君，君祭，先饭。"孔子作为一个"列于大夫"的热衷于礼制发展的人，对饮宴之礼的重视可见一斑。

郑玄在《周礼·天官·膳夫》注中有云："礼，饮食必祭，示有所先。"皇侃疏的《论语·乡党》亦有："祭，谓食之先也。夫礼食，必先取食种种，出片子置俎豆边，名谓祭。祭者，报昔初造此食者也。"前引《论语·乡党》中孔子"侍食于君，君祭，先饭"，就是实例。在当时一共有九祭：命祭，就是由祝史命之，然后祭；衍祭，就是用酒洒地；炮祭，即祭豆、笾；周祭，即遍祭，既祭食物，也祭食器；振祭，先以肺、菹等蘸于醢中，继而振动；搞祭，即以肝、肺、菹等摇于盐或醢而祭之；绝祭，就是割取肺的一部分以祭；缭祭，用手从上到下摸肺，在下部割取一部分以祭；共祭，由膳夫或佐食将食物交给主人而祭。

饮酒之礼，主人向宾客进酒，称为献；宾客回敬主人酒，称为酢；主人先自饮，然后劝宾客饮酒，称之酬。《诗经·小雅·瓠叶》中有云："幡幡瓠叶，采之亨之。君子有酒，酌言尝之。有兔斯首，炮之燔之。君子有酒，酌言献之。有兔斯首，燔之炙之。君子有酒，酌言酢之。有兔斯首，燔之炮之。君子有酒，酌言酬之。"献、酢、酬一轮被称之"一献"。天子飨诸侯，分为九献、七献、五献；卿大夫、士行礼，则三献或一献。正献之后，众宾客依长幼之序互相敬酒，谓之旅酬；旅酬后，主人和宾客相互之间敬酒，饮酒无数，谓之无算爵。食礼包括正馔与加馔。正馔主要有黍、稷等，盛于豆、俎、铏。加馔用稻、粱等，盛于簋、簠、豆。《仪礼·公食大夫礼》中为宾设正馔：黍、稷六簋；韭、菹等六豆；牛、羊、豕、鱼、腊、肠胃、肤七俎；牛、羊、豕四铏。加馔：稻、粱两簋；牛炙、豕胹、醢、芥酱等十六豆。这些食物用食器盛着摆放在筵席之上，会占很大的面积，因此形容之为"食前方丈"或"前方丈"。《墨子·辞过》中描述："厚作敛于百姓，以为美食刍豢蒸炙鱼鳖。大国累百器，小国累十器，前方丈，目不能遍视，手不能遍操，口不能遍味。冬则冻冰，夏则饰馇。人君为饮食如此，故左右象之，是以富贵者奢侈，孤寡者冻馁。"由此能够看出当时贵族们在饮食方面的奢华程度。

食礼用饭，一手称为一饭。黄以周在《礼书通故·食礼二》中云："案古者饭以手。凡礼食有饭数。一手谓之一饭。手三取反，谓之三饭。一饭三咽。《孟子》："三咽然后耳有闻，目有见，明一饭之节也。"在食礼中，初食三饭，卒食九饭，总计十二饭。每三饭，用酒或水曩、浆漱口。《史记·鲁周公世家》中有云："我一沐三捉发，一饭三吐哺，起以待士，犹恐失天下之贤人。"以"一饭三吐哺"，《墨子·兼爱》中云："昔者，楚灵王好士细要，故灵王之臣皆以一饭为节，胁息然后带，扶墙然后起。比期年，朝有黧黑之色。"有学者认为这里的"一饭"，是说一天吃一顿饭，其实此"一饭"与前文的"一饭"意思是相同的，即每顿只食一手饭。

中国传统食礼

【宴饮之礼】

有主有宾的宴饮，是一种社会活动。为了能够使这种社会活动有秩序有条理地进行，达到预定目的，必须要有一定的礼仪规范来指导和约束。每个民族在长期的实践中都会形成自己的一套规范化的饮食礼仪，以此作为每个社会成员的行为准则。

在古代正式的筵宴中，座次的排定及宴饮仪礼是十分认真的，有时显得相当严肃，有的朝代皇帝还曾经下诏整肃，绝对不容许随便行事。宋真宗曾下诏批评朝中筵宴仪容不端的现象，此事可见《宋史·礼志十六》的记述：

景德二年（1005 年）九月，诏曰：朝会陈仪，衣冠就列，将以训上下、彰文物，宜慎等威，用符纪律。况屡颁于条令，宜自顾于典刑。稍历岁时，渐成懈慢。特申明制，以儆具僚。自今宴会，宜令御史台预定位次，各令端肃，不得喧哗。违者，殿上委大夫、中丞，朵殿委知杂御史、侍御史，廊下委左右巡使，察视弹奏；同职殿直以上赴起居、入殿庭行私礼者，委阁门弹奏；其军员，令殿前侍卫司各差都校一人提辖，但亏失礼容，即送所属勘断讫奏。

朝中筵宴，预宴者动辄成百上千，难免会发生一些混乱，因此组织和管理显得至关重要。史籍上有关这方面的记载并不太多，我们可以从《明会典》上读到相关的文字，可以想象出古时候的一般情形。"诸宴通例"中记载：

（筵宴）先期，礼部行各衙门，开与宴官员职名，画位次进呈，仍悬长安门示众。宴之日，纠仪御史四人，二人立于殿东西，二人立于丹墀左右。锦衣卫、鸿胪寺、礼科亦各委官纠举。

凡午门外赐饮筵宴，嘉靖二十五年（1546年）题准光禄寺，将与宴官员各照衙门官品，开写职衔姓名，贴注席上。务于候朝外所整齐班行，俟叩头毕，候大臣就座，方许以次照名就席，不得预先入座及越次失仪……又题准光禄寺掌贴注与宴职名，鸿胪寺专掌序列贴注班次。每遇筵宴，先期三日，光禄寺行鸿胪寺，查取与宴官班次贴注。若贴注不明，品物不备，责在光禄寺；若班次或混，礼度有乖，责在鸿胪寺。

汉族传统的古代宴饮礼仪一般的流程是：主人折柬相邀，期至迎客于门外；客到，互致问候，让入客厅小坐，敬以茶点；导客入席，以左为上，是为首席；席中座次，以左为首座，相对者为二座，首座之下是三座，二座之下是四座；客人坐定，由主人敬酒让菜，客人以礼相谢；宴毕，引客入客厅小坐，上茶，直至辞别。席间斟酒上菜，也有一定的规程。如今的标准规程是：斟酒由宾客右侧开始，先主宾，后主人；先女宾，后男宾。酒斟八分，不可过满。上菜先冷后热，热菜要从主宾对面席位的左侧上；上单份菜或配菜席点和小吃要先宾后主；上全鸡、全鸭、全鱼等整形菜，不可以将头尾朝向正主位。

【待客之礼】

该怎样以酒食招待客人，在《周礼》、《仪礼》与《礼记》中已经有了明细的礼仪条文，现在就让我们来看看这些礼仪的具体内容。

首先，在安排筵席时，肴馔的摆放位置要依照规定进行，要遵循一些固定的法则。带骨肉应该放在净肉左边，饭食置于用餐者左方，肉羹则放在右方；脍炙等肉食放在稍外之处，醯酱等调味品则放在靠近面前的位置；酒浆也要放在近旁，葱末之类可以放得稍远一些；如有肉脯之类，还需要注意摆放的方向，左右不可颠倒。这些规定都是从用餐实际考虑的，并不是虚礼，主要还是为了取食的方便。

其次，是食器饮器的摆放，仆从端菜的姿势，重点菜肴的位置，也都有一定规范。仆从摆放酒壶酒樽，要把壶嘴面向贵客；端菜上席的时候，不得面向客人和菜肴大口喘气，如果这个时候客人正巧有问话，必须把脸侧向一边，避免呼气和唾沫溅到盘中或客人脸上。上整尾鱼肴时，必须使鱼尾指向客人，因为鲜鱼的肉由尾部易与骨刺剥离；上干鱼则正好相反，应该把鱼头对着客人，干鱼因为头端更易于剥离；冬天的鱼腹部肥美，摆放时鱼腹向右，方便取食；夏天则背鳍部较肥，因此把鱼背朝右。主人的情意，通常是由这些细微之处体现出来，如果仆人不知事理，免不了会闹出不愉快来。

再次，待客宴饮，并不是等仆从把酒肴摆满就完事了，主人还有一个非常重要的事情要做，那就是要作引导，要作陪伴，主客必须共餐。特别是老幼尊卑共席，那需要注意的就多了。陪伴长者饮酒时，酌酒时须起立，离开座席面向长者拜而受之。长者表示不必这样，少者才能返还入座而饮。如果长者举杯一饮未尽，少者不可先干。如果长者有酒食赏给少者和僮仆等低贱者，他们不必辞谢，地位差别太大，就连道谢的资格都没有。

侍食年长位尊的人，少者还应记住要先吃几口饭，谓之"尝饭"。尽管是先尝食，但又不能自己先吃饱完事，必须要等尊长者吃饱后才能放下碗筷。少者吃饭时还得小口小口地吃，而且要快些咽下去，因为随时都要预备好回复长者的问话，谨防发生喷饭之类的事。

但凡熟食制品，侍食者都要先尝一尝。如果是水果之类，则要让尊者先食，少者不可抢先。古时注重生食，如果尊者赐你水果，如桃、枣、李子等，吃完这果子，剩下的果核不可以扔下，要放入怀中而归之，否则便是极不尊重的了。如果尊者将没吃完的食物赐给你，若盛器不易洗涤干净，那么，就得先都倒在自己所用的餐具中方能享用，否则于饮食卫生有碍。

尊卑之礼，一向都是食礼的一个重要内容，子女于父母，下属对上司，少小对尊长，须表现出尊重和恭敬。对此，不但经典立为文，朝廷著为令，家庭亦以为训。《明史·礼志十》中有"庶人相见礼"，提及明太祖朱元璋时曾经两度下令，为的都是申明餐桌上的尊卑座次的排列礼仪。

洪武五年（1372年）令，凡乡党序齿，民间士农工商人等平居相见及岁时宴会谒拜之礼，幼老先施。座次之列，长者居上。

洪武十二年（1379年）令，内外官致仕居乡，唯于宗族及外祖妻家序尊卑，如家人礼。若筵宴，则设别席，不许坐于无官者之下。与同致仕官会，则序爵，爵同序齿。

古代的许多家庭，均有以食礼作为家训的训条，教导子孙谨守。清人张伯行《养正类编》卷三引《屠羲英童子礼》，就记载着这样的训条：

凡进馔于长，先将几案拂拭，然后双手捧食器，置于其上，器具必干洁，看蔬必序列。视尊长所嗜好而频食者，移近其前，尊长命之息，则退立于旁。食毕，则进而撤之。如命之侍食，则揖而就席，食必视尊长所向。未食，不敢先食；将毕，则先毕之，俟其置食器于案，亦随置之。

【进食之礼】

饮食活动本身，因为参与者是独立的个人，因而表现出较多的个体特征，每个人都可能有自己长期生活中形成的不同习惯。但是，饮食活动还表现出了很强的群体意识，它通常是在一定的群体范围内进行的，在家庭内，或在某一社会团体内，故而还得用社会肯定的礼仪来约束每一个人，使每一个个体的人的行为都纳入到正轨之中。

进食礼仪，据《礼记·曲礼》所记载，先秦时已有了十分严格的规定，在此条陈如下：

"虚坐尽后，食坐尽前。"在大多数情况下，要坐得比尊者长者靠后一些，以示谦恭；"食坐尽前"，指的是进食时要尽可能坐得靠前一些，靠近摆放馔品的食案，以免不小心掉落的食物弄脏了座席。

"食至起，上客起，让食不唾。"宴饮开始，馔品端上来时，作为客人的应该起立；在有贵客到来时，其他客人都应该起立，以示恭敬；主人让食，要热情取用，不得置之不理。

"客若降等，执食兴辞。主人兴辞于客，然后客坐。"如果来宾地位不如主人高，必须双手端起食物面向主人道谢，待主人寒暄结束之后，客人方可入席落座。

"主人延客祭，祭食，祭所先进，殽之序，遍祭之。"进食之前，待馔品摆好以后，主人引导客人行祭。食祭于案，酒祭于地，先食用什么就先用什么行祭，按进食的顺序遍祭。

"三饭，主人延客食，然后辨殽，客不虚口。"所谓"三饭"，指的是一般的客

中华饮食礼仪

人吃三小碗饭后便要说饱了，必须待主人劝让才开始吃肉。宴饮即将结束，主人不能先吃完而撤下客人，应该等客人食毕才能停止进食。如果主人进食未毕，"客不虚口"，虚口指以酒浆荡口，使清洁安食。主人还在进食而客自虚口，便是失礼。

"卒食，客自前跪，彻饭齐以授相者。主人兴辞于客，然后客坐。"宴饮结束，客人自己必须跪立在食案前，整理好自己所用的餐具及剩下的食物，交给主人的仆从。等主人说不必客人亲自动手，客人才可以住手，复又坐下。

"共食不饱。"与别人一同进食，不可以吃得过饱，要注意谦让。

"共饭不泽手。"指的是同器食饭，不能用手，进食要用匙。

现代宴请礼仪

【餐桌礼仪】

现代餐桌上有很多需要注意的礼仪，而这些礼仪经常被忽视。

1. 就座和离席

（1）要等长者坐定后，才能入座。

（2）如果席上有女士，要等女士坐定后，方能入座。如女士座位在隔邻，应招呼女士。

（3）用餐完毕，须等男、女主人离席后，其他宾客才能离席。

（4）坐姿要端正，与餐桌保持适当的距离。

（5）在饭店用餐，要由服务生领台入座。

（6）离开席位时，要帮助隔座长者或女士拖拉座椅。

2. 餐巾的使用

（1）餐巾主要是用来防止弄脏衣服，兼做擦嘴及手上的油渍。

（2）必须等到大家坐定后，方能使用餐巾。

（3）餐巾摊开后，放在双膝上端的大腿上，千万不要系入腰带，或挂在西装领口。

（4）切忌用餐巾擦拭餐具。

3. 餐桌上的一般礼仪

（1）就座后姿势端正，双脚踏在自己座位下，不可任意伸直，手肘不得靠桌缘，或把手置于邻座椅背上。

（2）用餐时应该温文尔雅，从容安静，不能急躁。

（3）在餐桌上不要只顾自己，也要关心别人，特别要招呼身侧的女宾。

（4）口内有食物，要避免说话。

（5）自用餐具切勿伸入公用餐盘夹取菜肴。

（6）必须小口进食，不可大口的塞，食物未咽下，不得再放入口中。

（7）取菜舀汤，要使用公筷公匙。

（8）吃进口的东西，不可以吐出来，如食物确实滚烫，可喝水或果汁冲凉。

（9）送食物入口时，双肘要向内靠，不要直向两旁张开，碰及邻座。

（10）自己手上持刀叉，或他人在咀嚼食物时，都要避免跟人说话或敬酒。

（11）好的吃相是食物就口，不能将口就食物。食物带汁，不能匆忙送入口，否则汤汁滴在桌布上，非常不雅。

（12）千万不要用手指掏牙，应用牙签，并以手或手帕遮掩。

（13）避免在餐桌上咳嗽、打喷嚏，一旦忍不住，要说声"对不起"。

（14）喝酒宜各自随意，敬酒以礼到为止，不可劝酒、猜拳、吆喝。

（15）如餐具坠地，要请侍者拾起。

（16）如有意外发生，如不慎将酒、水、汤汁溅到他人衣服上，表示歉意即可，不必恐慌赔罪，反使对方难为情。

（17）如欲取用摆在同桌其他客人面前的调味品，要请邻座客人帮忙传递，切勿伸手横越，长驱取物。

（18）如系主人亲自烹调食物，一定要称赞主人手艺。

（19）如吃到不洁或有异味的食物，无法吞入，要将入口食物轻巧地用拇指和食指取出，放入盘中。如果发现尚未吃食，仍在盘中的菜肴中有昆虫和碎石，不可大惊小怪，应待侍者走近，轻声告知侍者更换。

（20）食毕，餐具一定要摆放整齐，不可凌乱放置，餐巾亦应折好，放于桌上。

（21）进食过程中，不可吸烟，如需吸烟，应先征得邻座的同意。

（22）在餐厅进餐，不要抢着付账，推拉争付，极为不雅。如果作客，不能抢付账。未征得朋友同意，也不宜代友付账。

（23）进餐的速度，应该与男女主人同步，不宜太快，也不宜太慢。

（24）餐桌上不要谈悲戚之事，否则会破坏欢愉的气氛。

【座位礼仪】

一般的宴会，除了自助餐、茶会及酒会之外，主人必须安排客人的席次，不要以随便坐的方式，引起主客及其他客人的不满。兹就桌次的顺序和每桌座位的尊卑，分述如下，以供参考。

1. 桌次的顺序

一般家庭的宴会，饭厅置圆桌一台，当然无桌次顺序的区分，可是如果宴会设在饭店或礼堂，圆桌两桌，或两桌以上时，则必须要定其大小。其定位的原则，以背对饭厅或礼堂为正位，以右边为大，左边为小，如场地排有三桌，那么要以中间为大，右旁次之，左旁为小。

2. 席次的安排

宾客邀妥之后，必须安排客人的席次。现在我国以中餐圆桌设宴，有中式及西式两种席次的安排。两种方式不一，可是基本原则相同。一般来说，必须注意下列原则：

（1）以右为尊，前述桌席的安排，已经讲述到尊右的原则，席次的安排亦以右为尊，左为卑。因此如果男女主人并坐，则男左女右，以右为大。如席设两桌，男女主人分开主持，则应该以右桌为大。宾客席次的安排亦然，也就是以男女主人右侧为大，左侧为小。

（2）职位或地位高者为尊，高者坐于上席，依职位高低，即官阶高低定位，不可逾越。

（3）职位或地位相同，则应该依官职传统习惯而定。

（4）女士以夫为贵，其排名的顺序，与她们丈夫相同。也就是说，在众多宾客中，男主宾排第一位，其夫人排第二位。可是如果邀请对象是女宾，因她是某部长，而这位先生官位不显，譬如是某大公司的董事长，那么必须排在所有部长之后，夫不见得与妻同贵。

（5）与宴宾客有政府官员、社会团体领袖及社会贤达参加的场合，则要根据政府官员、社会团体领袖、社会贤达为序。

（6）欧美人士视宴会为社交最佳场合，所以席位采取分坐的原则，即男女分坐，排位时男女互为间隔。夫妇、父女、母子、兄妹等都要分开。如有外宾在座，则华人与外宾杂坐。

（7）遵从社会伦理，长幼有序，师生有别，在非正式的宴会场合，尤应恪遵。如果某君已经是部长，而某教授为其恩师，在非正式场合，不可以将某教授排在该部长之下。

（8）座位的末座，不可以安排女宾。

（9）在男女主人出面款宴而对坐的席次，无论圆桌或长桌，但凡是八、十二、十六、二十、二十四人（余类推），座次的安排，必然会出现两男两女并坐的情形，此法难以规避。故理想的席次安排，要以六、十、十四、十八人（余类推）为宜。

（10）如果男女主人邀请了他们的顶头上司，如经理邀请了其董事长，那么男女主人必须谦让其应坐的尊位，改坐次位。

以上是席次安排的原则。因为席次安排尊卑有别，宾客一旦上桌坐定，看看左右或前后宾客，尊卑关系就心中了然。

中国各地、各民族饮食习惯与美食

中国各地饮食习惯

【东北饮食习惯】

东北地区包括辽宁、吉林、黑龙江三省，物产丰富，烹调原料门类齐全。人们将它称为"北有粮仓，南有渔场，西有畜群，东有果园"，一年四季食不愁。

东北一带习惯每日3餐，杂粮和米麦兼备，黏豆包和高粱米饭最具有特色。主食还包括窝窝头、虾馅饺子、蜂糕、冷面、药饭、豆粥和黑、白大面包；以饽饽和萨其玛为代表的满族茶点还曾经是"满汉全席"中的重要组成部分。蔬菜则主要有白菜、黄瓜、番茄、土豆、粉条、蘑菇、木耳等，近年来大量引种和采购南北时令蔬菜，市场供应充裕。肉品中比较喜欢吃白肉、鱼虾蟹蚌和野味，嗜肥浓，喜腥鲜，口味重油偏咸。制作菜肴习惯用豆油与葱蒜或是紧烧、慢熬，用火很足，使其酥烂入味；或是盐渍、生拌，只调不烹，取其酸脆甘香。

因为兴安岭上多山珍，渤海湾内出海鲜，故市场上的筵席大菜档次偏高，名肴玉食琳琅满目。还因为气候严寒，居家饮膳讲究火锅，"白肉火锅"、"野意火锅"等颇有名气，在清代盛极一时。

喝花茶喜欢加白糖，还有桦树汁、人参茶和汤岗矿泉水；抽水烟或关东烟，"十八岁的姑娘叼根大烟袋"，曾经是"关东三怪"之一。特别喜欢白酒与啤酒；饮啤酒常是论"扎"、论"瓶"、论"提"（一提为8瓶），酒量惊人。受到俄罗斯人食风的影响，好友相聚时，常以大红肠、扒鸡、花生米、茶叶蛋和面包佐餐，一次"小酌"常常几个小时。

因为清代山东人"闯关东"的较多，鲁菜在此处有较大的市场，很多的名店均系山东人所开设或由鲁菜的传人掌灶。再加上紧邻俄罗斯，与朝鲜交往非常频繁，亦受日本食风影响，"罗宋大菜"、"韩式烧烤"和"东洋料理"也传入了一些城市，部分食馔也带点"洋味"。在民族菜肴中，以朝鲜族和满族的烹调水平较高。朝鲜族的"三生"（生拌、生渍、生烤）、牛肉菜、狗肉菜、海鱼菜和泡腌菜，满族的阿玛尊肉、白肉血肠、白菜包、芥末墩和苏叶饽饽，全都带有浓郁的民族风情。清真菜在此处亦有口碑，"全羊席"脍炙人口。而蒙古族的"白食"和"红食"，鄂伦春族的"狍子宴"和老考太黏粥，赫哲族的"鳇鱼全席"和"稠李子饼"，鄂温克族的"烤犴肉"和"驯鹿奶"，达斡尔族的"手把肉"和"稷子米饭"，也皆是民族美食长廊中的精品，令人齿颊留香。

从饮食市场来看，东北地区更是珠玑山积，丰盛兴旺，足能列出一本厚厚的菜谱。如菜肴类主要有白肉火锅、鸡丝拉皮、猴头飞龙、红油犴鼻、冰糖雪蛤、冬梅玉掌、镜泊鲤丝、游龙戏凤、两味大虾、烤明太鱼、人参乌鸡、红烧地羊、烹大马哈、牛肉锅贴、鹿节三珍汤、酒醉猴头黄瓜香、神仙炉；小吃类主要有萨其玛、马家烧麦、熏肉大饼、老边饺子、参茸馄饨、稷子米饼、冷面、打糕、豆馅饺子、海城老山记馅饼、馨香灌肠肉、刨花鱼片、松塔麻花、焖子、苹果梨泡菜、辣酱南沙参；筵席类主要有"盖州三套碗"、"关东全羊席"、"大连海错席"、"长白山珍宴"、"营口九龙宴"、"沈阳八仙宴"、"锦州八景宴"、"本溪太河宴"、"铁岭银州宴"、"洋河八八席"、"天池鞭掌席"、"抚松山蔬宴"、"燕翅鸭全席"、"龙江三宝宴"、"松花湖鱼宴"、"野意火锅宴"等。这些肴馔的特色，有这样一首小诗形容得很贴切："山珍海错取料广，火锅白肉美名扬。烧扒熘燺各有别，芥末葱蒜多辛香。咸甜分明油酱重，焦酥脆嫩质滑爽。明油亮芡外观美，荤素相宜耐品尝。"

由此可见，为什么东北菜这几年可以进华北、过长江、下岭南。不要看只是"小鸡炖蘑菇"、"白肉熬粉条"、"松仁炒玉米"、"鸡丝拌拉皮"那么几道家常菜，但是它们却凝聚着东北烹饪的深厚功力，折射出"白山黑水"的耀眼光彩。东北人对饮食的要求是丰盛、大方，以多为敬，以名为好，特别喜欢迎宾宴客，豪迈、直爽、热诚、潇洒，性情如长白红松般刚直，胸襟如松辽平原般坦荡。

【西北饮食习惯】

西北地区位于我国的西北部，史称"西陲"或"西疆"，该地区主要少数民族，除俄罗斯、锡伯、裕固、土等民族之外，一般都严格遵循伊斯兰教的食规，"禁血生，忌外荤"，不吃肮脏、丑恶、可憎的动物的血液，过"斋月"，故而清真风味的菜点占据主导地位。

与其他地区相比，西北一带的食风具有古朴、粗犷、自然、厚实的特点。主食是玉米与小麦，也吃其他杂粮，小米饭醇香，油茶味美，黑米粥、槐花蒸面与黄桂柿子馍更独具风情，牛羊肉泡馍更是闻名遐迩。家常饮食多为汤面辅以蒸馍、烙饼或是芋豆小吃，粗料精作，花样繁多。西北干旱，耕地有限，青菜不多，农家用膳常是饭碗大而菜碟小，一年四季有油泼辣子、细盐、浆水（用老菜叶泡制的醋汁）和蒜瓣佐餐。待客饮食比较丰盛，或杀鸡，或宰羊，或炒肉丝、鸡蛋等。

西北风味总的特色是：以牛羊肉为主，以山珍野味为辅；一个菜肴所用的调味品虽多，但每个菜肴的主味却只有一个，酸辣苦甜咸只有一味出头（包括复合味），其它味居从属地位；除多用香菜作配料外，还常选干辣椒、陈醋和花椒等。干辣椒经油烹后拣出，醋经油烹，花椒经油烹。选用这些调料的目的，并非单纯为了辣、酸、麻，主要是取其香。烹饪技法以烧、蒸、炒、煨、炝、汆为主，多采用古老的传统烹调方法。烧、蒸菜，形状完整，汁浓味香，特点突出。清汆菜，汤清见底，主料脆嫩，鲜香光滑，清爽利口。温拌菜（属炝法），不凉不热，蒜香扑鼻，乡土气息浓郁。烧、蒸、清汆、温拌，是西北风味最具有代表性的菜式。在菜型上，也不喜欢过分雕琢，追求自然的真趣。

西北地区名食众多，传统名食有陕西的带把肘子、葫芦鸡、商芝肉、金钱发菜、牛羊肉泡馍、石子馍、甑糕、油泼面、"仿唐宴"和"饺子宴"；甘肃的清蒸鸽子鱼、百合鸡丝、兰州烤猪、牛肉拉面、手抓羊肉、泡儿油糕、高担羊肉、一捆柴、"巩昌十二体"和"金鲤席"；青海的糖醋湟鱼、虫草雪鸡、人参羊筋、蜂尔里脊、锅馍、甜醅、马杂碎、羊肉炒面片等。

在饮食习惯上，当地人夏季爱冷食，冬季重进补，待客情意真，筵宴时间长，经常有歌舞器乐助兴。汉族人爱饮白酒，穆斯林一般不饮酒，多喝花茶、红茶与奶茶，还有牛羊马奶。注重饮食卫生，厨房和餐具洁净。少数民族常在庭院中或草地上铺放白布席地围坐就餐，自带餐刀，有抓食的遗风。

【华东饮食习惯】

华东地区位于我国的东南部，旧时称为"江南"或"江东"。

华东居民是以大米和白面为主食的，杂粮甚少，只是偶尔吃点调剂一下口味。他们比较擅长烹制独具特色的用糕、米团、糯米做的汤圆。日食三餐，有时还"过中"或"夜宵"；日常生活中荤腥不断，节假日食谱更为精彩，有荤有素，干稀调配。蔬果四季供应充足，鸡鸭鱼肉每月不缺，比较嗜好海鲜与野味，城镇居民多有吃零食的习惯。其口味大多清淡，略带微甜，基本上不吃辣椒、大葱、生蒜和老醋；素来有吃生食、冷食的习惯，炝虾、醉蟹、烫毛蚶、生鱼片都受欢迎。水果多，炒货多，小吃多；喜欢饮用黄酒与葡萄酒；爱喝绿茶或乌龙茶；卷烟大都平和，重视"云烟"而不太喜欢"洋烟"，注重档次；喜食糖果、糕点、蜜饯和冷饮，果脯销量不大。

华东地区的烹调水平较高。苏菜是"四大菜系"之一，以精妙的刀工独领风骚；浙菜风行南宋，是"南食"的主角；徽菜"因商而彰"，足迹遍及大江南北；沪菜后来者居上，有执中华食坛牛耳之趋势。这一地区制菜技法全面，组配严谨，刀法洒脱，以烧、炒、蒸、炖见长，烹调鱼鲜和禽畜有很深的功力，尤其以色调的秀雅、菜型的清丽和肴馔中蕴含的文化气息而著称。至于普通的家庭饭菜，也精细别致，四五口之家，一般都是四道菜一道汤两道主食，饭碗小而菜盘大，食量较小，大都不胜酒力。餐具、酒具、茶具大多数都是成龙配套的，比较讲究。

华东地区的美食已经形成完整的系列，每个省市均有精品挂帅领衔，让人目不暇接。比如说，在上海有虾籽大乌参、八宝鸭、生煸草头、贵妃鸡、南翔馒头、排骨年糕、阳春面、擂沙圆、"福寿宴"和"菊花蟹席"；在江苏有松鼠鳜鱼、三套鸭、清炖蟹黄狮子头、水晶肴肉、大煮干丝、梁溪脆鳝、三丁包、黄桥烧饼、苏州大方糕、文蛤饼、藕粉圆、"淮安长鱼席"和"红楼宴"；在浙江有东坡肉、龙井虾仁、西湖醋鱼、蟹酿橙、蜜汁火方、南肉春笋、宁波汤圆、千张包子、五芳斋鲜肉粽子、吴山油酥饼、"西湖船宴"和"仿宋席"；在安徽有无为熏鸡、毛峰熏鲥鱼、凤阳酿豆腐、金雀舌、乌饭团、示灯粑粑、蝴蝶面、"黄山宴"和"八公山豆腐席"；在江西有三杯鸡、石鱼炒蛋、金丝甲鱼、泥鳅钻豆腐、萝卜饺、猪血汤酒酿、黄元米果、"浔阳全鱼席"和"十碗三个头"等。除此之外，华东地区还出产美酒洋河大曲、双沟大曲、绍兴女儿红、古井贡酒、四特酒、口子酒、云雾茶酒、桂花酒、丹阳封缸酒、十全大补酒等。

更重要的是，华东人崇尚美食、讲究养生，肯在饮食上花钱，吃得有学问、有名堂。此处有全国首屈一指的众多美食街，如上海的城隍庙、南京的夫子庙、苏州的观前街、无锡的崇安寺、杭州的西湖、安庆的迎江寺、九江的船码头等，全都名噪一时。这里凝聚着江南名珍玉食之精华，数十家、上百家饮食名店形成宏大的气势，从朝至暮，热闹非凡，中外游客在这些美食长廊中流连忘返，构造出别具一格的人文景观。当地居家宴客则讲究食用性和艺术性的统一，强调"多吃少滋味、少吃多滋味"，突出节令，注重时尚，着重"冰盘牙箸、美酒精肴"，"疏泉叠石、清风朗月"，这种品位情趣和艺术氛围是其他大区很难比拟的。因为将珍馐佳肴、水乡园林和精约文雅的食艺集于一体，表现出文士的饮食文化风格，故而人们在进餐时不仅能获得物质上的欢快享受，而且在精神上亦受到美的熏陶，可以畅神悦情，净化心灵。除此之外，华东地区的食风一方面来自于民间，秉承了中国烹饪文化的优秀传统，另一方面还勇于借鉴，广泛吸收其他大区和海外各国的长处，并以"南料北烹"、"京苏合璧"、"西菜中做"、"海派风味"取胜。尤其是在大胆运用现代科学技术、革故鼎新、紧跟世界饮食潮流上，往往走在前头，看馔年年变，充满了朝气与活力。最后，华东人还善于将祈福求吉、驱邪消灾、祝愿人寿年丰的心态，把惩治凶顽、拯救良善、讴歌爱情的传闻，全都融入到饮食之中，使得东坡肉、戚公饼、油炸桧、一品肉、宋嫂鱼、幸福双、裙带面、鲜栗羹等著名食品带上了浓郁的感情色彩，能够启迪思绪，寓教于食，发挥出文化作用。

【华北饮食习惯】

华北地区民风比较俭朴，饮食不尚奢华，注重的是实惠；食风庄重、大方，一向有"堂堂正正、不走偏锋"的评语。多数城乡一日三餐，以面食为主，小麦与杂粮间吃，偶尔也吃大米，馒头、烙饼、面条、饺子、窝窝头、玉米粥等是其常餐。

这一带的面食很有名气，日本汉学家早有"世界面食在中国、中国面食在华北、华北面食在山西、山西面食在太原"的美誉。这里不但有抻面、刀削面、小刀面、拨鱼面"四大名面"，而起还有形神飞腾、吉祥和乐的象生"礼馍"；家庭主妇都有"三百六十天、餐餐面饭不重样"的本事，京、津、鲁、豫的面制品、小吃和蒙古族的奶制品，无不令人赞不绝口。这里农村盛面习惯用特大号"捞碗"（可容200～300克干面条），人手一碗，指缝间夹上饼馍或葱蒜，通常习惯在村中心的"饭场"上大家围蹲就食，边吃边拉家常，或互通信息，或洽谈事务，或说笑聊天，形成一道独特的"风景线"。

华北的蔬菜并不是很多，食用量亦少，可是来客必备鲜菜，冬季有"贮菜"习惯，一般的农户都会挖有菜窖。肉品中，元代重羊，清代重猪，现在是猪、羊、鸡、鸭并举，而且还吃山兽飞禽，这与历代王朝的更迭和"首善之区"的环境有很大关系。水产品中淡水鱼鲜较少，主要产于黄河与白洋淀，所以比较贵重；海水鱼鲜较多，有"吃鱼吃虾天津为家"、"青岛烟台、海鱼滚滚而来"等俗语。像天津的"虾席"、秦皇岛的"蟹席"、青岛的"渔家宴"，都让人垂涎欲滴。在烹调方法方面，这一带以鲁菜为主，擅长烤、涮、扒、熘、爆、炒，偏爱鲜咸醇口味，葱香与酱香突出，善于制汤，菜品大多酥烂，火候十足；而且装盘丰满，造型大方，菜名朴实，给人以敦厚庄重之感，具有黄河流域文化的特色。

因为历史原因所致，蒙古族食风、回族食风和满族食风在这里有较深的烙印；京、津地区的一些百年老店大多数都是来此谋生的山东或河南人开设或掌勺，有"国菜"之誉的北京烤鸭更是典型的齐鲁风味。除此之外，北宋时期的"北食"（以开封风味为主体），元明清三朝的"御膳菜"，已经传承800多年的"孔府菜"，风靡京华的"谭家菜"，皆留下了很多名品，至今依然在饮食市场上独领风骚。华北地区的珍馐佳肴自成系列，20世纪90年代以来，"集四海之珍奇"的北京也有"新食都"之美誉。

从菜品方面来说，有北京的烤鸭、涮羊肉、三元牛头、罗汉大虾、潘鱼和八宝豆腐；有天津的玛瑙野鸭、官烧比目、参唇汤和锅巴菜；有内蒙古的扒驼蹄、奶豆腐两吃、清炒驼峰丝和烤羊腿；有河北的金毛狮子鱼和改刀肉；有河南的软熘黄河鲤鱼焙面、铁锅蛋、试量集狗肉和道口烧鸡；有山东的葱烧海参、脱骨扒鸡、九转大肠、清汤燕菜、奶油鸡脯、青州全蝎和原壳鲍鱼；还有山西的过油肉、五香驴肉和金钱台蘑等。

小吃的品类，有北京的小窝头、芸豆卷、豆汁、龙须面、爆肚和炒疙瘩；有天津的狗不理包子、十八街麻花、驴打滚和耳朵眼炸糕；有内蒙古的哈达饼和奶炒米；有河北的一篓油水饺、金丝杂面、杠打面和杏仁茶；有河南的油菜贡馍、羊肉辣汤和小菜盒；有山东的福山拉面、伊府面、状元饼和潍坊朝天锅；还有山西的刀削面、拨鱼儿和十八罗汉面等。

饮料的品类，主要是茶饮和烈酒，也有罐装果汁。酒包括二锅头、莲花白、宁城老窖、汾酒、竹叶青、孔府家酒、秦池古酒、青岛啤酒；茶包括信阳毛尖、奶茶、柿叶茶、茉莉花茶；饮料主要有酸梅汤、沙棘、山楂汁、御泉杏仁露、麦饭石饮料等。

筵宴方面，式样更多。北京有"满汉全席""红楼宴"和"烤鸭全席"；天津有"海鲜席"和"昭君宴"；河北有"避暑山庄宴"和"北戴河宴"；河南有"洛阳水席"和"仿宋宴"；山东有"孔府宴"和"泰安白菜席"；山西有"太原全面席"和"礼馍宴"，都足以让中外游客沉醉其中。

华北地区的酒楼可分为切面铺、二荤铺、小酒店、中菜馆、大饭庄等不同层次，牌头响亮的很多。如全聚德、丰泽园、仿膳饭庄、烤肉季、登瀛楼、燕春楼、青城餐厅、中和轩、厚德福、燕喜堂、心佛斋、清和元等，全都是各据一方之美食胜地。

餐具方面更是熠熠生辉，如象牙筷、景泰蓝盘、刻花水具、银花碗、蒙古餐刀、唐三彩壶、淄博瓷器、烟台草编、大同铜火锅、侯马蝴蝶杯等，都具有很高的收藏价值。

华北居民宴客情文稠叠，有一套又一套的食礼与酒令，真诚大方，其心拳拳，让人如沐春风，情暖心胸。

【西南饮食习惯】

西南地区位于我国的西南边陲。这里是一个经济潜力极大、自然风光雄奇、民俗风情丰富、带有几分神秘色彩的风水宝地。

西南地区的气候非常复杂，既有亚热带湿润季风气候，也有湿带、亚热带型湿润季风气候，素有"一山分四季、十里不同天"之说。所以西南地区生机旺盛，物种奇多，被称为"动物王国"和"植物王国"，烹调材料取用不竭。比如说，在重庆和四川有荣昌猪、德昌牛、建昌马、川牦牛、铜羊、麻鸭、雅鱼、岩鲤、江团、桃花米、大白豆、海椒、花椒、鲜笋、榨菜、魔芋、鱼腥草、豆瓣、豆豉和井盐；在贵州有香猪、关岭黄牛、黔西马、沿河山羊、金黄鸡、三穗鸭、香菇、竹荪、香禾、黑糯、党参、独山腌酸菜和铜仁绿粉；在云南有抗浪鱼、弓鱼、裂腹鱼、螺黄、宣威火腿、香茅草、普洱茶、象牙芒果、接骨米、紫米、鸡棕、虎掌菌、玫瑰大头菜、曲靖韭菜花和乳扇；在西藏有瘦肉型猪、亚东鲑鱼、人参果（蕨麻籽）、冬虫夏草和藏红花等。这些特有的物料全都是本地特异食俗的重要构成因素。

从膳食结构来看，西南地区居民的主食有大米和糯米，兼食小麦、玉米、红苕、蚕豆、青稞、荞麦、土豆、红稗和高粱，甚至还有些少数民族采摘野生植物的根茎以代粮。其中，以米制成小吃非常有名，米线鲜香，糌粑特异，糍粑、粽粑、竹筒饭、荷叶包饭、芭蕉叶包饭一般用来待客，"天府小吃席"享誉一方。蔬菜和野菜一年四季不断，可鲜炒或腌渍。肉类食品平常只是点缀，但年节时消耗量大，许多山区人家都有"杀年猪"的风俗，通常是吃一半，留一半，在火塘上熏挂。野生草木的利用特别充分，擅长粗料细做，"长流水，不断线"，食物构成比较合理，吃得香美而不奢靡。西南一带的菜系主要是川菜，菜路广，作料多，家庭治膳以小炒、小煎、干烧、干煸和麻辣香浓的民间菜式享誉四方，素有"料出云贵"、"味在四川"、"吃在山城（重庆）"的俗语。这里的人饮食上有如下嗜好：一是普遍偏好辣，"宁可无菜，不可缺椒"，越辣越香美，越辣越"安逸"；二是大多喜欢酸，"三天不吃酸，走路打转转（步伐不稳之意）"，甚至有些酸菜会腌藏十余年，其酸味不亚于山西的老陈醋；三是喜欢复合口味，味多、味广、味厚、味浓，在国内独创出家常味、鱼香味、陈皮味、荔枝味等23种复合味型，为其他大区的厨师所叹服；四是讲究饮撰的平民文化特色，要求价廉物美，经济实惠，并且以"杂烩席"、"火锅席"独领风骚。

在"四大菜系"里面，川菜可以说是最便宜、也最耐吃的，这与西南人节俭的品性有很大关系。西南地区的名食也很多，有重庆和四川的毛肚火锅、樟茶鸭子、麻婆豆腐、宫保鸡丁、河水豆花、家常海参、龙抄手、担担面、叶儿粑、钟水饺、夫妻肺片、五香牛肉干和"田席"、"小满汉席"；有贵州的竹香青鱼、盐酸蒸肉、八宝龙鱼、竹荪银耳汤、肠旺面、苦荞粑、酸汤菜和"酸鱼全席"、"野味全席"；在云南有红烧鸡棕、酥烤云腿、大理砂锅鱼、油炸竹虫、过桥米线、紫米粑粑、牛干巴、饵块和"鸡棕席"、"紫米全席"；在西藏有火上烧肝、赛蜜羊肉、油松茸、野鸡扣蘑菇、人参果拌酥油大米饭、校果馍馍、酥油茶和"柳林宴"、"藏北三珍宴"等。

川人待客迎宾，至诚一片；黔乡便宴，盘碗重叠；在云南的众多少数民族中，具有代表性的虫菜、腌酸菜古朴食风，折射出奇光异彩；深受喇嘛教教义熏染的藏菜，更像一块尚未被雕琢的璞玉，古色古香。如今，以西双版纳自然风情为背景、载歌载舞的傣家竹楼菜，传遍大江南北；以风姿特异的川味作旗帜、以"山城火锅"为代表，被数百万川伢子、川妹子带到全国各地的西南民间菜，更是大举"北伐"、"东征"与"南下"，形成了十余年不衰的当代菜品流行潮，与鲁菜、苏菜、粤菜一同争夺市场，显得生机蓬勃。

从上文所述，不难看出西南食风的三大特质。第一，因为地形参差、气温殊异、物产丰寡不均和少数民族众多等因素所致，促使形成食俗风情的多样性与奇异性。第二，由于受到山川阻隔、交通闭塞和开发较迟的诸多因素影响，又产生了食俗风情的局部封闭性，很多相当古老的习俗得以完好地保存下来，好似活的"化石"，向现代人诉说历史的沧桑。第三，在很多原始宗教祭祀风习和中世纪佛教禁欲主义的长期制约下，很难接受外来的影响，局限了饮食文化的交流。

所幸的是，因为改革开放的春风终于吹绿了西南大地，不但"蜀道难难于上青天"的四川，"天无三日晴、地无三尺平、人无三分银"的云贵，即便是"生态净土"、"世外佛国"的西藏，如今都被现代文明的庞大浪潮所席卷，都出现了翻天覆地的巨变。

【中南饮食习惯】

中南地区位于我国中部偏南的适中部位，历史上称为"湖广"和"南粤"。中南地区的主食多以大米为主，部分山区兼食番薯、木薯、蕉芋、土豆、玉米、大麦、小麦、高粱或杂豆。鄂、湘、闽、台、粤、港的小吃皆以精巧多变著称，在全国各占一席之地；壮、黎、瑶、畲、土家、毛南等族善于制作粉丝、粽粑和竹筒饭，京族习惯以鱼露来调羹，高山族用大米、小米、芋头、香蕉制成的混合饮品更见特色。中南人的食性普遍偏杂，素有"天上飞的除了飞机，水上游的除了木船，地上站了除了板凳，什么都吃"的夸张俗语。因为"花草蛇虫，皆为珍料，飞禽走兽，可成佳肴"，所以该区的居民基本上不忌嘴，烹调选料广博为全国所罕见。

在膳食结构中，中南居民每天都必须食用新鲜蔬菜，人平均 500 克左右，肉品所占的份额也比较高，不仅喜欢吃禽畜野味，淡水鱼和生猛海鲜的食用量都位居全国前列，因此饮食开支相当高，饭菜质量很高，烹调审美能力亦强。其制菜习惯用蒸、煨、煎、炒、煲、糟、拌诸法，湘鄂两省喜欢酸辣，其他省区侧重于清淡鲜美，以爽口、开胃、利齿、畅神为佳。中南人追求珍异，喜爱新奇，崇尚潮流，依时而变，中南属于中国烹饪最为活跃的地带，经常推出新招和绝活，被其他大区仿效。

这里的人大多饮用青茶、红茶、药茶和乌龙茶，喜欢吃热带水果与蜜饯，偏爱进口的卷烟、奶、糕饼及饮料，酒量与饭量一般都不大。因为气温偏高、生活节奏快、早起晚睡和午眠，很多人都有喝早茶与吃夜宵的习惯，一日3～5餐。

"武汉人过早"、"广东人泡茶楼"、"香港人夜逛大排档"，都是具有特色的饮食风情。

本地区名食众多，其中很多都享誉华夏。例如，湖北的清蒸武昌鱼、红烧鳡鱼、排骨煨炒腊肉、珊瑚鳜鱼、冬瓜鳖裙羹、排骨煨藕汤、三鲜豆皮、荆州八宝饭、东坡饼、四季美汤包、"楚乡全鱼宴"与"沔阳三蒸席"；湖南的组庵鱼翅、腊味合蒸、发丝牛百叶、红椒酿肉、五元神仙鸡、火宫殿臭豆腐、牛肉米粉、团馓、"熏烤腊全席"与"巴陵鱼宴"；福建的佛跳墙、太极芋泥、淡糟香螺片、芙蓉鲟、土笋冻、鼎边糊、蚵螓酥、"团年围炉宴"与"怀乡宴"；广东的烤乳猪、龙虎斗、烤鹅、白云猪手、炖禾虫、鼎湖上素、沙河粉、艇仔粥、云吞面、广式月饼、"蛇宴"与"黄金宴"；广西的纸包鸡、南宁狗肉、马蹄炖北菇、银耳炖山甲、马肉米粉、尼姑面、蛤蚧粥、太牢烧海、"漓江宴"与"银滩宴"；海南的椰子盅、清蒸大龙虾、白斩鸡、东山羊、海南煎堆、鸡藤粑仔、蕉叶香条、"洞天全羊宴"与"竹筒宴"；港澳有一品燕菜、海鲜大拼盘、麻鲍烤海参、清蒸老鼠斑、马拉糕、巧克力蛋糕、"满汉全席"与"八珍席"等。

中南地区著名的饭店有大中华、老大兴、又一村、玉楼东、聚春园、无我堂、苏杭小馆、华泰大饭店、广东酒家、陶陶居、泮溪、通什旅游山庄、南中国大酒店、南宁蛇餐馆、东銮阁、澳门大酒店等。

具有代表性的餐具有醴陵精瓷、石湾陶瓷、合浦砂煲、福州漆盒、武穴竹编、毛南篾器、海南椰碗、广州牙筷、香港金银器。高档筵席所用食器富丽堂皇，盖压全国。在中南，食风中不仅具有热带情韵，而且还带有浓厚的商贾饮食文化色彩。在这一带，"吃"是人们调适生活、社会交际的主要媒介，含义丰富。它不仅反映出人与人之间的感情，有时还是身份、地位、金钱的象征。特别是在生意场上，作用更为明显。"食在广州"、"食在香港"的美誉，足可与巴黎、东京等世界"食都"相媲美。

中国各地、各民族饮食习惯与美食

191

中南食风的广博、新异、华美，是因为诸多因素而促成的。中南人继承了先人和百越人与众不同的饮食文化传统，崇尚美食，以珍为贵；饮食观念比较开放，容易接受八面来风，集中华名食的长处为己所用；"鸦片战争"后多地成为通商口岸，后来又建起经济特区，与海外接触，大胆借鉴西餐洋食；商贸发达，经济跃升，财力雄厚，居民富足；食物材料充足、稀异生物纷陈；受到湿热气候影响，嗜好博杂。

中国各民族饮食习惯

【蒙古族饮食习惯】

蒙古族大多数都居住在内蒙古自治区，在东北三省、新疆、甘肃、青海一带等地也有聚居。各地蒙古族因为地理位置、自然条件、生产发展状况的不同，在饮食习惯上也不尽相同。在牧区，蒙古族一般以牛羊肉、乳食为主食，史书中有以"游牧民族四季出行，唯逐水草，所食唯肉酪"来描述游牧生活形成的饮食习惯。烤肉、烧肉、肉干、手抓肉全都是蒙古族家常食品，其中以手抓肉最有名，一年四季都可以食用。而吃全羊则是宴请远方宾客的最佳食品。吃全羊分为两种制作方法：一是煮食，即把全羊分解成数段煮熟后，在大木盘中按全羊形摆放好，就可食用；二是烧全羊，将处理干净的整羊入炉微火熏烤，然后刀解上席，蘸板盐食用。炒米也是蒙古族非常喜欢的一种食品，可以干嚼可以泡奶，是牧民外出放牧的极好食物。

乳食是蒙古族居民每天都不能缺少的食品。奶食、奶茶、奶油、奶糕等均为蒙古族按照季节变化经常食用和饮用的食品。除此之外，夏季里人们还喜食酸奶，或拌饭或清饮，以此来清暑解热。蒙古族牧区夏天还喜欢饮马奶酒。

在农区、半农半牧区，蒙古族由于和汉族杂居，因此饮食习惯已经逐渐与汉族基本相似。农区的蒙古族主食以玉米面、小米为主，兼食大米、白面、黄米、荞面、高粱米等。随着温室、塑料大棚的普及，农区蒙古族所食用的蔬菜品种不断增加。在菜肴烹制上，农区大多以炖、炒为主，也加以烧烤，吃些牧区食品如手抓肉、奶制品等。

人间有味是清欢——饮食卷

蒙古族牧民保留了牧区的好客习俗，有客人到来时会先敬茶，无茶或不沏新茶皆为不恭，而且以"满杯酒、满杯茶"为敬，与"满杯酒、多半杯茶"的汉族习俗有所不同。

蒙古族人豪放、粗犷、开朗而热情，待人真诚、实在，处处表现出塞外草原博大的胸怀。

【傣族饮食习惯】

傣族主要分布在云南省西双版纳和德宏地区，在临沧、大理和丽江等地也有分布。傣族聚居地盛产水稻，傣族人以大米作为主食，最爱食用糯米，而且还能用糯米加工成食品，如将糯米装入香竹中烤制成竹筒饭，用芦叶将糯米、花生包成粽子，用米浆蒸成卷粉，用油炸成糯米油果、糯米卷等。

傣族人的口味偏爱酸、辛辣和香味。其烹调方法一般有蒸、烤、煮、腌等。其中烤鱼非常有特色，做法是先去除内脏洗净后，把葱、蒜、姜、辣椒剁成泥，放在鱼腹内，然后用香茅草包扎好，置于暗火上慢慢烤至焦黄，酥香而嫩。傣族人将酸竹煮鸡、煮鱼等视为待客的最佳菜肴。

傣族的"南米"（即酱）风味与众不同，在以番茄酱与花生、青菜、鱼、竹笋等为主料制成的各种酱中螃蟹酱最为名贵。"南米"的食用方法很多，有的用糯米饭蘸着吃，有的则同时做几种酱，然后与各种青菜或煮熟的南瓜等一同食用，不同的菜蘸食不同的酱。傣族人喜欢饮酒和茶，擅长酿酒。吃饭的时候不喝酒，而是在饭后或空闲时饮用。

【羌族饮食习惯】

羌族大部分分布在四川省的西北山区，山高坡陡，石头多土地少，气温比较低。羌族聚居地主要种植玉米、洋芋（马铃薯）、小麦、青稞、荞麦和各种豆类，可是产量都不高。蔬菜包括白菜、萝卜、青菜等。羌族人平日吃两餐饭，多为"玉米蒸蒸"（玉米粗渣粒，先煮后焖而成），晚饭主要是稀饭加馍馍，晚上还喜欢吃"砣砣肉"，喝白酒。"砣砣肉"是将猪膘（肥肉）切成拳头大小与豆菜同煮而成，吃时每人一砣。

羌族的主食包括金裹银、荞面条、面疙瘩、酸汤面、玉米汤圆、炒面、馍馍

中国各地、各民族饮食习惯与美食

193

等。副食品比较常见的有酸菜、砣砣肉、白豆腐、油炸洋芋片和腊肉等。羌族人食用马肉、狗肉和野兽肉。北川出产的"羌活鱼"，形似四脚蛇，羌族人也吃。他们还喜欢食用猪肚子骨头。猪肚子骨头的具体制作方法是：在宰猪时，将猪骨头剔下剁短，装入猪肚里，放在火坑上熏制，然后再挂到户外晾起来，吃时从中取出些骨头熬汤。

羌族地区著名的土特产是茂汶和北川出产的花椒及茶叶。羌族人的饮料主要是酒和茶。他们将青稞、玉米等酿制成醉糟酒，饮用时要用长竹管咂吸。城镇羌族人还有喝早茶的习惯。

【白族饮食习惯】

白族主要分布在云南省大理白族自治州，其余散居于昆明、元江、丽江等地。大理自治州粮食作物以水稻、小麦、玉米、薯类、荞麦为主，经济作物有甘蔗、烤烟和茶叶。河湖盛产鱼类，山区有丰富的植物和动物资源。白族人的主食有稻米、小麦、玉米、荞麦和马铃薯。蔬菜品种很多，而且还善于腌制肉类和咸菜，还能自制蜜饯、雪炖甜梅等果品。节庆的时候，白族人喜欢用糯米或小麦、大麦酿造白酒、水酒，平时口味嗜好酸、凉、辣味饮食。

大理的洱海以产鱼著称，尤以弓鱼最有名。人们喜欢食用砂锅鱼。砂锅鱼的具体做法是把火腿片、嫩鸡块、冬菇、腊肝片、玉兰片、豆腐等十余种原材料按比例与鱼放入砂锅内，然后加上胡椒、八角、盐等调味品，放在火上用微火炖熟，味道极鲜。

"乳扇"是大理很有名的特产品。乳扇一般是用羊乳制成的，制作并不复杂，可是要求精细。先把羊乳放在锅中，再放些酸水（可用明矾等），当羊乳呈现半固态时，用竹筷往上挑成扇状，置于簸箕内晒干。乳扇可以生食或煮食，以煎食最为普遍。

【苗族饮食习惯】

苗族大部分居住在贵州一带，在湖南、云南、广西、四川等地也有聚居。苗族人食物以大米为主，有时候也吃玉米、小米、高粱、小麦和薯类等杂粮。苗族人最喜欢吃糯米。副食品主要包括瓜类、豆类、蔬菜以及作为作料的辣椒、葱、蒜等。

肉类有猪、牛、羊、鸡、鸭及鱼类。

苗族人口味以酸、辣为主,尤其喜欢食用辣椒。平时的菜肴主要是酸辣味汤菜。酸菜味鲜可口,制作方便,可生食,也可熟食。在食用新鲜蔬菜或瓜豆时,苗族人也会掺入一些酸菜或酸汤,让人食欲大振。此外,苗家的酸汤煮鱼是风味名菜,具体制作方法是把酸汤加水、食盐煮沸,取鲜活鱼去鳞和内脏,放入酸汤中炖煮。此菜肉嫩汤鲜,清香可口,一年四季均能制作。

苗族人擅长加工保存熏制腊肉、腌肉、腌鱼、鱼干、香肠等,其中腌鱼是苗族的传统佳肴。具体制作方法是将鲜鱼剖开,去内脏,抹上盐、辣椒粉,置于火上方焙烤至半干,然后入坛密封,食用时取出蒸熟。此鱼具有骨酥、咸辣适度、清香可口的特点。苗族人还喜欢制作豆腐、豆豉,加工猪灌肠、血豆腐等食品。苗家男女爱吃火锅,还都喜欢饮酒,大多数人家都能自己酿酒。他们用土产的糯米、玉米、高粱等酿造成芳香的甜酒、泡酒、烧酒、窖酒等,有用牛角盛酒招待贵宾的习俗。

【朝鲜族饮食习惯】

朝鲜族大部分居住在吉林省延边朝鲜族自治州、黑龙江省牡丹江地区、辽宁省丹东地区。朝鲜族比较讲究卫生,讲究礼貌,尤以敬老美德受到各民族人民的称赞。

朝鲜族聚居区盛产大米,主食也是以米饭为主,还有冷面和米糕。米糕的品种很多,有打糕、切糕、发糕等。朝鲜族口味一般以咸辣为主,咸菜品种丰富,式样美观,十分可口。辣椒是每个朝鲜族家庭必不可缺的调味品,朝鲜族人嗜辣,可与四川人、湖南人相媲美。

朝鲜族的饮食特点之一是每餐都必须喝汤,最讲究的是汤浓味重的浓白汤。比较常用的吊汤原料有牛肉、鸡肉、狗肉、兔肉等。

朝鲜族的烹调方法多以煎、煮、炒、氽、烤等为主,菜肴主要是清淡、软烂、爽脆。朝鲜族对猪肉的消费量相对比较少。朝鲜族不爱吃羊肉、河鱼,也不喜欢吃馒头。朝鲜族爱食用狗肉、牛肉、鸡、蛋品、海味、大酱和泡菜等。经常用狗肉招待客人,狗肉的食法很有特色,把煮好的狗肉撕成丝,再配上葱丝、姜末、蒜末、香菜、精盐、熟芝麻一同食用,食之不腥,香辣爽口。

中国各地美食

【长春：地三鲜】

我国民间一向都有立夏之日尝地三鲜、树三鲜、水三鲜的风俗。地三鲜指的是新鲜的时令蔬菜苋菜、元麦和蚕豆（或是蒜苗），炒在一起吃非常鲜嫩。在长春，地三鲜成了本地具有特色的名菜。现在也有将土豆、茄子、辣椒炒在一起的三鲜。这可是地地道道的东北菜。

【哈尔滨：得莫利炖活鱼】

在哈尔滨郊区离马路边不远的地方有一个叫得莫利的小村庄。村里人将豆腐、宽粉条子和乌苏里江里捞上来的鲤鱼炖在一起食用。后来这种菜的做法不胫而走，传遍了城里的大街小巷。哈尔滨人说，如果外地朋友不喜欢吃西餐和东北大菜，那就去尝尝得莫利炖活鱼。

【齐齐哈尔：杀猪菜】

在齐齐哈尔过年的时候，家家户户都会杀头猪，这后腰腿的都是好东西，但是剩下的肥肉和下水怎么吃呢？这就有了杀猪菜一说，自家腌的酸菜、做的血肠再加上肥肉原料就齐了。做法是将肥腻的猪肉切成片放进锅里煮了过油，然后和酸菜、血肠一起炖。

【佳木斯：酸菜猪肉炖粉条】

东北人喜欢吃炖菜，吃起来名目也很多，像大鹅炖土豆、小鸡炖蘑菇、猪肉酸菜炖粉条子，全部都是寒风里腊月天吃的乡土菜。东北高棵大白菜腌渍的酸菜切成筷子粗细的丝，帮白叶绿，久煮不糜。本地的土豆粉则易熟耐煮，出锅后黄白鲜亮，用筷子挑起如同春柳倒挂。用杀猪时煮肉和骨头的老汤，放入爆炒过的五花肉文火炖出的猪肉酸菜粉条子，美味的香气绕屋脊！

【沈阳：四川火锅】

就像在其他城市一样，四川火锅在沈阳也风行于大街小巷。

四川火锅的味道厚重注重鲜辣，不但和东北菜的浓烈粗犷相似，也正投了沈阳人的脾气，对了沈阳人的口味。说起来吃辣，东北人也不示弱，到了沈阳，四川火锅店的老板们才感觉找对了地方，沈阳人的热情几乎让他们将这里当成了第二故乡。

【大连：咸鱼饼子】

咸鱼饼子从本地农村流入城市，如今所有小馆子大饭店都吃得上。鱼是秋天的海鱼，有棒鱼也有黄花，巴掌般大小，放入姜葱盐腌，腌好了用油煎得焦黄。饼子是用陈年的玉米面掺了豆面、白面发酵的。把锅烧上水，饼子贴在锅四周，熟了后，香气四溢。

【呼和浩特：蒙古烤肉】

马背民族的地道风味是烤出来的。当你进了蒙古包，喝过了奶茶，双手接过热情好客的牧马人双手递过来的哈达，当你围坐在熊熊的篝火旁，享受着草原徐徐微风送来的烤肉香，你势必会想起"风吹草低见牛羊"的诗句。

【乌鲁木齐：手抓羊肉】

手抓羊肉的鲜美实际上并不如我们想象的那样是因为"用手抓"而得名的，而是因为新疆当地的羊、当地的水还有当地的烹饪方法。将整只羊去皮和内脏，洗净后放入锅中，用天山雪水煮之。即将起锅时抓大把盐撒入锅中，或者直接以出锅羊肉蘸盐巴，真是鲜香无比！

【伊犁：马肉】

伊犁马享誉天下，伊犁马肉自然也胜过其他马肉。以调料熟煮马肉之后，大刀片之，码于盘中，马上就可食用，其肉质贵在香而不腻，经久耐嚼。然而马肉毕竟还属于"昂贵"食品，就算是在伊犁，吃马肉也只能是偶尔为之的"大餐"。

中国各地、各民族饮食习惯与美食

197

【喀什：馕坑肉】

"不到喀什不算到新疆"，到了喀什不吃馕坑肉只能算是白来一趟。维吾尔族人每家的门口都有一个用来制作馕的土坑，一半在地下一半在地上。将抹好作料的整只羊封闭在馕坑内，以暗火慢烤。烤熟之后，打开馕坑，香气四溢，用"十里"来形容毫不夸张。

【天水：天水杂烩】

天水被称之为"陇上小江南"。据《中国西北角》描述："甘肃人说到天水，就等于江浙人说到苏杭一样，认为是风景优美、物产富裕、人物秀美的地方。"

除了天水呱呱、天水猪油盒、秦安麻腐馍、秦安肚丝汤等小吃之外，这里还有更加受人喜爱的天水杂烩。将鸡蛋清和蛋黄搅匀，摊制成薄饼。取鲜五花肉剁碎，放入盐、淀粉、花椒后拌匀，置于两层薄蛋饼中间压平，上笼蒸熟，切成条形，便做成了夹板肉。以夹板肉为主，再配上响皮条、丸子，浇上鸡汤，撒上葱花、香菜、木耳等，盛入汤盆，量足汤多，荤素搭配，边喝边吃，不油不腻，味道鲜美可口。

【库尔勒：烤鱼】

烤鱼是很常见的一种吃法，可是到了库尔勒，烤鱼也显出了不同。鱼是博斯腾湖出产的鲜嫩肥美肉质清甜的小鱼，水是博斯腾湖千年雪山融汇而来的纯净雪水，鱼肉随意的穿在小木棍上转动翻烤，只需刷上孜然、盐巴和酥油即可，慢慢地就香气四溢了。新疆闻名的是烤全羊，可是库尔勒的烤鱼却肯定是你更清爽适口的选择。

【延安：羊腥汤】

延安好吃的东西非常多，但是最应该尝一尝的是羊腥汤。这种汤的制作方法很简单，将羊肉、羊杂加上辅料熬制成汤。围着羊肚手巾的老乡蹲在一起，手中捧着热气腾腾的羊腥汤，在四季平均气温只有9摄氏度的延安，这个冬天很温暖。

【西安：凉拌驴肉】

驴肉具有补气血、益脏腑等作用，民间有"天上龙肉，地上驴肉"的谚语。陕西关中盛产名扬大江南北的"关中驴"，自清代咸丰年间起就有"凤翔腊驴肉"，古时驴肉只有生熟两种吃法，如今又多了驴肉汤锅和肉炒菜，再加上川菜和药膳作法，肉美，味鲜。而最有特色的吃法，还要属凉拌驴肉，爽滑、筋道。

【敦煌：双塔鱼】

敦煌食风深受草原游牧民族的影响，"烤全羊"是市内所有饭店、宾馆必备的一道菜。"安西三绝"，即锁阳酒、瓜州瓜、双塔鱼，是安西也是敦煌饮食文化之源流。锁阳酒用药固精壮阳，瓜州即敦煌，盛产蜜瓜已有3000多年历史了，周穆王宴请西王母及诸侯就用的是瓜州蜜瓜。出自双塔的淡水鱼，肉质细嫩爽口，是今天敦煌"大汉雄风"、"盛唐气象"、"敦煌新景"、"市井百吃"四大美食系列之中的主打菜品。

【银川：雪花羊肉】

雪花羊肉使一向以腥膻味厚著称的羊肉营造了一种最浪漫轻盈的联想。这道菜是将熟白羊肉片去皮拍松，切成骨牌块又加料渍匀。然后再用鲜牛奶、鸡蛋清拌进了鸡肉、鳜鱼肉的细茸，入小笼屉蒸透后再撒上百合粉。复杂的工序至此还远没有结束，把抽打起泡的鸡蛋清分别浇在蒸透的羊肉块上才是形似雪花冰莹玉洁的由来。坐勺上火，然后层层加料、勾芡，最后淋上鸡（鸭）油，一道造型别致、入口松软鲜嫩、如雪花之即融的"雪花羊肉"这才算是大功告成。用工之考究确实很有些贾府茄子的味道。

【太原：过油肉】

太原的餐馆几乎都被粤、川、京、鲁菜给占据了，本地菜叫得上名字的好像只有一些面点小吃。过油肉也有点面点小吃的意思，但是它正儿八经是当地的一道颇受欢迎的传统菜。这道菜选用上等精肉，切成薄片，外面薄薄蘸一层鸡蛋勾成的芡，在油里氽一下，捞出来以后煸炒，随便哪家饭馆都会做，做出来的味道也相差无几。尽管名字让人疑心，但味道却是香而不腻，值得一尝。

【大同：烩菜】

大同人口味比较杂，不太讲究，各路菜系照单全收。基围虾、红烧甲鱼这些都是上面子的，实惠又好吃的烩菜则被本地的厨师操练的炉火纯青。烩菜带有东北菜的味道，土豆、白菜、粉丝、猪肉一锅炖煮，大鱼、大虾也全都下入锅内。

【西宁：夹沙牛肉】

在 2000 年举办的中国杭州第一届美食节上，西宁选送了 311 个具有高原特色的风味菜肴，金牌总数居于全国首位，想不到吧？青海人居然将鸡蛋黄白分离做成"黄金白银乌丝糕"（发菜蒸蛋），而且还能用鸡蛋把牛肉先裹后炸，做成不似牛肉通体金黄的夹沙牛肉。

【重庆：水煮鱼】

"麻上头，辣过瘾"，水煮鱼是重庆的名菜，制作工序非常简单：把新鲜的鱼切成薄片，然后用盐稍稍腌渍一下，再上滚水氽。真正味道的好坏主要取决于麻椒、辣椒原料的好坏以及红油熬制的水准。

【秦皇岛：清蒸海鲜】

来到秦皇岛当然要大啖海鲜，本地人喜欢清蒸海鲜，无论是螃蟹、虾还是蛤，放上水，清蒸，吃的时候蘸上一点姜醋汁，那个鲜！吃海鲜是要分季节的，螃蟹一年两季，四月底开始吃皮皮虾，当然也可以不论季节，吃养殖的，但是在秦皇岛人眼里那就不叫海鲜了。近年来烧烤海鲜开始流行，有一种称为青皮子的小杂鱼，细长，脊背那儿有点青，不能炒着吃，只能烤着吃，味道鲜美而且特别便宜。

【青岛：海鲜小豆腐】

用海参、虾仁、鱿鱼和蛤蜊等小海鲜，然后再搭配葱花、豆腐炒成的各式各样的海鲜小豆腐，口味鲜香而油腻，吃的时候再就上葱油饼子就齐全了。饭店开在各种古老的欧式建筑中间，从饭店的每一个窗口都能看得见碧海蓝天、金色沙滩，谁说青岛不是个好地方呢?

【烟台：蝎滚绣球】

烟台菜是胶东风味，以烹制海鲜见长。毒蝎也是山东人的盘中物，油炸山蝎是山东非常有名的风味菜点，而烟台人的蝎滚绣球便是吃毒蝎的又一杰作。

【石家庄：抓炒全鱼】

从传统的角度来看，石家庄实在太年轻了，年轻得没有自己的特色，所谓的石家庄菜，实际上就是吸收了京、鲁等地菜系特点，再加以创新而成。本地菜中有一道抓炒全鱼颇见石家庄人的这种"胸襟"。抓炒全鱼的材料是大鲤鱼，精彩之处在于刀功。端盘上桌，一盘菜就会占去三分之一桌面，既好吃又有气氛。

【承德：万字扣肉】

万字扣肉原本是一道宫廷菜，如今成了寿辰名菜，具体做法是将红烧猪肉切成3.3 厘米见方小块，然后用小刀逐个将肉块由外及内，按照方形绕圈向肉块中心呈"万"字形。

【唐山：酱汁瓦块鱼】

河北风味主要有三大流派，冀中南派、宫廷塞外派、京东沿海派。京东一派以唐山为主，擅长烹制鲜活海产原料。其特点是原料丰富，刀工细腻，口味清鲜，注重清油亮芡，菜品配以精美的唐山瓷器，别具特色。酱汁瓦块鱼便是唐山菜中的"翘楚"和典型。

【南京：芦蒿炒香干】

如今，盐水鸭还是南京人待客必备的一道菜，但每每都会歉疚地加上一句：现在这鸭子是越来越肥了。外地人初来南京，都会慕名尝一尝芦蒿炒香干，南京人也以"芦蒿只有南京才有"而自居。实际上产芦蒿的地方很多，但都没有南京人对待素菜的那份精细。南京人吃芦蒿，一斤会要扔掉 8 两，只留下一段干干净净、青青脆脆的芦蒿杆儿尖。炒香干也是"素"炒，除了一点油、盐，基本上不放其他的作料，主要突出的就是芦蒿杆儿尖和香干相混的那份自然清香，食后齿颊格外清爽。

【无锡：肉骨头】

无锡人喜欢吃酸酸甜甜的东西，肉骨头的味道会让人想起糖醋排骨，但是骨头上面的肉更松、更厚、更酸甜适度，就连骨头都酥软的能够咬着吃。多年以前肉骨头就做成了真空包装，火车站经常会看到有人八盒、十盒地往车上提。

【扬州：清炖蟹粉狮子头】

扬州人对自己家乡的菜式、口味有着不容改变的偏好。粤菜风行之际，扬州人也吃早茶，可是从点心到吃法都是地道的维扬式，而且还会边吃边加上评论："我们扬州老早就有早茶了。"清炖蟹粉狮子头相传也有近千年历史了，到现在还是百吃不腻。"狮子头"，主要用料是猪肉、螃蟹肉、蟹黄、调料，下面再垫上青菜心，上笼焖。用扬州的地方话说："猪肉肥嫩，蟹粉鲜香，菜心酥烂，须用调羹舀食，食后清香满口，齿颊留芳，令人久久不能忘怀。"

【南通：天下第一鲜】

凡是有海的地方餐桌上基本都不会少了蛤，可是只有南通的大人小孩敢于说自家碗里的是"天下第一鲜"。菜花黄的时候，就是南通人踩蛤的狂欢节。赤着脚丫在海滩上踩，那蛤憋不住气露了头，拾起带回家养上两天，或煮或烧，奇鲜无比。南通的蛤是文蛤，这里的海滩独有，一只可重达半千克以上，如今文蛤很少能上市场。常常是渔民正在采捕，小贩已经来到海滩商议价钱了，而在远处的公海上，日本、韩国的船早就已经停在那里，在等着小贩的船送货上门了。想吃？只有自己去踩了。

【苏州：葱烤鲫鱼】

苏州人喜欢吃鱼，但是挑嘴，有人不吃鲤鱼，有人不吃鲢鱼，唯有鲫鱼，从不曾听说有人不吃。

苏州小孩学会说"鲜得来"这句话，肯定是在吃鲫鱼时学的。葱烤鲫鱼这道菜注重的就是鲫鱼的鲜美。在滴着酱红汤汁的鲫鱼背上，放着半寸来长脆生生的葱

人间有味是清欢——饮食卷

段。尽管不知道为什么这样就是"葱烤"了，可这儿总是人们最先下箸的地方。

【徐州：sha 汤】

徐州菜的特点是黑乎乎、黏乎乎、辣乎乎，这是因为徐州人爱放酱油、爱用淀粉、爱显示自己嗜辣。有一道用麦仁、鸡丝、海带丝、笋丝制作而成的汤，味道极鲜，每每令人连吃两碗。可仍然是各种原料混做一团，以至于汤成了名副其实的粥。sha 汤，实际上就是一个疑问句——"啥汤?"由于中吃不中看，故至今没有走出徐州。

【高邮：香酥麻鸭】

高邮的咸鸭蛋如今已经成了发遍全国的年终福利了，由此可揣想高邮到底有多少万只鸭，由此再联想到高邮人引以为傲的"全鸭宴"，相信没人会怀疑高邮人对于鸭的每一个部位的完美利用能力。"全鸭宴"的阵势现在不太突出，可是"全鸭宴"上的一道名菜香酥麻鸭，还经常会以"压轴戏"的角色在维扬地区的宴席上频频亮相。因此本地人赴重要宴会，口袋中都会自带一塑料袋，当酒足饭饱，香酥麻鸭上桌，便打包回府。

【梅州：客家酿豆腐】

千年古城梅州，素有"客都"之称，中原人"衣冠南迁"到这里，不仅将"读书皆上品"的风气带来此处，也形成了自己独特的饮食文化——客家菜。客家酿豆腐是先将火柴盒大小的水豆腐炸成金黄色，然后把猪肉、鱼肉做成的馅"酿"入其中，加上葱花，香油，盛在鸡汤瓦煲内焖着，直到香气四溢。可能是到了梅州的客家人一时无麦可包饺子，才创出这样的美味。

【湛江：本地鸡】

湛江旧称"州湾"，和茂名、阳江等地饮食习惯相似。湛江菜为粤西菜，注重粗料精制，原汁原味。湛江本地鸡一度风行广州食肆。正宗湛江鸡的选料来自湛江信宜县吃谷米和草长大的农家土鸡，是生长速度慢或刚刚生下头一窝蛋的小母鸡，这样的鸡肉质结实，容易积聚养分。制作好的鸡外表金黄油亮，入口皮爽肉滑，香味浓郁，再加上一碟香油蒜汁蘸料，让人舍不得放下筷子。

【长沙：口味虾】

2000 年时口味虾在整个长沙市狂卖，家家餐馆、排档无一不做口味虾，而作为主要原料的草龙虾价格也由早年的每斤一块多钱一下爆涨到了五六块钱。草龙虾是在湖区疯狂繁殖的硬壳大虾，去掉头尾后再用刷子大力刷，然后加足了辣椒、朝天椒、花椒、八角、茴香、孜然、大蒜、生姜等种种调料用酒爆炒。熟透后端上桌的口味虾红彤彤一片，又喷香扑鼻，辣得人猛吸凉气却欲罢不能。据说草龙虾牙口特别好，甚至能啃动防洪大堤，因此长沙人怀着对害虫的仇恨，吃起来分外来劲。

【长沙：口味蛇】

由于草龙虾的断档，和它一同出道的口味蛇就顺势占据了上风。口味蛇与口味虾有异曲同工之妙，将蛇剁成条，同样是用湖南的特产辣酱、大料、香叶、青红尖椒、葱、姜、味精腌制片刻，大火炒制后还要用文火煨透、入味。淋了汁摆在盘中，肥肥的蛇段已经被浸得通体红亮，蛇肉紧实，丝丝泛着透明的油光，顺着肌理一咬，弹性十足的蛇肉在舌间就霎时间化成了香气。

【湘潭：毛家红烧肉】

位于湘潭韶山冲的毛家饭店最为正宗，这里的红烧肉选用的是五花腩，将五层三花的肚腩肉用冰糖、八角、桂皮先蒸再炸后入锅放豆豉作料，做法十分讲究和复杂。制作好的毛家红烧肉色泽金黄油亮，肥而不腻，非常香润可口。

【邵阳：爆炒猪血丸子】

宝庆猪血丸子，也叫血粑，是邵阳的传统食品。主要原材料是豆腐，首先用纱布把豆腐中的水分滤干，然后将豆腐捏碎，再将新鲜猪肉切成肉丁或条状，用适量猪血、盐、辣椒粉、五香粉以及麻油、香油、味精、芝麻等作料，搅拌均匀后，制成馒头大小椭圆形状的丸子，放到太阳下晒几天，然后再挂到柴火灶上让烟火熏干，烟熏的时间越长，腊香味越浓。也可以做一铁架，架下用火炉焚烧锯木屑、糠皮、谷壳或木炭熏烤，此种熏法非常注重火候，不能过急过猛，否则口味不佳。丸子熏干后即可食用。不过，最流行的吃法是爆炒。

【襄樊：泡菜牛肚丝】

在韩国泡菜、日本泡菜风靡世界的时候，襄樊人仍然认定自家的泡菜才是最好吃最上口的。在襄樊只要家里还有几位大妈大婶就可以从床底下找出老大几个泡菜坛子。襄樊人一般是不吃牛杂的，但牛肚却是个例外，口感柔韧且有弹性。无论怎样，微辣的、酸酸的泡菜牛肚丝就是襄樊一道人人都喜欢的开胃菜。

【武汉：香菜圆子】

南方的丸子在不南不北的武汉过油一炸即称为圆子，而香菜圆子在许多年里都和藕圆子、豆腐圆子一同并称为穷人家的三宝，由于它们看上去金黄松脆与肉圆子一无二致直到入了口才见真招，因此特别能给穷人家争脸。不过金玉其外的联想终归还是使它们难登大雅之堂。在物质丰富的今天，宴席间倒很有点"食肉者鄙"的味道，香菜圆子和其他的素食圆子兄弟就此成为了素食、健康食品的潮流，成为了新宠。

【广州：老火靓汤】

煲汤是广州主妇们的必修课程。地道的广州人没有不喜欢喝汤的，无论是家里做的还是大小馆子里卖的，广州的老火靓汤基本全都是一个目的——滋补！广州人夏天会用冬瓜煲排骨加扁豆来降火，冬天则会用花旗参煲鸡祛寒。

【顺德：菊花鱼生】

顺德自古以来都是富庶之地，当地人劳作之余，喜欢用本地物产精心烹调，互相品评，整体厨艺颇高，在广州、港澳及东南亚一些城市有很多来自顺德的厨师，"食在顺德，厨出凤城"。顺德菜式主要以清、鲜、爽、嫩、滑为特色。在闻名的炒牛奶、顶骨大鳝之外，菊花鱼生也是更具代表性风格的菜肴。

【深圳：重庆老火锅】

深圳似乎是一个很容易"登陆"的城市，什么风格的饮食都可以找到一席之地，当然现在最热的是火锅，因此重庆老火锅在此大受欢迎。

重庆火锅以麻辣为主，兼具咸鲜、酸辣味，分为清汤火锅、红汤火锅和鸳鸯火锅，以调汤考究见长，具有原料种类众多、荤素皆可、适应广泛、风格独特、场面热烈等特色。

【珠海：黄骨鱼】

四川人吃的黄辣丁，南方人称为黄骨鱼。珠海是一座吃惯海鲜的城市，又多为移民，没有什么自己的菜系，只得嘴大吃四方。这款流行的黄骨鱼，其实是湘菜出品的一味佳肴。

【潮汕：卤水鹅掌】

潮汕一家，潮菜好味。像卤水鹅掌这种人们最常见的卤味，在广州或全国其他地方都是可以吃到的，虽然有时候感觉味道不错，可是大多时候总觉得味道就是差那么一点点，只有来到潮汕地区，方能够吃到正宗地道的卤味。卤水鹅掌是用卤水、丁香、大料、桂皮、甘草、陈皮、大茴、小茴、花椒、沙姜、罗汉果、玫瑰露等料配制而成，唇齿留香不着一物。

【厦门：水煮活鱼】

这道菜近年在厦门的走红，起码表明胃口一直十分挑剔甚至顽固的厦门人对川菜的认同，很多人将此归结为这个城市外来人口的剧增所造成的外来菜式在厦门的大举登陆。只 2000 年一年，厦门这个人口仅 60 万的小城稍上档次的川菜馆就新开了将近 30 家。

但水煮活鱼的味道也的确不错，尽管用料简单且大众（草鱼），烹制方法也未见奇特（水煮），可是其辣与鲜的奇妙结合既满足了厦门人对鱼类海鲜持久不易的口味，同时也是其传统"沙茶情结"在整体川菜流行大趋势中的延伸。

【厦门：菊花酿鱼肚】

从 1977 年开始，厦门人就一年一度举行菊花展，如今他们将对菊花的情有独钟与吃鱼肚的嗜好结合了在一起，于是就有了做成菊花型的菊花酿鱼肚。在水煮活鱼风行的同时，厦门人从熏肉煨鱼肚、锅仔青瓜鱼肚、红油鱼肚丝一直吃到菊花酿鱼肚。

【郑州：鲤鱼三吃】

郑州也喊振兴豫菜，可是又自嘲：凡是需要振兴的东西，离灭亡也就不远了。鲤鱼三吃是郑州的名菜，旧时的鲤鱼食材要用黄河鲤鱼，饭馆买回鲤鱼来，必须在清水池里面养上两三天，将土腥味吐干净，才能捞出来下锅。现在这种讲究就有点奢侈了，但一鱼三吃还是让人食指大动。一条鱼一半干吃，一半糖醋鱼块，头尾杂加萝卜丝制作成汤，最有味道的是将糖醋汁拌一份面条吃，与杭州西湖醋鱼拌面有异曲同工之妙。

【开封：芝麻翅中翅】

来到开封你一定要吃正宗的豫菜。豫菜的用料一般都很家常，与众不同的是调味和火候。芝麻翅中翅实际上就是腌鸡翅外裹蛋汁再蘸芝麻，放油中炸。炸熟的蛋汁酷肖蝉翼。豫菜中难得有这样美丽与美味兼备的菜。

【洛阳：连汤肉片】

洛阳人爱吃水席，几十道菜，汤汤水水下来，吃得人大呼过瘾。汤肉片是水席中必备的名菜，其中又以主营豫菜的老店"真不同"所做为最佳，它是用精瘦肉为主料，木耳、金针菇、大绿豆等为辅料精心制作而成，肉片微酸，滑嫩可口。

【安阳：扣碗酥肉】

中原一带的安阳，口味偏淡，可是近年来川菜、粤菜、东北菜接连进入，到饭馆吃饭，安阳人喜欢各种菜式都点一些。本地的传统菜式八大碗依然很受欢迎，红白喜事尤其少不了。以现在人们的口味而论，扣碗酥肉最具继续发展的潜力。

【南阳：镇平道口烧鸡】

来到南阳，必须要在南阳的梅溪肘子、肉丸扣碗、白土岗辣子鸡等美食中选一道，南阳人忍痛割爱最后还是选了道口烧鸡。你品尝过整鸡一抖骨肉分离的烧鸡吗？从清宫御膳房的御厨那里传出来的烧鸡秘方，成就了 300 年经久不衰的道口烧鸡。

【济南：孔府地锅一绝】

孔府地锅一绝与广州煲基本差不多，它的配料非常简单，主要是巴鱼、萝卜、豆腐、青椒、大葱，饼是用玉米面制成的，灿黄得可人。吃的时候，将鱼放在圆圆扁扁的饼上，佐以老豆腐和圈萝卜，不需要任何蘸料，但是那一点点的汤渗下来，就是人间美味了。入口后有点咸，有点辣，还有那么一种不知名的感觉在舌间缠绕着，天气冷的时候，吃着心暖。

【成都：谭鱼头】

"谭鱼头"所用的特殊辣椒，必须要有特殊土壤和海拔高度才能种植，而且每年采摘期仅仅 7 天，采后精选装坛，用特殊的方式储存一年以上才能入锅。这种辣椒让火锅辣色鲜艳，辣香浓郁，辣感柔和，让喜辣者更喜辣，惧辣者不惧辣。当然，花鲢鱼头也是营养丰富的好东西。

【德州：德州扒鸡】

德州的扒鸡名扬四海，就是这一道菜让德州出了名，也让全国各地大小烧鸡店的招牌高度统一：德州扒鸡！五香酥骨扒鸡是正宗德州扒鸡的全称。这种扒鸡的特点是五香脱骨、肉嫩味纯、清淡高雅、味透骨髓。造型上两腿盘起，爪入鸡膛，双翅经过脖颈从嘴中交差而出，整个鸡呈卧体状，色泽金黄，黄中透红，远远看上去如同乳鸭浮水，口衔羽翎。

【海口：砂锅文昌鸡】

号称海南"四大名菜"之首的文昌鸡是由于产于海南文昌市而得名的，每只重约 1.5 千克左右，比较传统的吃法是白斩，最能表现出文昌鸡鲜美嫩滑的原汁原味。同时配以鸡油鸡汤精煮的米饭，俗称"鸡饭"。海南人称"吃鸡饭"就是包含白斩鸡在内。在全国各地砂锅一片热的影响下，海南的文昌鸡也出现了砂锅化的趋势。

【三亚：红咖喱金瓜加积鸭】

加积鸭，民间叫做"番鸭"，是由琼籍华侨早年从国外引进的良种鸭。其养鸭方法非常讲究：首先是给小鸭仔喂食淡水小鱼虾或蚯蚓、蟑螂，大约两个月之后，小鸭羽毛初上时，再用小圈圈养，缩小它的活动范围，并用米饭捏成小团块填喂，20 天后就能长成肉鸭。这种鸭的特点是，鸭肉肥厚，皮白滑脆，皮肉之间夹一薄层脂肪，格外甘美。再配以红咖喱与金瓜，更显活色生香。

【南昌：藜蒿炒】

"鄱阳湖的草，南昌人的宝"说的就是这道菜。南昌和九江两大城市联手推出的这道菜尽管不昂贵，但却是江西人的爱物，一有机会就会点给外地朋友和离开江西太久的人吃。藜蒿是鄱阳湖区特有的一种水草，中医指出它味甘、性平、微毒，可清热、利湿、杀虫。藜蒿取其嫩茎大火烹炒，如果加些韭菜更能"衬"出藜蒿的"原香"。韭菜味道咸香柔软，藜蒿脆嫩香甜。湘菜中也有这道菜，不过，是取藜蒿根炒，而且陆上藜蒿不够香脆。

【赣州：赣南小炒鱼】

很多人一不小心就将赣南小炒鱼说成了赣南炒小鱼，其实这是不一样的。"鱼饼"、"鱼饺"和"小炒鱼"合称为赣州的"三鱼"。赣南小炒鱼是由明代凌厨子首创的地方风味菜，吃到今天仍在风行，因为是用小酒（赣州习惯称醋为小酒）炒鱼而得名。小炒鱼选用鲜草鱼，去掉鱼的头尾，改刀成块状，加上生姜、四季葱、红椒、小酒（醋）、酱油、水酒等辅料烹制而成，色泽金黄，味鲜嫩滑，略带一点醋香。

【萍乡：辣子炒熏肉】

"江西人辣不怕"，辣在萍乡。由于毗邻湖南的关系，萍乡人在吃辣上煞是生猛，据说就连水蒸蛋都要放些辣椒末。辣子炒熏肉则是很有代表性的辣菜，因为辣味补给到了熏肉身上，使熏肉香的抒发更加酣畅浓厚。

【吉安：井冈山烟笋烧肉】

八百里井冈全都是竹的海洋，不同品种的竹笋易制成笋干。人们将煮过的笋用炭火焙烤成笋干，由于呈黑褐色，所以称为乌烟笋。以其烧肉，肉味甘美，而笋味绵长。

【安顺：炒饵块】

饵块烧、煮、炒、卤、蒸、炸食用均可，但炒饵块最显饵块的特色。将饵块切成寸方小薄片，加上火腿片、酸腌菜末、大葱、韭菜、豌豆尖炒制，再淋上甜、咸酱油，拌以适量油辣椒，吃起来香甜浓厚，咸辣醇正。

【泸州：鱼头火锅】

四川火锅起源于长江与沱江交汇处的川南重镇泸州，此处的火锅业非常兴旺，造就了许多品牌的火锅店。鱼火锅主要有长江鲜鱼黄辣丁、砂锅鱼、半汤鱼，家常麻辣，鲜美而不燥火，突显川南风味。

【成都：泡椒墨鱼仔】

有一个名为"毛了"的作者是这样描述川味海鲜的：自海鲜变节从了川菜以后，它仿佛焕发了它的第二春！铁例之一就是泡椒墨鱼仔。

这菜主要食材是四川的泡海椒（子弹椒），一定要选色泽鲜红、体大肉厚的海椒，泡的火候也需恰到好处。成菜红白分明，赏心悦目！泡椒的味全都溶在墨鱼仔里面，还带点回甜的味道。

【宜宾：黄辣丁鱼火锅】

长江边上的黄辣丁，其实就是"巴实黄辣丁"。"巴实"是什么？这是四川话，意思是，好得不能再好。

在宜宾制作的黄辣丁不是红烧或清蒸，而多是采用川菜的吃法——黄辣丁鱼火锅，肉质鲜嫩无比。

【重庆：香辣蟹】

集火锅与海鲜于一身，融川菜和粤菜为一体的川菜香辣蟹是由成都人研究出来的，却是如今重庆人最喜欢的一道菜。这道菜香而不闷，辣而不燥，鲜而可口。先用油、豆瓣、香料等烹制好后上桌，将蟹吃完后，把剩下的作料加上汤，吃了螃蟹肉才开始涮锅，过罢螃蟹瘾，再过一把火锅瘾。

【桂林：爆炒乌鸡】

在其他地方多半用来炖汤的乌鸡到了桂林就因地制宜地改为了爆炒。这是因为桂林人素来喜欢酸辣为主的浓重口味，一道桂林米粉由此横扫天下。但"药补不如食补"的风潮也刮到了桂林，清淡的乌鸡汤一向乏人问津，于是本地菜馆就自创以火红的干辣椒和果菜丁爆炒的乌鸡块，果然非常受欢迎，可以说是"以酸辣的方式将进补进行到底"。

【阳朔：啤酒鱼】

阳朔啤酒鱼，是桂菜近年来受粤、川风味影响的大成之作，本地人所谓的绝招原来却只有两条：首先是需要在阳朔煮，其次是需要鲜活的漓江鲤鱼。将活鲤鱼开膛破肚但不要刮鳞，平剖两半，每半边再横砍几刀以便入味儿，然后撒上姜丝等作料，投入油锅猛煎，直煎得鱼鳞变黄卷起，再淋入酱油，撒上红辣椒，倒进半瓶啤酒，盖上黄焖。再揭盖的时候，浓香四溢，啤酒鱼皮脆肉嫩，滑爽溢香。

【上海：炒鳝糊】

外地人来到上海，惊羡的是上海的西餐，上海人也愿意变着花样以各国"正宗"的西餐来招待客人。浓油赤酱的上海本帮菜逐渐失去了阵地，唯有几道名菜还让有着怀旧情结的人牵挂不已，比如炒鳝糊。梁实秋曾经在一篇专论吃鳝的文章中，解释说炒鳝糊是因为鳝不够大做不成鳝丝的等而下之策。可是能将"下脚料"做的这样咸中带甜，油而不腻，也足见上海人的精明本领了。

【龙岩：酒醉河田鸡】

这可以说得上是一道客家经典菜了，前些年曾经在闽粤的一些城市（如福州、厦门、潮州等）风行，但是在龙岩，就算现在川、湘菜已经席卷全国，这道酒醉河田鸡仍然可称得上是长盛不衰的菜品。

盛产于长汀的河田鸡号称世界五大名鸡之一，据说是以三黄（嘴、脚、毛）三黑（两翅、内侧、尾端）驰名。不过，这道菜最绝的却是在酒上，只有用客家酒酿烹制才可以做出集鲜、嫩、香于一鸡的美味。

【泉州：姜母鸭】

泉州人嘴馋，在古城美食街上，姜母鸭大受青睐。泉州人"补冬"会买鸡、鸭、虾、蟹，如果想方便点，就会买现成的姜母鸭。泉州的姜母鸭是从厦门传过来的，是闽菜烹饪一绝。

姜母鸭分为咸、淡、辣三种口味，具体做法是猛火开、温火炖、补药下锅翻三翻，起锅时油而不腻，口味独特，香气四溢。

【彭州：九尺板鸭】

彭州的鸭子脖子都非常长，制成板鸭，整个平原都会流出口水。彭州是成都近郊素有养鸭传统的城市，九尺镇是彭州的家禽集散地，农民们把一只只刚刚宰杀的鹅、鸭装上车，运进成都，成都人有吃"九尺鲜鹅肠火锅"会上瘾一说。

最经久不衰的还是九尺板鸭，如今，它已经是四川名"鸭"级的美食了。

【绍兴：霉干菜烧肉】

一般人来到绍兴，首先想到的是咸亨酒店的茴香豆。实际上绍兴菜的风味，一是霉，二是糟。糟的东西有糟鸡、糟虾，外地人通常吃不惯，就像臭豆腐一般。能够品出妙处的，还是霉菜。绍兴人爱用大白菜发霉，外地人是很难学会的。霉干菜烧肉，香，爽，而且还有独特的咀嚼感。

【宁波：雪菜笋丝汤】

如果去宁波，一定要当地人带你去点这道菜，自己去点点不到，因为你很容易就忽略了这个名字。这道汤名副其实，里面只有两样东西，雪菜和笋丝，看起来非常清爽。宁波雪菜与其他地方的是不一样的，超市里卖的会在上面特地注明"宁波雪菜"。

【金华：兔头煲】

金华的火腿很有名，兔头是在这两年才兴起来的。金华人原本就喜欢吃兔，兔头本来不上大席。可喜的是大排档风行，人们的口味越来越刁，兔头煲才得以盛行开来。讲究的杭州人也开始食用兔头煲，于是，金华兔头煲有了被承认的欣喜。

【温州：红烧梭子蟹】

温州人喜欢海鲜，有一种血蚶，是生着食用的，其味鲜美，可是食者唇齿间难免会血色斑斑，望上去不免有些恐怖。红烧梭子蟹就无虞"杀生"之嫌，尽管名为"梭子"，其肉却异常丰美，其味之鲜，不在血蚶之下。

【周庄：万三蹄】

万三蹄、万三肉、焐熟藕、腌苋菜、万三野鸭等早就已经成为周庄美食的代表。但其中尤以"万三蹄"为最，据说江南巨富沈万三"家有筵席，必有酥蹄"。万三蹄以猪蹄为原材料，佐以调料，用旺火烧煮，经蒸焖后，皮润肉酥，汤色酱红，肥而不腻，咸甜适中，肉质酥烂，入口即化。它的吃法更是与众不同，在两根贯穿整只猪蹄的长骨中，把其中一细骨轻轻抽出，蹄形纹丝不动。以骨为刀，蹄膀被顺顺当当地剖开，让大家分而食之。

万三蹄是周庄人逢年过节、婚庆喜宴的必备之菜品，寓意为团圆，游客则拎着真空包装的新鲜万三蹄回家尝鲜。

【昆明：鸡杂炒干巴菌】

菌类向来以其味道鲜美著称，野生菌类的鲜美自然是更胜一筹。如今，吃腻了大鱼大肉、地理位置得天独厚、一贯以与自然和谐共处闻名的昆明人，又喜欢上了野生菌类。一道鸡杂炒干巴菌看上去可能有点儿其貌不扬，可是那种美味异香让但凡吃过的人都很难忘却，甚至还有人这样形容："鲜得恨不能连舌头吞下去。"

【大理：翠梅酸辣鱼】

在大理守着洱海吃鱼，可以说是得天独厚。雪山融雪汇成了洱海之水，如此水质又滋养了分外鲜嫩的洱海鱼。当趁鲜采摘的青梅翠色犹在，一道用青梅来入味、以辣椒为主料的"翠梅酸辣鱼"就新鲜出锅了。果酸充分调和了鱼腥，更好地保持了鱼肉的口感和营养，具有味香、色红、口感爽滑的特点。

【丽江：牦牛火锅】

由于丽江的景致太多，而常常让人忽略了它的美食。实际上，只是一道牦牛火锅，就足以让你彻底爱上丽江。牦牛生活在无污染的高原，食草而生，肉质细嫩，是藏族人家的最爱。牦牛火锅如今是品尝牦牛肉的鲜美的最佳途径了。

【西双版纳：傣味拼盘】

西双版纳，是地球上北回归线沙漠地带上的一片绿洲。这里的烤鱼、香竹饭、油炸青苔、炸牛皮，是你最应该品尝的傣味拼盘。

【腾冲：大救驾】

大救驾其实就是炒饵块，有典故说清初吴三桂率清军攻打昆明，明朝永历皇帝的小朝廷一路奔逃来到腾冲，饥饿难忍时，本地人炒了一盘饵块送上。永历皇帝吃后连连称赞："炒饵块救了朕的大驾。"炒饵块由此改名。腾冲出产的饵块细糯、色白、有筋，切成菱形片，加上鲜猪肉片、火腿片、酸菜、葱段、菠菜段、番茄丁、糟辣子、鸡蛋等炒香后，再加入少量肉汤焖软，然后用酱料调味，再配一碗酸汤，就上了桌。今天在以旅游为支柱产业的云南，有典故有渊源的菜自然发展的就快些，而米食配酸汤，爽口、开胃又益于消化，于是，大救驾便坐上了热门儿菜的位置。

【合肥：咸鸭烧黄豆】

合肥本地的家乡菜，就数咸鸭烧黄豆最受欢迎，很香，在任何一家饭店都能吃得到。冬天的时候吃咸鸭烧黄豆最好，特别是在自己家里，可以雾气腾腾烧上一两个小时。

【芜湖：芥菜圆子】

芜湖是个有着浓郁江南特色的地方，饮食讲究精致、清爽，凤凰美食街的小吃夜市非常出名。来到这里，可以吃到清蒸刀鱼等很多小吃佳肴，而芥菜圆子的流行也很迅速。芥菜圆子的做法很简单，就是将香菇用清水泡发，胡萝卜洗净去皮，二者全都切成细丁；芥菜洗净，梗切丁，叶切丝；将豆腐捏碎，加入香菇、胡萝卜、芥菜、鸡蛋、盐、胡椒粉搅拌均匀；锅中多倒一点油，小火烧热，取适量豆腐蔬菜泥用手和勺子配合制成丸子，轻投入锅中，炸至金黄色捞出，然后用厨房纸吸油后即可食用。

【房县：清炒小花菇】

在一般人的印象里，小花菇虽鲜美，但是却通常是用来调味的，然而在新鲜小花菇的产地房县，嫩生生的小花菇则是清清爽爽炒来当菜吃的。

不用放入太多的调料，小花菇先天的鲜美醇厚在这儿尽显无遗。实际上，也就是随着食用菌培育技术的不断进步，过去的山珍小花菇才经得起这样整盘整盘地大吃大嚼，菌类丰富的营养成分和可以抗癌的新说更是让人吃出许多的满足。

【天津：炒清虾仁】

常言道"吃鱼吃虾天津为家"，到了天津大啖一番鱼虾自然是少不了的。以前在天津吃海鲜河鲜多半是趁活蒸了再剥壳蘸酱，但是，这两年天津人也吃出一个精巧来，炒清虾仁就是一个最典型的代表。虾仁是活虾过了水现剥出来的，肉甜饱满，然后再配上切片的小青瓜就在清油锅里爆炒两下，出锅后瓜脆虾鲜，色泽诱人，确实清爽得使人有些齿颊生香的感觉。

【沔阳：沔阳三蒸】

"清蒸菜最能保证营养不受损失"的说法现在已经人所共知，"沔阳三蒸"也由此在"吃要吃得科学"浪潮中重焕青春。三蒸，也就是蒸肉、蒸鱼、蒸菜（可随意选择青菜、苋菜、芋头、豆角、南瓜、萝卜、茼蒿、藕等数十种），非常符合荤素搭配、营养均衡。这道菜又名沔阳粉蒸，所有蒸菜都要裹着捣细的米粉，菜的本香配上大米的清香，回味悠远。

【永州：炒血鸭】

"炒血鸭"乍一听总会让人引起不爽的感受，看起来也是紫红色呈糊浆状，但是，在会吃鸭的人看来，鸭血可是清火败毒的好东西。永州人自然是会吃鸭的，因此他们挑了最生猛鲜活的鸭一刀划入颈下，让鸭血淌进已经盛了料酒的碗内。鸭子去毛剖腹切块，然后与生姜、干红辣椒、蒜瓣一道入油锅爆炒，再加上鲜汤焖至快干，最后把鸭血整个儿淋在鸭块上，边淋边炒，再加料起锅。鸭血香滑，鸭肉格外鲜嫩，擅吃鸭者莫过于此。

【拉萨：生牛肉酱】

藏药一向都很神秘，拉萨招待贵宾必不可少的生牛肉酱，就是用几种可以入味的藏药和捣碎的新鲜生牛肉奇妙地混合在一起而制成的。猩红血性的颜色，兴烈冲鼻的气味，吃到胃里更是暖洋洋热烘烘的一团。据说西藏是一个能让时间凝固的地方，千百年来藏族人都最喜欢在布达拉宫脚下晒太阳，当肚里带着一团火热，再给阳光一晒，即便是今天的藏族人仍然分外的自乐自足。

【遵义：炒折耳根】

中药中赫赫有名的鱼腥草到了贵州，就会折了嫩嫩的那段根茎来吃，唯其爽脆因此得名"折耳根"。折耳根是属于所有贵州人的标志，据说要看一个人是不是地道的贵州人，进了菜馆二话不说连点两盘折耳根的就是了。在遵义，"炒折耳根"也是每席必不可少、百吃不厌的一道菜，折耳根冲鼻的生鱼腥气和辣椒的香气组成了奇特的混合，一为冷香，一为暖香，缭绕不去，回味无穷。

【贵阳：花江狗肉】

在贵阳餐饮街上有一道奇特的景致，满街一字排开的狗屁股，狗尾巴还高高地翘起，据说这就代表着本店有着正宗的花江狗肉。

花江本地产一岁半的幼龄土狗被剥了皮、剔了骨，狗形犹存地端上了桌，然后被剐成一片一片的下进了提前炖过的狗骨头砂锅里，肉嫩汤鲜，异香扑鼻。

【安顺：二块粑炒火腿】

在安顺和兴义当地人都会向你介绍"二块粑"。自古以来。农家每年都会挑最好的粳米和糯米制作二块粑，先将米淘洗浸泡后蒸熟，舂捣如泥，再趁热揉成长方、椭圆、扁圆的形状，凉后即为二块粑。用两种米质巧妙混合制成的二块粑，爽口而有弹性，切片之后也是晶莹润泽的一片片。如果说旧时的二块粑还像一道小吃，而现在，它早就已然被返朴归真的潮流发扬光大为一道具有特色的菜了，和着火腿炒，香而不腻而且卖相十足。

【凯里：酸汤鱼】

"新八大菜系"里被加进了本来名不见经传的贵州菜，而贵州菜之所以如此神奇，是因为它的酸，对于经常食欲不振的现代人而言，种种开胃的酸听着就是诱惑。凯里酸汤鱼的酸是非常讲究的，一般是先加入特产糟辣椒和本地许多具有营养价值的中草药，借番茄酸烹制出自然酸汤，然后把清洗的活鱼下锅。有资料显示，凯里本地居民长寿人口居全国首位，酸汤鱼的营养价值获得了绝佳印证。

【台北：鸳鸯火锅】

鸳鸯火锅使很多香港艺人都为之疯狂，据说有人在离开时会将火锅材料打包回去再过瘾。火锅最关键的是汤底，有多少店就有多少种汤底，可是没有人知道汤底的材料和制作方法。与吃川菜一样，火锅的麻辣程度是分为不同等级的，鸳鸯火锅是一半辣一半不辣，任君选择。有别于其他火锅的是，材料中必备的是鸭血，还有豆腐、牛肚、鸡肉等。

【高雄：蚵仔煎】

蚵仔是高雄特产，属于壳类海产品的一种。首先要用线粉搅拌蚵仔，然后把鸡蛋打散放油煎，让鸡蛋将蚵仔包住，像鸡蛋饼一样。

【台南：炒鳝鱼】

炒鳝鱼是台南特产，辅料有糖、盐，以及韭黄。尽管用炒的做法，但鳝鱼依然能够保持鲜美，还带着淡淡的甜味。

【香港：烧腊】

烧腊包括烧鹅、乳鸽、乳猪以及一些卤水菜式。通常先用秘制的酱汁腌制一段时间然后再放置炉里烤，烧鹅、乳猪皮脆，肥美，口味略带香港人喜爱的甜味。深井烧鹅、花田乳鸽是其中最有名的"老字号"。香港人逢年过节上香拜神都会带上乳猪，电影、电视开镜一般也喜欢切乳猪寓意吉利。卤水菜式相对比较清淡，主要有卤水鹅掌（翼）、卤水鸭肾等。

【澳门：葡国生蚝】

澳门已经逐渐褪掉葡萄牙的影子，但是经典的万国建筑与葡国菜仍然留了下来。葡国菜口味比较清淡，量少而精致。将土豆泥放在两只生蚝上一起焗，二者的味道相互渗入，有意想不到的妙处。

中国八大菜系

八大菜系的形成历程和背景

【中国菜系的形成过程】

中国幅员广袤，各地自然条件、人们生活习惯、经济文化发展状况各不相同，在饮食烹调和菜肴品类方面，渐渐形成了不同的地方风味。

从春秋战国时期便开始中国便出现了南北两大风味。到了唐代，经济文化空前的繁荣，为饮食文化的发展打下了坚实的基础。此外，唐代高椅大桌的出现，改变了中国几千年的分餐制的进餐方式，形成了中国独特的共餐制，促进了我国烹饪事业的快速发展，到唐宋时期已经形成南食和北食两大风味派别。到了清代初期，鲁菜（包括京津等北方地区的风味菜）、苏菜（包括江、浙、皖地区的风味菜）、粤菜（包括闽、台、琼地区的风味菜）、川菜（包括湘、鄂、黔、滇地区的风味菜），已经成为我国最有影响力的地方菜系，后来被称为"四大菜系"。随着饮食业的进一步发展，有些地方菜愈显其独有特色而自成派系，如此一来，到了清末时期，加入浙、闽、湘、徽地方菜形成了"八大菜系"，后来又增加了京、沪地方菜便有"十大菜系"之说。虽然菜系繁衍发展，可人们还是习惯用"四大菜系"和"八大菜系"来代表我国多达数万种的各地风味菜。各地方风味菜中著名的菜品多达数千种，它们选料考究，制作精细，品种繁多，风味各异，讲究色、香、味、形、器俱佳的协调统一。这些名菜大部分都有其各自发展的历史，不但反映出精湛的传统技艺，还有各种优美动人的传说或典故，成为我国饮食文化不可分割的一部分。

【中国菜系的形成背景】

中国菜系的形成与发展，是由于特定地域的地理气候、风俗习惯、历史文化，以及古代生产力水平和地方排外性等因素共同作用产生的结果。

1. 地理环境和气候的差异

我国地大物博，幅员广袤，地理条件和气候多样复杂，南北跨越着寒温带、中温带、暖温带、亚热带、热带，东西逐渐递变为湿润、半湿润、半干旱、干旱区，高原、山地、丘陵、平原、盆地、沙漠等各种地形地貌交错，形成了自然地理条件的复杂性和多样性特征，导致了各地的食物原料和口味不同。

（1）原料不同。山东位于黄河下游，气候温和，境内山川纵横，河湖交错，沃野千里，物产富足，号称是"世界三大菜园"之一，东部海岸漫长，盛产各种海产品，故其鲁菜中胶东菜以烹饪海鲜见长。江苏位于我国东部温带，气候温和，地理条件优越，东临黄海、东海，源源长江横贯中部，淮河东流，北有洪泽湖，南与太湖毗邻，大运河纵流南北，省内大小湖泊星罗棋布，谓之"鱼米之乡"。镇江鲥鱼，两淮鳝鱼，太湖银鱼，南通刀鱼，连云港的海蟹、沙光鱼，阳澄湖的大闸蟹，桂花盛开的时节江苏独有的斑鱼纷纷上市，故而出现了全鱼席、全蟹席。驰名中外的鲜美柔韧愈嚼愈出味的盐水鸭、极为鲜嫩的炒鸭腰、别有风味的烩鸭掌，鸭心、鸭血等皆能入馔。以鸭肝为主料制作的"美味肝"一菜为清真名菜，又名"美人肝"。因此苏菜中还有全鸭席。而我国北方边疆地区的草原地带，以游牧方式发展畜牧业，他们的饮食结构大多是以肉、奶为主。

（2）口味不同。因为地理环境和气候的不同，还形成了中国"东辣西酸，南甜北咸"的口味差异。气候潮湿的地理区域多有喜辣的食俗。我国东部地处沿海，气候湿润多雨，冬春阴湿寒冷，而四川尽管不处于东部，可是其地处盆地，更是潮湿多雾，一年四季少见阳光，因而有"蜀犬吠日"之说。这种气候造成人的身体表面湿度与空气饱和湿度相当，很难排出汗液，让人感到烦闷不安，久而久之，还容易使人患上风湿寒邪、脾胃虚弱等病症。吃辣椒浑身出汗，汗液自然可以轻而易举地排出，经常吃辣能够驱寒祛湿，养脾健胃，对健康极为有利（对当地人来说）。

另外，东北地区吃辣也与寒冷的气候有很大关系，吃辣能够驱寒。山西人喜欢吃醋，可谓"西酸"之首。这是因为山西省居民的食物中钙的含量相应较多。通过饮食，极易在体内引起钙质沉积，形成结石。这一带的劳动人民，通过长期的实践经验，发现多吃酸性食物能够有利于动员骨骼中沉积的钙和减少结石等疾病。此外西部人偏爱吃硬的食物，易导致消化不良，所以爱吃酸有助消化。时间久了，他们也就渐渐养成了喜欢吃酸的习惯。

我国北方气候寒冷，过去新鲜蔬菜对北方人是比较希罕的。就算是少量的蔬菜也难以过冬，于是北方人便把菜腌制起来慢慢"享用"，这样北方大多数人也养成了吃咸的习惯。另外，因为北方天气干燥，易出汗，电解质损失多，人体内缺少电解质，就会出现"口无味，体无力"的现象，所以菜肴多偏咸。在过去，北方人说，"多吃盐有劲"。南方多雨，光热条件比较好，盛产甘蔗，比起北方来，蔬菜更是一年几茬。南方人被糖类"包围"，自然也就形成了吃甜的习惯。

2. 生产力水平的限制

这是导致饮食文化地域差异性的最根本原因。在古代，因为经济发展水平低下，"牛郎织女"就是男耕女织一夫一妻一牛的生产模式的典型代表，食物原料相对比较匮乏，牛是家庭主要的运输动力，再加上通信手段也非常落后，人们的生产活动往往局限于一个较小的范围内，食材的来源大多是就地取材。地区之间缺少沟通和交流，文化的封闭性也形成饮食习惯的承袭性，久之成为习俗。这种习俗在人一生下来就潜移默化地影响着他，并逐渐渗透到他的生活习惯、思想、观念中去，因此形成了"靠山吃山，靠水吃水"的风俗。

3. 宗教信仰和民族习惯不同

在上古人们的眼中，世界是错综复杂而且严峻无情的，他们只能依赖着感性的、质朴的思维方式去摸索着宇宙万物的奥秘，把握自然的某些表象，在他们对大自然的许多奥秘寻找不出答案的时候，便相信在现实世界之外，存在着某种超自然的神秘境界和鬼神主宰着自然和人类，因此对它们敬畏与崇拜。不同地区不同民族的崇拜习惯和宗教信仰也会影响到当地居民对食材的选择和食用方法。鄂伦春族人以熊作为民族的图腾，他们早期不狩熊。畲族崇拜狗，在生活上严禁猎杀狗和吃狗肉及禁说或写狗字。佛教传入中国后，僧侣们只能食用素食。"南朝四百八十寺，多少楼台烟雨中"描绘的是南北朝时江南一带佛教的大发展。因此，在苏菜中还有"斋席"。四川青城山是道教的发源地之一。道教比较注重饮食养生，比如"白果炖鸡"不但是药膳，也是川菜的代表名菜，注重本味，很少使用调味料。此外，不同民族也有各自不同的饮食习惯。捕鱼和狩猎是赫哲族人衣食的主要来源，赫哲族人爱吃鱼，特别喜爱吃生鱼。满族之家，有祭祀或喜庆事，家人会把福肉敬献给尊长客人。福肉是白煮的，不能加盐，格外嫩美，客人用刀片着吃，佐以咸、酸菜和酱。手扒羊肉是蒙古族牧民喜欢的传统餐食。具体制作方法是，选用膘肥肉嫩的小口齿羯羊，用刀在胸腹部割开直口，将手伸入口刀内，摸到大动脉后将其捏断，让羊血都流聚在胸腔和腹腔内。然后剥去皮，切除头蹄，除净内脏和腔血，切除腹部软肉，再将整羊劈成几大块。洗净后放入开水锅内煮，不加任何调料，煮的时间不要太长，一般用刀割开，肉里微有血丝就要捞出，装木盘上席。大家围坐在一起，用自己随身带的蒙古刀，边割边吃，羊肉呈现出粉红色，鲜嫩肥美。此外，西南有的少数民族还喜食昆虫等。

4. 历史文化原因

中华民族是一个以汉族为主体的多民族的共同体，而汉族的主要活动区域是黄河、长江的中下游地区，大部分是平原地区，水系发达，土壤肥沃，气候适宜，经济文化繁荣，交通方便。黄河中下游地区，是我国古文化的发祥地之一。在《尚书·禹贡》中记载有"青州贡盐"，显示出至少在上古时代，山东就已经开始用盐调味了；周代的《诗经》中便已经有食用黄河的鲂鱼和鲤鱼的记载，而今糖醋黄河鲤鱼依旧是鲁菜中的佼佼者，由此可见其源远流长。鲁菜系的雏形能够追溯到春秋战国时期。春秋战国时期，鲁国孔子提出了"食不厌精，脍不厌细"的饮食观念，在烹调的火候、调味、饮食卫生、饮食礼仪等诸多方面提出了主张，后来还有孟子的"食治—食功—食德"饮食观，两者合称"孔孟食道"，这标志着中国饮食文化的形成，从而也为鲁菜的形成和发展打下了理论基础。齐鲁两国自然条件得天独厚，特别是傍山靠海的齐国，凭借鱼、盐、铁之利，促使齐桓公首成霸业。齐桓公的宠臣易牙以善于烹调而得宠，官拜宰相之职，特别是他的品位之高，为他精湛的烹调技艺打下了基础。

除此之外，烹饪技艺的精湛还表现在烹饪的刀工技术的运用上，孔子的饮食观中有"割不正不食"的刀工要求准则，为厨师出神入化的刀工技术提供了理论依据。江苏位于长江下游地区，烹饪历史悠久。我国首位典籍留名的"职业厨师"彭铿就出自于徐州，彭铿被尊为厨师的祖师爷，相传创有雉羹、羊方藏鱼（"鲜"味的起源）等名菜。秦汉之前饮食主要是"饭稻羹鱼"，在《楚辞·天问》中记有"彭铿斟雉帝何飨"之句，即名厨彭铿，献所烹制野鸡羹，供帝尧所食，深得尧的赏识，封其建立大彭国，也就是现在的彭城徐州。南京烹饪"天厨"美名源自于六朝，六朝天厨之代表是南齐的虞悰，他擅长调味，所制之杂味菜肴十分鲜美，胜过宫中大官膳食，号称天厨当之无愧。"上有天堂，下有苏杭"、"一出门来两座桥"的苏州被冠以"东方威尼斯"、"苏州美，无锡富"的美称，苏锡地区一向都因其风景秀丽为诸多文人雅士、官宦商贾流连忘返，是著名的旅游胜地，并因此形成了全国闻名的"船菜"。据说，苏东坡在四川岷江读书时，经常去江中洗砚涮笔，久而久之便把江中的鱼皮染成墨色，于是川菜就有了东坡墨鱼；唐代的杜甫为了躲避"安史之乱"来到了成都，发明了一道鱼菜，因为敬佩陶渊明先生而取名为"五柳鱼"。

5. 心理和生理的排外性

首先，中华民族是一个重历史、重家族、重传统的民族，对先祖留传下来的东西世代传承，久而久之形成了一个个地区的风俗。每个地区的居民对自己的饮食习俗所具有的特点、形式，不仅怀有深厚的感情，而且非常敏感。固定的生活方式和饮食习惯令人们对外来食物不自觉地加以抵制。这种心理因素的存在，令各地区的饮食特征具有一定的稳定性和历史传承性。

其次，因为长期进食某类食物，人类的消化器官也发生了变化，这就导致了生理的排外性。北方人到了南方吃米饭，却由于米饭不像馒头那样能够在胃中膨胀，所以有一种吃不饱的感觉。长期以植物性食品为主的人们，一连吃几顿肉，就会出现消化不良。因此，不同菜系都保持了各个地域的乡土特色。

由于以上因素，不同的地区形成了自己的饮食文化特色，于是就产生了中国的"八大菜系"。由此能够看出，八大菜系的形成是多种因素共同作用的结果。不同菜系之间相互区别，相互借鉴，共同发展，最后形成了博大精深的中国饮食文化。能够看出，中国的美食，不但味美、形美、丰富多彩，而且文化底蕴深厚，因此就出现了"烹饪王国"这样的美誉。

鲁 菜

【鲁菜简介】

鲁菜的形成和发展与山东地区的文化历史、地理环境、经济条件和习俗尚好有很大关系。山东是我国古文化发祥地之一，位于黄河下游，气候温和，胶东半岛突出于渤海和黄海之间。境内山川纵横，河湖交错，沃野千里，物产非常丰富，交通方便，文化发达。其粮食总产量位居全国第三位；蔬菜种类繁多，品质优良，号称"世界三大菜园"之一。如胶州大白菜、章丘大葱、金乡大蒜、莱芜生姜都享誉大江南北。

鲁菜是山东菜的简称，是中国著名的八大菜系之一，也是黄河流域烹饪文化的典型代表，绝大多数人都认为，鲁菜是中国八大菜系之首。

【鲁菜历史】

鲁菜历史非常久远。传说中的易牙是当时善于调味的烹饪大师。鲁菜中的清汤，色清而鲜，奶汤色白而醇，独具风味，也许是继承了古代善于做羹的传统；而胶东菜一向以海鲜见长，则是承袭海滨先民食鱼的习俗。而"食不厌精，脍不厌细"的孔夫子，还有其一系列"不食"的理念，如"鱼馁而肉败不食，色恶不食，臭恶不食，失饪不食，不时不食，割不正不食，不得其酱不食……"体现了当时的鲁菜已经非常讲究科学、注意卫生，而且还追求刀工和调料的艺术性，已到日臻精美的程度。

秦汉时期，山东的经济发展到了空前的繁荣阶段，地主、富豪出则车马交错，居则琼台楼阁，过着"钟鸣鼎食，征歌选舞"的奢靡生活。据"诸城前凉台庖厨画像"，能够看见上面挂满了猪头、猪腿、鸡、兔、鱼等各种畜类、禽类以及野味，下面还有汲水、烧灶、劈柴、宰羊、杀猪、杀鸡、屠狗、切鱼、切肉、洗涤、搅拌、烤饼、烤肉串等各种各样忙碌烹调操作的人们。这幅画所描绘出的场面复杂性和分工精细性简直是烹饪操作的全过程，真可以与现代烹饪加工相媲美。北魏的《齐民要术》中对黄河流域，主要是山东一带的烹调技术作了较为全面的归纳。不但具体阐述了煎、烧、炒、煮、烤、蒸、腌、腊、炖、糟等烹调方法，而且还记载了"烤鸭"、"烤乳猪"等名菜的制作方法。该书对鲁菜系的形成、发展具有深远的影响力。经过隋、唐、宋、金各代的提高和锤炼，鲁菜渐渐成为了北方菜的代表，以至宋代山东的"北食店"久兴不衰。

在这漫长的历史长河中，吴苞、崔浩、段文昌、段成式、公都或等，都是著名的烹饪高手或美食家，他们对鲁菜的发展都作出了极为重要的贡献。到了元、明、清时期，鲁菜又有了新的发展。这时候鲁菜大量进入宫廷，成为御膳的珍品，并在北方各地广泛流传。清高宗弘历曾经八次驾临孔府，并且在 1771 年第五次驾临孔府时，把女儿下嫁给孔子第 72 代孙孔宪培，而且还赏赐一套"满汉宴银质点铜锡仿古象形水火餐具"给孔府。这更加促使鲁菜系中的奇葩"孔府菜"向高、精、尖方向发展。

【鲁菜流派】

经过长期的发展和演变，鲁菜系渐渐形成包括青岛在内，以福山帮为典型代表的胶东菜，以及包括德州、泰安在内的济南菜两个流派。并出现了堪称"阳春白雪"的典雅华贵的济宁孔府菜，同时还有星罗棋布的各种地方菜和风味小吃。

胶东菜尤为擅长爆、炸、扒、熘、蒸；口味以鲜夺人，偏于清淡；选料大多以明虾、海螺、鲍鱼、蛎黄、海带等海鲜为主。其中比较有名的菜有"扒原壳鲍鱼"，主料是长山列岛海珍鲍鱼，以鲁菜传统技法烹调，鲜美滑嫩，诱人食欲。其他名菜还有蟹黄鱼翅、芙蓉干贝、烧海参、烤大虾、炸蛎黄和清蒸加吉鱼，等等。

而济南菜则以汤著称，辅以爆、炒、烧、炸，菜肴以清、鲜、脆、嫩见长。其中比较有名的菜肴有清汤什锦、奶汤蒲菜，清鲜淡雅，独树一帜。而里嫩外焦的糖醋黄河鲤鱼、脆嫩爽口的油爆双脆、素菜之珍的锅豆腐，则说明了济南派的火候功力。清代光绪年间，济南九华林酒楼店主把猪大肠洗涮后，加上香料，开水煮至软酥取出，切成段后，再加上酱油、糖、香料等制成又香又肥的红烧大肠，闻名一时。后来在制作上又进行改进，把洗净的大肠入开水煮熟后，入油锅炸，然后再加入调味和香料烹制，使此菜味道更加鲜美。文人雅士依照其制作精细如道家"九炼金丹"一般，因而将其取名为"九转大肠"。

"八仙过海闹罗汉"是著名孔府喜寿宴的第一道菜，选用鱼翅、海参、鲍鱼、鱼骨、鱼肚、虾、芦笋、火腿为"八仙"，把鸡脯肉剁成泥，在碗底整理成罗汉钱状，称为"罗汉"。制成后放入圆瓷罐里，摆成八方，中间放上罗汉鸡，上面撒火腿片、姜片及氽好的青菜叶，然后再将烧开的鸡汤浇上即成。旧时这道菜上席即开锣唱戏，在品尝美味的同时听戏，热闹非凡，也极为奢侈。

【鲁菜风味与特点】

鲁菜的特点是以咸鲜为主，突出本味，擅用葱、姜、蒜，原汁原味。

食材质地优良，以盐提鲜，以汤壮鲜，调味注重咸鲜纯正。大葱是山东特产，大部分菜肴都要用葱、姜、蒜来增香提味，炒、熘、爆、扒、烧等方法都会用葱，特别是葱烧类的菜肴，更是以具有浓郁的葱香味为佳，如葱烧海参、葱烧蹄筋；喂馅、爆锅、凉拌都不能少了葱、姜、蒜。海鲜类量多质优，异腥味较轻，鲜活者强调原汁原味，虾、蟹、贝、蛤，大都是用姜醋佐食；燕窝、鱼翅、海参、干鲍、鱼皮、鱼骨等高档原料，质优味寡，则必须用高汤提鲜。

典型鲁菜以"爆"见长，讲究火功。鲁菜的突出烹调方法是爆、扒、拔丝，特别是爆、扒一向为世人所称道。爆，主要有油爆、盐爆、酱爆、芫爆、葱爆、汤爆、水爆、爆炒等，充分反映出鲁菜在用火上的功夫。因此，世人称之为"食在中国，火在山东"。

精于制汤，讲究用汤，鲁菜以汤为百鲜之源，强调"清汤"、"奶汤"的调制，清浊分明，取其清鲜。清汤的具体制法，早在《齐民要术》中就已经有记载。用"清汤"和"奶汤"制作的菜品繁多，比较有名的菜品有清汤柳叶燕窝、清汤全家福、氽芙蓉黄管、奶汤蒲菜、奶汤八宝布袋鸡、汤爆双脆等几十种之多，其中很多都是被列入高档宴席的珍馔美味。

烹制海鲜具有独到之处。对海珍品和小海味的烹制可以称得上是一绝。山东的海产品，无论参、翅、燕、贝，还是鳞、蚧、虾、蟹，经过当地厨师的妙手烹制，都能成为精鲜味美之佳肴。

山东民风质朴，待客豪爽，食器都用大盘大碗，丰盛实惠，重视质量，受孔子礼食思想的影响，非常注重排场和饮食礼节。正规筵席有所谓的"十全十美席"、"大件席"、"鱼翅席"、"翅鲍席"、"海参席"、"燕翅席"等，均能反映出鲁菜典雅大气的一面。

【代表菜】

鲁菜主要是由济南菜、胶东菜和孔府菜三个地方风味组成的一个菜系，具有代表性的菜品很多。主要有如下：

1. 济南风味主要是指济南、德州、泰安一带

代表性的菜品有：清汤燕窝、奶汤蒲菜、葱烧海参、糖醋黄河鲤鱼、九转大肠、油爆双脆、锅烧肘子等。

2. 胶东风味主要是指福山、青岛、烟台、威海一带

代表性的菜品有：油爆海螺、清蒸加吉鱼、扒原壳鲍鱼、爆大虾、炸蛎黄等。

3. 孔府菜

孔府菜由家常菜和筵席菜组成，家常菜主要是府内家人日常饮食的菜肴。孔府菜的菜名具有很强的文化特色。

代表性的菜品有：诗礼银杏、一卵孵双凤、八仙过海闹罗汉、孔府一品锅、神仙鸭子、带子上朝、怀抱鲤、花篮桂鱼、玉带虾仁、红扒鱼翅、白扒通天翅。

川　菜

【川菜简介】

川菜是中国八大菜系之一，源自于四川的成都和重庆一带，以麻、辣、鲜、香为特色。川菜原料多选自山珍、江鲜、野蔬和畜禽，善于运用小炒、干煸、干烧和泡、烩等烹调法，以"味"闻名，味型比较多，富于变化，其中以鱼香、红油、味厚、麻辣较为突出。川菜的风格朴实而又清新，具有很浓郁的乡土气息。

【川菜历史】

川菜系也是一个历史比较悠久的菜系，其发源地是古代的巴国和蜀国。据《华

阳国志》中记载，巴国"土植五谷，牲具六畜"，而且盛产鱼盐和茶蜜；蜀国则"山林泽鱼，园囿瓜果，四代节熟，靡不有焉"。当时巴国和蜀国的调味品已出现了卤水、岩盐、川椒、"阳补之姜"。在战国时期墓地出土文物中，发现了各种青铜器和陶器食具，川菜的萌芽可见一斑。川菜系的形成，基本是在秦始皇统一中国到三国鼎立之间。当时四川政治、经济、文化中心渐渐移向成都。其时，不管烹饪原料的取材，还是调味品的使用，以及刀工、火候的要求和专业烹饪水平，全都已经初具规模，已有菜系的雏形。秦惠王和秦始皇先后两次大量移民于蜀中，同时也带来中原地区比较先进的生产技术，这对发展生产形成了巨大的推动和促进作用。秦代为蜀中打下良好的经济基础，到了汉代就更加富庶。张骞出使西域后，将胡瓜、胡豆、胡桃、大豆、大蒜等品种引入，又增加了川菜的烹饪原料和调料。西汉时期国家统一，官办、私营的商业全都很发达。以长安为中心的五大商业城市形成，其中就有成都。三国时魏、蜀、吴鼎立，刘备以四川等地为"蜀汉"。尽管在全国范围内处于分裂状态，可是蜀中相对稳定，对于商业，包括饮食业的发展，创造了良好的条件。川菜系在形成初期，便拥有了坚实的基础。

烹饪业的进步和发展，使得蜀中的专业食店、酒肆大量递增。"文君当垆，相如涤器"，则是进步和变化的佐证。此时专业烹饪人员增多，烹饪技术突飞猛进。更为重要的是聚居于城市的达官显宦、豪商巨富、名流雅士越来越注重吃喝享受。他们对菜的式样、口味要求越来越高，对川菜的形成和发展起了很大的推动作用。当时川菜尤其重视鱼和肉的烹制。曹操在《四时食制》中，专门记有"郫县子鱼，黄鳞赤尾，出稻田，可以为酱"；黄鱼"大数百斤，骨软可食，出江阳、犍为"；还提及"蒸鲇"，由此可见当时已有清蒸鲇鱼的菜式。西晋文学家左思在《蜀都赋》一书中对1500多年前川菜的烹饪技艺和宴席盛况记载为"若其旧俗，终冬始春，吉日良辰，置酒高堂，以御嘉宾"。

【川菜流派】

1. 蓉（成都）派

蓉派川菜比较精致细腻。著名的菜品有：水煮肉片、鱼香肉丝、回锅肉、盐煎肉、宫保鸡丁、干煸鳝片、辣子鸡丁、辣子肥肠、麻婆豆腐、水煮鱼、泡椒肉丝、青椒肉丝等。

2. 渝（重庆）派

渝派川菜大方粗犷，一向以花样翻新迅速、用料大胆著称，也是俗称的江湖菜，大多起源于市民家庭的厨房中，并逐渐在市民中流传。其代表作主要有：泡椒牛蛙、辣子鸡、酸菜鱼、泉水鸡、辣子田螺、辣子肥肠、双椒鸡丁、方竹笋烧肉、干烧酥虾、毛血旺等。

蓉渝两地的小吃也归类于川菜。

【川菜风味与特点】

川菜风味主要包括成都、重庆和乐山、自贡等地方菜的特色。川菜的基本味型是麻、辣、甜、咸、酸、苦六种。川菜特点一般是突出麻、辣、香、鲜、油大、味厚，重用"三椒"（辣椒、花椒、胡椒）和鲜姜。主要的特点是味型多样。辣椒、胡椒、花椒、豆瓣酱等是主要调味品，各种不同的配比，转化成了干烧、麻辣、酸辣、椒麻、麻酱、蒜泥、姜汁、红油、糖醋、鱼香、怪味等各种味型，全都厚实醇浓，具有"一菜一格"、"百菜百味"的特殊风味，各式菜点无不让人交口称赞。

1. 选料认真

由古至今，厨师烹饪菜肴，对原料的选择都十分讲究，川菜亦然。它要求对原料进行严格挑选，做到量材使用，物尽其用，不但要保证质量，而且还要注意节约。很多川菜对调味品的选择是很讲究的，如麻辣、家常味型菜肴，必须要选用四川的郫县豆瓣酱；制作鱼香味型菜肴，则必须用川味泡辣椒等。

2. 刀工精细

刀工是川菜制作的一个极为重要的环节。它要求制作者认真细致，注重规格，依照菜肴烹调的需要，将原料切配成形，使之大小一致、长短相等、粗细一样、厚薄均匀。这样不仅可以使菜肴便于调味，整齐美观，而且还能避免成菜生熟不匀、老嫩不一。如水煮牛肉和干煸牛肉丝，它们的特点分别是细嫩和酥香化渣，倘若所切肉丝肉片长短、粗细、厚薄不一致，烹制的时候就会火候难辨、生熟难分。这样，即便你再有高超的技艺，也是做不出质高味美的好菜的。

3. 合理搭配

　　川菜烹饪，需要对原料进行合理搭配，以便能突出其风味特色。川菜原料分为独用、配用，讲究浓淡、荤素适当搭配。味浓者适合独用，不用搭配；淡者配淡、浓者配浓，或浓淡结合，可是均不使夺味；荤素搭配得当，不能混淆。这就需要，除了选好主要原料之外，还要运用好辅料的搭配，做到菜肴滋味调和丰富多彩，原料配合主次分明，相辅相成，色调协调美观鲜明，使菜肴不但色香味俱佳，而且还具有食用价值，并富于营养价值和艺术欣赏价值。

4. 精心烹调

　　川菜的烹调方法非常多，火候运用非常讲究。众多的川味菜式，都是运用多种烹调方法烹制出来的。川菜烹调方法多达数十种，比较常见的如炒、熘、炸、爆、蒸、烧、煨、煮、焖、煸、炖、淖、卷、煎、炝、烩、腌、卤、熏、拌、糁、蒙、贴、酿等。每个菜肴采用哪一种方法进行烹制，必须根据原料的性质和对不同菜式的工艺要求来决定。在川菜烹饪带共性的操作要求方面，一定要把握好投料先后、火候轻重、用量多少、时间长短以及动作的快慢；要注意观察和控制菜肴的色泽深浅、芡汁浓淡、质量高低、数量多少；掌握好成菜的口味轻重，菜肴生熟、老嫩、干湿、软硬和酥脆程度，采取必要措施，以便能保证烹饪质量上乘。

　　川菜烹制，在"炒"的方面有其独到之处。它的很多菜式都采取"小炒"的方法，特点是时间短，火候急，汁水少，口味鲜嫩，符合营养卫生要求。具体的操作方法是，炒菜不过油，不换锅，芡汁现炒现对，急火短炒，一锅成菜。菜肴烹饪看着好像很简单，其实包含着高度的科学性、技术性和艺术性，体现出劳动人民的无穷智慧和创造能力。

　　总的来说，川菜是历史悠久、地方风味极为浓厚的菜系。它品类众多、味道多变、适应性强，享有"一菜一格，百菜百味"之美誉，并且以味多味美及其独特的风格，受到国内外人们的欢迎，许多人发出"食在中国，味在四川"的赞叹。我们应该更进一步继承和弘扬我国饮食文化的优良传统，让川菜烹饪技艺这颗璀璨的明珠，放射出更加绚丽夺目的光彩！

【代表菜】

川菜比较具有代表性的菜品为盆盆虾、宫保鸡丁、干烧鱼、回锅肉、麻婆豆腐、夫妻肺片、樟茶鸭子、干煸牛肉丝、怪味鸡块、灯影牛肉、鱼香肉丝、糖醋排骨、水煮牛肉、锅巴肉片、咸烧白、鸡米芽菜、糖醋里脊、东坡肘子、辣子鸡、香辣虾、麻辣兔头、水煮鱼，等等。

粤　　菜

【粤菜简介】

粤菜就是广东菜，也称为潮粤菜，是中国八大菜系之一。粤菜起源于岭南，是由广州、潮州、东江三地特色菜点逐渐发展而形成的，是起步较晚的菜系，但它影响深远，港、澳以及世界各国的中菜馆，大部分是以粤菜为主。因此有不少人，尤其是广东人，觉得粤菜才是八大菜系之首。粤菜集南海、番禺、东莞、顺德、中山等地方风味的特色，兼具京、苏、淮、杭等其他省菜以及西菜之所长，融为一体，自成一家。粤菜取百家之长，用料广博，选料珍奇，配料精细，善于在学习中创新，依食客喜好而烹制。烹调技艺多样善变，用料奇异广博。在烹调上则是以炒、爆为主，兼有烩、煎、烤，注重清而不淡，鲜而不俗，嫩而不生，油而不腻，菜味讲究香、松、软、肥、浓，调味遍及鲜、酸、甜、苦、辣、咸。

粤菜是中国在国外的代表菜系。

【粤菜历史】

粤菜源远流长，历史悠久。它与其他地区的饮食和菜系同样，都具有中国饮食文化的共同性。早在远古，岭南古越族就和中原楚地有着紧密的交往。随着历史变迁和朝代更替，大批的中原人为逃避战乱而南渡，汉越两族日渐融合。中原文化的向南转移，中原饮食制作的技艺、炊具、食具和百越农渔丰富物产结合在一起，这就是粤式饮食的起源。粤菜起源于汉，就是凭借这段历史来说的。

在南宋之后，粤菜的技艺和特点愈发成熟。这与宋朝南迁，众多御厨和官府厨师云集于粤，尤其集中于羊城广州有关。唐代开始，广州便成为了我国主要的进出口贸易口岸，是世界有名的港口。宋、元以后，广州成为内外贸易集中的口岸和港口城市，商业越来越兴旺，带动了饮食服务作为一个商业行业发展起来，为粤式饮食尤其是粤菜的成长提供了一个十分重要的条件和场所。

明清两代，是粤菜、粤点、粤式饮食真正的成熟和发展时期。当时的广州已经发展成为一座商业大城市，粤菜、粤点和粤式饮食真正形成了一个体系。闹市遍布茶楼、酒店、餐馆和小食店，食肆各有千秋，食品之丰，款式之多，世人称绝，渐渐地就有了"食在广州"一说。

【粤菜流派】

粤菜系主要包括广州菜、潮州菜、东江菜三种地方风味，其中以广州菜为代表。

1. 广州菜

广州菜是由珠江三角洲和肇庆、韶关、湛江等地的名食组成的。地域最广，用料庞杂，选料精细，技艺精良，善于变化，注重风味，清而不淡，鲜而不俗，嫩而不生，油而不腻。擅长小炒，要求掌握火候和油温恰到好处。

广州菜取料广泛，品种花样繁多，让人应接不暇。天上飞的，地上爬的，水中游的，基本都可以上席。鹧鸪、禾花雀、豹狸、果子狸、穿山甲、海狗鱼等飞禽野味自然不必多说；猫、狗、蛇、鼠、猴、龟，甚至不识者误认为"蚂蟥"的禾虫，也都在烹制之列，而且经过厨师的巧手，转眼间就变成异品奇珍、美味佳肴，令中外人士刮目相看，非常惊异。广州菜的另一比较突出的特点是，用量精而细，配料多而巧，装饰美而艳，而且善于在学习中创新，品种繁多，1965年"广州名菜美点展览会"推出的就有5457种之多。广州菜的第三个特点是，讲究质和味，口味比较清淡，力求清中求鲜、淡中求美。并且会随季节时令的变化而改变，夏秋偏重清淡，冬春较为浓郁，有"五滋六味"之说。

2. 潮州菜

潮汕故属闽地，这里的语言和风俗与闽南相近，隶属广东之后，又受珠江三角洲的影响。所以潮州菜接近闽、粤，取两家之长，自成一派。潮州菜主要以烹调海鲜见长，刀工技术讲究，口味比较侧重香、浓、鲜、甜。喜用鱼露、沙茶酱、梅子酱、姜酒等调味品，甜菜种类较多，款式有百种以上，都是粗料细作，香甜可口。潮州菜的另一特点是喜摆十二款，上菜次序又喜头、尾甜菜，下半席上咸点心。具有代表性的菜品为烧雁鹅、豆酱鸡、护国菜、什锦乌石参、葱姜炒蟹、干炸虾枣等，均是潮州特色名菜，广为流传于岭南地区及海内外。

3. 东江菜（客家菜）

东江菜也叫客家菜。客家人原本是中原人，在汉末和北宋后期因避战乱南迁，聚居在广东东江一带。他们的语言、风俗尚保留中原固有的风貌，取材多用肉类，极少水产，主料突出，讲究香浓，下油重，味偏咸，主要以砂锅菜见长，具有独特的乡土风味。

而东江菜又以惠州菜为代表，下油重，口味偏咸，辅料简单，可是主料突出。喜欢用鸟、畜肉，很少搭配菜蔬，河鲜海产也不多。具有代表性的菜品为东江盐焗鸡、东江酿豆腐、爽口牛丸等，反映出浓厚的古代中州之食风。

粤菜系还有一派海南菜，菜的品种比较少，可是具有热带食物特有的风味。

【粤菜风味与特点】

粤菜追求色、香、味、型；食味注重清、鲜、嫩、爽、滑、香；调味涉及酸、甜、苦、辣、咸，也就是所谓"五滋六味"。

粤菜用料非常广泛，不仅主料丰富，而且配料和调料也非常丰富。为了表现出主料的风味，粤菜选择配料和调料特别讲究，配料不会杂，调料是为调出主料的原味，两者皆以清新为本。

粤菜的主要配料注重色、香、味，型，而且以味鲜为主体。畜类菜色有脆皮烤乳猪、龙虎斗、太爷鸡、护国菜、潮州烧鹰鹅、猴脑汤等百余种，海鲜、河鲜始终都是粤菜赖以生存的基本食材，虫、蛇、鱼、蛤也是广州人的最爱。

粤菜食谱绚丽多姿，烹调法技艺精良，并一向以其用料广博而杂著称。据大略估计，粤菜的用料多达数千种，但凡各地菜系所用的家养禽畜，水泽鱼虾，粤菜无不用之；而各地所不用的蛇、鼠、猫、狗、山间野味，粤菜亦视为上肴。早在南宋时期周去非的《领外代答》就有详细的记载："深广及溪峒人，不问鸟兽蛇虫，无不食之。其间野味，有好有丑。山有鳖名蛰，竹有鼠名獣。鸽鹳之足，猎而煮之；鲟鱼之唇，活而脔之，谓之鱼魂，此其珍也。至于遇蛇必捕，不问长短，遇鼠必捉，不问大小。蝙蝠之可恶，蛤蚧之可畏，蝗虫之微生，悉取而燎食之；蜂房之毒，麻虫之秽，悉炒而食之；蝗虫之卵，天虾之翼，悉炒而食之。"粤菜杂食之风，经常让一些外地人目瞪口呆。唐代韩愈被贬至潮州时，看见本地群众嗜食蚝、鳖、蛇、章鱼、青蛙等几十种异物，吃惊不已，惊吓得"臊腥始发越，咀吞面汗流"。发展到现在，鲍、参、翅、肚、山珍海味已成为许多地方菜之上品了，而蛇、鼠、猫、狸等野味则依然是粤菜中具有独特风味的佳肴和药膳。

【代表菜】

粤菜博采众长，选料广博，奇而且杂，河、海鲜是食中珍品，鸟、鼠、蛇、虫全都是佳肴。选菜力求鲜爽滑嫩，夏秋清淡，冬春浓郁。除了讲究原料新鲜、现宰现烹之外，还注重在火候上保持食材的原料清鲜。粤菜调料较为独特，常见的有蚝油、鱼露、珠油、糖醋、西汁等。烹调方法与众不同，有煲、泡、焗等。粤菜的典型代表菜有三蛇龙虎会、龙虎凤蛇羹、油包鲜虾仁、八宝鲜莲盅、蚝油鲜菇、瓦掌山瑞、脆皮乳猪等。

苏　菜

【苏菜简介】

苏菜，中国八大名菜之一。因为苏菜和浙菜比较类似，所以与浙菜统称江浙菜系。苏菜起源于南北朝、唐宋时期，经济发展，推动了饮食业的繁荣，苏菜成为"南食"两大台柱之一。在明清时期，苏菜南北沿运河、东西沿长江的发展非常迅速。沿海的地理优势扩大了苏菜在海内外的影响力。其味清鲜，咸中略甜，讲究原味，在国内外享有盛誉。江苏为鱼米之乡，物产丰饶，饮食资源非常丰富。著名的水产品包括长江三鲜（鲥鱼、刀鱼、河豚）、太湖银鱼、阳澄湖清水大闸蟹、南京龙池鲫鱼，还有其他众多的海鲜品。优良佳蔬有太湖莼菜、淮安蒲菜、宝应藕、板栗、鸡头米、茭白、冬笋、荸荠等。具有代表性的菜品有南京湖熟鸭、南通狼山鸡、扬州鹅、高邮麻鸭、南京香肚、如皋火腿、靖江肉脯、无锡油面筋等。

【苏菜历史】

江苏菜的历史比较悠久，品种繁多。据说，我国古代第一位厨祖彭铿就出生于徐州城。"彭铿斟雉帝何飨"，名厨彭铿"好和滋味"，作野鸡羹供食帝尧，尧非常欣赏，封他建立大彭国，也就是现在的彭城徐州。春秋时期齐国易牙相传曾在徐州学艺。在古时江苏地区政治、经济和文化就比较繁荣，饮食文化也十分发达，烹饪技术水平也居各地的领先地位。

据《史记》、《吴越春秋》等历史文献中记载，早在 2400 年前就已经有炙鱼、蒸鱼、鱼片等不同的烹饪方法了。用鸭子做食材，起源也较早，在 1400 年前，鸭子就是金陵民间喜欢的佳肴，随着社会经济和历史发展变化，制鸭技术逐渐提高。最著名的"金陵盐水鸭"，就曾经被人们誉为"清而旨，肥而不腻"，成为鸭菜中的"上品"佳肴。明清时期江苏菜也获得了较大发展，在全国菜系中的地位越来越明显。明代迁都北京后，江苏菜也随之进入京都。清代乾隆皇帝七下江南，品尝了江苏一带的"淞江鲈鱼"、"松鼠鳜鱼"等无数道美味佳肴，使江苏菜声誉大增。清代文学家曹雪芹所著的《红楼梦》一书中列举的很多菜点，都是江苏地区的美味佳肴。

【苏菜流派】

在整个苏菜系中，淮扬菜占据着主导地位。苏锡菜包括苏州、无锡一带，西到常州，东至上海、松江、嘉定、昆山都在这个范围之内。苏锡菜和淮扬菜虽有相同之处，但也存在着差异，其虾、蟹、莼、鲈及糕团、船点味冠全省，茶食小吃尤优于苏菜系中其他地方风味。其菜肴强调造型，讲究美观，色调绚丽，白汁清炖独具特色，兼有糟鲜红曲之味，食有奇香；口味上偏重于甜，无锡尤甚。浓而不腻，淡而不薄，酥烂脱骨而不失其形，滑嫩爽脆而不失其味。徐海菜原近似于齐鲁风味，肉食五畜俱用，水产以海味取胜。菜肴色调浓重，口味偏重于咸，习尚五辛，烹调技艺多运用煮、煎、炸等。近年来，三种地方风味菜全都有发展和变化。淮扬菜由平和而变为略甜，似乎受到了苏锡菜的影响。而苏锡菜尤其是苏州菜口味由偏甜而

中国八大菜系

235

转变为平和，可能也是受到了淮扬菜的影响。徐海菜则咸味大减，色调也趋向于淡雅，向淮扬菜看齐。

【苏菜风味与特点】

苏菜系是由淮扬、苏锡、徐海三大地方风味菜肴组成，其中以淮扬菜为代表。淮扬位于苏中，东至海门启东，西至金陵六合，南邻京口金坛，北达两淮。淮扬菜的特点是选料严谨，讲究刀工和火工，强调原味，突出主料，色调淡雅，造型新颖，咸甜适中，口味平和，所以适应面较广。在烹调技艺上，多运用炖、焖、煨、焐之法。其中南京菜以烹制鸭菜而著称，镇、扬菜则以烹鸡肴及江鲜见长；其细点主要是以发酵面点、烫面点和油酥面点取胜。苏菜讲究调汤，保持原汁，风味清鲜，浓而不腻，淡而不薄，酥松脱骨但不失其形，滑嫩爽脆但不失其味。

江苏菜的特点是选材广泛，以江河湖海水鲜为主；刀工精细，烹调方法多样；力求本味，清鲜平和；菜品风格雅丽，形质均美。江苏菜一向以重视火候、讲究刀工而著称，著名的菜品"镇扬三头"（扒烧整猪头、清炖蟹粉狮子头、拆烩鲢鱼头）、"苏州三鸡"（叫花鸡、西瓜童鸡、早红橘酪鸡）以及"金陵三叉"（叉烤鸭、叉烤鳜鱼、叉烤乳猪）都是其代表之名品。

江苏菜式的组合也很有特色。除了日常饮食和各类筵席讲究菜式搭配外，还有"三筵"，具有独到之处。其一是船宴，多见于太湖、瘦西湖、秦淮河；其二是斋席，主要见于镇江金山、焦山斋堂、苏州灵岩寺斋堂、扬州大明寺斋堂等；其三是全席，像全鱼席、全鸭席、鳝鱼席、全蟹席，等等。具有代表性的菜肴为清汤火方、鸭包鱼翅、水晶肴蹄、松鼠鳜鱼、西瓜鸡、盐水鸭、清炖甲鱼、鸡汁煮干丝等。

【代表菜】

江苏著名的菜品有烤方、霸王别姬、三套鸭、水晶肴蹄、扬州炒饭、清炖蟹粉狮子头、金陵丸子、白汁圆菜、黄泥煨鸡、清炖鸡孚、金陵盐水鸭、松鼠鳜鱼、碧螺虾仁、蜜汁火方、樱桃肉、母油船鸭、烂糊、黄焖栗子鸡、莼菜银鱼汤、万三蹄、响油鳝糊、金香饼、鸡汤煮干丝、肉酿生麸、凤尾虾、无锡肉骨头、梁溪脆鳝、苏式酱肉和酱鸭、沛县狗肉等。

闽　菜

【闽菜简介】

闽菜是中国八大菜系之一，起始于福州，主要以福州菜为代表。闽菜其实就是以福州菜为主体，代表着闽菜文化。

【闽菜历史】

闽菜是经过中原汉族文化和当地古越族文化的融合、交流而逐渐形成的。闽侯县甘蔗镇恒心村的昙石山新石器时代遗址中出土的新石器时期福建先民使用过的炊具陶鼎和连通灶，证实福州地区早在 5000 年之前就已经从烤食进入煮食时代了。福建是中国著名的侨乡，旅外华侨从海外带过来的新品种食品和一些新奇的调味品，对丰富福建饮食文化，充实闽菜体系的内容，也曾经产生过不容忽略的影响。福建人民经过同海外、尤其是南洋群岛人民的长期交往，海外的饮食习俗也逐渐渗入了他们的饮食生活之中，从而使闽菜成为具有开放特色的一种特有的菜系。

早在两晋、南北朝时期的"永嘉之乱"之后，很多中原衣冠士族入闽，带来了中原先进的科技文化，与闽地古越文化相融合和交流，促进了当地文化的发展。晚唐五代，王审知兄弟带兵入闽建立"闽国"，对福建饮食文化的进一步提高、繁荣，起到了积极的促进作用。如在唐代以前中原地区已经出现使用红曲作为烹饪的作料。唐朝徐坚的《初学记》中有云："瓜州红曲，参糅相半，软滑膏润，入口流散。"这种红曲由中原移民带入福建后，因为大量使用红曲，于是红色也就成为闽菜烹饪美学中的主要色调，有特殊香味的红色酒糟也因此成为了烹饪时常用的辅料，红糟鱼、红糟鸡、红糟肉等都是闽菜具有代表性的菜肴。随着福州、厦门、泉州先后对外通商，四方商贾云集，文化交流越来越频繁，海外的烹饪技艺也相继传入。闽菜在继承传统技艺的基础上，博采众长，对粗糙、滑腻的风格，加以调整变易，逐渐向着精细、清淡、典雅的品格演变而来，以至发展成为格调甚高的闽菜体系。

【闽菜流派】

闽菜最早起源于福州闽侯县，后来逐渐发展形成福州、闽南、闽西三种流派。福州菜讲究淡爽清鲜，重酸甜，力求以汤提鲜，擅长烹饪各种山珍海味。闽南菜包括泉州、厦门、漳州一带的地方菜，讲究作料调味，重鲜香。闽西菜主要是指长汀及闽西南一带地方，偏重咸辣，烹制多为山珍，带有山区风味。闽菜形成三大特色，一长于红糟调味，二长于制汤，三长于使用糖醋。

【闽菜风味与特点】

闽菜主要以烹制山珍海味而著称，在色、香、味、形俱佳的基础上，尤以"香"、"味"见长。闽菜清鲜、和醇、荤香、不腻的风格特色，以及汤路众多的特点，在烹坛园地中独占一席。闽菜选料比较精细，刀工严谨；强调火候，注重调汤；喜欢用作料，口味多变。

闽菜主要是以福州菜为基础，后来又融合闽东、闽南、闽西、闽北、莆仙菜发展而成菜系。其中又以福州菜为代表，最具有影响力。闽菜具有以下四大特点：

1. 烹饪原料以海鲜和山珍为主

因为福建的地理形势倚山傍海，北部多山，南部面海。苍茫的山区，盛产大量的菇、笋、银耳、莲子和石鳞、河鳗、甲鱼等山珍野味；绵延的浅海滩涂，鱼、虾、蚌等海鲜佳品，长年不断；平原丘陵地带出产的稻米、蔗糖、蔬菜、水果誉满中外。山海赐给的神品，为闽菜提供了富足的原料资源，也造就了几代名厨和大批从事烹饪的劳动者，他们以擅长制作海鲜原料，并且在蒸、氽、炒、煨、爆、炸等方面独具特色。全国最佳厨师强木根、强曲曲"双强"兄弟二人，使闽菜的烹饪技艺跃上一个新台阶，使古老朴实的传统闽菜焕发出了新的活力。

2. 刀工巧妙，一切服从于味

闽菜讲究刀工，素有"片薄如纸，切丝如发，剞花如荔"之美称。而且所有的刀均是围绕着"味"下功夫，使原料通过刀工的技法，更加显现出原料的本味和质地。它反对华而不实，矫揉造作，主张原料的自然美并达到滋味沁深融透，成型自

人间有味是清欢——饮食卷

然大方、火候表里如一的效果。"雀巢香螺片"就是一道具有代表性的菜肴，它通过刀工处理和恰当的火候使菜肴好似盛开的牡丹花，让人赏心悦目，吃起来又脆嫩可口。

3. 汤菜考究，变化无穷

闽菜讲究汤菜，同多烹制海鲜和传统食俗有关。闽厨长期以来将烹饪和保证原料质鲜、味纯、滋补联系在一起，从长期积累的经验得出，最能保持原料本质和原味的当属汤菜，所以汤菜多而考究。有的白如奶汁，甜润爽口；有的汤清如水，色鲜味美；有的金黄澄透，馥郁芳香；也有的汤稠色酽，味厚香浓。"鸡汤氽海蚌"就是比较有代表性的一道菜，它的"鸡汤"并非单纯的"鸡"汤，而是通过精心制作的"三茸汤"，这种汤用母鸡、猪里脊、牛肉提炼而成，氽入闽产的海蚌后，令人心旷神怡，回味悠远。

4. 烹调细腻，特别注意调味

闽菜的烹调细腻反映在选料精细、泡发恰当、调味精确、制汤考究、火候适当等方面。尤其注意调味则体现在力求保持原汁原味上。善于用糖，甜去腥膻；巧用醋，酸可爽口；味清淡则能够保持原味。因而有甜而不腻、酸而不淡、清而不薄的盛名。

【代表菜】

比较具有代表性的菜肴为佛跳墙、雪花鸡、太极明虾、闽生果、梅开二度、醉排骨、红糟鱼排、七星鱼丸等。

浙　菜

【浙菜简介】

浙江，东与大海毗邻，有千余里长的海岸线，盛产丰富的海味，如著名的舟山渔场的黄鱼、带鱼、石斑鱼、锦绣龙虾及蛎、蛤、虾、蟹，以及淡菜、三门青蟹、温州蝤蛑和近年发展的养殖虾等。浙北是"杭、嘉、湖"大平原，河道港口遍布平原之内，著名的太湖南临湖州，淡水鱼名贵品种，如鳜鱼、鲫鱼、青虾、湖蟹等以及四大家鱼产量非常丰盛。而且还是大米与蚕桑的主要产地，一向有"鱼米之乡"的称号。西南为崇山峻岭，山珍野味历来有名，比如说，庆元的香菇、景宁的黑木耳。中部是浙江的金衢盆地，即金华大粮仓，享誉中外的金华火腿就是选用全国瘦肉型名猪之一的"金华两头乌"精制而成的。加上举世闻名的杭州龙井茶叶、绍兴老酒，都是烹饪中必备的上乘辅料。浙菜具有江南特色，历史悠久，源远流长，是中国非常著名的地方菜种。浙菜起源于新石器时代的河姆渡文化，历经越国先民的发展积累，汉唐时期的成熟定型，宋元时期的繁荣和明清时期的提高，浙江菜的基本风格已经形成。主要特产有富春江鲥鱼、舟山黄鱼、金华火腿、杭州油乡豆腐皮、西湖莼菜、绍兴麻鸭、越鸡和酒、西湖龙井茶、舟山的梭子蟹、安吉竹鸡、黄岩蜜橘，等等。丰富的烹饪原材料、众多的名优特产，与卓越的烹饪技艺结合在一起，使浙江菜出类拔萃地独成体系。

【浙菜历史】

浙菜具有悠远的历史。黄帝《内经·素问·导法方宜论》中记载："东方之城，天地所始生也，渔盐之地，海滨傍水，其民食盐嗜咸，皆安其处，美其食。"在《史记·货殖列传》中亦有"楚越之地……饭稻羹鱼"的记载。由此能够看出，浙江烹饪已有几千年的历史。除此之外，我国的考古学家在 1973 年从浙江余姚河姆渡发掘一处新石器时代早期的文化遗址，发现的文物中有很多的籼稻、谷壳和很多菱角、葫芦、酸枣的核和猪、鹿、虎、麋（四不像）、犀、雁、鸦、鹰、鱼、龟、鳄等 40 多种动物的残骸。与此同时，还出土了陶制的古灶和一批釜、罐、盆、盘、钵等生活用陶器。据科学家研究证实，这些文物距今大约有 7000 年左右的历史，是长江下游、东南沿海已经发现的新石器时代最早的地层之一。

春秋末年，越国定都于"会稽"（今绍兴市），利用此处优越的地理环境和资源，在中原各国的经济、文化和技术的影响下，通过"十年生聚，十年教训"，使得钱塘江流域的农业、商业、手工业生产获得了快速的发展，打下了坚实的物质基础。越王勾践为了复国，加紧军事筹备，并在今绍兴市的稽山，过去称"鸡山"的地方，建立了大型的养鸡场，为前线准备作战粮草用鸡。所以浙菜中最古老的菜要首推绍兴名菜"清汤越鸡"。而出自西湖的"宋五嫂鱼羹",至今也有近900年的历史了。由杭州近郊的良渚和浙东的余姚河姆渡两处人类活动的古遗址中发现,有猪、牛、羊、鸡、鸭等骨骸证实,浙菜的烹饪原材料在距今四五千年之前就已经相当丰富。东坡肉、咸件儿、蜜汁火方、叫花童鸡等传统名菜全都离不开这些烹饪原材料。

南北朝之后,江南数百年免于战争,隋唐开通了京杭大运河,宁波、温州二地海运业的拓展,对外经济贸易交往频繁,特别是五代吴越钱镠建都杭州,经济文化日趋发达,人口剧增,商业繁荣,曾经有"骈墙二十里,开肆三万室"之称。经济的发展,贸易的往来,无不为烹饪业的发展和兴旺产生巨大的推动力,使当时的宫廷菜肴和民间饮食等烹饪技艺获得了长远的发展。

南宋建都于杭州,浙菜在"南食"中占有主导位置。被称为中华民族第二次大迁移的宋室南渡,对进一步推动以杭州为中心的南方菜肴的创新与发展均起到了巨大作用。在这一次大迁移中,北方的名流、达官贵人和劳动人民大批南移,卜居浙江,将北方的烹饪文化带到了浙江,使南北烹饪技艺广泛融汇,饮食业兴旺繁荣,烹饪技术不断提高,名菜名馔应运而生。

自南宋以后的几百年来,尽管政治中心在北方,可是要说物力之富,文化之发达,工商之繁庶,浙江必定居其一。北方很多名厨云集杭城,使杭菜和浙菜系从萌芽状态进入发展状态,浙菜从此立于全国菜系之列。距今800多年之前的南宋名菜蟹酿橙、鳖蒸羊、东坡脯、南炒鳝、群仙羹、两色腰子等,时至今日依然是高档筵席上的名菜。除了清汤越鸡外,绍兴的鲞扣鸡、鲞冻肉、虾油鸡、蓑衣虾球,宁波的咸菜大汤黄鱼、冰糖苔菜小方烤甲鱼、锅烧鳗,湖州的老法虾仁、五彩鳝丝,嘉兴的炒蟹粉、炒虾蟹等,全都具有几百年的历史。

【浙菜流派】

浙江菜品种丰富,菜式小巧玲珑,菜肴鲜美脆软、滑嫩清爽,具有清、香、脆、嫩、爽、鲜等特点,在中国众多的地方风味中占有重要的一席之地。浙菜主要是由杭州、宁波、绍兴、温州四个流派所组成,各自带有浓厚的地方特色。浙菜系之所以与众不同是因时因地而形成的。如杭州是全国著名风景区,宋室南渡后,帝王将相、才子佳人游览杭州风景者越来越多,饮食业应运而生。其制作精细,变化多样，并喜欢用风景名胜来为菜肴命名，烹调方法多以爆、炒、烩、炸为主，清鲜爽脆。宁波位于沿海，其特点是"咸鲜合一"，口味多以"咸、鲜、臭"为主，并以蒸、红烧、炖制海鲜而见长，讲究鲜嫩软滑，注重大汤大水，保持原汁原味。

杭州菜历史久远，自南宋迁都临安后，商市繁荣，各地食店陆续进入临安，菜馆、食店众多，而且效仿京师。据南宋《梦粱录》中描述，当时"杭城食店，多是效学京师人，开张亦御厨体式，贵官家品件"。主要经营的名菜有"百味羹"、"五味焙鸡"、"米脯风鳗"、"酒蒸鳅鱼"等近百种。到了明清年间，杭州又成为全国著名的风景区，游览杭州的帝王将相和文人骚客日益递增，饮食业更为繁荣，名菜名点大批涌现，杭州成为既有美丽的西湖，又有交口称赞的名菜名点的著名城市。杭州菜制作精细，品种繁多，清鲜爽脆，淡雅典丽，是浙菜的主流。

绍兴菜富有浓郁的江南水乡风味，原材料以鱼虾河鲜和鸡鸭家禽、豆类、笋类为主，注重香酥绵糯、原汤原汁，轻油忌辣，汁浓味重。在烹调时常用鲜料配腌腊食品同蒸或炖，多用绍酒烹制，故香味浓烈。

温州古称"瓯"，位于浙南沿海，当地的语言、风俗和饮食方面，均自成一体，别具特色，一向以"东瓯名镇"著称。温州菜也称"瓯菜"，以海鲜入馔为主，口味清鲜，淡而不薄，烹调力求"二轻一重"，也就是轻油、轻芡、重刀工。

【浙菜风味与特点】

浙菜基于上述四大流派，就整体来说，有比较明显的特色风格，并且具有共同的四个特点：选料讲究，烹饪独到，侧重原味，制作精致。

1. 选料讲究

原料讲究品种和季节时令，以充分突出原料质地的柔嫩与爽脆，所采用海鲜、果蔬等原材，无不以时令为上，所用家禽、畜类，均以特产为多，充分反映出浙菜选料讲究鲜活、用料讲究部位、遵循"四时之序"的选料准则。选料力求"细、特、鲜、嫩"。

（1）细。就是精细，注重选取原料精华部分，以保证菜品的高雅上乘。

（2）特。就是特产，注重选用本地时令特产，以体现菜品的地方特色。

（3）鲜。就是鲜活，注重选用时鲜蔬果和鲜活现杀的海味河鲜等原料，以便保证菜品的口味纯正。

（4）嫩。就是柔嫩，注重选取新嫩的原料，以保证菜品的清鲜爽脆。

2. 烹饪独到

浙菜以烹调技法丰富多彩享誉于国内外，其中以炒、炸、烩、熘、蒸、烧6类最为擅长。"熟物之法，最重火候"，浙菜比较常用的烹调方法共有30余类，因料施技，讲究主配料味的搭配，口味富有变化。其所擅长的6种技法各有所长。

（1）炒，主要以滑炒见长，力求快速成菜，成品质地滑嫩，薄油轻芡，清爽鲜美不腻。

（2）炸，菜品外松而里嫩，注重嫩滑醇鲜，火候恰到好处，以包裹炸、卷炸见长。

（3）烩，烩的技法所烹作的菜肴，汤菜鲜嫩，汤汁浓醇。

（4）熘，采取熘的技法所制作的菜品讲究火候，注重配料，主料大多都是鲜嫩腴美之品，体现出原料的鲜美纯真之味。

（5）蒸，注重配料和烹制火候，力求做到鲜嫩腴美。

（6）烧，采取烧的技法所烹制的菜品，更以火工见长，原料要求焖酥入味，浓香适口。

除此之外，浙江的名厨高手烹制海鲜河鲜均有其独到之处，符合了江南人民喜食清淡鲜嫩之饮食习惯。在烹制鱼时，大多用过水处理程序，约有三分之二的鱼菜是以水传热介质烹制而成，体现了鱼的鲜嫩味美之特点，传统菜当首推杭州的西湖醋鱼，是用活鱼现杀，经沸水氽熟，软熘而成，不加任何油腥，滑嫩鲜美，脍炙人口。

3. 侧重原味

浙菜口味讲究清鲜脆嫩，保持原料的本色和真味。

也就是说除用熟处理外，还应该用葱、姜、蒜、绍酒、醋等调味品，达到去腥膻、增香的作用，驱除原料的不良之味，加强原料的香味。例如，浙江名菜"东坡肉"以绍酒代水烹制，醇香甘美。因为浙江物产丰富，所以在菜名配制时大多以四季鲜笋、火腿、冬菇、蘑菇和绿叶蔬菜等清香之物相辅佐。原材料的合理搭配所形成的美味不是用调味品所能达到的。如雪菜大汤黄鱼以雪里蕻咸菜、竹笋配伍，汤料鲜香味美，风味独特；清汤越鸡则是用火腿、嫩笋、冬菇为原料蒸制而成，原汁原味，醇香甘美；火夹鱼片则采取著名的金华火腿夹入鱼片中烹制而成，菜品鲜美合一，食之香嫩清鲜，其构思真乃巧夺天工。此类菜品例子数不胜数，足以证明浙菜在原料的搭配上有其精妙独到之处。在海鲜河鲜的烹制上，浙菜利用增鲜之味和辅料来进行烹制，以表现出原料之本。

4. 制作精致

浙菜的菜品注重形态，精巧细腻，清秀雅丽。纵观现今浙江名厨综合运刀技法的纯熟、配菜的巧妙、烹调的细腻、装盘的讲究，其所具备的细腻多变幻刀法和淡雅的配色，深得国内外美食家的赞赏，均反映出浙江厨师将烹饪技艺与美学的有机结合，推出了一款款美馔佳肴。

【代表菜】

浙菜系的典型名菜有西湖醋鱼、东坡肉、赛蟹羹、家乡南肉、干炸响铃、荷叶粉蒸肉、西湖莼菜汤、龙井虾仁、杭州煨鸡、虎跑素火腿、干菜焖肉、蛤蜊黄鱼羹、叫花童鸡、香酥焖肉、丝瓜卤蒸黄鱼、三丝拌蛏、油焖春笋、虾爆鳝背、新风蟹誉、雪菜大汤黄鱼、冰糖甲鱼等。

湘　　菜

【湘菜简介】

潇湘风味，主要以湖南菜为代表，简称"湘菜"，是中国八大菜系之一。湖南省地处中南地区，长江中游南岸，南岭以北一带。这里的气候温暖，雨量充沛，阳光充足，四季明显。南有雄崎天下的南岳衡山，北有碧波万顷的洞庭湖，湘、资、沅、澧四水流经全省。自然条件丰厚，利于农、牧、副、渔的发展，所以物产十分富饶。湘北是著名的洞庭湖平原，主要盛产鱼虾和湘莲，是著名的鱼米之乡。在《史记》中曾经记载，楚地"地势饶食，无饥馑之患"。一直以来，"湖广熟，天下足"的俗语，更是广泛流传。湘东是丘陵和盆地，湘南是南岭山脉，农牧副渔都非常发达。湘西多山，盛产笋、蕈和山珍野味。丰富的物产为饮食提供了富足的原料，著名土特产品有：武陵甲鱼、君山银针、祁阳笔鱼、道州灰鹅、洞庭金龟、桃源鸡、临武鸭、武冈鹅、湘莲、银鱼及湘西山区的笋、蕈和山珍野味。在长期的饮食文化和烹饪实践过程中，湖南人民推出了多种多样的菜肴。据史料考证，早在2000多年前的西汉时期，长沙地区就可以用畜、禽、鱼等多种原料，以蒸、熬、煮、炙等烹调方法，制作成各种款式的佳肴。

【湘菜历史】

湖南菜简称湘菜，它历史悠久，源远流长，逐渐形成了颇负盛名的地方菜系。湖南一向被称为"鱼米之乡"。优越的自然条件和富饶的物产，为湘菜在原材料方面提供了物质条件。

湘菜主要是由湘江流域、洞庭湖区和湘西山区为基调的三种地方风味组成。湘江流域菜是以长沙、衡阳、湘潭为中心，其中以长沙、衡阳两地为主，注重菜肴内涵的精当和外形的美观，讲究色、香、味、器、质和谐的统一，因而成为湘菜的主流。洞庭湖区菜是以常德、岳阳两地为主，擅长烹饪河鲜水禽。典型的名菜有三丝敲鱼、双味蜎蚌、橘络鱼脑、蒜子鱼皮、爆墨鱼花等。湘西地区菜则由湘西、湘北的民族风味菜组成，主要以烹制山珍野味见长。

在湖南的新石器遗址中发掘的大量精美的陶食器和酒器，以及伴随这些陶器一起出土的谷物和动物骨骸的残存来测算，说明潇湘先民早在八九千年之前就已经脱离了茹毛饮血的原始状态，开始吃熟食了。春秋战国时期，湖南主要是楚人和越人生活栖息之地，多民族杂居，饮食风俗出现差异，祭祀之风盛行。汉代王逸的《楚辞章句》在解释《九歌》时叙述："昔楚国南郢文邑，沅湘之间，其俗信鬼好祠，其祠必作歌乐鼓舞以乐诸神……"每次祭祀活动都是以宴饮伴随着舞乐的形式进行。当时人们祀天神、祭地祇、享祖先、庆婚娶、办丧事、迎宾送客都会聚餐，而且对菜肴的品种有严格要求，在色、香、味、形上也非常讲究。

在当时湖南先民的饮食生活中已经出现了烧、烤、焖、煎、煮、蒸、炖、醋烹、卤、酱等十余种烹制方法。所采用的原料，也都是具有楚地湖南特色的物产资源。而且，据《楚辞》中的记载，当时的小吃也是很有特色的。

据考古及历史资料证实，春秋战国时期湖南先民的日常主食，包括稻、粱、豆、麦、黍、稷、粟、米等，但主要是稻米。蒸饭的器具是甑、锅、釜等。蒸熟的饭，颗粒不粘，味甘适口。粥则是用鬲来煮制，将米和水同放鬲中加火煮，米熟即得。饭粥蒸煮、菜肴烹调之后，必须盛之以器，才能够方便食用。当时湖南盛食之器，不但品种齐全，而且还精致雅观。秦汉两代，湖南的饮食文化逐渐发展成了一个从用料、烹调方法到风味风格都比较完整的体系，其使用原料之丰盛，烹调方法之多样，风味之鲜美，都是非常明显的。在 1972 年从湖南长沙市马王堆的辛追墓出土随葬遣策中能够得知，早在 2000 多年前的西汉时期，湖南的精肴美馔已经将近百种。仅肉羹一项就分为 5 大类 24 种。用纯肉烧制而成的叫太羹，是羹中最好的，有 9 种，均为浓汤；用清炖方法煮制的清汤称为白羹，有牛白羹、鹿肉芋白羹、鲜鳜藕鲍白羹等 7 种；加芹菜烧制而成的肉羹称为中羹，有狗中羹、雁中羹、鲫藕中羹 3 种；用蒿烧制而成的肉羹称为逢羹，有牛逢羹、羊逢羹、豕逢羹；用苦菜烧制而成的肉羹称为苦羹，有狗苦羹和牛苦羹两种。除此之外还有 72 种食物。如"鱼肤"是从生鱼腹上割取的肉；"牛脍"、"鹿脍"等是将生肉切成细丝制作而成的食物；"熬兔"、"熬阴鹑"则是干煎兔或鹌鹑等。

从出土的西汉遣策中可以得知，汉代湖南饮食生活中的烹调方法比战国时代已经有了进一步的发展，出现了羹、炙、煎、熬、蒸、濯、脍、脯、腊、炮、醢、菹等多种烹饪方式。烹调用的调料出现了盐、酱、豉、曲、糖、蜜、韭、梅、桂皮、花椒、茱萸等。因为湖南物产丰富，素有"鱼米之乡"的美称，所以自唐、宋以来，特别是在明、清之际湖南饮食文化的发展更加趋于完善，逐渐发展成了全国八大菜系中一支具有鲜明特色的湘菜系。

【湘菜流派】

随着历史的前进，及烹饪技术的不断交流，逐渐发展成了以湘江流域、洞庭湖区和湘西山区三种地方风味为主的湘菜系。

湘江一带的菜以长沙、衡阳、湘潭为中心，是湖南菜系的主要代表。它制作精致，用料丰富，口味多变，品种繁多。具有油重色浓，讲求实惠，注重酸辣、香鲜、软嫩的特点。在制法上一般以煨、炖、腊、蒸、炒诸法见长。煨、炖讲究微火烹调，煨则味透汁浓，炖则汤清如镜；腊味制作方法有烟熏、卤制、叉烧，著名的湖南腊肉就是烟熏制品，既能作冷盘，又可热炒，或用优质原汤蒸；炒则力求鲜、嫩、香、辣，市井皆知。代表性的菜品有海参盆蒸、腊味合蒸等。

洞庭湖区的菜以烹制河鲜、家禽和家畜见长，大多采取炖、烧、蒸、腊的制作方法，具有芡大油厚、咸辣香软的特点。炖菜常用火锅上桌，民间则用蒸钵置泥炉上炖煮，俗称蒸钵炉子。常常是边煮边吃边下料，滚热鲜嫩，津津有味，本地素有"不愿进朝当驸马，只要蒸钵炉子咕咕嘎"的民谣，充分体现了炖菜广为人民喜爱。具有代表性的菜品为洞庭金龟、网油叉烧洞庭鳜鱼、蝴蝶飘海、冰糖湘莲等，每一道皆为有口皆碑的洞庭湖区名肴。

湘西山区的菜以制作山珍野味、烟熏腊肉和各种腌肉见长，口味讲究咸香酸辣，常用柴炭作燃料，具有浓郁的山乡特色。代表菜有红烧寒菌、板栗烧菜心、湘西酸肉、炒血鸭等。

【湘菜风味与特点】

湘菜之所以能够成为独秀一方的特色风味，对"味"的强调是其精髓、根本所在。湘菜调味技术手段多样，而使味变化各出现微妙效果，则是利用加热前的调味，加热中的调味，烹饪后的调味，利用刀工切割大小厚薄致使味道渗透，覆盖一致而达到入味均匀，用汤汁调味，使无味的原材料入味后与汤汁融合形成鲜味，用主料、辅料、味料三者结合产生新的和谐特殊的复合味道。而用刀、火、料等综合技巧融合产生的滋味隽永、回味无穷。

湘菜调味非常讲究变化，调味料有几十种之多，在烹制进行中按不同的菜肴质量要求，调味之前进行适当的组合调制，注重"相物而施"。对各种调味料的清浓、稀稠、多少、新陈，加以严格选用和区分，决不死板一律，以便能形成不同的味型，达到主味突出、咸鲜其中、回味无穷。就算只是一个"辣"味，因为采用不同的辣品调味，如干辣椒、辣椒粉、辣椒油、鲜辣椒、朝天椒、黄蜂辣椒、花椒散，尽管都是一个"辣"味，可是依然会得出不同的类型，有轻微带辣，有香鲜见辣，有酸辣鲜浓，有刺激浓辣，以不同荤素配料的巧妙组合，形成千变万化的浓郁湘味。

湘菜的调味运用，主要是采取菜肴的荤素主配调味品本身进行合理的搭配，对各种原材料的咸、甜、酸、辣、香、鲜的单一味进行组合加工，并使菜肴在口味上形成多质多滋多味的变化，并使菜肴在色彩上出现青、红、黄、白、黑、亮、浓、稀而成绚丽多彩的菜肴。

湘菜制作过程中对水质、水量、水温、稀、淡、浓、稠、宽、浅等掌握方面，每一道工序都向来非常注重与讲究，从来不会马虎了事，通过对水的各环节的"度"的掌握控制，才形成了菜肴的色、香、味、形、质的最佳效果。

菜肴之所以能够表现出色香味美的特质，除了原料加工及调味，最为主要的是对火的掌握。湘菜的烹制最为讲究的是"火候"。在湘菜烹调过程中，火候是决定菜肴质量的关键，火候可分为文火、武火、大火、小火、微火、死火、活火、明火、暗火、余火等，在烹制的每一环节中，都要牢牢地控制每一个工序环节所需要的火候，严格掌握控制火候是湘厨们一个必须严格掌握的基本功技艺。

1. 湘菜品种繁多，门类齐全

就菜式来说，既有乡土风味的民间菜式，经济便利的大众菜式；也有讲究实惠的筵席菜式，格调高雅的宴会菜式；而且还有味道随意的家常菜式和疗疾健身的药膳菜式。据有关资料显示，湖南现有不同品味的地方菜和风味名菜达800多个。

2. 湘菜的基本刀法有十几种之多

厨师们在长期以来的实践中，手法娴熟，因料而异，具体运用，演化结合，切批斩剁，游刃有余，使烹制的菜肴千姿百态、变化万千。整鸡剥皮，盛水不漏，瓜盅"载宝"，生动逼真，常令人击掌叫绝，叹为观止。湘菜一向重视原料互相搭配，滋味互相渗透。湘菜调味尤重酸辣。由于地理位置的关系，湖南气候温和湿润，所以人们多喜食辣椒，用来提神去湿。用酸泡菜作为调料，佐以辣椒烹制而成的菜肴，开胃爽口，深受喜爱，成为独具特色的地方饮食习俗。

3. 湘菜的烹调方法

湘菜历史悠久，由古至今已经形成几十种烹调方法，在热烹、冷制、甜调三大类烹调技法中，每类技法少的有几种，多的达到几十种。相对来说，湘菜的煨功夫更胜一筹，基本达到炉火纯青的程度。煨，在色泽变化上可分为红煨、白煨，在调味方面有清汤煨、浓汤煨和奶汤煨。小火慢炖，能够保持原汁原味。有的菜晶莹醇厚，有的菜汁纯滋养，有的菜软糯浓郁，有的菜酥烂鲜香，很多煨出来的菜肴，均成为湘菜中的名馔佳品。

【代表菜】

湘菜具有代表性的菜品为腊味合蒸、东安子鸡、麻辣仔鸡、红煨鱼翅、汤泡肚、冰糖湘莲、金钱鱼、酸辣狗肉、酸辣鸡丁、五元神仙鸡、子龙脱袍、蝴蝶过河、豉椒划水、大边炉、君山银针鸡片、麻仁酥鸭、焦盐兔片、玉麟香腰、红椒酿肉、洞庭金龟、老姜鸡、翠竹粉蒸鲖鱼等。

徽　菜

【徽菜简介】

徽菜并不是安徽菜，也不包括皖北地区，主要指徽州地区，安徽省江南地区。徽菜中的"徽"字是由徽州得来的，是中国八大菜系之一。徽菜起源于黄山麓下的歙县，也就是古代的徽州。后来由于新安江畔的屯溪小镇成为"祁红"、"屯绿"等名茶和徽墨、歙砚等土特产品而闻名四海。徽菜来自徽州，离不开徽州这个特殊的地理环境提供的客观条件。徽州是指现在的安徽黄山市、绩溪县及江西婺源县。徽州由于地处两种气候交接地带，雨量比较多，气候适中，物产十分丰富。仅黄山的植物就多达1470余种，其中很多都能食用。野生动物，栖山而息，徽州是山区，种类就更多。山珍野味，形成了徽菜主佐料的独到之处。典型的名菜有火腿炖甲鱼、红烧果子狸、腌鲜鳜鱼、黄山炖鸽等上百余种。

【徽菜历史】

徽菜的出现、发展与徽商的兴起、发迹有着密不可分的关系。徽商史称"新安大贾"，起源于东晋，唐宋时期日益繁荣，明代晚期至清乾隆末期是徽商的黄金时代，其时徽州营商人数之多，活动范围之广，资本之雄厚，均位于当时商团之前列。宋朝著名数学家朱熹的外祖父祝确，就是当时徽商的突出代表，由他所经营的商栈、邸舍（即旅店）、酒肆，曾经占据歙州城的半数，有"祝半城"之称。明嘉靖至清乾隆年间，扬州著名商贾大约80人，而其中的徽商就占据60之多；十大盐商中，徽商竟居一半以上。徽商富甲天下，生活奢靡，而且又偏偏喜欢家乡风味，其饮馔之丰盛，筵席之豪华，对徽菜的发展起到了推波助澜的作用，什么地方有徽商什么地方就会有徽菜馆。明清时期，徽商在扬州、上海、武汉盛极一时，上海的徽菜馆曾经一度达到500多家，即便是在抗日战争时期，上海的徽菜馆仍然有130余家，武汉也有40余家。有趣的是根据《老上海》的资料记载，1925年前后"沪上菜馆初唯有徽州、苏州，后乃有金陵、扬州、镇江诸馆"，而所谓的"苏州"亦指原本是在姑苏的徽商邰之望、邰家烈迁移到沪成立的天福园、九华园、鼎半园等菜馆。可见徽菜的发展非常迅速，据曾觉生在《解放前武汉的徽商与徽帮》一文描述，直至新中国成立后，武汉的徽菜馆仍居饮食市场的首要地位："可以说武汉酒菜业中最大的一帮……为人们所欢迎、所光顾。"

在漫长的岁月中，通过历代名厨的辛勤创造、兼收并蓄，尤其是新中国成立以后，省内名厨的交流切磋、继承发展，徽菜已经渐渐从徽州地区的山乡风味崭露头角，如今已经融合了安徽各地的风味特色、名馔佳肴，逐步发展成为一个雅俗共赏、南北咸宜、独具一格、自成一体的著名菜系。

【徽菜流派】

安徽菜主要是由皖南、沿江和沿淮三种地方风味所组成的。

皖南风味以徽州地方菜肴（徽菜）为代表，是安徽菜系的典型代表，被列入我国八大菜系中的一系，发扬光大于绩溪县，距今已有近千年的历史。沿江风味盛行在芜湖、安庆及巢湖一带，它以烹调河鲜、家禽见长，强调刀工，注意形色，擅长以糖调味，善于红烧、清蒸和烟熏技艺，其菜肴具有酥嫩、鲜醇、清爽、浓香的特色。代表性的菜肴有清香炒悟鸡、生熏仔鸡、八大锤、毛峰熏鲥鱼、火烘鱼、蟹黄虾盅等。"菜花甲鱼菊花蟹，刀鱼过后鲥鱼来。春笋蚕豆荷花藕，八月桂花鹅鸭肥"，生动鲜明地反映出沿江人民的食俗情趣。沿淮风味主要盛行在蚌埠、宿县、阜阳一带。其风味特色是质朴、酥脆、咸鲜、爽口。在烹调技法上长于烧、炸、馏等，擅长用芫荽、辣椒配色佐味。有代表性的菜品为奶汁肥王鱼、香炸琵琶虾、鱼咬羊、老蚌怀珠、朱洪武豆腐、焦炸羊肉等，都较好地反映了这一地区的风味特色。

【徽菜风味与特点】

徽州菜主要擅长烧、炖，注重火功，并习惯用火腿佐味，冰糖调鲜，善于保持原汁原味。很多菜肴都是用木炭火单炖、单煨，原锅上桌，不但反映了徽州古朴典雅的风格，而且香气四溢，诱人食欲。具有代表性的菜品是清炖马蹄、黄山炖鸽、腌鲜鳜鱼、红烧果子狸、徽州毛豆腐、徽州桃脂烧肉等。

徽菜的特点首先是就地取材，以鲜制胜。徽地盛产山珍野味河鲜家禽，就地取材使得菜肴地方特色突出并能保证鲜活。其次是擅长运用火候，火功独到。根据不同原料的质地特点、成品菜的风味要求，分别采取大火、中火、小火来烹调。三是娴于烧炖，浓淡适宜。除了爆、炒、熘、炸、烩、煮、烤、煨等技法各有所长外，尤以烧、炖及熏、蒸菜品而闻名大江南北。四是注重天然，以食养身。徽菜继承了祖国医食同为一源的传统，主张食补，这是徽菜的一大特色。

【代表菜】

徽菜代表性的品类有红烧果子狸、火腿炖甲鱼、雪冬烧山鸡、符离集烧鸡、蜂窝豆腐、无为熏鸭等。

京　菜

【京菜简介】

北京菜也叫京帮菜，它是以北方菜为基础，兼收各地风味后发展而成的。京菜虽不在八大菜系之列，但北京以几代都城的特殊地位，集全国烹饪技术之大成，不断地吸收各地饮食特长，终于自成体系。京菜吸收了汉满等民族饮食精华的宫廷风味，以及在广东菜基础上兼容了各地风味之长形成的谭家菜，也为京帮菜增添了光彩。北京菜中，最具有特色的要算是烤鸭和涮羊肉了。烤鸭是北京的名菜，而涮羊肉、烤牛肉、烤羊肉则是北方少数民族的食法，辽代墓壁画中就有众人围着篝火锅吃涮羊肉的画面。如今，涮羊肉所用的配料丰富多样，味道鲜美，其制法基本已经家喻户晓。

【京菜历史】

京菜是由本地菜与山东菜、宫廷菜融合形成的。它从元、明、清宫廷御厨和王府家厨渐渐流传演变而成。元代时，因为其符合蒙古王公贵族口味，一跃而登大雅之堂。明代以后，其势不衰。到了清代蔚为壮观，尤以满汉全席为京菜高峰。制作方法以烤、爆、炸、溜、炒为主，兼用烧、烩的技法。菜肴质地强调酥、脆、鲜、嫩。选料广泛，刀法精细，烹调讲究，外形美观。以咸为主，兼合其他口味。名菜有烤鸭和涮羊肉等，有"国菜"之誉。

北京是数朝的古都，全国各地进贡的贡品丰富多彩。交通四通八达，各地特产陆续不断进入北京，这些都为京菜的形成和发展提供了丰富的物质基础。历史上的北京城，受到草原饮食文化和华北平原农耕饮食文化的极大影响，具有浓郁的地方特色。

【京菜分层】

京菜在结构上的分层现象非常明显。其最底层是小吃，包括清真和汉族两支，以清真为主。这些小吃多为大众化的吃食，尽管在制作上很讲究，但用料毕竟简单便宜。其中，清真一派深受江南食风影响，擅长制作糯米糖食，肉类只用牛、羊，多以烧、酱为主；汉族一派则基本全是面类主食，多加盐，肉类喜欢以猪下水、卤煮为主。

小吃上一层是民间的家常菜品。家常菜经济实惠，味美可口，多由清代因坐吃皇粮而变得游手好闲的八旗子弟利用他们过剩的精力和才智创制出来的，菜式则由炸酱面、疙瘩汤，到扒肘子、葱爆羊肉，形式多样，口味不同。

再上一层是特色餐馆菜。京味餐馆流派不同，风格差异极大，因其久居京城而成为京菜的组成部分。如砂锅居的白肉菜系原本是满洲风味，而全聚德的烤鸭则是来自山东，东来顺、鸿宾楼、烤肉季等是自成体系的回族风味。这几类京味餐馆菜基本是各有其来历、互不沾边。

特色餐馆菜再向上数便是官府菜，主要以谭家菜和厉家菜为主，是一些颇讲究饮食的南方汉族官僚或满洲贵族由府邸家厨的手艺演变而来的，菜品选料精致、制作细腻，风味独特。

京菜的最高层，是居于"宝塔尖"的宫廷菜。这类菜是中华民族饮食文化登峰造极的产物，其原料上乘，多为山珍海味，糅和满汉技艺，既有白煮烧烤，又有煎炒烹炸，技术较为全面，经代代御厨不断改进完善，品种诸多，味道的复合性与层次感强，极为精致鲜美。

总的来说，京菜的分层现象实际上说明了北京这一政治中心在古代所特有的城市居民间森严的封建等级和巨大贫富之间的差距。

【京菜风味与特点】

北京菜主要是由宫廷菜、官府菜、庶民菜、少数民族菜和寺院菜几类组成的。北京菜口味一般是以北方浓郁酥烂为主，兼具南方讲求的嫩脆清鲜，有精于选料、讲究时令的特点，烹调细腻，注重刀工，讲究火候，讲究调味，讲究制汤、澄卤。

【代表菜】

京菜具代表性的菜肴有北京烤鸭、烤肉、涮羊肉、海红虾唇、烤乳猪、蛤蟆鲍鱼、水晶肘子、黄焖鱼翅、砂锅羊头、扒熊掌、炸佛手等。

中华古典名筵

满汉全席

【简介】

满汉全席是满清宫廷盛宴。不仅有宫廷菜肴的特色，而且还有地方风味的精华；突出满族菜点的特殊风味，烧烤、火锅、涮锅基本是必备的菜点，同时也展示了汉族烹调的特色，扒、炸、炒、熘、烧等技法兼备，实乃中华菜系文化的瑰宝和最高境界。满汉全席原本是清代宫廷里举办宴会时满族人和汉族人合做的一种全席。满汉全席上菜一般至少会有108种菜品（南菜54道和北菜54道），分三天吃完。满汉全席的菜式有咸有甜，有荤有素，食材丰盛，用料精细，山珍海味无所不包。

满汉全席以精美的菜点，讲究的礼仪，形成了引人注目的独特风格。入席之前，首先要上两对香，茶水和手碟；台面上摆设四鲜果、四干果、四看果和四蜜饯；入席后必须先上冷盘，然后是炒菜、大菜、甜菜依次上桌。满汉全席，一共分为六宴，均以清宫著名大宴命名，融汇满汉众多名馔，选用时鲜海味，搜寻山珍异兽。全席一共有冷荤热肴196品，点心茶食124品，总计肴馔320品。合用整套的粉彩万寿餐具，再配以银器，富贵华丽，用餐环境古雅庄重。席间还有名师奏古乐伴宴，沿典雅遗风，礼仪严谨庄重，承传统美德，侍膳奉敬校宫廷之周，使得客人流连忘返。全席食毕，能让您感受到中华烹饪的博精，饮食文化的渊源，尽享万物之灵之至尊。

满汉全席是以北京、山东、江浙菜为主的。世俗所谓"满汉全席"中的珍品，其中大多数都是黑龙江地区特产（或出产），如犴鼻、鱼骨、鳇鱼子、猴头蘑、熊掌、哈什蟆、鹿尾（筋、脯、鞭等）、豹胎以及其他珍奇原料等。后来闽粤等地的菜肴也逐一出现在巨型宴席之上。54 道南菜包括 30 道江浙菜、12 道福建菜、12 道广东菜。54 道北菜包括 12 道满族菜、12 道北京菜、30 道山东菜。遗憾的是当时川菜尚未流行。如果加入川菜，满汉全席必将锦上添花。

【起源】

满汉全席最初兴起于清代，是集满族与汉族菜点之精华而形成的历史上最著名的中华大宴。在乾隆甲申（乾隆二十九年，1764 年）年间李斗所著的《扬州书舫录》一书中记有一份满汉全席食单，是关于满汉全席的最早文字记载。清人关以前，宫廷宴席十分简单。一般宴会，露天铺上兽皮，大家围拢一起，席地而餐。在《满文老档》中有记载："贝勒们设宴时，尚不设桌案，都席地而坐。"菜肴，通常是火锅配以炖肉，猪肉、牛羊肉加以兽肉。即便是皇帝出席的国宴，也只是设有十几桌、几十桌，也是牛、羊、猪、兽肉，用解食刀割肉为食。清人关后，情景发生了很大的变化。六部九卿之中，专门设有光禄寺卿，专司大内筵席和国家大典时宴会事宜。清刚入关时，饮食还不怎么讲究，可是很快就在原来满族传统饮食方式的基础上，吸取了中原南菜（主要是苏杭菜）、北菜（山东菜）的特色，形成了比较丰富的宫廷饮食。

根据《大清会典》和《光禄寺则例》的记载，康熙以后，光禄寺承办的满席共分六等，一等席，每桌价银八两，主要用于帝、后死后的随筵。二等席，每桌价银七两二钱三分四厘，主要用于皇贵妃死后的随筵。三等席，每桌价银五两四钱四分，主要用于贵妃、妃和嫔死后的随筵。四等席，每桌价银四两四钱三分，一般用来元旦、万寿、冬至三大节贺筵宴，皇帝大婚、大军凯旋、公主和郡主成婚等各种筵宴以及贵人死后的随筵等。五等席，每桌价银三两三钱三分，一般用来筵宴朝鲜进贡的正、副使臣，西藏达赖喇嘛和班禅的贡使，除夕赐予下嫁外藩之公主及蒙古王公、台吉等的馔宴。六等席，每桌价银二两二钱六分，一般用来赐宴经筵讲书，衍圣公来朝，越南、琉球、暹罗（今泰国）、缅甸、苏禄（在今菲律宾）、南掌（今老挝）等国来使。光禄寺承办的汉席，主要分为一二三等及上席、中席五类，一般是用于临雍宴文武会试考官出闱宴，实录、会典等书开馆编纂日及告成日赐宴等。其中，主考和知、贡举等官可用一等席，每桌有馔鹅、鱼、鸡、鸭、猪等二十三碗，果食八碗，蒸食三碗，蔬食四碗。同考官、监试御史、提调官等可用二等席，每桌有馔鱼、鸡、鸭、猪等二十碗，果食蔬食等皆与一等席相同。内帘、外帘、收掌四所及礼部、光禄寺、鸿胪寺、太医院等各执事官全都用三等席，每桌有馔鱼、鸡、猪等十五碗，果食蔬食等与一等席相同。文进士的恩荣宴、武进士的会武宴，主席大臣、读卷执事各官可用上席，上席又细分为高、矮桌。高桌设有宝装一座，用面二斤八两，宝装花一攒，有馔九碗，果食五盘，蒸食七盘，蔬菜四碟。矮桌设有猪肉、羊肉各一方，鱼一尾。文武进士和鸣赞官等用中席，每桌均设宝装一座，用面二斤，绢花三朵，其他均与上席高桌相同。

当初，宫廷中满汉席是分开的。康熙年间，曾经两次举行几千人参加的"千叟宴"，声势浩大，也全都是分满汉两次入宴。满汉全席实际上并不是源于宫廷，而是源于江南的官场菜。据李斗的《扬州书舫录》中记载："上买卖街前后寺观，皆为大厨房，以备六司百官食次。第一份，头号五簋碗十件——燕窝鸡丝汤、海参烩猪筋、鲜蛏萝卜丝羹、海带猪肚丝羹、鲍鱼烩珍珠菜、淡菜虾子汤、鱼翅螃蟹羹、蘑菇煨鸡、辘轳锤、鱼肚煨火腿、鲨鱼皮鸡汁羹、血粉汤、一品级汤饭碗。第二份，二号五簋碗十件——鲫鱼舌烩熊掌、米糟猩唇、猪脑、假豹胎、蒸驼峰、梨片伴蒸果子狸、蒸鹿尾、野鸡片汤、风猪片子、风羊片子、兔脯奶房签、一品级汤饭碗。第三份，细白羹碗十件——猪肚、假江瑶、鸭舌羹、鸡笋粥、猪脑羹、芙蓉蛋、鹅肫掌羹、糟蒸鲥鱼、假斑鱼肝、西施乳、文思豆腐羹、甲鱼肉片子汤、茧儿羹、一品级汤饭碗。第四份，毛血盘二十件——炙、哈尔巴、小猪子、油炸猪羊肉、挂炉走油鸡、鹅、鸭、鸽、猪杂什、羊杂什、燎毛猪羊肉、白煮猪羊肉、白蒸小猪子、小羊子、鸡、鸭、鹅、白面饽饽卷子、什锦火烧、梅花包子。第五份，洋碟二十件，热吃劝酒二十味，小菜碟二十件，枯果十彻桌，鲜果十彻桌。所谓满汉席也。"

这是扬州"大厨房"特意为到扬州巡视的"六司百官"筹办的。从现在可得的文字资料分析，满汉全席应该是起源于扬州。这种满汉全席集宫廷满席与汉席之精华于一席，后来就演变成了大型豪华宴席的总称，菜点不断地予以增添与更新，故而又成为了中华美食的缩影。

【相关宴席】

1. 蒙古亲藩宴

这种宴是清朝皇帝为招待与皇室联姻的蒙古亲族所专设的御宴。一般设宴于正大光明殿，由满族一、二品大臣作陪。历代皇帝全都很重视此宴，每年循例举行。而受宴的蒙古亲族更视此宴为大福，对皇帝在宴中所例赏的食物非常珍惜。在《清稗类钞·蒙人宴会之带福还家》一文中记载："年班蒙古亲王等入京，值颁赏食物，必之去，曰带福还家。若无器皿，则以外褂兜之，平金绣蟒，往往汤汁所沾，淋漓尽，无所惜也。"

2. 廷臣宴

廷臣宴是在每年上元节的后一日即正月十六日举行，由皇帝亲点大学士、九卿中有功勋者参加，故赴宴者以为荣殊。宴所设在奉三无私殿，宴时遵从宗室宴之礼。皆用高椅，赋诗饮酒，每岁循例举行。蒙古王公等也全都参加。皇帝借此施恩来笼络属臣，而同时也是廷臣们功禄的一种象征形式。

3. 万寿宴

万寿宴是清朝皇帝的寿诞宴，同时也是内廷的大宴之一。后妃王公，文武百官，无不以进寿献寿礼为荣。其间名食美馔不胜枚举。如遇大寿，则庆典更加隆重盛大，会派专人专司。衣物首饰，装潢陈设，乐舞宴饮应有尽有。光绪二十年（1894 年）十月初十日慈禧六十大寿，在光绪十八年（1892 年）便颁布了上谕，寿日前月余，筵宴就已经开始。仅事前江西烧造的绘有万寿无疆字样和吉祥喜庆图案的各种釉彩碗、碟、盘等瓷器，就高达二万九千一百七十多件。整个庆典耗费白银将近一千万两，在中国历史上是绝无仅有的。

4. 千叟宴

千叟宴始于康熙，兴盛于乾隆时期，是清宫中规模最大、参加宴会者最多的盛大御宴。康熙五十二年（1713 年）在阳春园首次举办千人大宴，玄烨即席赋《千叟宴》诗一首，固得宴名。乾隆五十年（1785年）在乾清宫举办千叟宴，与宴者有三千人，即席用柏梁体选百联句。嘉庆元年（1796年）正月再次举办叟宴于宁寿宫皇极殿，与宴者达到三千五十六人，即席赋诗三千余首。后人称谓千叟宴是"恩隆礼洽，为万古未有之举"。

5. 九白宴

九白宴出现在康熙年间。康熙初定蒙古外札萨克等四部落时，这些部落为了表达投诚忠心，遂每年以九白进贡，即白骆驼一匹、白马八匹，以此为信。蒙古部落献贡之后，皇帝设御宴招待使臣，称为九白宴。每年循例而行。

6. 节令宴

节令宴指的是清宫内廷根据固定的年节时令而设的筵宴。如元日宴、元会宴、春耕宴、端午宴、乞巧宴、中秋宴、重阳宴、冬至宴、除夕宴等，均根据节次定规，循例而行。尽管满族有自己固有的食俗，可是入主中原后，在满汉文化的交融中和统治的需要下，大量接受了汉族的食俗。又因为宫廷的特殊地位，逐渐使食俗定规详尽。其食风又与民俗和地区有着很大的联系，所以，腊八粥、元宵、粽子、冰碗、雄黄酒、重阳糕、乞巧饼、月饼等仪器在清宫中应有尽有。

【各宴菜谱】

1. 蒙古亲藩宴

茶台茗叙：古乐伴奏、满汉侍女敬献白玉奶茶

到奉点心：茶食刀切、杏仁佛手、香酥苹果、合意饼

攒盒一品：龙凤描金攒盒龙盘柱，随上干果蜜饯八品

四喜干果：虎皮花生、怪味大扁、奶白葡萄、雪山梅

四甜蜜饯：蜜饯苹果、蜜饯桂圆、蜜饯鲜桃、蜜饯青梅

奉香上寿：古乐伴宴、焚香入宴

前菜五品：龙凤呈祥、洪字鸡丝黄瓜、福字瓜烧里脊、万字麻辣肚丝、年字口蘑发菜

饽饽四品：御膳豆黄、芝麻卷、金糕、枣泥糕

酱菜四品：宫廷小黄瓜、酱黑菜、糖蒜、腌水芥皮

敬奉环浆：音乐伴宴、满汉侍女敬奉贵州茅台

膳汤一品：龙井竹荪

御菜三品：凤尾鱼翅、红梅珠香、宫保野兔

饽饽二品：豆面饽饽、奶汁角

御菜三品：祥龙双飞、爆炒田鸡、芫爆仔鸽

御菜三品：八宝野鸭、佛手金卷、炒墨鱼丝

饽饽二品：金丝酥雀、如意卷

御菜三品：绣球干贝、炒珍珠鸡、奶汁鱼片

御菜三品：干连福海参、花菇鸭掌、五彩牛柳

饽饽二品：肉末烧饼、龙须面

烧烤二品：挂炉山鸡、生烤狍肉，随上荷叶卷、葱段、甜面酱

御菜三品：山珍刺龙芽、莲蓬豆腐、草菇西兰花

膳粥一品：红豆膳粥

水果一品：应时水果拼盘一品

告别香茗：信阳毛尖

2. 廷臣宴

丽人献茗：狮峰龙井

干果四品：蜂蜜花生、怪味腰果、核桃粘、苹果软糖

蜜饯四品：蜜饯银杏、蜜饯樱桃、蜜饯瓜条、蜜饯金枣

饽饽四品：翠玉豆糕、栗子糕、双色豆糕、豆沙卷

酱菜四品：甜酱萝卜、五香熟芥、甜酸乳瓜、甜合锦

前菜七品：喜鹊登梅、蝴蝶虾卷、姜汁鱼片、五香仔鸽、糖醋荷藕、泡绿菜花、辣白菜卷

膳汤一品：一品官燕

御菜五品：砂锅煨鹿筋、鸡丝银耳、桂花鱼条、八宝兔丁、玉笋蕨菜

饽饽二品：慈禧小窝头、金丝烧麦

御菜五品：罗汉大虾、串炸鲜贝、葱爆牛柳、蚝油仔鸡、鲜蘑菜心

饽饽二品：喇嘛糕、杏仁豆腐

御菜三品：山珍刺五加、清炸鹌鹑、红烧赤贝

饽饽二品：绒鸡待哺、豆沙苹果

御菜三品：白扒鱼唇、红烧鱼骨、葱烧鲨鱼皮

烧烤二品：片皮乳猪、维吾尔族烤羊肉，随上薄饼、葱段、甜酱

膳粥一品：薏仁米粥

水果一品：应时水果拼盘一品

告别香茗：珠兰大方

3. 万寿宴

丽人献茗：庐山云雾

干果四品：奶白枣宝、双色软糖、糖炒大扁、可可桃仁

蜜饯四品：蜜饯菠萝、蜜饯红果、蜜饯葡萄、蜜饯马蹄

饽饽四品：金糕卷、小豆糕、莲子糕、豌豆黄

酱菜四品：桂花辣酱芥、紫香干、什香菜、虾油黄瓜

攒盒一品：龙凤描金攒盒龙盘柱，随上五香酱鸡、盐水里脊、红油鸭子、麻辣口条、桂花酱鸡、番茄马蹄、油焖草菇、椒油银耳

前菜四品：万字珊瑚白、寿字五香大虾、无字盐水牛肉、疆字红油百叶

膳汤一品：长春鹿鞭汤

御菜四品：玉掌献寿、明珠豆腐、首乌鸡丁、百花鸭舌

饽饽二品：长寿龙须面、百寿桃

御菜四品：参芪炖白凤、龙抱凤蛋、父子同欢、山珍大叶芹

饽饽二品：长春卷、菊花佛手酥

御菜四品：金腿烧圆鱼、巧手烧雁鸾、桃仁山鸡丁、蟹肉双笋丝

饽饽二品：人参果、核桃酪

御菜四品：松树猴头蘑、墨鱼羹、荷叶鸡、牛柳炒白蘑

烧烤二品：挂炉沙板鸡、麻仁鹿肉串

膳粥一品：稀珍黑米粥

水果一品：应时水果拼盘一品

告别香茗：茉莉雀舌毫

4. 千叟宴

丽人献茗：君山银针

干果四品：怪味核桃、水晶软糖、五香腰果、花生粘

蜜饯四品：蜜饯橘子、蜜饯海棠、蜜饯香蕉、蜜饯李子

饽饽四品：花盏龙眼、艾窝窝、果酱金糕、双色马蹄糕

酱菜四品：宫廷小萝卜、蜜汁辣黄瓜、桂花大头菜、酱桃仁

前菜七品：二龙戏珠、陈皮兔肉、怪味鸡条、天香鲍鱼、三丝瓜卷、虾籽冬笋、椒油茭白

膳汤一品：罐焖鱼唇

御菜五品：沙舟踏翠、琵琶大虾、龙凤柔情、香油膳糊肉丁、黄瓜酱

饽饽二品：千层蒸糕、什锦花篮

御菜五品：龙舟鳜鱼、滑溜贝球、酱焖鹌鹑、蚝油牛柳、川汁鸭掌

饽饽二品：凤尾烧麦、五彩抄手

御菜五品：一品豆腐、三仙丸子、金菇掐菜、溜鸡脯、香麻鹿肉饼

饽饽二品：玉兔白菜、四喜饺

烧烤二品：御膳烤鸡、烤鱼扇

野味火锅：随上围碟十二品，鹿肉片、飞龙脯、狍子脊、山鸡片、野猪肉、野鸭脯、鱿鱼卷、鲜鱼肉、刺龙牙大叶芹、刺五加、鲜豆苗

膳粥一品：荷叶膳粥

水果一品：应时水果拼盘一品

告别香茗：杨河春绿

5.九白宴

丽人献茗：熬乳茶

干果四品：芝麻南糖、冰糖核桃、五香杏仁、菠萝软糖

蜜饯四品：蜜饯龙眼、蜜饯莱阳梨、蜜饯菱角、蜜饯槟子

饽饽四品：糯米凉糕 、芸豆卷、鸽子玻璃糕、奶油菠萝冻

酱菜四品：北京辣菜 、香辣黄瓜条、甜辣干、雪里蕻

前菜七品：松鹤延年、芥末鸭掌、麻辣鹌鹑、芝麻鱼、腰果芹心、油焖鲜蘑、蜜汁番茄

膳汤一品：蛤什蟆汤

御菜一品：红烧麒麟面

热炒四品：鼓板龙蟹 、麻辣蹄筋、乌龙吐珠、三鲜龙凤球

饽饽二品：木樨糕、玉面葫芦

御菜一品：金蟾玉鲍

热炒四品：山珍蕨菜、盐煎肉、香烹狍脊、湖米茭白

饽饽二品：黄金角、水晶梅花包

御菜一品：五彩炒驼峰

热炒四品：野鸭桃仁丁、爆炒鱿鱼、箱子豆腐、酥炸金糕

饽饽二品：大救驾、莲花卷

烧烤二品：持炉珍珠鸡、烤鹿脯

膳粥一品：莲子膳粥

水果一品：应时水果拼盘一品

告别香茗：洞庭碧螺春

6.节令宴

丽人献茗：福建乌龙

干果四品：奶白杏仁、柿霜软糖、酥炸腰果、糖炒花生

蜜饯四品：蜜饯鸭梨、蜜饯小枣、蜜饯荔枝、蜜饯哈密杏

饽饽四品：鞭蓉糕、豆沙糕、椰子盏、鸳鸯卷

酱菜四品：麻辣乳瓜片、酱小椒、甜酱姜牙、酱甘螺

前菜七品：凤凰展翅、熊猫蟹肉虾、籽冬笋、五丝洋粉、五香鳜鱼、酸辣黄瓜、陈皮牛肉

膳汤一品：罐煨山鸡丝燕窝

御菜五品：原壳鲜鲍鱼、烧鹧鸪、芜爆散丹、鸡丝豆苗、珍珠鱼丸

　　饽饽二品：重阳花糕、松子海罗干

　　御菜五品：猴头蘑扒鱼翅、滑熘鸭脯、素炒鳝丝、腰果鹿丁、扒鱼肚卷

　　饽饽二品：芙蓉香蕉卷 、月饼

　　御菜五品：清蒸时鲜、炒时蔬、酿冬菇盒、荷叶鸡、山东海参

　　饽饽二品：时令点心、高汤水饺

　　烧烤二品：持炉烤鸭、烤山鸡，随上薄饼、甜面酱、葱段、瓜条、萝卜条、白糖、蒜泥

　　膳粥一品：腊八粥

　　水果一品：应时水果拼盘一品

　　告别香茗：杨河春绿

　　除此之外，在民间相声《报菜名》中"满汉全席"的菜品有：

　　蒸羊羔、蒸熊掌、蒸鹿尾儿

　　烧花鸭、烧雏鸡儿、烧仔鹅

　　卤煮咸鸭、酱鸡、腊肉、松花蛋、小肚儿、晾肉、香肠

　　什锦苏盘、熏鸡、白肚儿、清蒸八宝猪、江米酿鸭子

　　罐儿野鸡、罐儿鹌鹑、卤什锦、卤子鹅、卤虾、烩虾、炝虾仁儿

　　山鸡、兔脯、菜蟒、银鱼、清蒸哈什蟆

　　烩鸭腰儿、烩鸭条儿、清拌鸭丝儿、黄心管儿

　　焖白鳝、焖黄鳝、豆豉鲇鱼、锅烧鲇鱼、烰皮甲鱼、锅烧鲤鱼、抓炒鲤鱼

　　软炸里脊、软炸鸡、什锦套肠、麻酥油卷儿

　　熘鲜蘑、熘鱼脯儿、熘鱼片儿、熘鱼肚儿、醋熘肉片儿、熘白蘑

　　烩三鲜、炒银鱼、烩鳗鱼、清蒸火腿、炒白虾、炝青蛤、炒面鱼

　　炝芦笋、芙蓉燕菜、炒肝尖儿、南炒肝关儿、油爆肚仁儿、汤爆肚领儿

　　炒金丝、烩银丝、糖熘饹炸儿、糖熘荸荠、蜜丝山药、拔丝鲜桃

　　熘南贝、炒南贝、烩鸭丝、烩散丹

　　清蒸鸡、黄焖鸡、大炒鸡、熘碎鸡、香酥鸡、炒鸡丁儿、熘鸡块儿

　　三鲜丁儿、八宝丁儿、清蒸玉兰片

　　炒虾仁儿、炒腰花儿、炒蹄筋儿、锅烧海参、锅烧白菜

　　炸海耳、浇田鸡、桂花翅子、清蒸翅子、炸飞禽、炸葱、炸排骨

烩鸡肠肚儿、烩南荠、盐水肘花儿、拌瓤子、炖吊子、锅烧猪蹄儿

烧鸳鸯、烧百合、烧苹果、酿果藕、酿江米、炒螃蟹、汆大甲

什锦葛仙米、石鱼、带鱼、黄花鱼、油泼肉、酱泼肉

红肉锅子、白肉锅子、菊花锅子、野鸡锅子、元宵锅子、杂面锅子、荸荠一品锅子

软炸飞禽、龙虎鸡蛋、猩唇、驼峰、鹿茸、熊掌、奶猪、奶鸭子

杠猪、挂炉羊、清蒸江瑶柱、糖熘鸡头米、拌鸡丝儿、拌肚丝儿

什锦豆腐、什锦丁儿、精虾、精蟹、精鱼、精熘鱼片儿

熘蟹肉、炒蟹肉、清拌蟹肉、蒸南瓜、酿倭瓜、炒丝瓜、焖冬瓜

焖鸡掌、焖鸭掌、焖笋、熘茭白、茄干儿晒卤肉、鸭羹、蟹肉羹、三鲜木樨汤

红丸子、白丸子、熘丸子、炸丸子、三鲜丸子、四喜丸子、汆丸子、葵花丸子、饹炸丸子、豆腐丸子

红炖肉、白炖肉、松肉、扣肉、烤肉、酱肉、荷叶卤、一品肉、樱桃肉、马牙肉、酱豆腐肉、坛子肉、罐儿肉、元宝肉、福禄肉

红肘子、白肘子、水晶肘、蜜蜡肘子、烧烀肘子、扒肘条儿

蒸羊肉、烧羊肉、五香羊肉、酱羊肉、汆三样儿、爆三样儿

烧紫盖儿、炖鸭杂儿、熘白杂碎、三鲜鱼翅、栗子鸡、尖汆活鲤鱼、板鸭、筒子鸡

孔 府 宴

【简介】

孔府是孔子和孔子后人居住的地方，是具有代表性的中国大家族居住地和中国古文化发祥地，历经两千多年而不衰，兼具家庭和官府职能。孔府不仅举办过各种民间家宴，而且也宴迎过皇帝、钦差大臣，各种宴席无所不包，集中国宴席之大成。孔子觉得"礼"是社会的最高规范，宴饮是"礼"的基本表现形式之一。

孔府宴，是当年孔府在招待贵宾、袭爵上任、祭日、生辰、婚丧时举办的高级宴席，是历经几百年不断发展充实逐渐形成的一套独具特色的家宴。

孔府宴礼节周全，程式严谨，堪称是中国古代宴席的典范。孔府宴注重仪式，如清朝以来，第一等为招待皇帝和钦差大人的"满汉宴"，也叫做"满汉全席"，是清代国宴规格。一桌宴席总共需要餐具404件，而且每件餐具又分三层。全席要上196道菜，有满族的全羊烧烤，汉族的驼蹄、熊掌、猴头、燕窝、鱼翅等，还有全盒、火锅、汤壶等。10个人需要整整吃4天，才能把这196道菜品尝完。第二等是平常寿日、节日、待客的宴席，菜肴随宴席种类而定。如现在为旅游者开设的孔府宴，就是采用的第二等宴席方式。

【烹调手法】

孔府宴烹调手法多样，一般以炸、烧、炒、蒸为主，具代表性的名菜主要有神仙鸭子、一品海参、把儿鱼翅、霸王别姬、雪里闷炭、八仙过海闹罗汉、孔门干肉、花篮鳜鱼、一品豆腐等。

【等级制】

孔府宴分为三六九等，单就较高级的两等而言，其数量之多、佳肴之丰美，是极为惊人的。

第一等是用于款待皇帝和钦差大臣的"满汉宴"，这是国宴的规格。一等席宴，只是餐具就有404件。大多数都是象形餐具，有些餐具的名就是菜名，而且每件餐具都分为上中下三层，上层是盖，中层放菜，下层放上热水。

第二等是平时用于寿日、节日、婚丧、祭日和接待贵宾的"鱼翅四大件"和"海参三大件"宴席。菜肴根据宴席种类确定，什么席，第一个大件就上什么；大件之后还要跟随两个配伍的行件。

如鱼翅四大件，首先要上八个盘（干果、鲜果各四），然后上第一个大件鱼翅，接着跟两个炒菜行件；第二个大件上鸭子大件跟随两个海味行件；第三个大件是鳜鱼大件，跟随两个淡菜行件；第四个大件是甘甜大件，如苹果罐子，后面跟着两个行菜，如冰糖银耳、糖炸鱼排。少顷，上两盘点心，一甜一咸。然后再上饭菜四个（四个瓷鼓子，如果上一品锅，可以代替四个瓷鼓子，这是因为锅内有四样，白松鸡、南煎丸子加油菜、栗子烧白菜、烧什锦鹅脖）。接下来是四个素菜，紧跟四碟小菜，最后上面食。

如果是海参三大件，那么也是先上八盘干鲜果，然后上海参大件，第二、三个大件分别是神仙鸭子、花篮鳜鱼（俗称季花鱼）或诗礼银杏。每个大件也要跟着上两个行菜，如粹活虾、炸熘鱼、三鲜汤等，饭菜依然是四个，如元宝肉、黄焖鸡等。

如果是燕席四大件，那么就要有带烧烤的菜了，如烤鸭、烤猪、绣球鱼翅、珍珠海参、玉带虾仁等。

在饭菜方面，秋天应该上菊花火锅，两火锅一荤一素，冬天则是杂烩火锅、什锦火锅和一品锅。

【五大宴】

1. 寿宴

孔府专门备有册簿，里面记载衍圣公及夫人、公子、小姐以及至亲等主要成员的生辰，届时就要设宴庆祝，这样周而复始，形成了寿宴。寿宴上的名菜佳肴十分精美，餐具讲究，陈设雅致。各种菜肴名称也各有寓意，如"福寿绵长"、"寿惊鸭羡"、"长寿鱼"等。制作精美，其中的"一品寿桃"是孔府寿宴中的第一珍肴。

2. 花宴

花宴是衍圣公与公子的婚礼及小姐出嫁时所摆设的宴席。孔府一向联姻高门，所以，花宴自然是高贵而体面的，此类宴席，席间空出"喜"字，席中心有"双喜"形高盘，菜肴名称也非常贴切雅致，如"桃花虾仁"、"鸳鸯鸡"、"凤凰鱼翅"、"带子上朝"等。

3. 喜庆宴

但凡孔府内逢受封、袭封、得子等喜庆之事，都要举办宴会祝贺。这种宴席主要突出喜庆气氛，其菜名多寓意美好、吉祥，如"鸡里炸"、"阳关三叠"、"四喜丸子"等。

4. 迎宾宴

迎宾宴是专门迎圣驾、款待王公大臣等高级官员所用的宴席。因为孔府的特殊政治职能和地位，各代帝王崇尚儒教，有时候皇帝会亲自来曲阜祭孔，有时候则会派王公大臣前来，接待这些高级官员的宴席规格比较高，席面上山珍海味一应俱全，如"琼浆燕菜"、"熊掌扒牛腱"、"御笔猴头"等。其中最奢华的是清代的满汉全席，这是专门招待皇帝和钦差大臣的盛宴。孔府宴注重排场和华贵，除了"满汉全席"之外，还分别有"全羊席"、"鱼翅席"、"海参席"和四大件、三大件的席面。

5. 家常宴

家常宴是孔府自己接待亲朋好友所用的宴席，菜品也经常随着季节而变换。孔府内除了设有内厨、外厨外，还有自设的小厨房，烹调各自的饭菜。

八 珍 宴

【简介】

八珍原本是指八种珍贵的食物，后来是指八种稀有而珍贵的烹饪原材料。其具体所指随着时代和地域而有所不同。八珍的提法最早见于《周礼·天官冢宰》，其中有"食医，掌和王之六食、六饮、六膳、百馐、百酱、八珍之齐"。可以说中国历代"八珍"的内容均不相同。

【八珍的起源】

汉唐时期，习惯于把美味佳肴称为"八珍"。大约从宋代开始，八珍具体指称八种珍贵的烹饪原材料。到了清代，各种系列的"八珍"数不胜数，主要指的是由八种珍稀原料组合烹制的宴席。

【周代八珍】

周代的八珍乃是后世之八珍筵席的先驱之作。

其一，在《礼记·内侧》中所记载为淳熬、淳母、炮豚、炮牂、捣珍、渍、熬和肝网油八种食品。

其二，"珍用八物"主要是指牛、羊、麋、鹿、豕（猪）、狗、狼。

淳熬指的是肉酱油烧稻米饭；淳母是指肉酱油烧黄米饭；炮豚指的是煨烤炸炖乳猪；炮牂是指煨烤炸炖母羔；捣珍指的是烧牛、羊、鹿里脊；渍是用酒糟煮牛羊肉；熬有点类似于五香牛肉干；肝网油则是指网油包烤猪肝。

在《楚辞·招魂》中记载有一品可以代表当时的名菜，郭沫若曾经将其译成现代文：家族相追随，饮食真讲究；大米、小米、新麦、黄粱般般有。

【元代八珍】

迤北八珍也叫蒙古八珍或北八珍。在元末陶宗仪的《南村辍耕录》卷九中有云："所谓八珍，则醍醐、麆沆、野驼蹄、鹿唇、驼乳糜、天鹅炙、紫玉浆和玄玉浆也。"

醍醐指的是精制奶酪；麆沆有人认为是马奶酒，也有的人认为是獐；驼乳糜即驼奶粥；天鹅炙即烤天鹅；紫玉浆就是西域葡萄酒；玄玉浆则是马奶子。

【明代八珍】

明代张九韶的《群书拾唾》中记述明代八珍为龙肝、凤髓、豹胎、鲤尾、鸮炙、猩唇、熊掌和酥酪蝉。

龙肝可能是指娃娃鱼或穿山甲的肝，或者是蛇的肝，也有的人认为是白马肝；凤髓大概是锦鸡的脑髓；鲤尾并不是鲤鱼尾，因为鲤鱼尾并没有什么特别之处，既非稀有珍贵，也没有什么特殊的味道，极有可能是穿山甲的尾，因为古时称穿山甲为"鲮鲤"；鸮炙指的是烤猫头鹰；酥酪蝉很可能是指高级酥酪，在明代李日华的《六研斋笔记》中有记载"乃今之抱螺酥也，其形与螺形不肖，而酷似蝉腹"。

【清代八珍】

据史料记载，其一是"参翅八珍"。"参翅八珍"中主要是海产品。有参（海参）、翅（鱼翅）、骨（鱼明骨，也称鱼脆）、肚（鱼肚）、窝（燕窝）、掌（熊掌）、筋（鹿筋）、蟆（蛤什蟆）。

其二是"山水八珍"。山八珍主要有熊掌、鹿茸、犀鼻（或象拔、犴鼻）、驼峰、果子狸、豹胎、狮乳、猴脑；水八珍是指鱼翅、鲍鱼、鱼唇、海参、裙边（鳖的甲壳外围裙状软肉）、干贝、鱼脆、蛤什蟆。

其三是满汉全席中的"四八珍"。山八珍有驼峰、熊掌、猴脑、猩唇、象拔（象鼻）、豹胎、犀尾、鹿筋；海八珍是指燕窝、鱼翅、大乌参、鱼肚、鱼骨、鲍鱼、海豹、狗鱼（娃娃鱼）；禽八珍包括红燕、飞龙（产于东北山林中的一种叫榛鸡的鸟）、鹌鹑、天鹅、鹧鸪、彩雀（可能是孔雀）、斑鸠、红头鹰；草八珍包括猴头（菌）、银耳、竹荪、驴窝菌、羊肚菌、花菇、黄花菜、云香信（香菇中的一种）。

除此之外，旧时南货老人曰有"海味八样"、"动物八珍"。海味八样包括鱼翅、海参、鱼肚、淡菜（干贻贝肉）、干贝（干扇贝肉）、鱼唇、鲍鱼、鱿鱼；动物八珍包括熊掌、象鼻、驼峰、猩唇、鹿尾、猴脑、豹胎、燕窝。

【民国八珍】

到了民国时期又出现了上八珍、中八珍、下八珍。可是由于地域的差异，八珍的内容也有所不同。

北京所说的上八珍指的是猩唇、燕窝、驼峰、熊掌、猴头（菌）、豹胎、鹿筋、蛤什蟆；

烟台的上八珍是指猩唇、燕窝、驼峰、熊掌、猴头（菌）、凫脯（野鸭胸脯肉）、鹿筋、黄唇胶；

北京的中八珍有鱼翅、广肚（广东产的鳖鱼肚，即鳖鱼鳔）、鱼骨、龙鱼肠、大乌参、鲥鱼、鲍鱼、干贝；

烟台的中八珍包括鱼翅、广肚、鲥鱼、银耳、果子狸、蛤什蟆、鱼唇、裙边；

北京的下八珍是指川竹笋、乌鱼蛋（墨鱼卵）、银耳、大口蘑、猴头（菌）、裙边、鱼唇、果子狸；

而烟台的下八珍则是指川竹笋、海参、龙须菜、大口蘑、乌鱼蛋、赤鳞鱼、干贝、蛎黄。

【现代八珍】

过去的八珍中，有很多现在已经属于保护动物，国家明令禁止捕杀食用，如熊、猴、象、鹿、猩猩、豹、犀牛、天鹅、猫头鹰、野骆驼、海豹、娃娃鱼，等等。所以如今这些动物自然也就无法列入八珍之中了。但现在的八珍应该是什么呢？只有在国家允许食用的动植物范围内来定，而且必须从"珍、稀、贵、美"的角度去评选。究竟哪些原材料应列入八珍之中，还有待于大家提出高见。

曲 江 宴

【简介】

唐朝是我国古代饮食文化蓬勃发展的时期，而当时的游宴最为有名。曲江宴因为设宴在京城长安东南角的曲江池而得名。曲江宴上的食品，以"四海之肉，水陆八珍"为主。菜点更是荤素兼备，咸甜并陈，奇异者达到了58种之多，成为我国烹饪史上最为璀璨的篇章之一。

唐朝的曲江园林，地处京城长安城东南9千米的曲江村。早在秦、汉时期，此处便是上林苑中的"宜春苑"，原为天然池沼，岸边曲折多姿，林木繁茂、各种鲜花争相斗艳，烟水明媚，自然景色非常秀美。因有曲折多姿的水域，故名曰曲江。到了隋代开皇二年（公元582年），隋文帝由于京都长安城规模狭小，城市布局杂乱，所以在长安城东南修筑了皇城——大兴城。曲江池也因此被包括在大兴城之内，专门辟建了一所供帝王游赏饮宴的园林，取名为"芙蓉园"。唐玄宗开元年间，在芙蓉园的基础上，对曲江园林进行了大规模的修葺营造，将黄渠之水引入池中以扩大水面，同时还掏掘了池区，疏通了渠道，并制造了彩舟，池中广植莲花，池岸四周遍种奇花异草，以曲柳为主。在池西辟建了杏园，还在池南修建了紫云楼、彩霞亭及其他一些亭台楼阁，在池西南筑慈恩寺等。从此之后，曲江池成为了京城风光最美的园林，因为君民同乐，也就成了半开放式的园林。有唐诗称赞其曰："漠漠轻烟晚自开，青天白日映楼台。""曲江水满花千树，东马争先尽此来"。曲江池成了饮宴胜地。

当时，上自皇帝，下至士庶，全都在曲江池畔举办游宴活动，类型名目繁多。主要分为"宫廷盛宴"、"新科进士宴"、"社交活动宴"三种形式，通称为曲江宴。

曲江宴闻名遐迩，故效法者很多。在江南私人豪宅多有园圃者，便设游宴，方便自在，欢乐无穷。据《扬州事迹》中记载："扬州太守园中有杏数十株，每至花烂，张大宴，一株杏一席，倚其傍，曰'争春'。"也就是"争春宴"，在江南成为风尚，传为美谈。

遗憾的是在唐朝末年，军阀混战，致使"昔日繁华尽埋没，举目凄凉无故物"。唐昭宗又迁都于洛阳，导致昔日京城长安日渐萧条，再加上黄渠断流，曲江池失去了水源，逐渐枯竭。从此，曲江宴也就成为了历史。据文献记载，曲江宴经历了322 个春秋。

【宫廷盛宴】

在唐玄宗年间，皇帝每年上元节、中秋节、重阳节都会在曲江设宴，赐与文武百官。这是唐代规模最大的游宴活动。届时，皇亲国戚、文武重臣还有大小官员都可以随便带着妻妾、丫环、歌妓参加，还专门请京城中的和尚、道士及普通老百姓来曲江游赏饮宴。一时间，万众云集，盛况空前，杜甫大启颂辞，在《丽人行》中有"三月三日天气新，长安水边多丽人……"就是指的此宴。三月的曲江池碧波荡漾，万紫千红。再加上京兆府和长安、万年两县园户们的花卉和商贾们的珠宝珍玩、奇货异物，更是令这里变成一个锦上添花的美境。这一天的宴会，唐玄宗与杨贵妃兄弟姊妹的宴席设在紫云楼上，可以一边饮宴，一边观赏曲江池的全景。其他官员的宴席则分别设于曲江池四周的楼台亭榭内或临时搭建的锦帐内。皇帝的酒肴，全部由御厨承办，其丰盛程度的确是凡人难见，世上少有。杜甫诗中描写的"紫驼之峰出翠釜，水晶之盘行紫鳞"、"御厨络绎送八珍"、"鸾刀缕切空纷论"等，便是帝王奢华宴席的真实写照。其他臣僚的宴席全部由诸司和京兆府制办，也都是奢华异常。

【新科进士宴】

从唐中宗开始，规定了每年春花三月时分，在曲江为新科进士举办一次盛大的宴会，以示祝贺。此宴由于取义不同，异名颇多，有"关宴"、"杏园宴"、"樱桃宴"、"闻喜宴"、"谢师宴"，等等。

宴会之日，新科进士们欢欢喜喜，春风满面来赴宴。还有主考官、公卿贵胄及其家眷，宴会上的食品必须要有樱桃，皇帝也经常派大员送来食品。宴会上除了拜谢恩师和考官外，还要到慈恩寺大雁塔题名留念。因为宴会设在曲江边上，新科进士一边饮美酒，一边品佳肴，有的还会携带乐工舞伎泛舟饮酒，而有的则脱冠摘履、解衣露体于草地上"颠饮"。诗人刘沧在《及第后宴曲江》一诗中云："及第新春选胜游，杏园初宴曲江头。紫毫粉壁题仙籍，柳色箫声拂御楼。雾景露光明远岸，晚空山翠坠芳洲。归时不省花间醉，绮陌香车似水流。"新科进士的如愿以偿之态，扬扬自得之情，洋溢在诗的字里行间，令世人羡慕。

【社交活动宴】

当时，贵族子弟、巨商豪贾也会经常到郊外游玩举行饮宴活动，竞相设宴于曲江边。根据《开元天宝遗事》等史料记载，唐代长安的贵家子弟及富商们于春日有游宴的风俗，他们成群结队，在曲江池畔花卉美丽之处设帐排宴，非常快活。

探春宴与裙幄宴

【简介】

探春宴与裙幄宴是唐代开元至天宝年间专门为仕女们举行的两种野宴活动。

【探春宴】

"探春宴"是由官宦及富豪之家的年轻妇女们组织举行的野宴。她们首先会踏青散步，吮清新的空气，沐和煦的春风，一览山水秀色；然后挑选适当地点，搭起帐幕，摆设酒肴，一面行令品春（在唐代，"春"含有二重意义：一是指一般意义的春季；二是指酒。故称饮酒为"饮春"，称品尝美酒为"品春"），一面围绕"春"字展开猜谜、讲故事、作诗联句等娱乐活动，直至日暮方归。

探春宴通常在每年正月十五过后的几天之内举办，女子们到此游宴时的主要活动便是"斗花"。所谓斗花，就是青年女子们在游园的时候，比赛谁佩戴的鲜花更加名贵、更加漂亮。为了在斗花中获胜，长安富家女子常常会不惜重金去购得各种名贵花卉。当时，名花非常昂贵，不是一般民众所能负担，正如白居易诗云："一丛深色花，十户中人赋。"在探春宴上，年轻的女子们"争攀柳丝千千手，间插红花万万头"，三五成群地穿梭于曲江园林间，争奇斗艳。

人间有味是清欢——饮食卷

【裙幄宴】

裙幄宴一般是在每年的三月初三举行。年轻女子们趁着明媚的春光，骑着温良驯服的矮马，带着侍从和丰盛的酒肴，来到曲江池边，挑选一处景致比较优美的地方，以草地为席，四面插上竹竿，然后再解下亮丽的石榴裙连接起来挂在竹竿之上，这便成了女子们临时饮宴的幕帐。这种野宴被时人叫做"裙幄宴"。

把裙子挂在竹竿之上围成一圈做成帷幕，这乍听起来好像有点荒唐，实际上，唐代的女服分为裙、衫、披三大件，把裙脱下来之后身上还有衫（也就是上衣）和披肩。所以，唐代虽然风俗开化，但也不至于到连现代人都难以接受的程度。而且唐人一向以裙宽肥为美，通常一条裙子都是用六幅帛布拼接而成，华贵的则会用到七八幅，用来做帷幕的确是再合适不过了。

【宴饮特色】

宴饮过程中，女子们为使游宴兴味更浓，十分讲究菜肴的色、香、味、形，并力求在餐具、酒器及食盒上有所创新。所以，这类野宴在某种程度上不仅推动了我国古代烹调技艺、食具造型等的发展，也丰富了饮食品种。

船　宴

【简介】

船宴是指人们在游船上举办的宴会，从某种意义上来说，它属于游宴的一部分。人们在品味船宴上的美食时，还能饱览湖光山色，或者观赏龙舟竞渡。所以，船宴也是一种游乐与饮食相结合的宴会形式，就广义来说也是一种游宴。但因为船宴有着突出的地位、很高的知名度，所以人们习惯于将船宴从游宴中分离出来，看成是一种独立的、与游宴并列的宴会形式。也就是在水中船上举办的宴会为船宴，在陆地上风景名胜之处举办的宴会为游宴。

【历史】

我国早在春秋时期就已经有了餐船。据说吴王阖闾曾经船行江上举行宴饮，把吃剩下的残余鱼脍倾入江中，随后化成了大银鱼。这是关于餐船的最早趣闻。

到了唐代时期，洛阳亦盛行船宴。唐代大诗人白居易就非常喜欢这种宴会。一次，他在船上请客，舱中并没有酒肴和餐具。待到中午，白居易传唤开宴，继而热酒、炙肉等诸般肴馔陆续进陈，而僮仆们却不曾登岸，客人们大感惊奇，出舱细观，原来白居易提前在游船四周备有百余油囊，"悬酒炙于水中，随船而行，一物尽，则左右又进之，藏盘筵于水底也"。这是一种非常奇特的餐船宴。

四川船宴比较著名的是唐五代时期。唐朝时期，四川船宴规模已经颇为盛大。在《太平广记》中记载："天宝末，崔圆在益州，暮春上巳，与宾客将校数十百人具舟楫游于江，都人纵观如堵……初宴作乐，忽闻下流数十里，丝竹竞奏，笑语喧然，风水薄送如咫尺。须臾渐进，楼船百艘，塞江而至，皆以锦绣为帆，金玉饰舟……旌旗戈戟，缤纷照耀。中有朱紫十余人，绮罗妓女凡百许，饮酒奏乐方酣。他舟则列从官武士五六千人，持兵戒严，溯沿中流，良久而过。"崔圆当时是剑南节度使，驻在成都。他所见到的船宴规模确实宏大，近百船只缓缓驶来，锦绣蔽日，金玉满眼，戈戟耸立，在悦耳的音乐与美妙的舞蹈中杯觥交错，佳肴杂陈，气派非凡！

五代之际，国家分裂，战乱频频不断，而前、后蜀统治者倚仗险要地形、丰富物产，仍然不问政事，沉湎在宴饮游乐之中。前蜀主王衍在《宫词》描述："辉辉赫赫浮玉云，宣华池上月华新。月华如水浸宫殿，有酒不醉真痴人。"后蜀主孟昶更是有过之而无不及，在《蜀梼杌》卷下中记载有他游浣花溪时的盛况："是时蜀中百姓富庶，夹江皆创亭榭游赏之处，都人士女，倾城游玩……昶御龙舟，观水嬉，上下十里，望之若神仙之境。"

孟昶在舟中观看水上嬉戏时经常会摆设宴席。而其妃花蕊夫人《宫词》则描绘了他在宫中举办船宴的情形。花蕊夫人所作《宫词》百首，其中有三首描述了宫中的船宴情景，其一曰：

> 春日龙池小宴开，
> 岸边亭子号流杯。
> 沉檀刻做神仙女，
> 对捧金杯水上来。

其二曰：

厨船进食簇时新，

侍坐无非列近臣。

日午殿头宣索脍，

隔花催唤打鱼人。

其三曰：

半夜游船载内家，

水门红蜡一行斜。

圣人止在宫中饮，

宣使池头旋折花。

从这些诗中能够看出，孟昶经常不分昼夜地在宫里的御池中举办船宴，由专门的厨船制作馔肴，所采用的原材料则是新捕捞的鲜活鱼类，佐餐助兴的是梨园弟子悠扬的乐曲和让人倾倒的动人舞姿。

到了宋朝时期，船宴作为一种独立的宴会形式，其地位已经不再特别突出，渐渐地融入到游宴之中。宋代的四川人依旧喜欢游江，乘船赏风景、观水嬉，但大多数时间并不在舟中举办筵宴，而是下船来到宫观寺院、名胜之地设宴饮酒，或者是干脆在宴饮之后再登舟游赏。张咏在踏青时节带领宾僚等乘彩舫游江后，"抵宝历寺桥，出宴于寺内"（《岁时广记》卷一《游蜀江》引《壶中赘录》）。而在《岁华纪丽谱》中则载，浣花节时太守来到梵安寺谒夫人祠，就宴于寺之设厅。既宴，登舟观诸军骑射。

宋代以后，在杭州、扬州等地，有商家经营的餐船，可以供人们泛舟饮宴。南宋时期西湖饮宴的餐船非常大，"有一千料（量词，过去计算木材的单位，两端截面是一平方尺，长足七尺的木材叫一料），约长五十余丈，中可容百余客；五百料，约长三二十丈，可容五十余客。皆奇巧打造，雕梁画栋，行运平稳，如坐平地，无论四时，常有游玩人赁假舟中，所需器物一一毕备。游人朝登舟而饮，暮则径归，不劳余力"。

我国餐船的兴盛主要是在明清时期。当时，杭州西湖、无锡太湖、扬州瘦西湖、南京秦淮河、苏州野芳浜还有南北大运河等水上风景区，全都有一种专门供应游客酒食的"沙飞船"（或称"镫船"）。这种船陈设雅丽，大小不等，大者能够载客，摆设三两桌席面；小者仅有丈余，艄舱有灶，尾随在游船后供应酒食。

沈朝初的《忆江南》中描述："苏州好，载酒卷艄船。几上博山香篆细，筵前冰碗五侯鲜，稳坐到山前。"这正是古人餐船游乐的极好写照。

烧 尾 宴

【简介】

烧尾宴是古代名宴的一种，专指士子登科或官位升迁而举行的宴会，盛行于唐代，是中国欢庆宴比较典型的代表，足堪与"满汉全席"相媲美。据《封氏闻见录》中记载，士人初登第或者是升了官级，同僚、朋友以及亲友前来祝贺，主人便要准备丰盛的酒馔和乐舞款待来宾，名为烧尾，并将这类筵宴叫做"烧尾宴"。

【起源】

"烧尾宴"是唐代著名的宴会之一，"烧尾宴"的习俗，是从唐中宗景龙年间开始的，玄宗开元中期停止，只是流行了二十年光景。据史料记载，唐中宗时，韦巨源在景龙年间官拜尚书令，于是，便在自己的家中设"烧尾宴"请唐中宗。在《清异录》中记载了韦巨源设"烧尾宴"时留下的一份清单，虽然并不完全，但也足能使后人得以窥见这次盛宴的概貌。

史料记载：公元709年，韦巨源升任尚书令，依招惯例向唐中宗进宴。这次宴会总计上了58道菜，有冷盘，如吴兴连带鲊（生鱼片凉菜）；有热炒，如逡巡酱（鱼片、羊肉快炒）；有烧烤，如金铃炙、光明虾炙；而且汤羹、甜品、面点也都一应俱全。其中有些菜品的名称颇为引人遐思。比如贵妃红，是精制的加味红酥点心；甜雪，就是用蜜糖煎太例面；白龙，也就是鳜鱼丝；雪婴儿，即青蛙肉裹豆粉下火锅；御黄王母饭是用肉、鸡蛋等制作的盖浇饭。

【"烧尾"含义】

有关"烧尾"的含义，众说纷纭。

其一是说人的地位骤然变化，如同猛虎变人一般，尾巴尚在，所以需要将其烧掉。

人间有味是清欢——饮食卷

其二是说新羊初入羊群，会由于受到羊群干犯而不得安宁，只有以火烧新羊之尾，它才能安定下来，人从平民进到士大夫阶层，好比新羊初入羊群一样，一时很难适应新的环境，故需为之"烧尾"。

其三是说鲤鱼跃龙门，在《辨物小志》中记载：唐自中宗朝，大臣初拜官，例献食于天下，名曰"烧尾"。"烧尾"，取其"神龙烧尾，直上青云之敏意"。这个含义出自"鱼跃龙门"的传说。龙门地处今陕西省韩城县与山西省河津县之间，形似门阙，据说是夏禹治水时开凿的。每年春季，黄河鲤鱼都会溯水而上，欲游过龙门，但是龙门水疾，鲤鱼屡屡被冲击下去。当鲤鱼经多次逆游仍无法过龙门时，将游进改为跳跃，迎着惊涛，劈开骇浪，一跃而上龙门。此时，鲤鱼必定会遭雷电袭击，尾巴被烧掉，从而变为真龙。由此可见，"烧尾"之含义颇深。

从这里可见，唐代的"烧尾宴"分为两种：一种是庆贺登第或荣升，另外一种则是朝官晋升时设宴敬献皇帝。这两种宴会皆与地位由低及高的突变有关，反映出追名逐利的意识，该宴设在室内，故而重食重功利而轻游乐。

【历史影响】

因为唐前期社会安定，四邻友好，农业达到了超越前代的水平。封建社会政治、经济、文化发展达到一种前所未有的高峰时期，全国上下一派歌舞升平的繁荣景象。而国都长安，更有"冠盖满京华"之称，是财富集中、人才荟萃、中西方文化交流的中心。因此为饮食行业的兴旺发达，奠定了良好的基础。从整体来说，人们的生活是安定了，生活水平也提高了，而达官贵人、富商大贾过得更是"朝朝寒食，夜夜元宵"的豪华奢侈生活。"烧尾宴"就是这个时期丰富的饮食资源和出色的烹调技术的集中体现，是初盛唐文化的一朵奇葩。从中国烹饪史的全过程来看，"烧尾宴"融合了前代烹饪艺术的精华，同时为后世留下了很大的影响，起到了继往开来的作用；如果没有唐代的"烧尾宴"，大概也不可能有清代的"满汉全席"。中华美馔的宫殿，就是靠一代又一代、一砖一瓦的积累，逐步建造起来的。

洛 阳 水 席

【简介】

洛阳水席是洛阳地区特有的传统名宴。洛阳水席兴起于唐代，至今已经有 1000 多年的历史了，是中国迄今保留下来的历史最为久远的名宴之一。水席最早源自于洛阳，这与其地理气候有直接关系。洛阳四面环山，因为地处盆地，雨少而干燥。古时候天气寒冷，不产水果，所以民间膳食多用汤类。

【"水席"含义】

所谓的"水席"具有两层含义：一是因为全部热菜皆有汤；二是因为热菜吃完一道，撤掉后再上一道，好像流水一样不断地更新。全席一共设 24 道菜，有 8 个冷盘、4 个大件、8 个中件、4 个压桌菜，冷热、荤素、甜咸、酸辣一应俱全。上菜顺序非常讲究，首先要上 8 个冷盘作为下酒菜，每碟是荤素三拼，一共 16 样；当客人酒过三巡再上热菜。先上 4 大件热菜，每上一道跟随着上两道中件（也叫陪衬菜或调味菜），美其名曰"带子上朝"；接着要上 4 道压桌菜，其中有一道是鸡蛋汤，也称为送客汤，表示全席已经上满。热菜上桌必须要以汤水佐味，鸡鸭鱼肉、鲜货、菌类、时蔬全都入馔，丝片条块丁，煎炒烹炸烧，变化无穷。但是，现在民间的水席做法却变成了很多种，比如有的最后一道菜是八宝。

【特点】

洛阳水席的特点一是荤素兼备，素菜荤做，原材料的选用广泛，天上的飞禽、地下的走兽、海中的游鱼、地里的菜蔬全都能入席。按照设席者的经济状况，可简可繁，丰俭由人而定。二是有汤有水，味道多样化，酸、辣、甜、咸俱全，美味可口。三是上菜顺序具有严格的标准，搭配合理，选料认真，火候恰当。

【档次】

洛阳水席有高、中、低档之分。现在的高档水席有海参席、鱼翅席、广肚席；

中档水席有鸡席、鱼席、肉席；低档水席是大众席，多以肉、粉条、蔬菜为主。因为洛阳水席风味特别，味道鲜美，咸、甜、酸、辣，一菜一味；上至山珍海味，下至粉条、萝卜，均可以做出一席菜，能适合不同层次消费者的需求，因此洛阳水席历经千年，长盛不衰。

全 鸭 宴

【简介】

全鸭席是用北京填鸭作为主要原材料烹制各类鸭菜组成的筵席，是由北京全聚德烤鸭店创制推出的。一席之上，除了烤鸭以外，还有用鸭的舌、脑、心、肝、肫、胰、肠、脯、翅、掌等为主料烹制而成的不同菜肴，故称之为全鸭宴。全聚德烤鸭宴，原本以经营挂炉烤鸭为主，后来围绕烤鸭，供应一些鸭菜的就餐方式，这就是全鸭席的雏形。随着全聚德业务的日益发展，厨师们把烤鸭前从鸭身上取下的鸭翅、鸭掌、鸭血、鸭杂碎等制作成全鸭菜。到了 20 世纪 50 年代初，全鸭菜品种已发展到数十个；在此基础上，针对鸭子类菜肴不断进行研究，改进和创新，研制出以鸭子作为主要原料，加上山珍海味精心烹制而成的全鸭宴。

【特点】

利用同一种主料烹制各种菜肴而组成的宴席是中国宴席的特点之一。全鸭宴，顾名思义，每道菜都以鸭子作为主要原材料，全鸭宴是"全都有鸭"而并非"全部是鸭"，以鸭为线索，展示出厨师对菜肴的把握。水煮鸭心主要是川味，干锅手撕鸭里的红辣椒摆出正宗湘菜的架势，萝卜丝饼则是典型的维扬小点，可以夹上一点点鲜美的碎鸭丁，热乎乎地放进嘴里，鲜香无比。全鸭宴共有 100 多种冷热鸭菜可供选择。

【全鸭菜的制作方法】

鸭肉味甘咸，性平和，具有滋阴、养胃、利水消肿的功效，是初秋滋补佳品。下面介绍用 1 只 2 千克左右的鸭，搭配少许的辅料，做出 4 菜 1 汤。

1. 盐水鸭

首先将光鸭对剖，再齐腰斩，一分为四；然后取带腿的一片，用黄酒、花椒、盐调成卤汁，把鸭片浸入卤汁中；2 个小时后捞起，隔水蒸到筷子戳下能够穿透即可；冷却后改刀装盘。

2. 糟溜鸭三白

取另一带腿的鸭片，剔除鸭骨备用。先把鸭肉放在水中煮熟（汤待用）；然后把鸭掌也投入汤中煮熟，取出，剔去骨头，留下鸭掌备用；接下来把鸭肝投入汤中煮熟，取出切片；以上鸭肉、鸭掌、鸭肝均呈现出白色，一并投入炒锅中，加适量鸭汤、糟油、盐、糖翻炒；在卤汁收干前，淋入水芡粉，边淋边将炒锅中的原料翻动，直至卤汁收干，再浇上事前经葱姜爆炒过的香油，上面撒上葱段数节即可。

3. 沙茶板栗焖鸭块

将剩余的上半只的二分之一鸭片的翅膀和鸭头、鸭颈取下备用，其余斩成 3 厘米见方的大块，沥干后用料酒、酱油、糖对汁浸渍半小时；捞起后用干净纱布将卤汁吸干，入油锅中炸至泛黄；把油沥去，加鸭汤适量，放入沙茶酱和料酒、糖、葱结、拍扁的姜块，先以大火烧开后，再改成文火煨焖。取板栗 250 克，洗净，从上面轻剖一刀，使之出现裂口；放在清水中煮到裂口处涨开，捞起泡在冷水中，待冷透沿裂口处剥出板栗肉；当鸭块卤汁即将收干之前将板栗放入锅中，翻炒拌匀，卤汁收干起锅装盘。

4. 宫保鸭翅

把剁下来的鸭翅改刀成 2 厘米见方的小块，然后用糖、醋、花椒粉、酱油、辣椒粉浸渍半小时，滗去卤汁，再用干生粉拌匀待用；把花生仁 10～20 克用开水泡透、去衣留仁，入油锅中炸熟；炒锅中放精制油 100 克，放入干辣椒、姜片和葱段，用旺火煎炒片刻，泛出辣香味后去渣，接着将鸭翅倒入快速翻炒，起锅之前把炸好的花生米倒入拌匀，下葱花后即可装盘。

5.芋艿烩鸭汤

把鸭头、鸭颈以及剔去肉的小鸭骨一同放入汤中，烩到酥烂为止。把渣滓捞起，去骨留肉。然后把剔出的肉再放进汤内，另将鸭肫切成片，也放进汤中；取芋艿 100 克，去皮后放进鸭汤中煮烂，加盐、味精、葱花即可。

宋高宗御宴

【简介】

张俊是南宋人，曾经与岳飞、韩世忠并称为三大将领，后来转主和，成为谋杀岳飞的帮凶之一，并以此博得宋高宗宠信，晚年受封为清河郡王，显赫一时。1151年 10 月，罢官已久的张俊大排筵宴，以奉高宗，因此留下我国历史上最为奢侈的一桌筵席。

宋高宗在位 36 年，仅去过两个大臣家吃饭，一个是秦桧，一个是张俊。因此，终宋高宗一朝，能够与秦桧相媲美的，只有张俊一人，他俩并肩跪在岳飞墓前，正是所谓"殊途同归"者也。张俊的这桌家宴，遂夺中国"史上豪宴"之冠。

【宴会进程】

南宋时期的"豪宴"，包括"初坐"、"歇坐"和"再坐"。

"初坐"就是客人进门后坐下喘口气儿，随意吃点零食消乏。宋高宗进张家，"初坐"就端上了 72 道大盘子。

第一轮为 8 盘"看果"——"绣花高饤八果垒"：有香圆、真柑、石榴、橙子、鹅梨、乳梨、榠楂、花木瓜。香圆又称香橼；榠楂似木瓜而稍大，色黄味涩。看果属于看菜，只看不吃。北宋钱易所著的《南部新书》说看菜源自于唐代御宴，称"看食见"，到了宋代广为流行。

第二轮为 12 味干果"乐仙干果子叉袋儿"：有荔枝、龙眼、香莲、榧子、榛子、松子、银杏、梨肉、枣圈、莲子肉、林檎旋和大蒸枣。

第三轮为 10 盒"缕金香药"：有脑子花儿、甘草花儿、朱砂圆子、木香、丁香、水龙脑、史君子、缩砂花儿、官桂花儿、白术人参和橄榄花儿。这轮也不能吃，只供嗅香，相当于空气芳香剂。

第四轮为12品"雕花蜜煎"：有雕花梅球儿、红消儿、雕花笋、蜜冬瓜鱼儿、雕花红团花、木瓜大段儿、雕花金橘、青梅荷叶儿、雕花姜、蜜笋花儿、雕花橙子和木瓜方花儿。这轮属于蜜饯。

第五轮为12道"砌香咸酸"：有香药木瓜、椒梅、香药藤花、砌香樱桃、紫苏柰香、砌香萱花拂儿、砌香葡萄、甘草花儿、姜丝梅、梅肉饼儿、水红姜和杂丝梅饼儿。此轮"咸酸"是用来中和上一轮"蜜煎"的甜腻。

第六轮为"十味脯腊"：有线肉条子、皂角铤子、云梦犯儿、虾腊、肉腊、奶房、旋鲊、金山咸豉、酒醋肉和肉瓜齑。铤子就是长条肉干；云梦犯儿即晒干蒸熟的猪肉干条；旋鲊便是羊肉干末。北宋大奸相蔡京次子蔡绦在《铁围山丛谈》中描述，吴越王钱俶降宋，宋太祖赵匡胤下令御厨做几道南方菜安抚，遂创制了旋鲊，乃是张俊最爱；金山咸豉就是豆豉，是用来蘸肉干的。这一轮全都是肉干儿。

最后一轮为"垂手8盘子"：有拣蜂儿、番葡萄、香莲、巴榄子、大金橘、新椰子象牙板、小橄榄和榆柑子。这一轮属于时鲜小水果，与"绣花高钉八果垒"的大果有所不同。

"初坐"完毕宋高宗下桌歇会儿，谓之"歇坐"，宾主再上桌，就是"再坐"。

"再坐"后，又上了66道大盘子。

第一轮是8盘"切时果"：有春藕、鹅梨饼子、甘蔗、乳梨月儿、红柿子、橙子、绿橘和生藕铤子。

第二轮是12品"时新果子"：有金橘、葳杨梅、新罗葛、蜜蕈、脆橙、榆柑子、新椰子、宜母子、藕铤儿、甘蔗柰香、新柑子和梨五花儿。

第三轮重新上"初坐"的12品"雕花蜜煎"。

第四轮重新上"初坐"的12道"砌香咸酸"。

第五轮是12味"珑缠果子"：有荔枝甘露饼、荔枝蓼花、荔枝好郎君、珑缠桃条、酥胡桃、缠枣圈、缠梨肉、香莲、香药葡萄、缠松子、糖霜玉蜂儿和白缠桃条。"荔枝蓼花"就是将荔枝肉淋上麦芽糖。这一轮"珑缠"基本上全都是干鲜水果外裹糖霜，仍属蜜饯。

第六轮重新上"初坐"的"十味脯腊"。

在这之后，正式家宴才算开始。

南宋时期宴会正菜称为"下酒"。张府豪宴共列"下酒"15盏，每盏2道菜，共计30道，分别是：

第一盏是花炊鹌子、荔枝白腰子。

第二盏是奶房签、三脆羹。

第三盏是羊舌签、萌芽肚胘。

第四盏是肫掌签、鹌子羹。

第五盏是肚胘脍、鸳鸯炸肚。

第六盏是沙鱼脍、炒沙鱼衬汤。

第七盏是鳝鱼炒鲎、鹅肫掌汤齑。

第八盏是螃蟹酿橙、奶房玉蕊羹。

第九盏是鲜虾蹄子脍、南炒鳝。

第十盏是洗手蟹、鳜鱼假蛤蜊。

第十一盏是五珍脍、螃蟹清羹。

第十二盏是鹌子水晶脍、猪肚假江珧。

第十三盏是虾橙脍、虾鱼汤齑。

第十四盏是水母脍、二色茧儿羹。

第十五盏是蛤蜊生、血粉羹。

此处的"签"就是"羹"，本宴羹汤共计13款，由此可见宋高宗喜食羹汤。杭州名菜"宋嫂鱼羹"，就是经由宋高宗题字而名动天下。

还有"插食"8品：分别是炒白腰子、炙肚胘、炙鹌子脯、润鸡、润兔、炙炊饼、不炙炊饼和脔骨。"炊饼"也就是现在的馒头，炙炊饼，可能是烤馒头或炸馒头。宋朝管所有面食都叫做"饼"，面条就称为"汤饼"。

正菜之外还有"劝酒果子"10道：分别是砌香果子、雕花蜜煎、时新果子、独装巴榄子、咸酸蜜煎、装大金橘小橄榄、独装新椰子、四时果四色、对装拣松番葡萄和对装春藕陈公梨。

另有"厨劝酒"（厨师长特别推荐）10道：分别是江珧炸肚、江珧生、蝤蛑（梭子蟹）签、姜醋生螺、香螺炸肚、姜醋假公权、煨牡蛎、牡蛎炸肚、假公权炸肚和蟑蚷炸肚。

"劝酒果子"与"厨劝酒"跟"插食"8品同样，并不计入"下酒"15盏中。

正宴大菜58道，整个宴会依照盘子计算总共上菜196道。

这场中国史上最大的"豪宴"，如果逐一地介绍，非一篇论文不可。单说螃蟹，就分为洗手蟹、螃蟹酿橙、螃蟹清羹和螃蚌签4道。"洗手蟹"的制作方法是"用生蟹剁碎，以麻油先熬熟，冷，并草果、茴香、砂仁、花椒末、水姜、胡椒，俱为末，再加葱、盐、醋共十味，入蟹内拌匀，即时可食"。而"螃蟹酿橙"的制作方法是"橙用黄熟大者，截顶剜去穰，留少液，以蟹膏肉实其内，仍以带枝顶覆之，入小甑，用酒、醋、水蒸熟，用醋、盐供食，使人有新酒、菊花、香橙、螃蟹之兴"。

【随从筵席】

这还仅仅只是宋高宗坐的那桌"御筵"。除了御筵之外，所有陪同宋高宗前来的随从各自分别有等级分明的筵席。

秦桧与其子秦熺为第一等。秦桧那一桌计有烧羊一口、滴粥、烧饼、食十味、大碗百味羹、糕儿盘劝、簇五十馒头、血羹、烧羊头双下、杂簇从食五十事、肚羹、羊舌托胎羹、双下火膀子、三脆羹、铺羊粉饭、大簇钉、鲊糕鹁子、蜜煎30碟、时果一盒（内有切榨十碟）和酒三十瓶。

宋高宗格外"恩例"秦熺所有的待遇与宰相相同，故而他的官职虽不及同来的太傅、殿帅杨存中，规格却反而超出，食单列烧羊一口、滴粥、烧饼、食十味、蜜煎一盒、时果一盒和酒十瓶，只是略少于秦桧。名列第二等的有执政、殿帅、外戚和皇子，各有食十味、蜜煎一盒、切榨一盒、烧羊一盘和酒六瓶。逐级向下，到了第五等的随从只有食三味、酒一瓶。

中华名人名馔

易牙五味鸡

【简介】

据史料记载，"五味鸡"是由烹饪大师——易牙研制出来的，他是齐国彭城（今江苏徐州）人，名巫字易牙。易牙曾经被齐桓公任用为御用厨师。齐桓公宠爱的卫姬生病了，易牙用食疗菜进献卫姬，卫姬食用后病愈，易牙因此深受齐桓公的赏识。徐州的饮食文化源远流长，老祖宗彭祖便是由于向尧帝进奉雉羹而得以封疆列土。于是，易牙三赴彭城学烹饪技艺后，为齐桓公九会诸侯制作出了"八盘五簋"全席，并用五味子同母鸡一起清炖，创制食疗菜"易牙五味鸡"。他将烹饪和医疗结合起来，创造了食物疗养菜，成为人类文明史上的一项伟大创举。

【制作方法】

1. 所需原料

重约1300克的母鸡一只，五味子40克，菜心2棵，火腿、鲜猪膘各50克，姜4片，陈皮20克，胡椒粉2克，盐5克，料酒10克，清汤1200克。

2. 制作步骤

（1）首先把母鸡宰杀褪毛，去掉食管、气管、嗉子，再从左肋下开口，取出内脏，剁去鸡嘴、爪，洗涤干净备用。

（2）把五味子淘洗干净，从开口处填入鸡腹中，然后再把洗净的肠、肝、心也全部填进去。将鸡装入砂锅，倒入清汤，同时放入姜、陈皮、盐、胡椒粉，并将肥肉膘切成莲花刀后也放入锅中，以大火烧开，改用文火炖烂。捡去陈皮、姜片不用，配上菜心、火腿，原锅上桌即可。

红 棉 虾 团

【简介】

汉高祖刘邦推翻秦朝，登基成为皇帝后，他深深地明白自己之所以得到天下，除了臣子的支持以外，更有贤内助吕雉的支持。过了不久，富有远见的吕后用计翦除了手握兵权的开国元勋韩信，进一步稳定了刘邦的统治地位。为了答谢吕后，高祖决定专门举行一次盛大的宫廷宴会用以庆贺，并且当场赏赐她稀世珍品"红棉锦衣"。原来在两千年前，"红棉"非常少见。丞相萧何费尽心机，方为皇上寻得此物。高祖知道锦衣珍贵，必得吕后欢心。可是他私下又授意丞相：命令御厨一定要在庆功宴上奉献出仿红棉色形的佳馔，好让吕后能够喜上加喜。御厨受命，怎敢不遵，熬了几个通宵，几经实验，果然制作成功了用新鲜的太湖大虾作为主要原材料的"红棉虾团"美馔。

盛宴当日，满朝文武无不兴致勃勃。吕后身着簇新的"红棉锦衣"，风采绰约，光照四壁。随后御厨献上"红棉虾团"，只见金红油亮，绚丽无比。吕后第一个品尝该馔，但觉甜酸宜人，酥脆中略带有微麻，非常满意，百官也纷纷称绝。高祖大喜，赞过之后，重赏了御厨。从此之后，"红棉虾团"成了一道历史名馔传留了下来。令人欣慰的是时隔两千年后，东北一带有名的沈阳"迎宾饭店"，有位烹饪高手唐克明，特别擅长此馔，知名度极高。他使得国内外的美食家大饱口福，感受到中国美馔之神奇。

【典故】

据说有位姓尹的儒生，在秦始皇焚书坑儒的时候逃到一个小村庄。每年他都会在自家院子里种上几十棵棉花，留做纺线卖钱贴补家用。在公元前 202 年，刘邦战胜项羽登基称帝时，奇怪的事发生了。尹生所种植的棉花，原本雪白的棉桃突然全部变成红色，人们议论纷纷惊恐万状。有一商人经过此地，以三百两银子的高价买下这些红色棉桃献给了刘邦。刘邦非常高兴，视为珍宝，除了奖赏进贡者之外，还将尹生居住的村子封为红棉村，永远种植红棉以供宫廷使用。他又命御厨以红棉为名烹制菜肴，御厨们绞尽脑汁制作出了"红棉虾团"这道象形菜，刘邦与吕后等品尝后，赞叹不已，从那以后此菜就流传下来了。

【制作方法】

1. 所需原料

珍珠虾仁 500 克，熟瘦火腿、益兰松、黄金肉松各 50 克，黑芝麻 15 克，绿菜叶 12 片，猪油 100 克，绍酒、花椒粉、麻油各 10 克，精盐 25 克，荸荠粉 20 克，蛋清 2 只，葱泥、味精各适量。

2. 制作步骤

（1）首先将虾清洗干净，剥出虾仁，把杂质洗干净，控净水分置于碗内，加入精盐、绍酒、味精、葱泥、麻油，拌匀后备用。将蛋清打成泡沫状，加入荸荠粉调成糊状。把虾仁放到糊里拌匀，分成 20 份。

（2）将绿菜叶切成菱形斜片，取出 5 只菜片摆成五角星状，将虾团放在五星菜叶上面，然后将火腿末撒在虾团上，呈现出棉桃形状。

（3）把肉松、益兰松分别码放在平盘里绕一圈，然后把炒熟的黑芝麻撒在益兰松上面。

（4）炒锅置于大火上，加入猪油，烧至六成热时，放进摆好的棉桃形虾团，炸到漂浮在油面上时捞出，码在大平盘双松圈里即可。

沛 公 狗 肉

【简介】

沛公狗肉也叫鼋汁狗肉，犬鼋会，沛县鼋汁狗肉，龟汁狗肉，龟汤炖狗肉，砂锅龟炖狗肉，原汁狗肉，沛县狗肉，樊哙狗肉，丰城犬肉，属于苏菜菜谱之一，主要是以狗肉为制作原材料，其烹饪技巧以砂锅为主，口味属本地咸鲜。

【典故】

据《汉书·樊哙传》中记载，汉高祖刘邦手下名将樊哙，在跟随刘邦起兵前，就曾在家乡沛县，以屠狗为事。据说，樊哙每日里到四乡买得活狗，宰杀之后，用乌龙潭水冲洗，汲取潭水烹之，设摊叫卖，味极鲜美异常，享有盛誉。

刘邦也是沛县人，和樊哙是朋友（后两人结为连襟），在尚未成事之前，本是一死乞白赖之人，在穷极无聊时，经常来到樊哙的肉摊喝酒吃狗肉，可是每次吃喝完毕，不付分文，一律赊欠。久而久之，樊哙难免心痛，为了避开刘邦吃白食，某日，他很早便将狗肉烹好，四更就乘船渡河到对岸夏镇去卖，令刘邦望尘莫及。刘邦得知后，来到河边，既没有钱渡河，也没有渡船。正在烦愁之时，正巧从河中游来一只大乌龟，刘邦急呼：龟兄渡我过河。那乌龟颇为善解人意，游至岸边，让刘邦安安稳稳地坐在它背上，将他送至对岸。刘邦寻到樊哙的狗肉摊前，看到狗肉尚无人问津，他抓起来就吃。樊哙一看，又气又急，不由得问道：无桥无船，你怎样过的河？刘邦说：本来不能来，不料河中游来一只大乌龟，将我驮过河来。樊哙疑惑，来到河边一看，果然有一只乌龟。后来，刘邦经常乘龟过河来吃樊哙的狗肉。樊哙十分气恼，心想，我何不把那只大乌龟抓住杀掉。打定主意，他背着刘邦来到河边，把乌龟抓住杀死，为了解恨，他把乌龟斩剁后，同狗肉一起烧煮，谁曾想这一合烹，顿觉当天的狗肉滋味不比寻常，发出阵阵异香，特别鲜美。随后樊哙复以这锅龟肉汁烹煮狗肉，而且香味不减，生意愈发兴隆，从此"龟汁狗肉"不胫而走，名扬大江南北，流传至今。

【特点】

这道菜用砂锅炖制而成，保持原汁原味，肉香酥烂，甲鱼酥软，特别鲜美，冬令常吃此菜，可以安五脏，益元气、暖腰膝，补五痨七伤等，堪称为润补佳味。

【制作方法】

1. 所需原料

净狗肉 1250 克，甲鱼 1 只 600 克，酱油 50 克，白糖 10 克，黄酒 75 克，味精 2

克，精盐 15 克，葱白 50 克，姜片 30 克，元茴 5 克，花椒 15 克，硝水 25 克。

2. 制作步骤

（1）首先将姜葱分别洗净，姜切片，葱切段。

（2）将狗肉洗净，切成 3.5 厘米见方的块，置于盆内，加入精盐 10 克、黄酒 25 克、姜片 10 克、葱白 15 克、硝水 25 克，拌匀后腌制 2 个小时。

（3）将狗肉置于砂锅内，底垫竹箅，加入清水、黄酒 50 克、酱油 50 克、精盐 5 克、白糖 10 克、葱白 35 克、姜片、元茴、花椒，上火烧。

（4）烧沸后撇去浮沫，加盖改成文火烧至狗肉八成熟。

（5）将甲鱼宰杀去血，入热水锅中浸烫到可以将背壳取下时，刮去黑膜，去壳及内脏，净洗后切成 3.3 厘米见方的块。

（6）入沸水锅中焯水，然后用清水洗净，置于砂锅内。

（7）将甲鱼蛋煮熟去壳，摆放在甲鱼的四周，甲鱼壳盖在肉上，盖上锅盖，同狗肉一起炖至酥烂，将葱姜、八角、花椒拣去，加入味精即成。

霸 王 别 姬

【简介】

"霸王别姬"是江苏徐州一带的传统名菜。据说当年楚汉之战，项羽被刘邦围困在垓下，处于四面楚歌之中，美人虞姬为了给项王消解愁闷，特意用甲鱼和雏鸡烹制了这道美菜，项羽食后非常高兴，精神振作，此事及此菜的制作方法后来流传至民间。

由于用甲鱼与雏鸡制菜，具有较强的滋补功效，再加上经过菜馆厨师烹制后其味更佳，所以人们都喜欢食用，此菜便逐渐出名。因为这道菜首创于霸王别姬之时，故人们称其为"霸王别姬"。这道菜不但在徐州著名，而且在山东、湖南及北京湘菜馆中也有经营。

霸王别姬是东平名菜之首，以东平湖鳖和鲜嫩仔鸡为主料，特点是二者合烹，营养更为丰富，味道也更为鲜美。鳖，是东平湖的重要名产。也叫甲鱼，俗称团鱼、脚鱼，又称王八。它口尖，头部淡青色而且带有小墨点。背甲椭圆，有软皮，通常为橄榄色。腹面乳白色，多肉。鳖的营养价值非常高，富含蛋白质及多种营养成分，是滋补佳品，俗有"净肠草"之称。鳖甲，性寒，味咸，含有动物胶、钙、磷等多种维生素，具有益阴除热、破血而软坚散结、滋养、镇静、补血的功效。可以治疗虚劳烦热、肝脾肿大、月经过多或者崩漏等症。

霸王别姬的烹调方法分为两种。一是红烧，把整鳖整鸡内脏取出，油炸后加作料煮烂，再把鳖放在鸡上，入盘，浇原汤熏蒸，出锅后滴南酒与花椒油即成。此菜色泽鲜亮，滋味醇厚，造型优美。另一种是清炖，把湖产甲鱼与鲜嫩仔鸡内脏剖出，炖的过程中加入甲鱼胆，使汤中略带腥苦。此菜清淡爽口，肉烂而不腻，滋补功效特别好。东平湖北有一处楚霸王墓遗址，品尝这道菜的同时联想霸王末路的惨痛教训，得到点苦涩的启示。美味与历史契合，无法不让人叫绝。

【特点】

汤汁清醇，肉质酥烂，滋味醇厚，鲜美可口。

【制作方法】

1. 所需原料

重 1000 克左右的活甲鱼 1 只，重 600 克左右光仔母鸡 1 只，鸡脯肉馅 150 克，熟火腿 15 克，水发冬菇、熟冬笋各 25 克，熟青菜心 10 棵，葱结 1 只，姜 2 片，绍酒 50 克，鲜汤适量，干淀粉、精盐、味精各少许。

2. 制作步骤

（1）把甲鱼宰杀后，掀起壳盖，取出内脏（甲鱼蛋留用），洗净，放进开水锅中焯水，去除血污，捞出洗净，用洁布吸干，撒上干淀粉，酿入鸡馅，上放甲鱼蛋，盖上壳盖。

（2）把光仔母鸡去内脏，洗净，斩去爪子，将鸡翅交叉塞入鸡嘴中，置于开水锅中略焯，去除血水后洗净。

（3）把甲鱼同鸡放入搪瓷锅中，加入鲜汤、绍酒、精盐、葱、姜、火腿、冬

人间有味是清欢——饮食卷

菇、冬笋，加盖上笼，待到汤浓、鸡和甲鱼肉烂时，捞去葱、姜，加味精、青菜心，稍蒸即成。

3. 注意事项

（1）甲鱼必须要里外洗净，放入开水锅中焯后再用清水洗净。鸡必须将血水除尽。

（2）上笼蒸时必须要加上盖，以便能保持原汁原味。

凤 腰 鲍 鱼

【简介】

我国食用鲍鱼的历史悠久，自汉代起便因味美而见珍。西汉末王莽将事败，心情抑郁，不思饮食，可是仍饮酒啖鲍鱼。据《后汉书·伏隆传》中记载，东汉初，张步兄弟拥兵山东，光武帝刘秀派大夫伏隆去招降。张步等遣使随伏隆入朝，上书并进献了鲍鱼。南宋时，江南鲍鱼贵至"每枚可值数千钱"。五代吴越有个名叫毛胜的文人，住的地方近湖海，餍享群鲜，经常以"天馋居士"自名，著有《人族加恩簿》。他对鲍鱼的评价语是："疗饥无数，清醉有材。"北宋大诗人苏东坡也喜欢吃鲍鱼，用以保养目力，深得食疗之道。他有一首名为《鳆鱼行》的古诗："膳夫善治荐华堂，坐令雕俎生辉光。肉芒石耳不足数，腊笔鱼皮真倚墙。吾生东归收一斜，苞苴未肯钻华屋。分送羹材作眼明，却取细书防老读。"意思是说有了鲍鱼这样的珍贵海味，使砧板都会增光生色；厨师将烹调好的鲍鱼菜送到席上，所有的珍馐都黯然失色，算不了什么。他东归蓬莱弄到一筐鲍鱼，不愿意用这种珍贵海鲜去巴结权贵，作为钻营进取的礼物，而是分赠挚友做成羹汤，用来保护目力读书写诗。明清时期，鲍鱼更是成为了最名贵的海味，在遗存的"满汉全席"菜单中，各地食俗虽有不同，物产有异，上席菜品也不尽相同，但鲍鱼都是必备之品。如广州的"满汉全席"中，有"干烧大网鲍"，而四川的"满汉全席"中，则有"奶油鲍鱼"。"凤腰鲍鱼"是用鸡腰子和鲍鱼合烹而得名，以色白、鲜嫩、清雅而脍炙人口，在西北地区广为流传。

【特点】

色白、鲜嫩、清雅。

【制作方法】

1. 所需原料

鲍鱼干 200 克，鸡腰子 100 克，香菇（干）50 克，淀粉（蚕豆）10 克，鸡油、黄酒 15 克，盐 5 克，味精 2 克。

2. 制作步骤

（1）首先把水发鲍鱼修边皮杂质，洗净后，切作厚片。

（2）把鲍鱼切片置于碗内，加汤少许，上笼蒸约 1 小时，取出待用。

（3）把鸡腰洗净，放进开水锅内余熟捞出，剥去表面薄膜。

（4）将水发香菇去蒂，洗净泥沙备用。

（5）炒锅放在火上，加入鸡汤 500 毫升烧开后，放入鲍鱼、香菇，加入黄酒、食盐、味精，略滚片刻。

（6）然后用淀粉勾薄芡，淋入鸡油推匀，随即起锅，装入大汤盆内即可。

3. 注意事项

（1）以高级清汤替代鸡汤，风味会更好一些。

（2）水发香菇用盐少许搓揉，然后以清水漂洗，则泥沙全无，方便快捷。

清 蒸 鲥 鱼

【简介】

清蒸鲥鱼，鱼身呈银白色，肥嫩鲜美，爽口而不腻。食用时，如果再蘸以镇江香醋和姜末，更是别有滋味。这道菜是江南三味之一。鲥鱼富含不饱和脂肪酸，具有降低胆固醇的功效，对预防血管硬化、高血压和冠心病等大有裨益。鲥鱼肉味甘、性平，具有强壮滋补、温中益气、暖中补虚、开胃醒脾、清热解毒的作用。

【典故】

"清蒸鲥鱼"是道古菜，根据相关资料记载，典出东汉一个很动人的故事。东汉初年，浙江余姚有个名叫严光字子陵的人。他"少有高名"，颇有才干，与刘秀是老同学，帮刘秀打天下建有功勋。刘秀建立东汉王朝，当了皇帝，而严光却隐居在江畔游钓。刘秀得知其下落后，曾经遣使往返三次才将他接入京城。有一次，刘秀亲临严光的卧室拜访，请他任官相助，可是严光却假装睡觉，不予理睬。后来，刘秀索性把这位老同学请入宫廷，"论道旧故"，两人睡在一张床上。严光睡觉时居然"以足加帝腹上"，故意触犯君臣繁礼，可是刘秀为建树"中兴大业"，网罗人才，并不在意，反笑曰："朕与故人严子陵共卧耳。"刘秀这种礼贤下士的态度，并没有打动严子陵入朝辅佐。严光数说他悠闲自乐的隐居生活，津津乐道地讲述起他垂钓时鲜鲥鱼清蒸下酒的美味。直讲得刘秀亦不觉口中生津，连连称是。后来，严光终以难舍鲥鱼美味，婉言谢绝做官，飘然离去。

【特点】

味道咸鲜，鱼身银白，肥嫩鲜美，爽口而不腻。

【鲥鱼】

鲥鱼，外体稍扁而长，鳞下富含脂肪，色白如银，背稍带青色，肉中多带细刺，腹下角鳞如同箭镞，非常腴美，是我国的名贵鱼种之一。尤以江苏的镇江三江营江中产的最为名贵。鲥鱼具有憨、猛、娇三个特性。在捕捉鲥鱼的时候，将丝网挂在江水之中，鲥鱼一触到网，就会以头顶渔网，不再后退，一动不动，束手就擒。可能是它十分爱惜鱼鳞，怕鱼鳞擦掉，因此苏东坡又称它为"惜鳞鱼"。鲥鱼性情猛勇暴躁，而且鱼鳞锋快，游动速度特别快，其他鱼类一碰到它，就会被它腹下的菱形鳞划破，因此也称"混江龙"。鲥鱼娇嫩，离水即死，而且只要一变质，就是一啄糟，故又称之为"糟鲥鱼"。在封建社会里，鲥鱼是敬奉皇帝的御膳珍馐。清朝康熙皇帝，就曾经命令从扬子江"飞递时鲜，以供上御"。

【制作方法】

1. 所需原料

重约750克的鲥鱼一条，猪网油100克，鲜香菇40克，虾米2克，火腿30克，春笋60克，姜10克，盐2克，胡椒粉1克，猪油（炼制）40克，香菜5克，小葱10克，料酒25克，白砂糖3克。

2. 制作步骤

（1）把姜、熟火腿、香菜、春笋切片备用；香菇去蒂，洗净，切片。

（2）葱去根须，洗净，切段。

（3）把鲥鱼挖去鳃，剖腹去内脏，沿脊骨剖成两片，各有半片头尾。

（4）取两片洗净，然后用洁布吸去水。

（5）把猪网油洗净，晾干后备用。

（6）用手把鱼尾提起，放入沸水中烫去腥味后，鱼鳞向上放入盘中。

（7）把火腿片、香菇片、笋片相间铺放在鱼身上；然后加入熟猪油、白糖、精盐、虾米、料酒、鸡清汤100毫升，盖上猪网油，放上葱段、姜片后；上笼用旺火蒸约20分钟至熟取出，拣去葱姜，剥掉网油。

（8）将汤汁滗入碗中，加入白胡椒粉调和以后再浇到鱼身上，放上香菜即成。

（9）上菜时带有姜、醋碟，以供蘸食。

黄葵伴雪梅

【典故】

"黄葵伴雪梅"，不只是一道菜肴，其中还有隐含一段嫌贫爱富、美满团圆的传统故事。据说古时候，有黄姓和薛姓两家富户，黄家有子名黄葵，薛家有女名薛梅，两人自幼便在一块玩耍，一起长大。两家大人看到一对佳儿女少小无猜，就给两人订下了婚约。后来黄家家运中衰，破落贫困，薛家嫌贫爱富，于是便撕毁了婚约，硬是拆散了这一对青梅竹马的男女。黄葵是个非常有志气的青年，从此发愤读书，赴京赶考。薛梅也是个重情义、有才智的姑娘，得知情郎上京，自己也乔装成男儿，偷偷溜出家门，赴京应试。金榜揭晓后，黄葵与薛梅二人并列中了状元，荣归故里。薛家大人也就见风转舵，让两人再续良缘，而且为他们在薛家大办婚宴。

婚礼当天，薛家张灯结彩，高朋满座，厨师端上了第一道菜，高声通报菜名：黄葵伴雪梅，众宴客一听，不由得拍手叫绝，向这一对新人表达了他们的衷心祝福。从此后，这道菜便因为它的美妙含意和喜庆色彩，很快流传开来。后来还传到了清宫之中，宫中将此菜定名为"寿喜菜"。

【特点】

色泽鲜艳，汁明芡亮，入口咸香软嫩，香甜味美。

【制作方法】

1. 所需原料

大虾肉500克，鸡蛋5只，鸡蛋清（3只鸡蛋的蛋清），肥瘦猪肉100克，淀粉100克，干银耳50克，枸杞子、绍酒、白糖、葱、姜适量，醋、味精、汤汁、佐料油、香油、蜂蜜各少许。

2. 制作步骤

（1）将虾肉和肥瘦猪肉剁成肉馅，放入蛋清、葱姜水、调味料和匀，挤成12个蛋黄大小的丸子备用。

（2）将鸡蛋打入盆内，加入淀粉和匀，用手勺摊成蛋皮，再将蛋黄皮切成细末。

（3）将枸杞子洗净，干银耳洗净，温水泡发，大朵撕成小朵备用。

（4）将丸子裹沾上一层蛋皮摆入盘内，上面插上枸杞子点缀，上屉以旺火，沸水足气蒸制10～15分钟，成熟后摆放盘中堆放。

（5）将银耳先用热水氽烫，断生捞出控水后摆放在盘子周围。

（6）把炒勺放入少量净水，中火加热，下入少许精盐，放入白糖，加入蜂蜜，调好口味，用湿淀粉勾成米汤芡，浇在银耳上，然后再放上一粒红樱桃作为点缀。

湛 香 鱼 片

【简介】

湛香鱼片属于西北菜系，是太原一带的传统名菜，形似鲜花，色泽金黄。

【典故】

据说东汉年间，顺帝刘保十分喜欢打猎，每次外出打猎，都带几十个太监，前呼后拥，非常威风。有一天，刘保突然心血来潮，偏要自己一个人出宫打猎，不准任何人跟随。他披挂上马，带上刀枪、弓箭奔向城外。就在他到处寻找猎物之时，突然狂风大作，电闪雷鸣，倾盆大雨猛地下了起来。刘保的马被这突然而来的狂风暴雨吓惊了，拼命地狂奔起来，不知跑了多长时间，也不知跑了多远。雨停了，天也慢慢地黑了下来。这时前不着村，后不着店，刘保忽然发现前边的大河旁有灯，走近一看，原来是一间草房，灯光就是从窗里射出来的。刘保急忙下马，上前轻轻敲房门，门开处走出一位老翁。刘保上前施礼，说："老人家，我是行路人，由于途中偶遇雷雨，马匹受惊来到此地，天色已晚，想在你家住一宿，不知可否？"老人家上下看了看眼前站着的年轻人，见其装束非比寻常，确实被雨淋得不轻，赶紧让开房门。刘保进屋后，老人让姑娘湛香取来衣服给刘保换上，然后吩咐备饭，自己又和刘保闲谈起来。老人问："壮士从哪里来，到哪里去呀？""老人家，不瞒您说，我是京城人，出来打猎的，遇到狂风大雨迷路了。"说话间，只见姑娘端上来一盘热气腾腾、色泽鲜艳、外焦里嫩的"烧鱼片"。老人又取出家酿米酒请客人畅饮。刘保饥寒交加，看到酒菜，便狼吞虎咽地吃了起来，并连连称赞鱼片鲜美。酒过三巡，刘保问老人道："此菜何人所做？"老人说："在下姓胡，就此一女。这道菜是小女所做，让你见笑了。""哪儿的话，我还从来没有吃过这么好的菜。"

当晚，刘保睡到半夜的时候，突然发起高烧来。父女二人急得团团转，最后，还是湛香找来一些山乡草药，熬了一碗药汤服侍刘保喝下。天亮后刘保病情见好，可是全身乏力，于是，就在胡家连养三天，每餐都有"烧鱼片"。第四天，突然来了一队人马，说要寻找一个打猎的人，胡家父女不知发生什么事都被吓坏了。众人一见刘保，纷纷翻身下马高呼"万岁"。胡家父女又惊又喜，站在一旁，呆若木鸡。刘保满面笑容地对胡家父女说："你们救驾有功，请受朕的封赏。"随后指着胡老汉说："汉家天子刘保，封你老人为朕的义父，再封湛香姑娘为朕的御妹，御妹所做鱼片为'湛香鱼片'"。

【特点】

色泽鲜艳，清香味浓，鲜嫩可口，风味独特。

【制作方法】

1. 所需原料

鲤鱼 750 克，鸡肉、肥猪肉各 50 克，肥瘦猪肉 100 克，山药 250 克，红豆沙 25 克，鸡蛋 30 克，小麦面粉 65 克，鸡蛋清、面包屑各 50 克，植物油 70 克，料酒 30 克，小葱 10 克，醋 20 克，白砂糖 30 克，白皮蒜、姜、盐各 5 克，酱油 15 克，香菜 10 克。

2. 制作步骤

（1）首先将鱼切头去尾（留用），剔骨去皮，切成合页片（头一刀不断，第二刀断），洗净沥干水分的鱼再用盐、料酒、酱油拌腌渍；将山药用水稍洗控净水。

（2）将肥瘦肉剁成肉馅，加上全蛋，撒上适量盐和姜末搅匀。

（3）把肉馅逐勺加入合页鱼片内。

（4）然后用蛋清、粉面调匀成蛋清糊备用；将锅置于火上加油热至七成时，把鱼片挂上蛋清糊，逐片炸熟，去掉毛刺。

（5）将鱼头、鱼尾蒸熟。

（6）山药蒸熟后，去皮，捣成泥；将山药泥拌上炒熟的白面粉 50 克，揉匀，分成 12 份。

（7）将豆沙也分 12 份；将豆沙包进山药泥内成丸，压成山药饼，饼下面再粘上面包渣。

（8）将鸡肉、肥肉制泥，然后把鸡肉泥、肥肉泥拌上蛋清、粉面搅成鸡茸；将搅匀的鸡茸均匀地涂抹到山药饼上，约1厘米厚。

（9）用香菜叶点缀成花草形状，上笼蒸6~8分钟即可。

（10）锅内放入油，加热至七成，将山药饼放入漏勺，下锅炸成金黄色。

（11）将饼上面的花轻轻炸一下，捞出。

（12）然后将鱼片炸一下，摆在盘中央，安上头和尾成鱼状，将山药饼摆在周围。

（13）锅置于火上加油少许烧热，加入葱段、姜末，炒出香味，再放入白糖、醋、酱油，烧呈现出金黄色，浇上两勺开水；用水粉面勾兑成芡，放入蒜泥，加点热油，浇在鱼片上即可。

包 罗 万 象

【简介】

"包罗万象"是成都地区著名的风味小吃，是什锦包子的原名。此点心因为所包原料众多，味道极佳，故而得名"包罗万象"。

【典故】

据说什锦包子的来历，和刘备三顾茅庐有关。三国时期，诸葛亮虽然有建功立业的志向，但是却不愿贸然出山。刘备闻其大名后，意欲请他出山，共图大业，遂亲自前往拜访。前两次拜访诸葛亮都不在，第三次亲往拜访，巧遇诸葛亮在家。

但诸葛家人说：先生正在睡觉。求贤若渴的刘备听后大喜过望，心想这次总算可以见到诸葛亮了，于是便告诉家人：待先生醒时再报。实际上，诸葛亮并没有睡觉，而是想试探一下。见刘备这么礼贤下士，诸葛亮深感刘备的诚意，便准备了酒菜，还吩咐家人制作两种点心。到了掌灯时分，诸葛亮才将足足等了一整天的刘备等人请进屋去，并叫家人准备开饭。刘备落座后，见到桌上只有一干一稀两种食物。诸葛亮便指着这两种食物说："刘皇叔，这稀的称为'闭门羹'，那干的叫做'包罗万象'。亮只想在家耕种几亩薄田，不愿出山打理偌大国事。"刘备闻言泣

人间有味是清欢——饮食卷

曰："先生不出，如苍生何?"说罢，泪湿衣襟。诸葛亮见其意甚诚，才说："既然将军不相弃，亮愿效犬马之劳。"刘备等众人吃着那一干一稀两种点心，觉得味道非常可口，特别是对那"包罗万象"赞不绝口，真是感到别有一番滋味。

后来，在刘备称帝的盛宴上，也有这一干一稀两种食物。"包罗万象"这种点心，唐朝时改名为"什锦包子"。到了清朝，它已成为"满汉全席"上的名贵点心之一。

【特点】

造型美观大方，色白松软，味道鲜美，甜香不腻，营养丰富。

【包罗万象制作方法】

1. 所需原料

中发面400克，什锦蜜饯250克，玫瑰蜜饯、酥腰果碎粒各30克，桂圆肉、葡萄干各25克，熟芝麻20克，白糖、炒面粉、熟鸡油、特一级面粉、牛奶、食碱、色拉油各适量。

2. 制作步骤

（1）把中发面中加入少许食碱，揉均匀成面团待用。

（2）桂圆肉、葡萄干洗净，放在菜板上与玫瑰蜜饯和什锦蜜饯一同铡成细末，拌上白糖、炒面粉、熟鸡油、熟芝麻、酥腰果碎粒制作成甜馅备用。

（3）把正碱面团搓成条，分割成10个大小相同的剂子，按成扁圆，分别包上备好的糖馅。

（4）锅置旺火上，掺清水烧沸，将小笼抹上少量色拉油，放上备好的包子，上笼蒸至熟透，起锅。另将牛奶加入适量白糖烧沸，按人各配一小碗，与包子一同上桌即可。

3. 注意事项

投碱量必须要准，揉面时应该均匀。

驼 蹄 羹

【简介】

驼蹄羹是地道的唐菜，味道鲜美，以驼蹄为主料，调料注重姜、葱、胡椒，并佐以香菇等清爽可口的菜蔬。汁浓如乳，入口清香，回味悠远。改革开放之后，陕西人宴请嘉宾，经常以此作为第一道菜，受到普遍好评。

【历史文化】

驼蹄羹作为一道名肴，出现在杜甫所著的《自京赴奉先县咏怀五百字》中。这首诗作于唐玄宗天十四载（公元755年）的农历十月，奉先古城在今陕西蒲城。因为当时安禄山的反书已经到了长安，乱在眉睫，唐明皇却依然在华清宫拥着杨贵妃作乐。诗人杜甫凌晨时分经过骊山，为唐明皇高枕浑不知忧而嗟叹。于是驼蹄羹出现在我们最为熟知的名句"朱门酒肉臭，路有冻死骨"之前。这一段诗为："况闻内金盘，尽在卫霍室。中堂有神仙，烟雾蒙玉质。暖客貂鼠裘，悲喜逐清瑟。劝客驼蹄羹，霜橙压香橘。朱门酒肉臭，路有冻死骨。荣枯咫尺异，惆怅难再述。"诗中典故，金盘就是御宴器皿的象征，东汉辛延年的名诗《羽林郎》中有"就我求珍肴，金盘脍鲤鱼"的句子。辛延年诗是以一个羽林军的眼光写一个"依倚将军势"、"娉婷过我庐"的"霍家姝"，"霍"是地名。这个美女名叫冯子都，在《汉书·霍光传》中曾有"光爱幸监奴冯子都"的记载。

苏东坡作为一个喜欢美食之人，在《次韵钱穆父马上寄钱蒋叔二首》中用到了驼蹄羹："玉关不用一丸泥，自有长城鸟鼠西。剩与故人寻土物，腊糟红麹寄驼蹄。"钱穆父是东坡好友钱勰，而且也是翰林学士，他送给东坡的诗是，"春雪京城一尺泥，并鞍还忆蒋征西。碧幢红旆出关去，一路东风送马蹄"。蒋颖叔即东坡好友蒋之奇。此处以红麹糟成驼蹄，很明显是为对了应钱勰诗中的红旆与马蹄，旆是旗的镶边。

明人董斯张所编著的《广博物志》中引《晋书》说，"陈思王制驼蹄为羹，一瓯值千金"。另有记载，说陈思王制作驼蹄羹，"瓯值千金，号为'七宝羹'"。陈思王即曹操的儿子曹植，瓯是盆盂一类的瓦器。

【驼峰与驼蹄】

驼峰或驼蹄早就已经被列为八珍之一，但是在唐之后，有关食货典籍，也鲜见记录。就连元代仁宗年间作为御膳太医的忽思慧的《饮膳正要》中，有"炒狼汤"、"熊肉羹"，却也没有驼蹄羹。只在一些食疗书中记载着驼峰中的驼脂，用葡萄酒温调，能够治腹中冷积。明代宋诩写于弘治十七年（1504 年）的《宋氏养生部》，在"驼峰驼蹄"下，仅仅记载"鲜腌一宿，汤下一二沸，慢火养"。驼峰驼蹄为肴，踪影之所以难觅，是由于骆驼被视为沙漠中的圣物。在晋朝郭璞的《山海经图赞》中就记载有"橐驼赞"，称"驼惟奇畜，肉鞍是被，迅骛流沙，显功绝地，潜识泉源，微乎其智"。详尽地描述了它在流沙中行走用"骛"，此处的"骛"是踢着流沙奔驰。驼蹄无甲，陷沙不深，举趾高，因此踢沙如飞，颜色苍褐。古人有云，骆驼可以负重千斤，日行三百里，全身负重最后都在四蹄上，因而驼蹄阳气最烈。这样在沙子中洒脱踢飞之蹄，脂膏更有韧度，故以它为羹，就算是掌软熟烂后，亦只剖以细粒，在配料衬托下，粒粒晶莹可爱，"七宝"之名可能就是源于此。

蟠 龙 黄 鱼

【简介】

蟠龙黄鱼这是一道以大黄鱼精制而成的菜品，是湖北地区的名肴。

【典故】

据说在三国时期，东吴都督周瑜，朝思暮想要除掉刘备，吞并蜀国。于是他想出了一个美人计，声称要把孙权之妹嫁给刘备为妻，想要诱骗刘备前往东吴相亲，伺机将他杀害。孙权的母亲并不知道这是周瑜的奸计，欣然同意这门亲事，非常干脆地答应将自己女儿孙尚香嫁给刘备。婚后，刘备被吴兵围困于宫中，整日焦虑不安，郁郁寡欢。孙夫人对刘备一见钟情，百般体贴照顾，常常亲自下厨为夫君烹制美味佳肴。有一次，她制作了一道名曰"蟠龙黄鱼"的菜肴，请刘备品尝。刘备尝后，感到味道果真不错。孙夫人温和地问道："莫非夫君无法从中品出什么别的味道来吗?"刘备迷惑不解，便问坐在一旁的赵云。赵云连忙回答说："黄鱼龙也，龙者主公也，夫人亲自制作此菜，不仅仅是要让您品尝一下美味，增强体质，更重要的是要以此安抚主公，要您为国家和自己的妻子暂且屈尊于东吴。"孙夫人在一旁听了不断点头表示赞许，并说："尽管东吴不是主公久留之地，可是为国为妻您还得暂且忍耐，如蛟龙蟠卧于此，等待时机，另谋大计。"刘备听了夫人的劝告，逐渐安下心来，留在东吴。后来他们寻找机会，设计离开东吴，气得周瑜捶胸顿足，气急败坏，后人叹曰："周瑜妙计定天下，赔了夫人又折兵"。

【特点】

色泽鲜艳，酸甜美味，松软适口。

【制作方法】

1. 所需原料

重约1000克的大黄鱼1尾，水发海参、鲜虾仁各50克，冬笋30克，青豌豆、瘦火腿各20克，鸡蛋6个，淀粉50克，面粉30克，香油、水淀粉10克，花生油250克，酱油、酒、味精、葱、姜、蒜、盐各适量。

2. 制作步骤

（1）取长25厘米、宽10厘米、厚6厘米的大黄鱼肉一块，用刀在鱼的两面划出菱形花刀，置于盘中加入精盐、味精、料酒腌渍备用；然后将冬笋、火腿等配料全部切成小丁。

（2）把淀粉、面粉放进碗内，打入鸡蛋1只，加入清水调成蛋糊，均匀地抹在鱼块表面。再取一只碗，将糖、醋、盐、淀粉、味精，加入少量水兑好汁。

（3）炒锅放在旺火上，倒入香油烧至六成热时把鱼下锅炸至金黄色时盛入盘中。

（4）在锅内煎1只鸡蛋，煎成圆形，铲入盘内的一端。

（5）将两只鸡蛋取蛋清放入碗内并打泡，加入少许淀粉拌匀，并在锅中炒熟，起锅后盛入盘中蛋饼的四周，上面撒上一些火腿丁和熟青豌豆等点缀。

（6）最后把调好的卤汁倒进锅中煮沸，用湿淀粉调稀勾芡，淋入热油，快速起锅淋在炸好的鱼块上面即可。

雪夜桃花

【典故】

"雪夜桃花"是一道著名的菜肴。这道菜创于唐高宗刚刚立武则天为皇后的永徽六年（公元655年）。这一年上元节过后不久，唐高宗便得了一场大病，终日卧床不起。皇后武则天时时刻刻守在高宗的身边，并且亲自给他熬药喂水。转眼间到了三月，这个时候正是桃花盛开的美丽季节。红的花，粉的花，开满院里院外、屋前屋后。然而，高宗再也无法像往年那样游园赏花了。

有一天，正午刚过却开始下起雪来。风卷着雪，雪裹着风，越下越大，足足下了大半天。傍晚时分，风停雪止，皓月当空，屋顶、墙头、树上、院里处处都是银装素裹，好看极了。武则天不由得心中一亮，何不将高宗搀扶到窗前看一看呢？高宗看罢，拍手称绝：好一个雪夜桃花，惨白的脸颊上露出了笑容，自觉好了一点，想要吃饭。武则天一听，喜出望外，马上传旨御膳房。

一会儿工夫，饭菜齐备。酒过三巡，菜过二道，高宗发现，今夜进膳有几个菜尽管很好吃，但是叫不出名字。

"皇后，这个菜唤的何名？"高宗夹了一块虾肉送进嘴里边嚼边问道。

"万岁，这个菜是您亲自封的。"武则天含笑回答说："刚刚观看窗外景色时，您不是亲口说：好一个雪夜桃花吗！妾身才遵旨让御厨做的"。

高宗恍然大悟，高兴地说："对，对，对，是朕封的，是朕封的！"

从此，每当有喜庆大宴的时候，桌上都会有此菜。后来，在高宗驾崩时，他的供桌上也摆放着"雪夜桃花"。

【特点】

中间的菜为熘炒而成，四周的菜为炸制而成，入口酸甜香酥，色白如雪，又如同明月中开出鲜艳的桃花一般。

【制作方法】

1. 所需原料

大虾 500 克，瘦肉馅 100 克，番茄酱 50 克，鸡蛋 4 个，料酒、盐、酱油、淀粉、香菜适量。

2. 制作步骤

（1）首先将大虾剥壳，抽去沙线，用水洗净，然后将每只虾片成三片放在大碗内，加盐和料酒搅拌均匀腌制 10 分钟。

（2）将鸡蛋清抽打成雪花状，加入适量干淀粉和精盐，搅拌成泡沫糊。

（3）另外取一个鸡蛋打在碗里，加入适量湿淀粉搅匀，然后用大勺摊成一张薄蛋皮，铺放在一只大平盘上，将已经调好的蛋泡铺在蛋皮上抹一圈，再用瘦肉馅和香菜叶点缀成几朵花草的形状。

（4）将锅放油烧至四成热，浇烫蛋皮至皮面略硬时，再把蛋皮推入油勺中，改用小火慢炸至熟透而不变色，用漏勺捞出置于大平盘上。将油加热，放入虾片。用筷子划开，滑透，然后连油带虾片倒入漏勺。锅内留少量底油，先下葱丁略炸一下，然后放入番茄酱，顺序加入精盐、白糖，勾芡后倒入虾片，堆放在蛋皮中间即可。

中华著名小吃

北京著名小吃

【爆肚】

老北京有一俗语说："要吃秋，有爆肚"，而且老人们都讲究在立秋的时候吃爆肚。在北京最出名的爆肚有满、张、冯、王等几家。"爆肚满"位于菜市口，"爆肚冯"在前门外门框胡同，而什刹海银锭桥边的则是"爆肚张"。爆肚讲究，不仅有用牛肚还有用羊肚。一般来说羊肚分为散丹、肚仁、肚领、蘑菇和蘑菇尖，牛肚则分为，百叶、肚仁和肚领。吃爆肚的最高境界是吃肚领，口感特别嫩，比肚仁还嫩，可是很贵，据说要好几个肚才能够出那么一小盘。吃爆肚吃的就是个脆劲儿，嚼在嘴里咯吱咯吱的，不费牙才最好。而且肚爆出来要有一股清香味，如果闻着跟臭豆腐似的，肯定不新鲜。

吃爆肚，还要就着羊杂汤和烧饼一同吃。北京的几家老字号爆肚店口感都差不多，主要不同之处是调料的配方和切法上。"爆肚冯"的调料属于北派调料，据说是由 70 多种原料调制而成的。

【炒肝】

根据文字记载，炒肝作为北京传统早点的重要组成部分，已经有百余年的历史了。炒肝是由开业于清同治元年（1862 年）的"会仙居"研制出来的，是在原来"白汤杂碎"的基础上，去掉心和肺并且勾上了芡，从而形成流传至今的炒肝。1930 年，另外一家炒肝老店天兴居在会仙居对面开业，由于选料更精，而且采取味精、酱油等当时的新式调料代替以前的口蘑汤等，生意逐渐盖过了会仙居。1956 年两店合并成一家，就只剩下天兴居的招牌了。

炒肝的制作方法非常简单，先将洗好的肥肠切段煮熟，出锅前加上肝片、味精、酱油、醋、水淀粉及蒜泥等。炒肝的特点是：汤汁油亮、蒜香扑鼻、肥而不腻、稀而不澥。由于蒜泥非常细，故有"吃蒜不见蒜"之说。正宗吃炒肝的方法既不用勺子也不用筷子，而是要一手托着碗底，转着圈嘬，好处是肠、肝和芡汁分布比较均匀。

【豆汁】

豆汁是北京独有的一种小吃，是在水磨绿豆制作粉丝或团粉时，把淀粉取出后，剩下的那种淡绿泛青色的汤水，经发酵后熬制成的。早在乾隆年间，豆汁就已经传入皇家了。"老北京"有句话"不喝豆汁儿，算不上地道的北京人"。由于豆汁极具独特味道，如果不是长期接触，很难习惯。喝豆汁儿极有讲究，首先要烫，咕嘟着偶尔冒几个泡的热度最好，然后还要配上切得极细的芥菜疙瘩丝儿，淋上辣油，同时还得搭上两个"焦圈儿"，刚一入口有点酸，回味有点甜，再加上芥菜咸、红油辣，五味中占了四味，再加上焦圈儿的脆和香，实在是绝配！

【褡裢火烧】

褡裢火烧最早出现在 1876 年，当时顺义人姚春宣夫妻俩在东安市场内摆了一小食摊，专门供应一种油煎食品，这种食品是将和好的面擀成薄皮，装进用海参、虾肉、肥瘦猪肉和各种作料拌制而成的馅儿，折叠成长条，放进平锅中油煎至金黄色后趁热食用，因为类似于老式钱包"褡裢"而得名。其皮薄油亮，馅嫩鲜香无比，表皮焦脆可口，食用的时候配上鸡血和豆腐条制成的酸辣汤。姚氏夫妻后来开设了瑞明楼，遗憾的是没有多久便倒闭了；当时店内的罗虎祥和郝家瑞于 1934 年取每人名字中的一字相连，合资在门框胡同内开设了一家祥瑞饭馆，将这种小吃继承了下来，流传至今。

【煎灌肠】

煎灌肠，又称炸灌肠。灌肠分为两种，一种是将配好作料的面糊灌进真正的肥肠，煮熟定型；另外一种是用淀粉加水和匀后揉成肠状，蒸熟定型。尽管原料不同，可是后期制作都是相同的：将冷却后的原料切成薄片，食用之前在大铁铛上用油煎焦，淋上盐蒜水，再用小竹签插着吃，外焦里嫩，香脆可口。实际上，后一种应该叫煎粉灌肠，可是因为前者如今难觅，灌肠这名字就被纯淀粉的粉肠所独享了。现在位于东四隆福寺的丰年灌肠店是北京仅存的以灌肠为名的小吃铺。

【驴打滚】

驴打滚又称豆面糕，是用糯米粉、红豆沙、糖等制成，外面再裹上一层熟黄豆粉。为什么要叫"驴打滚"呢？有诗云："红糖水馅巧安排，黄面成团豆里埋。何事群呼驴打滚，称名未免近诙谐。"

【豌豆黄】

豌豆黄是用白豌豆、白糖、红枣等精制而成，是传统的宫廷食品。现在，市面上出售的豌豆黄都是加工成一小块一小块的，而且不带红枣。

【小窝头】

小窝头是用小米面、玉米面、栗子面混合而成，成品为圆锥形，每个底部都有一个圆洞，小巧玲珑，蒸熟以后呈现出金黄色。相传这是清代慈禧太后很喜爱的一种宫廷食品。

【艾窝窝】

艾窝窝是一种清真小吃，主要是用糯米、芝麻、白糖等制成。

【北京涮羊肉】

北京涮羊肉以内蒙古西乌珠穆沁旗的阉割绵羊为最佳。取其磨裆、大小三岔、黄瓜条、上脑等部位之肉（每只羊大约能取 6.5 千克左右），每 500 克肉切出一寸宽、四寸长之片约 80 片。一般常用的佐料有芝麻酱、酱油、酱豆腐、韭菜花、卤虾油、香菜、葱花等。

食用方法比较简单，不过，需要注意火候，不可煮时过长，否则嚼不动。锅底有海米、口蘑等。并且还会佐以粉丝、白菜、冻豆腐、糖蒜等清口之物。

中华著名小吃

【北京烤肉】

北京烤肉分为牛肉和羊肉两种。烤时用一种烤肉专用工具——铁炙子。它是由熟铁制成的圆形铁盘，下面烧木炭，上面烤肉。要先将肉片放入调好的佐料中浸透，然后在桌上放置铁炙子，铁面用羊尾油擦拭，下面用松木或松塔烧火，上面放葱丝，将浸好佐料的肉片放在葱丝上，再用特制的长约一尺半的大筷子不断翻动，当牛肉呈现出酱紫色，羊肉呈白色时，即可食用。一般边翻边吃。

【北京烤鸭】

北京烤鸭制作的主要原料是北京填鸭。其烤制方法一般分为三种：焖炉法、挂炉法和叉烧法。烤熟之鸭需要切片后再上桌。切片技术要求较高，每只鸭需要出120片左右，并且每片都要带皮带肉，肥瘦相间。佐料用葱段、黄瓜条，调味料有绵白糖、蒜泥和甜面酱。主食包括荷叶饼和空心烧饼。

【炒疙瘩】

炒疙瘩在北京城中也算得上是一道有名的小名。据说民国初年时，在和平门外的琉璃厂有一家名为"广福馆"的家常饭铺，店主是个姓穆的老太太，和女儿相依为命，每日卖点面食。相传，这种炒疙瘩就是母女俩在无意中研制出来的。有一回因为和好了面没有卖完，于是穆家姑娘想了个办法，先将面擀成了面剂儿，再切成了一个个的小疙瘩，用开水煮熟捞出来后置于阴凉处，以防发酵。当天晚上，她们就用这种煮熟的面疙瘩搭配切好的青菜、肉丝炒了炒作为晚饭，不料吃起来居然十分爽口，还有一股子咬劲儿，味道非常好。于是，姑娘对母亲说："干脆，明儿个咱们就卖这个，起名叫炒疙瘩吧。"就这样，"一语定乾坤"，无心插柳之事倒巧成名吃。从此开始，她们卖的这种炒疙瘩，在北京城出了名，新老主顾接连不断而来。而这种吃法因为物美价廉，吃起来也的确有种特殊的味道，当时特别受欢迎。后来，许多社会名流也慕名前来，加入了吃炒疙瘩的队伍。因为出了名，有些好事者便将这穆家母女开的广福馆戏称为"穆家寨"，管穆家姑娘叫"穆桂英"。

【糖火烧】

每个老北京人都知道通州有三宝：大顺斋的糖火烧、小楼的烧鲇鱼、万通的酱豆腐。烧鲶鱼如今已经不多见了，万通的酱豆腐也早已销声匿迹，只有大顺斋的糖火烧虽历经战乱，可是仍然保持着原汁原味，吃在嘴里酥绵松软，香甜可口，不粘不腻。印度总理尼赫鲁来华访问的时候，点着名要吃大顺斋的糖火烧，临走时还买了很多。这么大的中国，尼赫鲁居然会对这其貌不扬的糖火烧这般偏爱，足见这道小吃已经是名扬四海了。

据说远在明朝的崇祯年间，有个叫刘大顺的回族人，从南京随粮船沿南北大运河来到了古镇通州，也就是现在北京城正东的通州。刘大顺看到通州镇水陆通达，商贾云集，是个落脚谋生的好地方，便在镇上开了个小店，取名为"大顺斋"，专门制作和销售糖火烧。沿至清朝乾隆年间，大顺斋糖火烧便已经远近闻名了。为保证传统特色，大顺斋的糖火烧在选料制作上都是非常讲究的，多少年来，制作的师傅们坚持面要用纯净的标准粉，油要选用通州的小磨香油，桂花必须用天津产的甜桂花，再如必不可缺的红糖和芝麻酱，也是专购一地，绝不马虎。这座百年老店之所以能够经久不衰，正在于它的货真价实，取信于民。

【奶油炸糕】

北京特色小吃中奶油炸糕是非常有营养的小吃品种。它是用上好面粉为原料，先烧适量开水，水开后，改用小火，然后将面粉倒入锅内，迅速搅拌直至面团由白色变成灰白色，不粘手时，取出稍晾成为烫面。再将白糖、香草粉用水化开，取适量鸡蛋液在碗内搅匀，分几次加到烫面中，最后一次将奶油、糖水、香草粉水加入，揉搓均匀。然后将油倒入锅内，以旺火烧至冒烟后，改用小火，此时将揉匀搅拌好的面团，每500克分成40个均匀小球，下入油锅前用手摁成圆饼，逐个放进油中，待饼膨起如球状，并呈现出金黄色时捞出，滚上白糖即可。

【面茶】

面茶是先将面粉放入锅内炒至颜色发黄取出冷却，然后将麻仁也炒至焦黄，另加入桂花和牛骨髓油，拌搓均匀，再将搓揉均匀的面茶放在碗内，加上白糖，用开水冲成糊状即可。面茶是北京特色小吃中的滋补佳品。

面茶非常讲究吃法，吃时不能用筷、勺等餐具，而是要一手端碗沿着碗边转圈喝，如果不是老北京人，可能不知道这种食用方法。为什么要用这种吃法呢？恐怕这与品尝面茶的风味有关。

【馓子麻花】

馓子麻花是清真小吃里的精品，非常受百姓欢迎，因为它的制作方法比较麻烦，故而也注定了它的美味。馓子麻花色泽棕黄，质地酥脆，香甜可口。

【萨其玛】

萨其玛是一种满族饽饽（糕点），是由满族的传统饽饽——搓条饽饽演变而来的。搓条饽饽是当时满族比较重要的供品，因此也称为"打糕穆丹条子"。后来用白糖取代了熟豆面，成了"糖缠"，便改名为萨其玛，汉名叫"金丝糕"，也称"芙蓉糕"，不过，还是萨其玛这个名字为全国各族人民所广泛接受。

【焦圈】

北京特色小吃中的焦圈儿，男女老少都喜欢吃，酥脆油香的味儿，具有一种巨大的诱惑力。北京人喝豆汁的时候必吃焦圈儿，豆汁儿就着焦圈儿，已经成了北京的一个标签。焦圈儿能够贮存十天半个月，质不变，脆如初，酥脆不皮，是千百年来人们青睐的食品。

【卤煮火烧】

卤煮火烧是北京特有的一种小吃，兴起于城南的南横街。据说以前的普通人吃不起肉，因此就用动物的下水来代替。卤煮火烧是老北京纯粹的东西，土生土长，甚至比京剧还要纯粹。说起卤煮火烧，老北京一准儿会想到"小肠陈"，但是却很少有人知道，这已经具有百余年历史、被认为只有穷人才会吃的美味却来自于宫廷。

清代宫廷中有一道由御厨张东官所制名为"苏造肉"的菜肴。九味香料根据春、夏、秋、冬四季的节气不同，使用不同的数量配制。用这种配制的香料煮成的肉汤，因为张东官是苏州人，就称"苏造汤"，而其肉就称为"苏造肉"了。后来传到了民间，加上用面粉烙成的火烧同煮，便成为大众化的风味小吃了。普通老百姓吃不起，就用价格低廉的猪头肉来代替五花肉，同时加入价格更加便宜的猪下水

人间有味是清欢——饮食卷

煮制。谁知歪打正着，一发不可收拾地创出了传世美味。

卤煮火烧的制作方法是将火烧、猪肺、猪小肠、卤豆腐一同放进盛有卤汤的大铁锅里煮。随吃随盛。

【糖耳朵】

糖耳朵也称蜜麻花，由于它的外形类似于人的耳朵故而得名。糖耳朵棕黄油亮，质地绵润松软，香甜可口。南城的南来顺饭庄的糖耳朵因为常年制作，质量稳定，主要是放碱合适，没有酸口，炸得特别透，吃蜜均匀，达到了松软绵润的质量要求，故而在 1997 年被评为"北京名小吃"和"中华名小吃"。

上海著名小吃

【油豆腐线粉汤】

干点搭配湿点，这是平常上海人习惯的饮食方法。尽管它看上去有点清汤寡水的意味，可是搭配生煎等油腻的点心，则是绝配，汤水够清，味道够鲜。

【开洋葱油拌面】

用熬香的葱油与烧透的海米，和面条一同拌着吃，面韧劲十足，开洋鲜美，葱油喷香。

【薄荷糕、条头糕】

薄荷糕是在糯米粉里加入适量的薄荷粉制成的糕点，再点缀一些红绿丝，煞是好看。薄荷糕甜凉爽口，夏季食用很去火。条头糕是用糯米粉糅合细沙做成长条状制成的糕点，油炸了之后更好吃。条头糕又软又凝，甜度适中。

【海棠糕】

海棠糕可以说是点心中的老一辈了。它是用粉皮包上豆沙馅，在特制的模具中烘烤而成。因为模子的形状有点像海棠花，故得此名。外形呈咖啡色，吃的时候表面撒上饴糖，分外香甜。

【蟹壳黄】

蟹壳黄是用发酵面加入油酥制成皮加馅的酥饼。饼色与形状酷似煮熟的蟹壳。表面呈褐黄色，入口后酥、松、香，满地找芝麻。

【擂沙圆】

据说在清代末年，上海三牌楼一带有个姓雷的老太太，以设摊卖汤圆为生。为了能多做些生意，让汤圆保鲜，她将汤团表面滚了一层糯米干粉，后来，又试着用其他种类干粉，大受食客欢迎。后来人们为了纪念她，就将这种汤团取名擂沙圆。这种汤圆有色有香，趁热吃有浓郁的赤豆香味，而且软糯爽口，便于携带。

【排骨年糕】

上海有两家非常著名的排骨年糕店——分别是"小常州"和"鲜得来"。如果你来到上海，不妨都去尝尝。排骨年糕，顾名思义，既有排骨的浓香，也有年糕的软糯酥脆，非常可口。

【生煎馒头】

用来生煎的馒头是用半发酵的面粉包上鲜肉和肉皮冻制成的，包好后一排排地放在平底锅里用油煎，在煎制的过程中还要淋上几次凉水，出锅之前撒上葱花和芝麻。煎好的馒头底酥、皮薄、肉香。一口咬上去，肉汁裹着肉香、油香、葱香、芝麻香喷薄而出，味道特别棒。

【南翔小笼】

南翔小笼已经具有百年历史了，最开始的时候名为"南翔大肉馒头"。大肉馒头采取"重馅薄皮，以大改小"的方法，每只馒头上所折的褶要在 14 个以上，一两面粉制作十只馒头，形如荸荠，呈半透明状，小巧玲珑，以戳破皮子汁满一碟为佳品。这种馒头皮薄、汁鲜、肉嫩、馅丰，咬上一口，唇齿留香。

【三鲜馄饨】

上海的三鲜馄饨馅是纯肉的。所谓的三鲜皆在汤里，这种馄饨的汤是用蛋丝、虾皮、紫菜这三鲜调出的。薄皮包裹着的鲜肉，口感咸香爽滑。汤烫，皮薄如纱，三鲜分量到位。

天津著名小吃

【十八街麻花】

桂发祥麻花的创始人是范贵才、范贵林两兄弟，他们曾经在天津大沽南路的十八街各开了"桂发祥"和"桂发成"麻花店，由于店铺地处于十八街，所以人们习惯称其为十八街麻花。这种麻花的特点是香、酥、脆、甜，在干燥通风处放置数月也不走味、不绵软、不变质。

【狗不理包子】

如果来到天津不吃"狗不理包子"，那就是旅游者的遗憾。刚出屉的热气腾腾爽眼舒心的包子，看起来如同薄雾之中的含苞秋菊，咬上一口，油水汪汪，香而不腻。狗不理包子之所以好吃，主要在于选料、配放、搅拌以至揉面、擀面，这一流程是非常有讲究的，尤其是包子褶花匀称，每个包子都不少于 15 个褶。

【糖炒栗子】

干果中的栗子，是很多人都喜欢的佳品，吃法多样，因地而异。北方冬季将生栗置于篮子里，悬在檐下晒之数日，等到果实干缩，生而食之，其味更甜，称为"风干栗子"。至于腊月初八所制的腊八粥，栗子更为粥中不能缺少之物。北京北海"仿膳"的名产小窝头，据说是用栗子粉制作而成，昔为宫中御用，供慈禧太后佐餐。

如今最常见的吃法，唯推"糖炒栗子"。将砂放在铁釜中，加以饴糖置于火上炒热，投栗其中滚翻炒炙，熟后栗壳呈现出红褐色，去壳后果实松、软、香、甜，是小吃中的珍品。

【馄饨】

馄饨是一种常见的小吃，但是天津的馄饨却与众不同，这里的馄饨馅大皮薄，个头大。大多都是用鲜猪肉加葱姜调料拌馅，馄饨汤则是用鸡汤或排骨汤加味精调制的，煮熟后异常鲜美。喜欢吃酸的，加点醋；爱吃麻辣的，加点胡椒面，更加开胃，增加食欲。

天津很多饭馆都出售馄饨，比较有名的有致美斋、周家食堂、吉美林、登瀛楼等，其中既有南方风味，也有北方风味，品尝起来风味各不相同，各有特色。有讲究一些的，会在汤里放些鸡丝、皮蛋，或者是放上点虾干、冬菜、紫菜，稍差一点的只放些香菜，都能提味增鲜。

【煎饼果子及锅巴菜】

煎饼果子和锅巴菜是天津所独有的，其他城市都很少有。相传煎饼果子和锅巴菜都是百年前由山东传入的，后来经过天津人改进才成了现在的样子，煎饼的主要原材料是绿豆、小米、虾米（皮米）及香料，加水磨成浆。

煎饼需要用平锅现摊现卖，每张煎好后（可加摊一个鸡蛋）裹上一根油条成卷，煎锅涂油少许，再煎片刻，稍焦，抹上面酱，撒入葱花，折起称为"一套"。

锅巴菜是用提前摊好的大张煎饼，切成柳叶条，放入卤锅（一直不断火）内稍加搅拌，连卤盛碗。再加上腐乳汁、芝麻酱、香菜、辣子糊，五味俱全。锅巴菜的煎饼一定要摊得薄，而且打卤要用洗面筋洗出来的浆粉。

煎饼果子和锅巴菜全都是趁热吃的，可以解毒清热，开胃健脾，化淤滞，疗便秘，有益健康，百吃不厌，而且还具有解酒的作用。

【茶汤】

茶汤是一种甜饮食，与藕粉差不多，原料也是糜子面，用开水冲食。可是它自有一套冲制的技巧，没有经过学习的人是做不来的。先把茶汤原料在碗内调好，放好糖与桂花卤；然后再将高大、体重的铜壶中装满滚开的水。售卖者一手执碗，一手扶住壶柄，必须要将双脚撒开呈半蹲式，才能立稳。左手的碗，要正好放在壶嘴

人间有味是清欢——饮食卷

边，等水一冲出，碗要随时变换距离，以便掌握好开水量来控制它的厚薄程度，并使开水不要外溢，激出糖浆，这是技巧之一。

技巧二是，右手要有足够的控制力量，开水一出壶口，刚好注入碗内。必须要一次完成，才能冲熟茶汤，如果滴滴答答注水，茶汤必生，不能吃，那就亏本了。而且还要注意水不要出得过猛，否则会浇在自己手上，烫了自己，也碎了碗，就更不合算了。

【耳朵眼炸糕】

耳朵眼炸糕的出现已经有百余年的历史了，清朝光绪年间，创始人"炸糕刘"刘万春以卖炸糕谋生，因为精工细做，渐渐形成独特风格，加之该店铺位于北门外窄小的耳朵眼胡同出口处，所以被众食客戏称为耳朵眼炸糕，旺销不衰。

耳朵眼炸糕精心选取上乘江米，经过传统工艺制馅，用指定油类炸制，成品表面金黄、酥脆不艮，馅心香甜而不腻、适口性强，并且没有任何添加剂，可谓绿色营养食品。

【芝兰斋糕干】

芝兰斋糕干是用稻米、江米面和之为皮，并将豆沙、白糖、芝麻、桃仁、瓜条、橘饼、红果、玫瑰、奶油、可可等调配成馅，包好馅后入锅蒸熟。色白美观，食之不黏、不散、不噎口、不粘牙，柔软筋道，香甜可口。

【什大酥烧饼】

用蒸熟干面粉和大油制成酥皮，用豆沙、白糖、红果、枣泥、白萝卜丝、香蕉、橘子、芝麻盐、焖干菜等精心调配成馅，包好后擀成饼状，经烘烤而成。皮薄色白，松酥香甜，馅种繁多。

【明顺斋什锦烧饼】

这种烧饼是用面皮包裹豌豆黄、红果、枣泥、白糖、大油、豆沙、火腿、萝卜丝、梅干菜等10余种馅料，以小烤炉烘烤而成。外形美观，皮酥馅鲜，味美适口。

中华著名小吃

【上岗子面茶】

这种面茶是用糜子面、麻仁、麻酱、香油炒制而成，加入白糖，沸水冲食。色正味香，小料齐全，不粘碗，不糊嘴，香甜可口。

【王记麻花】

王记麻花也叫馓子麻花，是用特制面条拧细，形如剪刀，入油炸成。酥脆可口，桂花香溢。

【杜称齐蒸食——火烧】

这里的火烧有白糖、豆沙、玫瑰、红果等很多种馅心。皮白、馅细、味道甜美。火烧皮口酽、酥脆甜香。

【陆记烫面炸糕】

这种炸糕是用面粉烫半熟为皮，入油炸成。外焦里嫩，酥脆香甜。

【豆香斋牛肉香圈】

用面皮包裹好新鲜牛肉馅炸熟，滋味鲜香。

【豆皮卷圈】

用豆腐皮作皮，以豆菜、粉皮、面筋、香干、香菜、腐乳等精心配制成馅，裹而炸之。酥脆鲜香，清淡可口。

【白记水饺】

用牛羊肋条、脂盖的肥中瘦肉，以及膏菜或西葫芦制成馅。皮薄馅大，口松味鲜，不膻不腻，味道鲜美。

【水爆肚】

将牛羊肚的精嫩部分经过沸水爆之，蘸以各种调料。清鲜脆嫩，滋味醇厚，亦汤亦菜，最适合用于佐酒。

【老豆腐】

将熟热的老豆腐，淋上清卤，卤汁是用椒油、辣油、韭菜花、麻酱、蒜泥、香椿、腐乳等调制而成。清澈透明，滋味清香。

【煎焖子】

用绿豆淀粉熬成，切成方丁，放入热锅中油煎，佐以酱油、麻酱、醋、蒜等佐料。清香适口，风味独特，与芝麻烧饼共食最佳。

【花样馃子】

花样馃子包括棒捶馃子、馃箅、糖皮、老虎爪、花六瓣、开劈、小馃子饼、糖馃子饼、鸡蛋馃子等10多个品种，全都是用特制面粉炸成，入油炸熟。滋味香，花样多，风味各有不同。

【怪味果仁】

将花生米外包裹各种调料，入油炸成。形如琥珀大小，味美酥脆，集甜、咸、麻、辣为一体，味道浓重。

【石头门槛素包】

用面皮包裹以绿豆芽、香油、麻酱、口蘑、木耳、花菜、香干、面筋、粉皮等制成的馅心蒸熟。皮薄馅大，鲜嫩爽口，清素香醇。

广州著名小吃

【粉果】

粉果是广州传统的糕点。它的皮与形状较虾饺略大而不一定是半月形，馅却有虾肉、鲜猪肉、叉烧、笋肉、冬菇等，风味与虾饺不同；与虾饺另一不同之处是，粉果既可以隔水蒸熟，也可以用油半煎炸，为煎粉果。粉果也叫"娥姐粉果"，据说粉果的创制人是"抗战"前一名叫"娥姐"的女佣，由于粉果别具风味而被"茶香室"的老板看中，专门聘请娥姐来主持制作，并以娥姐命名此点心。后来因为粉果受到顾客欢迎，其他茶楼也纷纷仿效，渐渐成为了广州的传统点心。由身份低微的佣人所创制的点心，竟然能够登上大雅之堂，可见岭南人观念开放，讲究实惠，而不拘泥于尊卑名分。

【及第粥】

老广州对及第粥，确实是情有独钟。以猪骨、瑶柱、腐竹熬成粥底，然后生滚猪粉肠、猪肝片、猪肉丸。一碗热粥端上来，喷香喷香，让你垂涎欲滴、食欲大增。旧时，广州人为孩子庆生辰，并不像如今切块生日蛋糕，而是带着孩子上粥店吃一碗及第粥，寓意孩子能够学业有成，将来出人头地。开始只是男孩吃，后来女孩也可上学，于是男女同吃。据说这种粥原本不在粥店出售，而是在饭店和酒家，如"炒及第"、"青菜及第汤"之类，后来粥店利用"及第"菜谱的猪三味做粥料，才叫做"及第粥"。

【肠粉】

肠粉是一种米制品，以薄韧香滑而著称。肠粉白如雪，薄如纸，油光闪亮，香滑适口。肠粉也叫卷粉、猪肠粉，是用米浆放在特制的多层蒸笼中或布上逐张蒸成薄皮，然后再分别放上肉类、鱼片、虾仁等，蒸熟卷成长条，剪断后码入盘中。加以上原料的称为牛肉肠、猪肉肠、鱼片肠和虾米（仁）肠；而不加馅的则叫斋肠；米浆中加入糖的称为甜肠。

【萝卜糕】

制作萝卜糕需要用到黏米粉，不能用糯米粉来代替。其他的辅料有萝卜，要求水分多，切成细丝；将香肠切成小粒；虾米适量；胡萝卜可以根据各人口味决定添加与否。调味品包括盐、糖、味精以及白胡椒粉。广东人一般用腊肠来代替香肠粒，还放入冬菇粒、猪肉粒，以炒熟的花生油烧热，爆香虾米，若是用虾仁代替更佳。倒入萝卜丝，放上盐炒匀后焖煮（不加水），萝卜丝煮软，成糊状，再将香肠倒入，调味炒匀，黏米粉加凉水调成厚糊后，趁热倒入萝卜糊中。蛋糕模子里面抹上油，将糊倒入，大火蒸30～40分钟，以筷子插入，拔出时不带糊状物为度。倒扣盘中，置于通风避荫处放凉，再撒上香菜屑，完成切片就可以食用了。油煎一下再吃更美味。

【虾饺】

虾饺是广州的传统美点。具有清鲜味美、爽滑而有汁的特点。在制作上比较讲究，首先把澄面、生粉制成虾饺皮；鲜虾洗净去壳吸干水分压烂搅拌成肉泥，肥肉切成细粒，用开水烫至断生，再用清水浸过，使肥肉既爽而又不至于出油；加入鸡蛋白、细笋丝、味粉、麻油、胡椒粉等配料，经过冷却后制成虾饺蒸熟。虾饺皮薄而呈半透明状，皮内鲜饺馅料隐约可见，形似一束香蕉。因为外形美观，味道鲜美爽滑，美味可口，颇受海内外食客赞誉。近十年推出的鸡粒虾饺、蟹黄虾饺等新品种更受食客的欢迎。

【炒田螺】

田螺与石螺有所不同，它的特点是壳薄肉厚，和一种叫紫苏的香草同炒一镬，便会形成一种香中有辣、辣中带甜的怪味。这一怪味，不仅南方人喜欢，就连北方人以及外国朋友都非常喜欢。

【沙河粉】

广州米制粉食，由于最早是出自沙河镇故而得此名。沙河粉可汤煮，也可炒吃，酸甜苦辣咸五味一应俱全，炒、捞、汤、蒸各式皆有，但是尤以沙河饭店的最为著名。

【叉烧包】

叉烧包是广东老牌名点，各地大小茶楼、酒家四时供应，所以有"镇山宝"之称。成品呈雀笼形，松软香甜，鲜嫩可口。

【艇仔粥】

过去在广州西郊，每逢夏日黄昏，很多文人雅士及各方游客来此游玩，游河小艇穿梭往来，其中有一种小艇专门供应"艇仔粥"，逐渐地，陆上的小食品店也都纷纷开始出售这种叫做"荔湾艇仔粥"的粥品了。如今不管是在街头食肆酒楼，还是高级宾馆，都可以品尝到这种广州特有的粥品。

【莲蓉月饼】

广式月饼是过中秋节首选的佳品，主要包括甜咸两大类。这种月饼的特点是皮薄松软，油光闪闪，色呈金黄，外形美观，图案精致，花纹清晰，不易破碎，携带方便。馅料种类很多，分别有莲子、杏仁、榄仁、绿豆、芝麻、冬菇、虾米、陈皮、柠檬叶等。

【鲜虾荷叶饭】

旧时荷叶饭以东苑太平镇所制作的最为著名，鲜虾荷叶饭清淡爽口，带有淡淡的荷叶清香，一向都是广州各茶楼、酒家的点心食谱之一。

【萝卜牛腩】

萝卜牛腩是广州比较有名的传统小吃，主要是以白萝卜、新鲜牛腩，配上作料长时间炖制而成。在很多繁华的路段如北京路、上下九路等地，萝卜牛腩的清香飘满街。即便是在街上，你也会经常见到端着碗吃着萝卜牛腩逛街的人，尤其是少男少女们。

【肉丸】

像猪肉丸、牛肉丸、虾丸、鱼蛋等，全都是逛街最流行的小吃之一。这些肉丸子不仅滋味醇厚，而且色泽鲜嫩，口感爽脆，一串串浸泡在浓香的汤汁里面，让人一见就禁不住要流口水。这些美味肉丸食用非常方便，是年轻人最爱吃的小吃之一。

【云吞面】

云吞是广州人对馄饨的俗称，所谓的云吞面就是既有馄饨又有面条。在上下九路、西华路、人民路一带都有很多这种卖云吞面的小吃店。因为这种面汤味浓郁，云吞皮薄馅多，蛋面有弹牙之感，所以成为广州人早餐、小点的美食。

【双皮奶】

南信双皮奶是南信牛奶甜品店的招牌食品。炖好后的牛奶双层凝固，色泽洁白，呈现膏状，为半固体，光洁平滑，奶皮黏在碗边上，风味甜香软滑，营养丰富，具有润肺养颜的功效。

【龟苓膏】

广州人怕上火，所以最喜欢吃龟苓膏。广州人自制的龟苓膏呈棕褐色，为胶状，容器是什么样的形状它便是什么形状，一小钵一小钵，加蜜后晶莹剔透，入口微甜，回味略苦。据说越苦越好，能够清热败火，多吃为宜。

成都著名小吃

【陈麻婆豆腐】

陈麻婆豆腐是国家命名的一家"中华老字号"老牌名店。这家老店创立于清朝同治年间，地处于成都北郊的万福桥，原名为陈兴盛饭铺，主厨之人是陈春富的妻子。陈氏所烹的豆腐色泽红亮，牛肉粒酥香，具有麻、辣、香、酥、嫩、烫、形整等特点，极富川味特色，陈氏豆腐很快便名闻遐迩，求食者趋之若鹜，文人骚客经常会在这里相聚。有好事者观陈氏脸生麻痕，于是，便戏称之为"陈麻婆豆腐"，此言不胫而走，遂为美谈。饭铺由此冠为"陈麻婆豆腐店"。早在清朝末年，陈麻婆豆腐就已经被列为成都的著名食品。

【双流兔头】

双流兔头，也称双流老妈兔头。从开店至今已经具有十多年历史，2003 年在国家商标总局注册了"老妈兔头"头像图案。双流老妈兔头一向以其麻、辣、香的特点，深受蓉城及全国各地消费者的喜爱，适合大众消费。

【夫妻肺片】

夫妻肺片是成都地区人人皆知的一款风味名菜。据说在 20 世纪 30 年代，成都少城附近，有一男子名为郭朝华，与其妻一同以制售凉拌牛肺片为业，夫妻二人亲自操作，走街串巷，提篮叫卖。因为他们所经营的凉拌肺片制作精细，风味独特，深受人们青睐，为区别一般肺片摊店，人们将他们的肺片称为"夫妻肺片"。设店经营之后，在用料上更加讲究，用牛肉、心、舌、肚、头皮等取代最初单一的肺，质量愈发提高。为了保持此菜的原有风味，"夫妻肺片"之名一直沿用到今天。

【二姐兔丁】

二姐兔丁在成都非常出名，它最有名的是兔丁肉多骨头少，不加兔头，佐料加有二姐特殊的配制方法，香鲜可口。二姐的兔系列中还有五香卤兔、红板兔、麻辣兔丁等品种。除此之外，二姐兔丁店还经营红油鸡块、蒜泥白肉、凉拌肺片、五香蹄筋等多种佐酒的凉菜。

【传统锅魁】

老隍城传统锅魁（锅盔）总店经营的锅魁品味众多，风味特别，其特色品种包括鸡片锅魁、牛肉锅魁、蒸肉锅魁、肺片锅魁、素菜锅魁等。除了这些，老隍城传统锅魁总店的牛尾汤也很有特色。尽管老隍城经营的是传统小吃，可是它透明的餐桌、白色的壁纸，清清爽爽，颇为时尚。

【担担面】

担担面是著名的成都小吃之一，是用面粉擀制成面条，煮熟后，加上提前炒制的猪肉末而成。成菜面条细薄，卤汁酥香，咸鲜微辣，香气扑鼻，非常入味，而且还可以凉拌着吃。这道小吃在四川广为流传，经常作为筵席小点心。

担担面中最有名的就是陈包包的担担面了，它是由自贡市一位名叫陈包包的小贩始创于 1841 年，由于最初是挑着担子沿街叫卖而得名。旧时，成都走街串巷的担担面，用一中铜锅分割成两格，一格煮面，一格炖鸡或炖蹄膀。如今重庆、成都、自贡等地的担担面，大部分已经改为店铺经营，但依旧保持原有特色，尤以成都的担担面特色最浓。

【龙抄手】

龙抄手最早出现在 20 世纪 40 年代，当时春熙路"浓花茶社"的张光武等几位伙计商量合资成立一个抄手店，取店名时就谐"浓"字音，也寓意"龙凤呈祥"，定名为"龙抄手"。龙抄手的主要特色是皮薄、馅嫩、汤鲜。抄手皮所选用的是特级面粉加上适量配料，细搓慢揉，擀制成"薄如纸、细如绸"的半透明状。肉馅细嫩滑爽，香醇可口。龙抄手的原汤主要是用鸡、鸭和猪身上几个部位肉，通过猛炖慢煨而成。原汤既白、又浓、又香。

【钟水饺】

钟水饺的创始人是钟少白，原店名叫"协森茂"，在 1931 年开始悬挂出了"荔枝巷钟水饺"的招牌。钟水饺与北方水饺的主要不同之处是全用猪肉馅，不加任何其他鲜菜，上桌时浇上一点特制的红油，微甜带咸，兼有辛辣，别有特色。钟水饺具有皮薄、料精、馅嫩、味鲜的特色。

【韩包子】

成都的著名小吃韩包子从创业开始至今已经具有 80 多年的历史了。1914 年温江人韩玉隆在成都南打金街成立"玉隆园面食店"，由于这里包子的味道格外鲜美而在成都站稳了脚跟。韩玉隆过世之后，其子韩文华接替经营，他在包子的制作方法上精心探索、实践，由他研制推出的"南虾包子"、"火腿包子"、"鲜肉包子"等品种在成都饮食行业一炮打响，名声不胫而走。后来韩文华干脆专营包子，而且把店名更换成"韩包子"，生意越做越红火。从新中国成立前到现在，韩包子在成都、四川乃至全国各地，一直享有经久不衰的盛誉。

【川北凉粉】

川北凉粉源自于清朝末年的四川南充。创始人谢天禄当时在南充渡口搭棚卖凉粉，他出售的凉粉细嫩清爽，佐料香辣味浓，逐渐卖出了名头。

【查渣面】

四川崇州羊马镇的"查渣面",在川西坝子可以说得上是家喻户晓。从羊马镇到成都周围的区县,乃至于在北京、上海、深圳、武汉、兰州等一些大城市,全都有打着"查渣面"招牌的小食店。

"查渣面"的创始人查淑芳将没有卖完的抄手馅用油炒干,第二天改作面的臊子使用。由于这种臊子炒干后既细又脆且香,尽管形状像渣渣,但味道却格外鲜美酥香,顾客都喜欢吃这种"渣渣臊子面"。时间长了,人们干脆就将它称之为"渣渣面"了,因为查淑芳姓查,所以又叫"查渣面"。

查渣面之所以名扬四海,不仅仅在于它独特的名称,它的色、香、味也很独特。查渣面的主要辅料是红油海椒和猪骨汤,与成都主城区流行的面食吃法有所不同。成都主城区的面食通常是炖肉汤、烧肉汤等,就是将已经调好料和味道的汤水直接浇到面上,这种做法的不足之处是汤不够鲜美,味道不佳,优点是快捷方便。但是查渣面则用的是红油海椒、豆油、盐巴、味精、鸡精和骨头汤,并且在捞面之前才将其配好。红油海椒的制作也非常复杂,首先要掌握好油温,然后将香料、葱姜蒜、海椒面一起拌炒,最后滤除葱姜蒜和香料,用这种红油海椒调制的面汤香辣可口,吃完面后口中仍然留香。

【袁记串串香】

袁记在成都几乎是人尽皆知。串串味道好,分量足。特别是牛肉很棒,价格也相对便宜,一群老友边吃边喝酒,极为休闲。

西安著名小吃

【羊肉泡馍】

羊肉泡馍是陕西风味美馔,尤其是以西安的羊肉泡馍最为著名。它烹制精细,料重味醇,肉烂汤浓,肥而不腻,营养丰富,香飘四溢,诱人食欲,食后回味无穷。由于它能暖胃耐饥,所以一向被西安和西北地区各族人民所喜爱,外宾来陕也全都争先品尝，以饱口福。新中国成立以来，尤其是近年来用以招待国际友人，也深受好评，如今，羊肉泡馍已经成为陕西名食的典型代表。

现在，西安最负盛名的两家泡馍馆是老孙家泡馍馆和同盛祥泡馍馆。有一次，国画大师黄胄来到"同盛祥"，吃完泡馍后十分高兴，自己提出要写幅字留念，于是提笔写下"天下第一碗"，后来刘华清同志在老孙家品尝完泡馍后，也兴致勃勃地精心书写了"天下第一碗"。从此后就有了西安城里关于羊肉泡馍两个"天下第一碗"的故事。

【腊汁肉及肉夹馍】

腊汁肉也就是用腊汁煮出来的肉。但它不同于干腊肉，因为干腊肉是用烟熏腊的；它也不同于一般的卤肉，因为卤肉是用卤法制作的肉，也就是用盐水、五香料或酱油制成卤水，然后把肉放进卤水里煮熟即成。

而腊汁肉却不加姜葱、料酒，也不用加糖来调色，仅仅只是用几味中草药及香料与肉一起煮即成。这在中国饮食文化中堪称一绝，也反映出一方一域的民情风俗。

腊汁肉可以单吃，也可以下酒佐饭，但真正能够领略其风味的，是搭配刚出炉的热白吉馍夹着吃，这就是所谓的"肉夹馍"。虽说是馍夹了肉，但大家偏称肉夹了馍，买主因为喜爱肉的美味，也便顾不得语言的规范了，奇怪的是这个明显错误的名称被所有的食用者承认，可见肉美的威力了。

如今的城镇人不喜欢吃肥肉，可是这种肉却肥而不腻，瘦则无渣，深为食者所喜欢，所以经营者甚多，大街小巷随处可见其店铺。

【葫芦头】

葫芦头同于羊肉泡馍，又异于羊肉泡馍，相同之处是两者均为掰馍，不同之处是一为羊肉，一为猪肉，而猪肉又只限于肠子。

葫芦头初始于宋代街市食品中的"煎白肠"。据说唐时医药学家孙思邈在长安一家专卖猪大肠的小店里吃"杂碎"，吃后感觉腥味太大，过于油腻，问及店家，方知制作不得法。于是，孙思邈告诉他一个窍门，并留下药葫芦供店家调味。从此"杂碎"一改旧味，香气四溢，每天的客人都络绎不绝。店家感激孙思邈，特将药葫芦高悬门首，"葫芦头"因此而得名。

到了 20 世纪 30 年代，葫芦头已经从肉类发展到包括海味类的众多品种，猪肉类葫芦头在用料上也出现了一些变化。如汤中增加了骨头和鸡，令汤味更加浓醇，质量提高，成为秋冬时节的风味小吃。

葫芦头的制作方法、吃法与羊肉泡馍比较相似，现在以南院门"春发生"为其正宗，品质最佳。

【岐山臊子面】

岐山是一个县，因为盛产麦，故当地人善吃面条。而且还有一个九字令：韧柔光，酸辣汪，煎稀香。韧柔光指的是面条之质，酸辣汪是说调料之质，而煎稀香则指汤水之质。

岐山面看似很简单，但要达到真味却非一般人所能，市面上多有挂假招牌的，一般人很难辨其真伪，但是只要一看臊子制作方法和面条擀法便能知道了。

臊子，是以猪肉制成，而且必须带皮切块，这样才能碎而不粥。起锅加油烧热，放入姜末、调料面煸炒。当水分干后，加入适量的醋，冒起白烟时加入酱油与水同煮。待肉皮能掐动时，放盐，文火至肉烂舀出。

擀面，先用水将碱化开，然后加入面，揉搓成絮，成团，然后盘起醒一会再揉，再醒再搓，反复几次。而后擀薄如纸，细切如线，滚水下锅莲花般转，捞到后浇上臊子，只吃面而不喝汤。

【揽饭】

南瓜老至焦黄时，会在表面生起一层白灰，此时摘下洗净切为小块，然后在太阳下晾晒半晌。绿豆选用当年收获、饱满锃亮如涂漆的，簸净淘搓三四次，再用温水浸泡一天。起火烧锅，将绿豆放在下面，南瓜放在上面，水与南瓜平齐。用蒸布蒙住锅盖，小火烧半晌，揭盖后用铲子将绿豆南瓜搅混捣为粥状，即可。

这种食物做法很简易，重在选料。尽管看起来不伦不类，食之却甜而鲜香。

【泡油糕】

清水 0.8 千克，熟猪油 250 克，上等面 1 千克，将清水放进锅里烧沸，加入猪油，再把面粉倒入大锅内，用小火将油面搓拌成熟面团，取出后放在案上冷却，然后加入凉开水反复揉搓制成软面团，即成烫面。将白砂糖、黄桂酱、核桃仁、熟面粉等制成黄桂白糖馅。把烫面揪成面剂，再用手拍成片，放入黄桂白糖馅，制作成糕坯。用油炸过后，糕面会呈现薄如蝉翼、白如霜雪的一层泡，仿若繁花盛开，似乎见风即消，入口即化，松软绵润，滋味醇香。

吃泡油糕时，不能性急。性急的人，咬一口便咽，易烫前心。糖馅会顺着胳膊溢流到肘部，扬肘用舌舔之，手中油糕的糖馅则又会滴下，烫痛后心。

【油茶】

所谓油茶，就是面粉、调料面加入凉水搅成稠糊，缓缓溜入开水锅中搅拌，匀而无疙瘩，再放入杏仁、芝麻、籼米，以微火边烧边搅。再加入酱油、盐面、胡椒粉、味精，微火边烧着边搅。必须搅得颜色发黄，油茶发稠，表面有裂纹痕迹才能停下。

哈尔滨著名小吃

【大列巴】

大列巴是哈尔滨最有个性的特产，它被称之为哈尔滨风味食品中的一绝。大列巴之名，鲜明地反映出中西文化之融合。"列巴"是俄罗斯语"面包"，由于个大，所以前面冠以中文的"大"字。第一次见到"大列巴"，你会被这硕大无比的面包所惊叹，作家秦牧当年来哈尔滨时，曾经有句"面包像锅盖"的比喻，说的就是具有百年余韵的秋林大列巴。这种面包的体积比半个篮球还大一圈，标准直径在23～26厘米之间，而且厚度也在16厘米以上，一个面包净重就有2千克，它的膨松程度会比一般的面包厚重些，拎在手里沉甸甸的，因此一般从哈尔滨带这种特产礼物送人，可以说是礼重情义更重。

【黏豆包】

黏豆包是平常百姓家人人喜欢食用的小吃之一，是以大黄米或糯米包裹入红豆馅蒸制而成。它的特点是色泽金黄，入口香甜，软糯耐饥。

【红肠】

哈尔滨最经典的小吃就是红肠与干肠。最早的红肠是从俄罗斯传入的，最一般的，也是最著名最传统的红肠风味是"里道斯"风味，其实就是大蒜味的，下酒极佳，再搭配上"格瓦斯"（俄语译音，俄式饮料，用面包干发酵酿制而成，颜色近似啤酒而略呈红色，酸甜适度），那味道，真叫一个棒。红肠可以夹在列巴里，是很主要的肉食品种。

【筋饼】

筋饼也称草帽饼，是哈尔滨特产。它透明的、薄薄的，似乎每层都浸了油，香而不腻。

【渍菜粉】

这是一道颇具特色的东北菜肴。主要以酸菜、细粉条和猪肉为原料，炒制而成。用酸菜来包饺子，做白肉氽酸菜、渍菜粉，十分好吃。在过去那个物质匮乏的年代里，冬天的蔬菜只有土豆、白菜和萝卜。腌酸菜解决了大白菜不好保存的难题，反映出劳动人民的聪明才智。

【张包铺包子】

这是一家久负盛名的包子铺，据说已经有100多年的历史了。最有名的要数排骨包子了，这种包子馅料非常足，是用大块的排骨肉加上洋葱制成。三鲜馅的虾味很浓。一般几个人要上一些包子，点上几种小菜，再配上市面几乎已经见不到的饮料——大白梨，便是非常实惠的一顿饭了。在这样的地方，环境、服务都不要挑，吃的就是气氛和味道。

【东方饺子王】

东北人最爱吃的水饺在此处算是做到了极致，品种多，个个都是薄皮大馅，味道比其他地方都可口。

【老鼎丰的糕点】

在众多的老鼎丰店铺里，道外那家最正宗。什么东西都是传统的老风味，点心里有纯的青红丝；月饼非常中式化，什么五仁、椰蓉、枣泥、川酥……个个皮薄馅大；在长白糕里还有久违的大砂糖粒，实在是好吃；夏天卖的冰糕也挺棒。

【张飞扒肉】

在老道外的美食之旅第一站，就应该是张飞扒肉，扒肉炖得非常酥烂，入口即化，香而不腻。

【黑拉皮】

黑拉皮与普通拉皮不一样，是用黑米制作而成，口感相当脆爽，非常好吃。

【干肠】

哈尔滨的干肠也是闻名遐迩。肠如其名，就是将灌好的肠经过风干制成。干肠个儿要比红肠纤细，外形和制作方法都和粤式的"腊肠"有异曲同工之处，只是能够生吃，而腊肠则必须要煮过才能吃。干肠的味道也和腊肠有点相似，不过可能因为是北方的菜品，故而更偏向咸一点。干肠又硬又韧，非常有嚼头，可作零食吃。

【松仁小肚】

松仁小肚是采取灌装工艺的肉制品，与南京的香肚制法有些相似，主要以松仁的清香提味，切开之后颜色纯正，香气四溢，肥而不腻，味美适口，细嫩而富有弹性，切成薄片也不会碎，是佐餐和下酒的佳品。

【糖葫芦】

看到此处，有人肯定会说糖葫芦有什么新鲜的，哪里都有啊！其实，哈尔滨的糖葫芦就是不一样，只因为，它是将红果锤扁了的！为什么呢？因为在哈尔滨最寒冷的时候，如果红果的糖葫芦没有锤扁的话是根本咬不动的，为了方便人们食用，于是就将它锤扁，这样咬起来就方便多了。想象一下这样的情景，在冰天雪地里，举着 1 米长的大冰糖葫芦，边看着冰灯，边用牙向下一点一点地磨糖葫芦，多么惬意！

南京著名小吃

【小笼包】

南京人吃小笼包很讲究汤汁，制作的时候要把高汤凝成透明的固体胶质，切碎了拌入馅中，经热气一蒸，就会全都化成汤水。好的小笼包皮薄如纸，提来提去还不带破的。轻轻地将包子提出来，放在醋碗里，对准上面一吸，鲜美的汤汁就进了口中。只是不能着急，否则会烫着，然后再慢慢享用里面的馅料。因此南京人吃小笼包有这样的歌谣，"轻轻移，慢慢提，先开窗，后喝汤"。

【煮干丝】

南京制作干丝有一套不同于其他城市的独特方法。这里的干丝嫩而不老，干而不碎，皆是由豆腐店特制而成。把豆腐切成细丝，配合各种汤料煮好，再淋上香麻油和上乘酱油，入口清爽而回味悠长。

【牛肉锅贴】

这种锅贴外脆里嫩、馅足汁多。咸中带甜是南京牛肉锅贴的最大特色。由于汁多，所以老主顾都将吃汤包的办法用到了这锅贴上：第一口咬大了汁会漏，咬猛了汁会喷，咬太小又不过瘾！

【鸭血粉丝汤】

在南京，卖鸭血粉丝汤的摊子随处可见。精明的摊主提前将鸭血煮熟，再切成小块放入锅内，见有客人来，便捞出鸭血装于白瓷碗里，然后浇上一勺滚烫的鲜汤，滴上几滴香油，撒上一小撮虾米或鸭肠衣等，再加上一撮香菜。喜欢吃辣的客人，还可以再加上一点辣椒油或胡椒，又香又辣，可口美味。

【如意回卤干】

南京历史悠久，南京人也喜欢将各种小吃和历史沾上边。就拿这普普通通的回卤干来讲，也与明太祖朱元璋扯上了联系。据说朱元璋在金陵登基后，吃腻了宫中的山珍海味，有一天微服出宫，在街头见到一家小吃店炸油豆腐果，香味四溢，色泽金黄，不由得食欲大动。他取出一锭银子让店主把豆腐果加工一碗给他享用。店主见他是个有钱的绅士，马上把豆腐果放入鸡汤汤锅，配上少许的黄豆芽与调料同煮，煮至豆腐果软绵入味送上，朱元璋吃后赞不绝口。从此油豆腐果风靡一时，流传至今。由于南京人在烧制中经常会加入豆芽，而其形很像古代玉器中的玉如意，所以被称为如意回卤干。

【什锦豆腐涝】

豆腐涝又称豆腐脑、豆腐花，南京话也叫"都不老"。这道小吃在全国各地都有，但是南京的豆腐涝与其他地方的不大一样，除了同样的色白如玉、清香爽口外，南京的豆腐涝还格外讲究佐料，辅以虾米、榨菜、木耳、葱花、辣油、香油等十余种佐料，不仅色泽漂亮，口味更是醇、浓、香、鲜，咸淡适宜，辛辣适中，有滋有味。

南京人吃小吃还讲究个"说法"，这一点在豆腐涝这个朴实的小吃上也获得了佐证：据说，豆腐涝这种东西，年轻人吃了健脑补脑，老年人吃了能延年益寿，为了讨口彩，店家还会在里面加上什锦菜，取前程似锦之意。

【状元豆】

状元豆是南京夫子庙的特色小吃之一。据说清朝乾隆年间，居住在城南金沙井旁小巷内的寒士秦大士，由于家境贫寒，每天读书到深夜，他的母亲就用黄豆加上红曲米、红枣煮好，用小碗将豆子盛好，上面加一颗红枣给他吃，并且勉励他好好读书，将来好中状元。后来，秦大士真的中了状元，此事传开，"状元豆"便出了名。有些小贩就利用学子的这种心理，在夫子庙贡院附近卖起了状元豆，并衬着口彩说"吃了状元豆，好中状元郎"。状元豆其实就是五香豆，和五香蛋一样，五香豆入口喷香，咸甜软嫩，仔细品味，趣味横生。因为烹制入味，状元豆一般色泽呈紫檀色，入口富有弹性，香气醇厚，让人吃起来就停不下。

【盐水鸭】

到了南京一定要吃盐水鸭。南京嗜鸭之深，乃至有人说南京人前辈子都与鸭子有仇。无论这个传言有没有根据，但是南京被称为"鸭都"却是真实的名头。盐水鸭是南京有名的特产，名闻遐迩，据说至今已经有一千多年的历史。南京盐水鸭皮白肉嫩、肥而不腻、鲜香可口，具有香、酥、嫩的特点。每年中秋前后的盐水鸭色味最佳，由于鸭子是在桂花盛开季节制作，故美名曰"桂花鸭"。在《白门食谱》中记载："金陵八月时期，盐水鸭最著名，人人以为肉内有桂花香也。"逢年过节或平常家中有客人来，上街去斩一碗盐水鸭，好像已经成了南京世俗的礼节。也正是因为吃鸭吃得太多，所以南京人还变废为宝的将鸭头做成一道美味小吃。鸭头不管是红烧还是酱泡，或是盐水，都是让人垂涎欲滴的人间美味。

【蒸饺】

其实，蒸饺在全国各地都有，但是南京的蒸饺却别具一格，不仅形状精美、口味更是以清新著称，如果油一点或腻一点都达不到爽口的效果。香菇蒸饺的馅心是用新鲜猪肉和香菇调制而成，再加入鲜美的香菇汁水，上蒸笼蒸熟后肉嫩汁饱，轻轻一吸，一股醇厚的清新气息在口腔中弥漫。

【糕团小点】

江南人嗜甜，因此，传统的糕团小店在南京还是非常有市场的。南京人吃甜食讲究甜而不恶，糯而不黏，才能称得上是甜品之上乘。此外，只是口味好还不行，造型色泽还要出众，故而，南京的糕团大多小巧精致，色彩缤纷，入口香甜松软，清香悠远，再来上一壶上好的绿茶，就是顶好的口福了！

武汉著名小吃

【蔡林记热干面】

武汉的热干面和山西的刀削面、两广的伊府面、四川的担担面、北方的炸酱面合起来并称为中国"五大名面",是武汉地区的传统小吃之一。相传,在20世纪30年代初期,汉口有个叫李包的人在关帝庙附近卖凉粉和汤面。一个夏天的晚上,还剩下很多面没有卖完,他怕发馊变质,于是就将面条煮熟后捞起来晾在案板上。在收拾东西的时候,李包一不留神把油壶里的麻油泼在面条上了。他当时灵机一动,索性将麻油拌和到面条里,然后再将面条扇凉。第二天早上,李包把拌过麻油的面条放进沸水里烫热,再滤干水放进碗内,然后加入卖凉粉用的芝麻酱、辣椒酱、榨菜、葱、姜、蒜、酱油和香醋等佐料,立刻香味扑鼻,惹得人们抢着购买。吃过面条后,有人问李包卖的是什么面,他脱口而出,说是"热干面"。从此开始,李包便专门卖起热干面来了,而且还教了许多徒弟。几年后,有个姓蔡的徒弟在汉口满春路开设了一家热干面馆,店名为"蔡林记",逐渐成为武汉市经营热干面的名店。

【顺香居烧梅】

汉口花楼街、交通路交会之处的"顺香居"是一家具有将近50年历史的老店。该店所制作的重油烧梅,虽油重但不腻人,味道异常鲜美,而且形如银菊,看一眼就叫人胃口大开。烧梅的具体制作方法是把肥膘猪肉、馒头、橘饼、花生米、冰糖、葡萄干等切成小丁,稍稍煸炒一下,再用桂花、青红丝、白糖调合成馅。面粉加水适量,放上少许精盐揉和成面团,然后擀成一张张荷叶形薄皮,放入馅心,加适量麻油包裹而成。烧梅可炸、可烤、可蒸,均香甜可口,令人食之不厌。

【老通城三鲜豆皮】

"老通城"是位于汉口中山大道大智路口一家大型酒楼的名字,以经营著名小吃三鲜豆皮而闻名,素有"豆皮大王"之称。这家酒楼始建于1931年,原本在古汉口城堡大智门外,是城乡通道,所以名为通城甜食店;"抗战"胜利后复业,改称为老通城甜食店。这家店仿照湖北民间的传统小吃豆皮,精心改进,配合甜食应市,很受欢迎。

豆皮原本是湖北农村的乡土风味小吃,制作方法是把绿豆、大米混合磨浆,在锅里摊成薄皮,内包煮熟的糯米、肉丁等馅料,再以油煎好。"老通城"酒楼的特级厨师高金安精益求精,用鲜肉、鲜蛋、鲜虾仁为主制作馅料,研制推出了三鲜豆皮,处表金黄发亮,入口酥松嫩香,更加脍炙人口,被人们称为"豆皮大王"。外地人和外宾到武汉来都以能够吃到老通城豆皮为快。

【四季美汤包】

在距离"老通城"不远的江汉路口附近,有一家名为"四季美"的小吃店,被武汉人誉为"汤包大王"。"四季美"位于汉口中山大道江汉路口附近,取一年四季都有美食供应之意,如春炸春卷,夏卖冷食,秋炒毛蟹,冬打酥饼等,四季美1927年开业,生意很兴隆,后来有特级厨师钟生楚等在该店制作江苏风味武汉化的小笼汤包应市,受到顾客的欢迎,因此被誉为"汤包大王",使得该店变为主要供应小笼汤包的汤包馆。他们制馅讲究,选料严格,首先把鲜猪腿肉剁成肉泥,再拌上肉皮冻和其他作料,包在薄薄的面皮里,上笼蒸熟,肉冻经热成汤,肉泥鲜嫩,7个一笼,佐以姜丝酱醋,鲜美可口。为了满足不同顾客的需求,除了鲜肉汤包之外,他们还会应时制作蟹黄汤包、虾仁汤包、香菇汤包、鸡茸汤包和什锦汤包等。

新中国成立以后,老四季美汤包馆生意兴隆,越来越红火,因此由原址迁到汉江路与中山大道交会之处,如今已经拥有三层楼做营业专厅,有300多席位,一年四季宾客如云。

【五芳斋汤圆】

在武汉,还有一家同时被誉为"汤圆大王"、"粽子大王"、"糕团大王"三大称号的酒楼——五芳斋酒楼。这家店历经百余年之久,制作的汤圆、粽子和糕团三镇皆知,远近闻名。

地处武汉市汉口中山大道大智路的"五芳斋"原本是一家酒楼,创建于1946年,以专门经营宁波风味汤圆而闻名遐迩,有"宁波汤圆大王"之美称。该汤圆以黑芝麻、桂花等作馅,其味鲜美异常。

五芳斋的创建和发展,已有百余年的历史。现今的五芳斋,采用现代设备与手工制作相结合的方式,从以前单一的宁波汤圆小吃品种拓展到几十种多味汤圆及速冻系列,而且继续保持着选料严谨、传统配料、制作精细、味道纯正、油而不腻的独特风味,达到了国家绿色食品的标准。

【老谦记牛肉豆丝】

老谦记是地处于武昌司门口的一家风味小吃店,以经营牛肉豆丝、面窝为主,兼出售牛肉汤菜,随意小酌。

豆丝是用绿豆、大米等为原料,磨碎成浆,在锅内摊成皮,切成丝,武汉人很喜欢吃,有汤豆丝、干豆丝、炒豆丝等多种吃法。老谦记主要经营的是炒牛肉豆丝,炒时依照顾客要求,或枯炒,或软炒,味道各有千秋,区别只在火候。主要原料全都是黄牛眉子百沟、湿豆丝、水发香菇、玉兰片等,再加上调味佐料,以麻油煎炉炒熟,吃起来牛肉酥滑鲜嫩,豆丝绵软香醇,牛肉与豆丝的味道融合在一起,别有风味。

【面窝】

武汉人早晨最爱吃的是面窝。在武汉的大街小巷,随处可见热气腾腾的大油锅,金黄的面窝在里面不停地翻滚着,散发出诱人的香味。面窝是武汉特有的,创建于19世纪末。当时,在汉口汉正街集稼咀一带有个卖烧饼的人,名叫昌智仁。他看到烧饼生意不太好,就想办法研制新的早点品种。于是,他请铁匠打制了一把窝形中凸的铁勺,勺内装上用大米、黄豆混合磨成的米浆,然后撒上黑芝麻,放到油锅里炸出一个个边厚中空、色黄脆香的圆形米饼。吃起来厚的地方松软,薄的地方酥脆,称之为面窝,经过一百多年的发展,成为价廉物美的武汉特色早点。

【田启恒糊汤粉】

田启恒糊汤粉馆地处于汉口花楼街,历史悠久、风味独特,名扬三镇。糊汤粉是和油条搭配的小吃品种,但凡卖糊汤粉者必卖油条。在制作米粉的时候,选用籼稻米磨浆、制粉,然后加上水搓坨煮焖,挤压煮制成型。再以活鲜小鲫鱼(或鳝鱼)熬煮成汤汁,接着加水调入生米粉制成糊汤,加上各种调味品,成熟装碗时,撒上葱花、胡椒,配以油条佐食,风味独特。其糊汤微稠,色泽素雅,米粉洁白,细长有劲,鱼香汁浓,味道鲜美,营养丰富。

【楚宝桂花赤豆汤】

桂花赤豆汤是武汉一带的特色小吃,桂花赤豆汤是以桂花、赤豆、糯米、白糖、淀粉等熬制而成，味道甜而不腻。楚宝熟食店坐落在武汉市汉口中山大道，在六渡桥下首。

除此之外，在武昌的户部巷汇聚了武汉的各种特色小吃。这条街是因为在清朝毗邻藩台衙门而得名。尽管这条小巷子仅有 150 米，可是各种特色小吃应有尽有，如石婆婆热干面、徐嫂鲜鱼糊汤粉、谢家面窝、高胖子粥店、陈记红油牛肉面、万氏米酒、王氏馄饨、何记豆皮、麻婆灌汤蒸饺、李大饼、顾氏肉松卷、吕记油饼、吴记米发糕、好来牛肉面、老乡小吃、李记粉面、陈记粉面、陈记烧梅面窝、小文煎包等。另外，坐落在老通城的背后，汉口中山大道与大智路相交处的吉庆街是一条以武汉风味小吃和民间艺人吹拉弹唱而著称的特色街，现在，它已经成为武汉的一张名片，但凡到武汉来的人都要慕名去逛一逛。

杭州著名小吃

【小鸡酥】

小鸡酥是选取精面粉、沙律油、豆沙作为主原料。首先把水油皮、小包酥擀成皮，包裹豆沙成型，入烤箱烤制而成。

成品的小鸡酥外形精致可爱，尚未入口已经是飘香四溢，咬一口，外酥内滑，香甜可口，是一道老少皆宜的特色小点。

【榴莲酥】

榴莲酥的大名许多人都已经非常熟悉，金黄诱人的榴莲酥是用新鲜榴莲果肉配制的软滑馅心，层次分明、松软香甜、做工精细的酥皮，让人垂涎欲滴。吃完之后清淡的榴莲味却让人大有"榴莲"忘返之感。

【雀巢鸟窝】

"雀巢鸟窝"这个名字听起来很有意思，但是做起来并不是那么简单，首先要精选澄面、猪油、咸蛋黄、鹌鹑蛋、细沙等多种原材料，鹌鹑蛋营养丰富，咸蛋黄鲜美异常，再加上猪油、细沙更是让这道小点心百吃不厌。

【麻球王】

麻球王粒粒透着光泽的芝麻，形状如同气球，色泽金黄，皮薄透光，香甜可口，让人一看就爱不释手。这吃可有讲究，首先要弄破一块表皮，让里面的热气先透一些出来，否则一不留神就会烫着嘴唇。表皮薄薄的一层是极脆的，然后就是糯米的润软，并不时飘出匀匀的、淡淡的、香甜的味道。

吃有讲究，做起来就更见功力了。一定要选用精制的糯米粉和上好的糖粉，放上芝麻，再添加小料拌匀，再放入小火的油锅中炸上三四分钟，然后再放进另一锅中不断挤压，在挤压的时候，麻球中的气体受热膨胀，在文火的熏陶下，在器具的压力下，"好吃又好看"的麻球在油锅中绽放着的笑脸就不断长大了。

【港汇笋尖虾皇饺】

笋尖虾皇饺是港汇点心中的"特色"，主料是大虾仁，再加入8种以上辅原料用秘方配制成馅心，包以面点师用秘制工艺纯手工制成的水晶皮，外表晶莹剔透，滋味鲜美，虾仁脆嫩，食之令人难忘。

【南宋定胜糕】

南宋定胜糕最早出现在宋代，千百年来·直为杭城人民所喜爱。南宋定胜糕外层是用精选的香米和糯米粉制成，米粉细而均匀，里面包裹豆沙馅，中间混有少量白糖和桂花。定胜糕的色泽绯红，象征着战争的凯旋。

定胜糕的味道香糯松软，甜而不腻，而且每份只要一块钱，是物美价廉的特色小吃。

【豆沙包】

软绵绵、白胖胖、犹如一朵白色的祥云般飘到桌上，"好阳光"的豆沙包因为十分卖座，故而"千呼万唤始出来"，带着阵阵热气，上面的白糖更似雪上莹霜。轻轻吹一吹，赶走热气，轻咬一口，软得似乎连舌头都能融进去，可口的味道让你的舌头都陶醉得不想动了。

好阳光的豆沙包，是杭城著名的特色点心之一，首先要把鸡蛋中的蛋清分离出

中华著名小吃

来，然后再打蛋清，一直要打到黏稠状，加入上好的生粉，把蛋清和生粉搅拌均
匀，裹入豆沙，投进小火的油锅中央，油应该采用清澈的、透明度高的上乘精装色
拉油。小小的豆沙包，小火的油锅，看着好像很简单，火候却是极难把握，处理的
失之毫厘，味道就会差上千里了。这可真的是应了那句话：于平凡处见功力。

【天下第一包】

天下第一包是"名人名家"的典型代表，球状的外皮中包裹的是腌制肉末，然
后放入发酵箱里3~4小时，再置于烤箱中烤至金黄色即可。天下第一包注重选料，
色泽金黄，鲜香美味，不愧为包中一绝。

【木瓜酥】

"名人名家"的木瓜酥是用木瓜条和面粉作为主料，首先要把水加入面粉里搅
拌均匀，并且擀制成饼状，将木瓜条包入面饼成椭圆形，放进五成油温中炸至金黄
色。木瓜酥造型美观别致，外脆内嫩，口感清香。

【火腿笋干老鸭面】

火腿笋干老鸭面是以纯老鸭汤精心烧制成的，老鸭汤的制作过程非常讲究，每
只锅内放入三只老鸭和火腿、骨头，以文火炖上3个小时。面条是面馆自制的加蛋
黄的营养面，再搭配上碧绿的青菜、金黄的火腿、嫩软的笋干。煮熟之后，面汤油
而不腻，面条又滑又筋斗，老鸭肉酥香可口，吃起来醇厚清爽，回味悠长。

长沙著名小吃

【德园包子】

德园包子薄皮大馅，富有弹性，糖馅是用冰糖、玫瑰冰糖或桂花糖等拌成，香
甜爽口；肉馅则是用上好的瘦肉拌上香菇和冻油等调料制成，油而不腻。

德园包子已经具有100多年的经营历史。长沙人有一顺口溜"杨裕兴的面，徐
长兴的鸭，德园的包子真好呷"，称赞这几个饮食店的风味小吃。这里制作的包子

个大油多，咬一口当心里面的油烫着。德园包子注重选料，品种繁多。

德园有闻名长沙的"八大名包"，分别是：玫瑰白糖包、冬菇鲜肉包、白糖盐菜包、水晶白糖包、麻茸包、金钩鲜肉包、瑶柱鲜肉包、叉烧包。

【臭豆腐】

臭豆腐是长沙火宫殿的著名小吃。它是以黄豆为原料的水豆腐，经过专用卤水浸泡半个月，然后用茶油经文火炸焦，佐以麻油、辣酱。这种小吃具有"黑如墨，香如醇，嫩如酥，软如绒"的特点，奇在以臭命名，不同于其他食卤以香自诩。虽然闻起来臭，但吃起来很香，外焦微脆，内软味鲜。这是由于卤水中放有鲜冬笋、浏阳豆豉、香菇、上等白酒等多种上乘原料，所以味道格外鲜香。

【柳德芳汤圆】

此汤圆是长沙市的著名特色小吃，是柳德芳汤圆店独家经营。创始人柳德芳幼年时家境贫寒，以卖汤圆为生。他的汤圆因为选料上乘、制作精细、风味独特，所以颇有名气，买者非他的汤圆不食。后来他购得一间铺面，专营汤圆，因其所制汤圆个大、糕糯、馅多，肉素兼备，咸、甜皆有，不粘唇，不腻心，回味悠长，博得广大食客的赞赏。据说，陕甘总督左宗棠曾感此处的汤圆鲜美香甜，特赠柳德芳汤圆馆"枵腹而来，君休问价；从心所欲，我亦重涎"的楹联，从此食客慕名而来，甚至以"不吃柳德芳汤圆不算到长沙"成为一时风气，其声名流传享誉至今。

【椒盐馓子】

椒盐馓子是长沙火宫殿的特色小吃之一。它是用精面粉为主要原料，佐以花椒、板油、细盐、白糖等。丝条粗细均匀，质地焦脆酥化，口味甜咸皆有，外形美观别致，有扇形和枕形两种，既是点心，又可作菜食。

【姊妹团子】

姊妹团子是长沙火宫殿特色小吃之一。它是以糯米为主要原料，有糖馅和肉馅两种，糖馅通常选用北流糖、桂花糖、红枣肉精制而成；肉馅则取五花鲜猪肉，配以香菇，并用泡香菇的水调拌肉馅，所以味道醇香可口。在造型上肉馅团子主要是石榴形，糖馅团子则是蟠桃模样。如遇喜庆日子，还会在糖馅团子表面撒上一些红丝，与颜色白漂的团子红白相映，十分悦目。

【皱纱馄饨】

皱纱馄饨是南门口"双燕"馄饨店的招牌菜。它选取富强粉为原料，精工擀成的皮，薄如纸，软如缎，吃有韧劲。馅心选取新鲜猪腿瘦肉，搭配上适量肥肉，绞成肉泥，再加入少许的清水、食盐、味精等，使劲搅拌肉至泥状，吃透水分。这样制成的馅心酥而不烂，嫩而泡松。包好的馄饨，煮熟之后，外皮起皱，紧裹馅心，由于皮薄似清纱，故有"皱纱馄饨"之称。这种馄饨的汤选用高汤，配以排冬菜，味道鲜美。

【龙脂猪血】

龙脂猪血是长沙火宫殿风味小吃之一。龙脂猪血因加工特别细致，犹如龙油凤脂而得名。所选猪血全都是手工宰猪的鲜血，辅以干椒末、排冬菜和芝麻油，味辣而鲜，美味可口。

【菊花烧卖】

烧卖是大众喜爱的食品之一。尤以火宫殿、玉楼东的菊花烧卖最深受长沙人的欢迎。菊花烧卖包皮薄透亮，味咸椒香，顶端开口处再以蛋黄点缀成菊花瓣状，更显雅致。糯米馅松软而不熟烂，粒粒可数。

【长寿五香酱干】

长寿五香酱干主要以黄豆为原料，再搭配上鸡汤、味精、香油、香料等精制而成。色泽乌亮，质地松软，美味可口，酱香扑鼻，回味悠长。

苏州著名小吃

【苏式鲜肉月饼】

南方人很少有不喜欢苏式月饼的，看上去金黄油润，吃起来皮层酥松，口味甜咸多样。甜馅料主要有松子仁、核桃仁、玫瑰花、赤豆等；咸馅料主要有火腿、虾仁、香葱等。其中最惹人回味无穷的，还是要数鲜肉月饼。老字号的摊位前，常年都能够见到等待月饼出炉的队伍，中秋时节则更是供不应求。

【枫镇大面】

很少有面，能够像枫镇大面这样带给食客扑鼻的酒香，这是因为吊汤的时候除了比较常见的肉骨、鳝骨之外，还加入了酒糟和螺丝。虽然浇头也是一块焖肉，可是与普通的焖肉有所不同，它是白色的，做法复杂，而且在焖制时不能放酱油，纯粹靠盐调味。于是，焖肉肥美，入口即化，面汤鲜滑，油而不腻，酒香醇厚。

【红白汤奥灶面】

红油爆鱼面，白汤卤鸭面，只要吃过奥灶面的人，多半都会难以忘怀那汤清面爽、浇头醇美的独特风味。胥城大厦的国家级餐饮大师潘小敏曾在十几年前亲赴昆山奥灶面馆学艺，于是让正宗的奥灶面在苏州落户，而且经过不断改进配方和口味，使汤水更加精致，滋味更加丰厚，浇头除了有爆鱼、卤鸭之外，还添加了焖肉和野生虾仁。

【鸡头米羹】

苏州人吃"水中人参"鸡头米有很多讲究。首先是要吃南塘的鸡头米，因这里的质量最好；其次是不要买太多，最好能一次吃完，吃的就是那带着水的气息的新鲜味道；三是必须要赶在中秋时节吃，一旦错过，就只好眼巴巴地等来年的新米上市了。

【蟹壳黄、袜底酥】

蟹壳黄，顾名思义，形如蟹壳，色如蟹黄。苏州人喜欢喝茶，旧时茶馆里，点单率最高的两种茶点之一，就是蟹壳黄。在颇受人欢迎的传统茶食中，椒盐味的袜底酥也是其中一道。小小酥饼，做工讲究，一层层薄如蝉翼，真正见功夫。

【鱼味春卷】

苏州春卷的烙制可以称得上是一绝。厨师一手持锅，一手抖动面团，一掀就是一张，动作干净利落，春卷更是薄如纸，圆如镜，透明柔软。鱼味春卷，就是用鲈鱼肉加上虾仁制成馅心，鱼味浓郁，具有鲜明的"鱼米之乡"地方特色。

【油氽紧酵】

"氽"是流行在江浙沪一带的烹调术语，也叫浸炸；紧酵，指的是馒头用酵量少，蒸后紧实，氽后外脆内松。苏州人更喜欢称它"兴隆馒头"，取兴旺发过之意。也正因为这份美好的含义，所以油氽紧酵在冬令上市，作为春节亲友间的馈赠吃食，常常是供不应求。

【小馄饨】

小馄饨是一种江南人家最寻常可见的小点。几乎透明的皮薄如蝉翼，中间透出若隐若现的粉红色肉馅，装在最常见的白瓷汤碗里，清澈的汤里撒上一点碧绿生青的葱花蒜叶、嫩黄的蛋皮丝，也可以再加添少许紫菜和虾皮，汤鲜味美，意犹未尽。

【糖粥】

"笃笃笃，卖糖粥"的儿时童谣深入人心，糖粥的软糯香甜也同样让人记忆犹新。苏州的糖粥是颇有名气的，加了赤砂糖的糯米粥先盛入碗中，在表面上撒一层红色豆沙，确实有红云盖白雪之美。吃时拌匀，入口热乎乎的，香甜软糯。

【酒酿饼】

每当春节一过，街上就会开始弥漫起酒酿饼的酸甜芬芳气味。酒酿饼，是春天时令的苏式食品，而且只卖一季。造型如同小月饼，馅料有豆沙、芝麻等。尤其是玫瑰馅，白皮红瓤，好像要渗到皮上来一般。趁热咬一口，喷香、酸甜、焦脆，皮软、馅甜、味糯，有一种饼不醉人人自醉的感觉。

兰州著名小吃

【兰州清汤牛肉面】

兰州清汤牛肉面也就是俗称的"牛肉拉面",是兰州最著名的风味小吃和最有特色的大众化经济小吃,被本地人誉为"兰州的麦当劳"。兰州牛肉面源自于清朝光绪年间,是回族老人马保子首创的。牛肉面以其肉烂汤鲜、面质精细而名扬四海。

兰州牛肉面具有一清(汤清)、二白(萝卜白)、三红(辣子油红)、四绿(香菜绿)、五黄(面条黄亮)五大特点。面条依照粗细可以分为大宽、宽、细、二细、毛细、韭叶子等种类。面条是用手工现场拉成,一碗面只需两分钟就能做好,再浇上调好的牛肉面汤、白萝卜片,调上红红的辣椒油、碧绿的蒜苗、香菜,食之让人赞不绝口。

【羊肉泡馍】

兰州的羊肉泡馍料重、味醇、肉烂汤浓,馍筋光滑,香气扑鼻,食后余味悠长,还有暖胃功效。它的烹饪技术要求非常严谨,煮肉的工艺也特别讲究。与肉合烹的"托托馍"酥脆甘香,入汤不散。用餐之前,需要将"托托馍"掰成碎块。掰馍讲究越小越好,这是为了方便五味入馍。然后再由烹饪师烹调。煮馍要求用馍定汤,调料恰当,武火急煮,适时装碗,以达到原汤入馍,馍香四溢的目的。羊肉泡馍不但讲究烹调,更讲究"会吃"。食用方法主要有三种:第一种是干泡,要求煮成的馍,汤汁完全渗入馍内,吃后碗内无汤无馍无肉;第二种是口汤,要求煮成的馍,吃后碗内只剩下一口汤;第三种是水围城,馍块在中间,汤汁在周围,汤、汁、馍全要吃光。

【拔丝洋芋】

拔丝洋芋是甘肃的一道地方菜,以甘肃特产洋芋做原料,夏天也有用白兰瓜做原料,制成拔丝白兰瓜。先将洋芋洗净削皮,然后切成滚刀块或菱形块,分两次放入油锅中炸熟呈金黄色。炒勺内留少许油,放入白糖不停地搅动,使糖受热均匀溶化，待糖液起小针尖大小的泡时，快速地把炸好的洋芋块倒入，撒上芝麻颠翻均匀后盛盘上桌。这时只见洋芋色泽光洁透亮，用筷子夹时，银丝飞舞，香甜可口。

【炸羊尾】

这种小吃虽然名曰羊尾，但实际上是用蛋白、豆沙、水团粉、面粉制成的酥香可口的主食。色泽金黄，造型美观，营养丰富。制作过程并不是很复杂。将蛋白打成泡状，加入团粉、面粉搅匀。将豆沙用手团成樱桃大小的坯，然后用小勺把豆沙团裹上蛋泡糊，入锅炸成金黄色取出即成。

【百花全鸡】

百花全鸡是用发菜作为配料的名菜。取一只肥母鸡，将鸡脯、鸡里脊割下，加脂肉剁成细泥，加入适量的水、蛋清、精盐，搅成鸡茸。余下部分加葱、姜、精盐上笼蒸烂取出，只留下头、爪、翅膀，将其他的肉切成五分大的片铺在鱼盘中。另将菠菜、发菜、蒸熟的蛋黄分别制成细末。然后把鸡茸抹在盘内铺的鸡片上整理成菱形块（也可做成其他图案），把菠菜、发菜、蛋黄这四种碎末整齐地撒在鸡茸上。再取鸡头用刀劈开摆放在鱼盘前端，鸡爪去尖按鸡形摆在鱼盘的另一端，翅膀摆在两旁。上笼蒸十分钟后，勾流水芡即成。这道菜制作精细，图案新颖，香嫩美味，清淡爽口。

【高担酿皮】

"高担酿皮"原本是西安小吃，1925年被"福华轩"老板高三带入兰州。因其担子高、酿皮质量高而出名。"高担酿皮"在制作过程中不能用碱，又谓之"白酿皮"，食用不伤胃，除了使用芝麻酱、辣椒油、盐、醋四种调料之外，还要辅以鲜豆芽或黄瓜丝少许，食之清淡爽口。出售时，由操作者调味拌好后，再交于顾客食用，以保持其特有风味。

【浆水面】

浆水，不仅可以制成清凉饮料，还能在吃面条时做汤。再加上葱花、香菜调味，更是脍炙人口。因此，兰州等地的群众，都喜欢吃浆水面。浆水具有清热解暑的作用。在炎热的夏季，喝上一碗浆水，或者吃上一碗浆水面，马上就会感到清凉爽快，而且还能解除疲劳、恢复体力。浆水对某些疾病也有疗效。高血压病患者经常食用一些芹菜浆水，能起到降低和稳定血压的作用。据说对肠胃和泌尿系统的某些疾病，浆水也有一定的作用。有的医院，曾经用浆水配合药物，治疗烧伤病人。浆水的制作非常简单，主要是用芹菜、莲花菜、小白菜及其他菜叶为料，煮熟以后加上发酵"引子"，置于盆内盖好，用衣物闷上一天后即可食用。

【酿皮子】

酿皮子是一种以面粉制成的凉食佳品，在甘肃各地均有，而以兰州所产最佳。制作酿皮子的时候，先将优质的面粉和成面团，然后陆续加水并加入少量的盐、碱，不断地用手揉洗，把洗出的面浆倒进专门的"酿箩"里推均匀，上笼蒸 3 ~ 4 分钟后，取出即可，食用时切成条状，拌入芥末、蒜泥、芝麻酱、辣子油、醋、酱等佐料，五味俱全。

【臊子面】

臊子面是兰州著名的传统面食之一，相传是由唐朝的"长寿面"演化而来，成为老人寿辰、小孩生日及其他节日的待客佳品，象征着"福寿延年"之意。臊子面做工考究，先将羊肉、黄花、木耳、鸡蛋、豆腐、蒜苗及各种调料制作成臊子，然后用碱水和面，反复揉搓，再擀制成厚薄均匀的面皮，用菜刀切细，在锅内煮熟。食用时，先盛好面条，再加入臊子。汤多面少，臊子鲜香，汤味酸辣，面条细长，筋韧爽口，是营养丰富、老幼皆宜的美味佳肴。

【唐汪手抓羊肉】

这种羊肉得名于临夏回族自治区境内的唐汪川。唐汪川有一种名为"平伙手抓羊肉"的传统饮食，是元代时中亚、西亚的"撒尔塔"色目人东来时传到我国并发展起来的一种独特的民族饮食。"唐汪手抓羊肉"传人汪玉元在 1978 年来到兰州经营，并且在七里河区小西湖一带形成了以手抓羊肉为主要特色的饮食市场。唐汪手抓羊肉精心选取肉质佳、无膻味而肥瘦有致的羯羊，当天宰，当天煮，调料上乘，搭配适宜，火候得当，具有味醇可口、肥而不腻的特点。

台湾著名小吃

【蚵仔煎】

据说，郑成功攻打台湾，在缺少粮食的情况下，士兵就地取材，将蚵仔、番薯粉混合煎成饼来充饥，后流传为著名小吃。

首先要选取新鲜蚵仔，以台南安平、嘉义东石、屏东东港的最好。然后准备好纯番薯粉。鸡蛋的选用也非常讲究，一般用土鸡蛋。冬季要搭配茼蒿，夏季则搭配小白菜，用猪油煎制，口味甜中带咸、咸中带辣。

【米汤粉】

这种小吃与台湾盛产大米有关，是用米磨成粉后制成，手艺传自福建。热乎乎的汤汁，咕噜咕噜入喉而下的滑润米粉，具有朴实清爽、滋味鲜甜的特点。浸泡在粗粗短短的米粉里的材料，是猪内脏和小菜。

【生煎包】

生煎包由上海灌汤包演变而来，经小摊、夜市发展为具有台湾风味的小吃，主要有两种口味。鲜肉口味大多是用猪后腿肉拌入高丽菜做成馅；另一种是纯粹的蔬菜口味，用高丽菜和韭菜制成馅，以粉丝辅助。包身松软，吃时有鲜汁流出。

【肉圆】

肉圆是台湾庙会特制的贡品。外皮是用番薯粉制成，馅料则以瘦肉、香菇、笋角为主，蘸汁分甜、辣酱。有油炸和清蒸两种，油炸焦脆爽口，清蒸鲜香清爽。

【鱿鱼羹】

鱿鱼羹来自福建，福建人"善制海鲜，每每羹汤"，后来传入台湾。所用鱿鱼，是把生鱿经过太阳曝晒或烘干去掉水分制成。汤底用大骨汤，配料包括醋、蒜泥、辣椒酱。含有咸、甜、芬芳三重滋味。

【刈包】

刈包源自福州，经过发展成为著名小吃。食用方法像汉堡，也就是在馒头皮上夹肉料、酸菜、香菜、花生粉、甜辣酱或山海酱进食。

【担仔面】

早期的担仔面由老板挑着碗筷与锅子四处叫卖，半蹲式地坐在小凳上吃面。这种面的做法是先用热水烫碗，然后在碗里装适量煲热的面，再加入肉臊、鲜虾，淋上虾膏汤，佐以黑醋、胡椒、香菜、蔬菜，新鲜爽口，滋味芳香。

【臭豆腐】

臭豆腐从大陆传入台湾，后经改良，发展成了炸臭豆腐和麻辣臭豆腐两种风味。炸臭豆腐炸至外皮金黄酥脆，淋入酱油、蒜泥、香油以及辣椒酱，搭配泡菜食用；麻辣臭豆腐是把臭豆腐配以鸭血、大肠、麻辣酱等配料，然后放进大骨汤里烧煮，起锅后加上青葱、香菜、酸菜、泡菜进食。

【大肠面线】

大肠面线起始于台湾早期农业社会，是当时的主妇煮给农耕者的面食。为了方便多人享受，一般会煮制一大锅，并丢入蚵仔用来增加营养，后流传到各地，人们加入了大肠、肉羹等材料。不管是黄面线或红面线，烹调大肠面线都以手工制作最能凸现美味，由于手工独有的揉、拉、搓、甩等过程，使面煮起来不易烂、入味透、有咬劲。此外，汤头也是形成美味的重要部分，汤头用猪大骨汤，可以加入蚵仔、大肠、小贡丸、竹笋、酸菜等辅料。

【珍珠奶茶】

如果想追溯它的起源，首先要从泡红茶说起。台湾"春水堂"的甘侯把热茶冷饮化，1983 年研制出泡沫红茶。5 年之后，"春水堂"的同仁突发奇想，将地方小吃"圆粉"加入红茶，遂命名为"珍珠奶茶"，同时兼具饮料和点心的功能。茶叶的选用非常关键，必须要用品质稳定的茶叶。茶、奶的浓度比以 4∶6 为最佳。粉圆要稍韧，其次水质、糖、冰块的比例也都能影响到茶的风味。

中华烹饪技艺

厨房常用器具

【刀】

厨房专用的刀具起码要备3把，一把用来切生肉，一把用来切蔬菜，一把用来切熟食。用3把不同的刀不只是卫生的需要，也为使用带来了便利。

生肉刀：应选用大、厚、重些的刀，这样切肉比较省力，必要时还可以用它来斩断骨骼（用刀背）。

蔬菜刀和熟食刀：可以选择小、薄、轻的刀，这样比较灵活，用起来不累。

但要注意这两种刀应该选择不同牌号或种类（形状）的刀，便于区别，以防交叉污染。

以上3种是最基本的刀具，一般家庭都应该备有。如果你对厨艺有偏好，也可以根据需要多备几把专用刀。

【案板】

案板应该与刀配套使用，而且最好多一张面板，故需要案板4张。

生肉案板：必须有足够的硬度和厚度，不需太大，直径约30~40厘米即可。

生菜案板：最好用长方形的，略大些，便于操作。

熟食案板：适合用长方形的，无须太大，比生菜案板略小就可以。

和面案板：最好选用木制的，长方形，要足够大，便于使用。

【炒勺】

很多人都是用铲子炒菜，那是绝对错误的，应该选用炒勺，炒勺比普通粥勺

（或汤勺）的勺要浅一点而且把要长一些，总长度大约 50 厘米左右，最好是铁制的。因为炒勺的把比较长，炒菜时才不会烫到自己。最主要的是炒菜时，能根据需要，随时用炒勺添加作料和汤汁。

【炒锅】

最好选用复合底（双层底）的不锈钢铁锅（外层为不锈钢，内层为铁）。有些人喜欢买单层底的不锈钢炒锅，虽然看起来很干净漂亮，但使用中问题颇多。这种锅热得快、但保温性能差，一不小心就会将菜炒糊炒老。它的表面温度极高，炒肉时，往往外面已经焦了，里面还没有熟透。而双层复合底的不锈钢铁锅则能避免这些问题，而且要比单纯的铁锅寿命长，因此是首选（这里的选择均是指家庭使用，不包括其他场合）。

【盘、碗等瓷器】

经济条件比较好的，可以采用名牌厂家的产品。如果你选择低档产品，千万不要买带花纹图案的！瓷器上的花纹图案都是用含有各种重金属类的颜料绘制而成的，正式厂家的产品采用的是瓷下花技术，也就是先绘制花纹，再上瓷釉。这样颜料在瓷釉的里面，人体接触不到，因此是安全的。而一些小厂家因为技术和资金的原因，多采用瓷上釉的方法，把颜料绘制在瓷釉的表面，看起来很鲜艳，可是内里却含有大量重金属离子，对人体（特别是对儿童）危害很大。

【其他厨具】

其他的铲、勺、漏勺、笊篱、打蛋器、砂锅、高压锅之类的工具则没有什么特殊要求，可以按照自己的需要来选择。

刀　工

【刀工的作用】

1. 方便烹调

菜肴的烹制要求，是按照原料的选择及加工、火候的掌握和烹调方法的使用来达到的，刀工处理是解决原料的加工问题的关键环节，这个方面如果没有解决，许多菜肴的烹调就很难进行。如"生炒鸡球"，需要经过刀工把鸡肉片成片，并用花刀划纹，方能制成此菜肴。

2. 易于入味

菜肴的调味，不仅依照原料的性质和烹制的需要，也要根据原料大小厚薄。原料经由刀工处理成丁、丝、片、小块和在原料表面刻上花纹能够大大缩短味料进入原料内部的时间。

3. 便利饮食

将原料进行脱骨、分档、斩件及加工成片、丝、丁、条、块等，可以有利于人们的饮食，如"烧方肉"、"南乳扣肉"切块的大小，刚巧适合饮食需要。

4. 造型美观

通过刀工处理，菜肴的片、丝、条、块，规格一致，匀称统一，整齐美观。经由雕刻、拼摆、造型的菜肴，更需要精巧的刀工技艺，没有刀工处理是不能实现的。

【刀工的基本要求】

1. 大小一致，长短相同，厚薄均匀

这样才能使菜肴入味均衡，成熟时间相同，形状美观，如果大小、厚薄、长短不一，就会导致同一盘菜中，味有浓淡、或有生熟老嫩及不美观等弊病。

2. 视料用刀，轻重适宜，干净利落

原料性质不一样，纹路也就不同，就算是同一原料，也有老嫩之别，故改刀必先视材料而定。如鸡肉应顺纹切，牛肉则需要横纹切。如果采取相反方法，牛肉难以嚼烂，鸡肉烹制时易断碎。此外，用刀应该轻重适宜，该断则断，该连则连。

丁、片、块、条、丝等属于需要切开的，就必须干净利落，一刀两断，不要互

人间有味是清欢——饮食卷

相粘连，或肉断筋连。属于花刀放花纹的，如油泡鱿鱼、生炒鸡球，应该轻力均匀用刀，掌握分寸，不要截然分开，以保证菜肴整齐美观。

3. 主次分明，搭配得当

一般菜肴都需要有主料和辅料的搭配，辅料具有增加美味、美化菜肴的作用。而辅料在菜肴中只能充当辅助的角色，它一定要服从主料，衬托主料。辅料的形状必须与主料协调，无论是块、丁、条、片，都要以适合主料为宜。

4. 适合烹调，适应火候，便于调味

刀工处理一定要服从菜肴烹制所采用的烹调方法、使用的火候及调味的需要。如炒、油泡使用猛火，时间短，入味快，所以原料需要切得小、薄。炖、焖使用火力较慢，时间较长，原料则可以切得大些、厚些。

5. 统筹安排，合理用料，物尽其用

刀工处理原料，必须精打细算，尽量做到大材大用，小材小用，慎防浪费，特别是大料改制小料，原材料中只选用其中的某一部位，在这种情况下，对暂时用不上的剩余原料，应该巧妙安排，合理利用。

【操作方法】

1. 直刀法

直刀法指的是刀刃与砧板面和原料成直角的一种刀法。按照原料性质和烹调要求的区别，直刀法又可分为"切"、"劈"、"斩"三种。

（1）切。是把刀对准原料，垂直推拉，上下运动。主要用于无骨的原料。因为无骨的原料也有老、嫩、脆等差别，由于着力点不同，又可分为以下几种：

①直切。具体操作方法是左手按稳原料，右手持刀，一刀一刀笔直切下，着力点布满刀刃，前后力量相同。直切技术熟练后，迅速加快，形成"跳切"。

直切的要求首先是，左右手必须有节奏地配合。左手按稳原料，依照每刀原料的厚薄、长短、形状等要求，不断向后移动。右手持刀，运用腕力，随着左手的移

动，紧紧跟着一刀一刀直切下去，移动的距离应该相等。其次是，下刀垂直，刀口不能偏斜。下刀不直，不但会影响到原料的整齐美观，而且容易切落菜墩的木屑，使木屑混入原料，影响菜肴质量。

直切刀法的用途比较广泛，主要用来加工无骨脆嫩的原料，如嫩鲜笋、茭白、土豆等。

②推切。推切是直刀法的一种行刀技法。具体操作方法是：刃口从后向前推进，着力点在刀的后端，一刀推不到底不再拉回来，切断原料。推切的时候右手要有节奏的配合，左手按稳原料，右手持刀贴着左手中指往前推，以手腕用力。

推切时刀法一般常用于加工形状较小的原料。有的原料质地松散，以直切容易碎裂或散开；有的原料韧性比较强，直切不容易切断，而且不易切整齐，采取推切法就可以符合这些原料的特点。如熟肥肉、肉丝、豆干丝等，就适用于推切。

③拉切。拉切技法比较适合韧性较强的无骨动物性原料，因韧性强的原料筋腱较多，用直切或推切法均不易切断，因此要用拉切刀技处理。运用这种刀技时，要将刀对准被切的原料从左前方向右后方拉刀，故称之"拉切"。

④锯切。锯切是推、拉、切的综合刀技，一般用于切厚大而具有韧性的原料。主要都是切大片，运刀方法是，切料的时候用力较小，落刀慢，推、拉结合，如用拉锯一般，故称"锯切"。如切白肉片、涮羊肉片、面包片等都应该用锯切刀技。

⑤铡切。铡切刀技是一种仿效铡刀作功的刀法，主要用于改切带壳原料的刀技。操作方法分为两种，一种是右手握住刀柄，左手握刀背前端，先将刀尖对准物体要切的部位按住，勿使刀滑动，然后再用右手向下按刀柄，把被切物铡断；另一种铡切是把刀跟按到原料要切的部位上，右手握住刀柄，左手按压刀背前端，双手同时或交替往下按，铡断被切物。

⑥滚切。在改刀小而脆的圆形或椭圆形的蔬菜原料块的时候，必须把原料边切边滚动，所以称为"滚切"。滚切是用左手按稳原料，右手执刀与原料垂直，每切一刀，都要将原料滚动一下。

（2）劈（砍）。劈主要适用于带骨的或者质地坚硬的原料，运刀时要用大小臂的力量，用力将原料劈开。劈包括直劈、跟刀劈和拍刀劈三种。

①直劈。直劈指的是把刀对准原料用力向下直劈，在落刀之前，左手按稳原料，落刀的时候，左手要快速离开落刀点，以免伤手。劈时要将刀柄握牢，一刀劈

人间有味是清欢——饮食卷

断，否则，再劈第二刀，往往无法劈在原来的落刀线上，这样不仅会影响原料形状的整齐，也容易出现一些碎骨、碎肉。

②跟刀劈。跟刀劈能够把刀刃先嵌进原料要劈的部位内，刀与原料一同起落，这种刀法适用于一次不易劈段，需要连劈几次的原料。跟刀劈时双手必须密切配合，左手握住原料，右手执刀，两手同时起落。

③拍刀劈。拍刀劈指的是把刀放在原料所需要劈的部位上，右手握住刀柄，左手用力在刀背上拍下去，把原料劈断。

（3）斩。斩指的是把原料制成茸或末状的一种刀法，主要适用于无骨的原料。通常是左右双手同时执刀，间断落刀，所以也称为排斩。

排斩的关键是提刀不可以过高，两把刀间隔应该适当，运用手腕力量，反复排斩，此起彼落，有节奏地交替落刀，同时把原料不断地翻动，使其剁得均匀细致。此外，根据需要也有先用刀背将原料排斩成泥状后，然后再用刀刃斩的，这样能够使茸末更细。

2. 平刀法（批刀法）

平刀法在操作的时候，刀与砧板大致呈平行状态，刀刃从原料一侧进刀，从另一侧出来，由右至左，把原料批开的一种刀法，可以分为平刀批、推刀批、拉刀批三种。

3. 斜刀法（斜刀批）

斜刀法是指将刀面与砧板面成小于90°角，刀刃与原料成斜角的一种刀法，包括正斜批与反斜批两种。

4. 花刀

花刀指的是在原料表面划出距离均匀、深浅一致的刀纹，然后再改刀成小块状，通过加热后可以使原料卷曲成不同形状的方法。

具体操作方法是把原料平铺再用反斜刀法在原料表面划出距离相等、深浅一致的刀纹，然后在转个角度用直刀法切，所切的刀纹深浅相同、距离均匀、相互对称、整齐一致的刀纹，因为刀法不同加热后所形成的形态也不一样。

【原料成形】

马牙段：将葱等从中间冲开，切成 2 厘米长的段。

骰子丁：将食材切成四方形，有 1 厘米见方的，也有 1.5 厘米见方的。

象眼块：两头尖、中间宽，通常是 4 厘米长、中间宽约 1.5 厘米、厚约 1.5 厘米，斜度 2.5 厘米左右。其大小可依照主料、盛器的大小酌情而定。简单地说有些类似菱形，犹如大象的眼睛。

菱形块：和象眼块比较类似，但没象眼块那么规则。

骨牌块：呈长方形，通常为 5 厘米长、2.5 厘米宽、7 毫米厚，小的长 2.5 厘米。其大小可依照具体情况而定。

滚刀块：运用原料滚动、斜立刀的方法，把原料切成大小基本相同的块状，如烧茄子等。

绿豆丁：这是一种大小与绿豆相仿的小方丁，约 5~7 毫米见方。

劈柴块：将不规则的原料通过加工制成基本相同的块，一般长 5 厘米，宽、厚各 1 厘米。

雪花片：形似雪花一般的薄片，通常为 1.5 毫米厚，长、宽各 1.5 厘米。

柳叶片：形似柳叶，主要用于笋尖、茭白尖的制作，一般长 5 厘米、厚 1.5 毫米，一头尖，一头宽。

松里：熟原料的表面不动，将里边的大块肉撕成小块，放平。如锅烧鸭、清蒸整面鸭等。

卧刀片：也叫坡刀片，具体操作方法是左手按稳原料，右手执刀，刀背向外，刀背稍稍高于刀刃，使刀身呈坡斜状，成品呈斜茬片状，如片腰片、片海参、片肚片等，都运用卧刀片的方法。

烹 饪 技 法

【煮】

把需要加工的原料放在大量的汤汁或清水中，先用旺火煮沸，再改为文火煮至熟烂。运用煮的方法，有的是为了煮制菜肴，煮菜一般是有汤有菜；有的是为了提取鲜汤，用鲜汤作为烹制某些菜肴的配料或调味品。煮制的鲜汤主要分为普通汤、鸡汤、清鸡汤、奶汤（又称白浓汤）。煮的特点是有汤有菜，口味清鲜，不勾芡，汤汁多。

【烤、熏、泥烤、竹烤】

烤、熏、泥烤、竹烤等，主要是把生料或加工成半熟品的原料，通过火或烟的热能辐射，或其他晶粒物体（如盐、泥、砂等）的传热作用，而使原料制成菜肴的烹调方法。采取这些方法制成的菜肴，既能保持原料原有的鲜味，又能使之皮脆肉嫩、色泽新鲜、香味浓醇，是我国烹调特色之一。

1. 烤

把生料腌渍或加工成半熟制品后，然后再放进烤炉内，用柴、炭、煤或煤气等为燃料，利用辐射热能，将原料直接烤熟。依照烤炉设备及操作方法的不同，烤又可以细分为暗烤炉和明烤炉两种。

（1）暗烤炉。就是使用封闭的炉子，烤的时候要将原料挂在烤钩、烤叉或平放在烤盘内，然后再放进烤炉中。一般烤生料时多数用烤钩或烤叉，烤半熟或带卤汁的原料时多用烤盘。暗炉烤的特点是炉内能够保持高温，使原料的周围均匀受热，容易烤透。烤菜的品种非常多，如挂炉烤鸭、烤叉烧香肉等，都宜用暗炉烤制。

（2）明炉烤。通常是敞口的缸、火炉和火盆，用烤叉把原料叉好，放在炉上反复烤至酥透；或在炉（盆）上放置铁架，烤的时候需要把原料用铁丝叉叉好，再置于铁架上反复烤制。明炉烤的特点是设备比较简单，容易掌握火候，但因火力分散，原料不易烤得匀透，烤制的时间需要较长，它对小型薄片原料的烤制，比暗炉烤效果好。

2. 熏

熏菜大多数都是凉菜，是把腌制后的熟料（经过蒸、煮、炸等熟处理过程），用木屑、茶叶、柏枝、竹叶、花生壳、糖等燃料蔓燃时散发出的浓烟熏制而成。熏菜具有烟熏的清香味，色泽美观，风味独特。烟中含有酚、甲酚、醋酸、甲醛等物质，它们可以渗入食品内部，防止微生物的繁殖，因此烟熏既能使食品干燥，又有防腐作用，有利于食品的保藏。烟熏方法分为敞炉熏（熏缸熏）与密封熏（熏锅熏）两种。敞炉熏就是在普通火炉的燃料（或在火缸内放几根烧红木炭）上撒一层木屑，木屑上加入些许糖，使之冒出浓烟，再将原料挂在钩上或用蒉薪盛着在烟上熏制。而密封熏则是将糖和木屑等铺在铁锅里，上面搁一铁丝熏篮，将食物置于篮内加盖，然后再把铁锅置于微火上烘，使糖和木屑燃烧冒烟熏制。敞炉熏由于浓烟分散，故要在无风处进行操作，并将食物不断翻动；密封熏则用料省，时间短，熏得均匀，收效较好。除了熟料熏制之外，还有一种将生料加熏的方法，一般用于干货，为达到便于保藏和增添风味的目的，如熏制腊肉、鱼、火腿等，这主要属于原料半制成品的加工过程，并不属于烹调操作范围。

3. 泥烤

泥烤是一种与众不同的烤制方法，其制作方法是将原料先经腌制，外面用猪网油、荷叶等加以包扎，然后再以黏土把其密封裹紧置于火中烤制成熟。因为原料经密封烧烤，故而成品的味道鲜美、清香扑鼻，具有特殊风味。

4. 竹烤

竹烤也称筒烤，是把需要烤制的原料，如肉、禽、蔬菜、米等放进竹筒中，密封后置于火上烧烤至成熟的一种烤法。必须要选用长度在 30 ~ 40 厘米，直径 10 厘米以上，两头带竹节，而且密封效果好的楠竹或毛竹筒来烤制。填入原料后一定要封严竹口，火不能太大，而且要不停翻动竹筒，使之能够受热均匀。烤熟后劈开竹筒取食，食物原汁原味并带着竹子的清香。

【涮】

涮是用火锅把水烧沸，然后将主料切成薄片，放进火锅内涮一会儿，蘸上调料，边涮边吃的一种烹调方法。涮的特点是主料鲜嫩，汤味鲜美异常。

【煨】

煨是把所需原料（有的是生料，若是带有腥臊气味的生料要经过冷水锅烧开后捞出，将血污洗净）用油锅炸成黄色，然后再把原料放入砂锅内，加入料酒、葱、姜、香料等调味品及水煨制，有时候还需加入鸡肉或猪肉等同煨，使其酥软、香鲜、汁浓。

【卤】

卤大多数都是冷菜的烹调方法。原料经过卤制，待其冷却后，即可随吃随取了。

卤首先要调制卤汁，然后把原料置于卤汁中用微火慢慢烹制，使其渗透卤汁，直至酥烂。卤制需要保存老卤，卤汁不够时还应该及时添加调料和水。卤汁保存的时间越长，香味也就越浓，鲜味越大。

卤汁的主要用料是丁香、桂皮、八角、小茴香、花椒、陈皮各 25 克，甘草 50 克，葱姜各 50 克，料酒 500 克，优质酱油 500 克，盐 500 克，冰糖 500 克，清水 5 千克。

【烩】

烩菜是把几种小原料相掺在一起，用汤和调料混合烹制成的一种汤汁菜。烩菜的特点是汤宽汁厚，鲜浓香醇，汤汁乳白，保温性强，适合用在冬季食用。如烩豆腐等。其具体操作可以分为三步：

首先要把油烧热（有的可用葱姜炝锅），然后把调料、汤水（或清水）和切成丁、丝、片、块等小形原料逐一下锅，放在温火上烹熟，在起锅前，勾汁即成。

也可先将调料、汤煮沸并勾汁后，然后把已经炸熟或煮熟的主、辅原料下锅烩一烩即成。这种烩制的菜肴，原料大多数都是先经油炸或烫熟，制成后较为鲜嫩。

把锅烧热加上底油，以葱姜炝锅，加入汤和调料，用旺火，使底油随汤滚开，然后快速把原料下锅，出锅前撇去浮沫不勾芡，为清烩。

【炖】

炖指的是将原料放在锅内，用小火长时间加热制成菜肴的一种烹调方法。炖宜用砂锅或搪瓷锅。

炖在制作生肉类食品时关键要注意以下几点。

原料在炖之前必须要焯水，以便排除血污和腥臊味。也就是将水烧至滚开，放入原料肉，煮大约 5～10 分钟（可以看到大量浑浊的浮沫析出）。

将焯过的原料肉用冷水漂洗干净，另入新锅，用大火烧开后，改成小火炖制。肉鸡半小时即可，猪肉则要炖 1 小时以上，牛肉不能少于 2 小时（若用高压锅也要 1 个小时）。

炖肉用的作料，应根据不同原料而定。葱、姜是各种肉类均可使用的；牛羊肉膻气比较重可以放些桂皮、大料，炖羊肉还要放入花椒；炖猪肉时原则上不放味道较重的作料，如果喜欢放时，量必须要少，否则肉的香味会被遮盖；鸡、兔肉则绝对不能放。除此之外，还可以放入一些能够增加肉的香味的作料，如草果、丁香，但也不可多放，草果一次一粒，丁香一次 2～3 个。

炖肉的时候，还要考虑到成品的食用方法来决定汤汁的咸淡。如果成品不需要带汤食用，那么汤汁可以咸些，作料也可浓些。肉炖好后，可以在汤内再泡一段时间，以便利于味道的渗入。若是成品要使用汤汁，如为做牛肉面而炖的牛肉，则汤汁不可过咸。

炖菜具有汤水多、肉酥软、保持原汁原味等特点。如果想使汤更清一些，可以在炖至中途时换另一炖锅，把原料捞出，将炖过的汤汁沉淀后倒进去再炖，即把锅底混浊汤扔掉。总之，炖汤原汁原味，滋补养颜，营养颇丰，香浓酥烂，汤清而醇。

【炸】

但凡是炸的品种，油量必须要多，要比需要炸的物料多几倍，大多数都是等油热了再下锅。一般干炸的品种，大都要间歇炸两次，也就是油少火旺和炸生馅，而且炸大件的物料还要避锅（即离火慢炸），或掺冷油，以防外焦里生，如此才能保持香酥脆嫩。

火候与温度的关系一般是：小温火的油温为 20℃，温火为 30～40℃，武火为 50℃，中武火为 70℃。

炸的基本要领是，油量要多，对一些老的、形状大的原料，下锅的时候油温可以稍低一些，炸的时间要长一些。用炸的方法烹制的菜肴的特点是口感香酥、脆嫩味鲜。一般家庭常用炸的方法包括清炸、干炸、软炸、滚面包粉炸等多种。

人
间
有
味
是
清
欢
——
饮
食
卷

1. 清炸

原料不挂糊上浆，只用作料拌好后即投入油锅旺火炸制。清炸主料外面没有任何保护层，必须依据原料的老嫩、大小来掌握油温高低。

主料质嫩或形状较小的，要在油温五成热时下锅，炸的时间一定要短，炸至大约八层熟时捞出，待炸料冷却后再下锅复炸一次即可。如果用较长时间在油中一次炸成，就会流失炸料中的水分，使之变得干枯，无法达到外脆里嫩的效果。

若是主料较大、质地较老，则要在油温七成热时下锅，炸的时间可以久一些，中间改用温油反复炸几次，使油温慢慢传导到原料的内部，炸熟即可。

2. 干炸

干炸方法与清炸比较相似，也是先将原料加以调味腌渍再炸。所不同的是，干炸的原料下锅之前需要拍粉挂糊。干炸时间应该稍长一些，开始用旺火热油，中途改用温油小火，将原料炸至外皮焦脆即可。干炸烹制好的菜肴具有外酥软嫩、原料失去水分较多的特点。

3. 软炸

将主料经过腌渍后挂上一层鸡蛋糊，再投入油锅炸制。软炸的油温，最好要控制在五层热，炸至原料断生、外表发硬时，即要捞出，然后将油温烧到七八成热时，再将已经断生的炸料下油锅一炸即成。

4. 滚面包粉炸

将主料调味腌渍一下，挂上浆后滚一层面包粉，再放入油锅炸制。这种炸法，一般用来炸猪排、炸鱼等。用面包粉炸制的菜肴色泽金黄，外脆里嫩。

【烹】

"逢烹必炸"，烹是由炸演变来的制作方法，是把挂糊或不挂糊的小块原料，用旺火热油炸成金黄色后，把油沥出，锅底留些许余油，加上调味品，然后快速颠翻煸炒几下，出勺即可。其中，烹制所用的调味汁通常都是清汁（不加淀粉勾芡）。

烹一般有三种。

1. 清烹

清烹是把原料挂薄糊，不加任何辅料。把主料切成块、段等，喂口后放入九成热的油内炸两遍。炝锅后放入主料，倒进兑好的汁，放香菜梗出勺即成，如清烹虾段。

2. 炒烹

炒烹指的是把主料切成丝，用旺火热油煸炒加调汁，用清汤烹之。成品是汤菜。

3. 炸烹

炸烹指的是把主料切成片、段、条、块等形状，喂好口，挂上少许硬糊，用旺火热油炸熟，倒出。沥净余油，勺内留下少许底油，用葱姜炝锅，放入主料，用勾兑好的汁烹之，放香菜梗出勺即可。

烹菜具有外焦里嫩、滑润香醇的特点。

【烧】

烧指的是把原料在烹制之前，先起油锅，然后再把原料放入锅内煸炒断生，再放进调味品和汤（或水），以温火烧至酥烂，再移到旺火上烧，促使汤汁浓稠，加入明油即成。一般烧菜时放入的汤汁，约为原料的二分之一，但如干烧，就要使汤汁全都渗透进原料内部，锅内不留汤汁。烧法分为六种：

1. 红烧

是把原料用急火热油炸过后，加调料和鲜汤，根据不同的原料要求用慢火或急火烧烂，再用淀粉勾汁，浇到主料上。红烧的特点是必须放酱油方能成老红色。

2. 干烧

主料通过油炸之后，另炝锅加调辅料添汤烧之。

3.南烧

主料经过精细加工喂口后上浆，以温油滑开滑透，另加辅料稍煸炒勾汁。

4.糟烧

把主料以温油滑或以热油炸后放进糟汤，用慢火烧之。

5.葱烧

和红烧基本相似，只是必须加葱段。

6.锅烧

将主料以蒸、煮、炸加热，然后依照需要再挂全蛋糊或蘸酱油炸。

【冻（晶）、拌】

1.冻（晶）

绝大多数是用猪皮作原料熬煮，待原料、辅料在汤汁冷凝后即为"冻"。若是不加酱油或糖色，冷凝后透明犹如水晶一般，即称为"晶"。做冻制品时夏天多用油脂少的原料，如水晶鸡、鱼、虾、圆鱼、排骨以及水果等，冬天大都用油脂多的原料，如猪皮冻、牛羊肉冻等。

2.拌

拌菜一般是把生料或熟料切成较小的条、块、丝、丁、片，以调味品拌制而成。调味品多用酱油、醋、香油。也可依照各自的口味加入白糖、芝麻酱、辣椒面、花椒面、蒜泥、姜汁、芥末等。原料必须选用新鲜的蔬菜或性质嫩脆的动物性原料。拌菜主要有生拌、凉拌、温拌、熟拌四种。

中华烹饪技艺

【塌、贴】

1. 塌

把食物沾裹上鸡蛋面糊，放入油锅，先用少量油及温水煎至两面金黄，煎好后，捞出、倾油，再置于锅内，加上调料与少量汤汁，在微火上塌透入味，收干汁。塌可以细分为锅塌、糟塌、水塌、油塌、松塌等几种。用这种烹调方法制作的菜肴色泽鲜丽，质地酥嫩，味道醇厚。

2. 贴

贴一般是用来制作"锅贴"的烹调法。

具体操作方法有两种：一种是将食物沾上鸡蛋面糊，炸好取出，切好即可；另一种是把食物置于温火上用少许油一面煎透，然后加入提前调制好的调味品，迅速起锅。这种方法也可以不挂鸡蛋面糊，与煎法基本相同。特点是一面焦黄香脆，一面松软而嫩。

【煎】

煎是用少许油润滑锅底后再放进经过调味和挂糊或拍干粉的原料，以小火慢慢煎熟的一种烹制方法。煎的原料比较单一，一般不加配料，原料多以刀工处理成扁平状，煎之前先将原料用调料浸渍一下，在煎制时不再调味。

煎的技法要求如下：

一定要掌握火候，不能用旺火煎。

所用之油要纯净，煎制时要适量加油，用油不可过少。

掌握好调味的方法，有些原料需要在煎制前先调好味，有些需要在原料即将煎好时，趁热加入调味品，而有的则要在原料煎熟装盘食用时蘸调味品吃。

【扒】

扒是先以葱、姜炝锅，然后再将生料或蒸煮半成品放入其他调味品，添好汤汁之后用温火烹至酥烂，最后勾芡起锅。扒分为红扒、白扒、鱼香扒、蚝油扒、鸡油扒等几种方法，是依照调味品不同而区别的。不论在中餐还是西餐中，"扒"菜都是主要的烹调技法。

中餐鲁菜中的"扒"菜是比较地道著名的。鲁菜中的"扒"菜是把经过初步加工处理好的原料经改刀成形，好面朝下，整齐地摆在勺内或摆成图案，加入少许的汤汁和调味品用慢火加热成熟。这种烹制方法主要有转勺勾芡，大翻勺，将好面朝上，淋入明油，拖倒入盘内的几个步骤。做好"扒"菜每一道环节都是非常重要的，下面详细介绍一下"扒"菜的八个步骤。

1. 选料

"扒"是比较精细的一种烹调方法，也是鲁菜菜系中常用的烹调技法。

原料首先要选择高档精致、质烂的食材。如鱼翅、鲍鱼、干贝等海类产品。而且一般用于扒制熟料，如"扒三白"，所选择的原料有熟大肠、熟鸡脯肉、熟白菜条，选用这样原料的目的是比较容易入味，也具有解腥去味的作用。

2. 加工

依照原料性质和烹制目的不同，原料需要加工改刀成块、片、条等形状或整只原料，无论主料是什么形状，在烹制菜肴时都要摆成一定的形状或图案。原料需要进行初步熟处理，如干货原料需要进行提前涨发，蔬菜原料应该进行焯水过凉，具有缩短加热时间、调和滋味的作用。

3. 火候

火候就是行业中的"看火"，在《吕氏春秋》里有这样的记载："五味三材，九沸九变，火打之纪，时疾时徐，灭腥去臊除膻，必以其胜，无失其理。"由此能够看出，火候是决定菜肴成败的关键因素之一。而"扒"菜的火候要求则更加严格，旺火加热烧开，改为中小火长时间煨透，使原料充分渗入五味，最后以旺火勾芡，菜肴成熟，口感适中，一气呵成。

4. 造型

"扒"菜所选用的原料形状都应整齐美观。"扒"菜以菜肴的造型来划分，分

中华烹饪技艺

为勺内扒和勺外扒两种。勺内扒就是把原料经改刀成形后摆成一定形状放入勺内进行加热成熟，最后以大翻勺出勺即可。勺外扒也就是所说的蒸扒，原料摆成一定的图案后，加入汤汁、调味品上笼进行蒸制，出笼之后，将汤汁烧开，勾芡浇在菜肴上即可。

5. 调味

因为原料的特点与调味品的不同，"扒"可分为红扒、白扒、葱扒和奶油扒。红扒的特点是色泽红亮、酱香浓厚，如"红扒鱼翅"。白扒具有色白明亮、口味咸鲜的特点，如"扒三白"。葱扒的特点是菜肴可以吃出葱的味道但看不见葱，葱香四溢。而奶油扒的特点则是在汤汁中加入牛奶、白糖等调味品，具有一股奶油味，如"奶油扒芦笋"。除此之外还有鸡油扒等扒制方法。

6. 勾芡

"扒"菜的芡汁属于薄芡，可是却要比溜芡略浓、略少，一部分芡汁融合在原料里，一部分芡汁淋在盘内，光洁明亮。对于"扒"菜的芡汁具有非常严格的要求，如果芡汁过浓，对"扒"菜的大翻勺会造成一定的难度，若是芡汁过稀，对菜肴的调味、色泽会有一定的影响，味不足，色泽不够光亮。一般来说，"扒"菜的勾芡手法分为两种：一种是勺中淋芡，也就是边旋转勺边淋入勺中，可使芡汁均匀受热；另外一种是勾浇淋芡，是把做菜的原汤勾上芡或者单独调汤后再勾芡，浇淋在菜肴上面，这一种的关键是要把握好芡的多少、颜色和厚薄等。

7. 大翻勺

这一环节是"扒"菜成败的关键因素之一。必须要动作干净利索，协调统一。在大翻勺时要格外注意以下几点：

（1）在进行扒菜大翻时应炼勺，使炒勺光滑好用，以免食物粘勺而翻不起来。

（2）在进行大翻勺的时候一定要用旺火，左手腕要有力，动作要快，勺内原料要转动几次，淋上明油，大翻勺即可。

（3）在大翻勺时双眼要盯着勺内的原料，轻扬轻放，保证菜肴造型美观。在这里介绍的注意事项仅指单柄勺，而对于双耳锅来说，大翻勺的动作更加复杂，在此不作介绍。

8. 出勺

"扒"菜出勺的技法有很多种。经常用的是倒"扒"菜，在出勺之前把勺转动几下，顺着盘子由右至左的拖倒，这样做的目的是为了能保持原料的整齐和美观，如蟹黄扒鱼翅。此外，还有把勺内的原料摆在盘中整理成一定的形状和图案，然后淋上芡汁即成。

【焖】

焖通常是把原料用油锅加工制成半成品后，再加少许的汤汁和适量的调味品，盖紧锅盖，以小火慢慢焖烂。焖的方法可以使菜肴酥烂、汁浓、味厚。

【熘】

熘在旺火速成方面与炒和爆差不多，不同之处是熘菜所用的芡汁比较多，原料与明亮的芡汁融合在一起。比较常见的熘法有焦熘、滑溜、醋熘。

1. 焦熘

把已用调料腌制好的主料挂上糊，炸酥，然后再用较多的芡汁熘制。

2. 滑熘

和炒基本相似，仅是芡汁较多，成品菜口感滑腻。

3. 醋熘

调料中醋的比例较大，成品菜中酸味突出。

【爆】

爆是一种比较典型的急火短时间加热，迅速成菜的烹调方法。较为突出的一点是勾爆芡，要求芡汁应包住主料而油亮。所谓的爆，就是把加工成形的原料，上浆或不上浆经初步熟处理，然后再碗内兑汁，煸炒配料，加上主料，以急火勾芡，立刻成菜的一种方法。爆是烹制脆性原料、韧性原料如瘦猪肉、鸡鸭肉、肚、鸡肫、牛羊肉等所运用的快速加热成熟的方法。

1. 油爆

油爆就是用热油爆炒。油爆菜分为两种制作方法：北方地区油爆时主料不上浆，只在沸水中烫一下就捞出，然后放进热油锅中速爆，再下配料翻炒，烹入芡汁马上起锅；南方地区油爆时主料需要上浆，在热油锅中拌炒，炒熟之后盛出，沥去油，锅内留少量底油，再将主料、配料、芡汁一同倒入爆炒即可。制作油爆菜时，主料要切成块、丁等比较小的形状，用沸水焯主料的时间不要过长，以免主料变老，焯后要沥干水分。油爆菜用的芡汁，以能够包裹住主料和配料为宜。

2. 酱爆

酱爆就是用炒熟的酱类爆炒原料。若主料是生的，要上浆、滑油后，再以酱爆制；如果主料是熟的，用热油煸炒后，再加入酱爆炒。酱爆的重点是炒酱，要根据酱的稀稠和咸淡加入少许的水，过稀或过稠都会影响到酱爆菜的质量。

爆的方法可细分为芫爆、葱爆等。这些爆菜的制作方法，与油爆法基本相似，只是配料和调料有所不同。芫爆是以香菜为主要配料，葱爆是以葱丝或葱块（滚刀块）为配料，制作的时候和主料一起爆炒。

【炒】

炒是最基本的烹调技术，基本每天都会用到。炒的种类分为生炒、熟炒、滑炒、清炒、干炒、抓炒、软炒等，此处只介绍生炒和滑炒两种。

1. 生炒

基本要点是主料无论是植物性还是动物性的，都必须是生的，而且不挂糊上浆。生炒的重点是"热锅凉油"，也就是先将空锅烧热，再加入食油刷一下锅，马上下原料煸炒，要求旺火急炒，成品菜不可以出汤。生炒多适用新鲜蔬菜的炒制。

2. 滑炒

这是南北菜肴均普遍适用的炒法，特点是成品菜为两次成熟。第一步，先把主料上浆滑油，待主料在五成热的油中基本成熟时出锅控油。第二步，在锅中加入少许余油，烧到七成热加入主料、辅料和料汁，炒匀出锅。

【蒸】

蒸是把经过调味的原料以蒸气加热使成熟的一种烹调方法。蒸的方法在厨房里使用比较多，不只是用于蒸制菜肴，而且还能用于原料的初步加热和成菜的回笼加热。

蒸的种类有干蒸、清蒸、粉蒸等。把洗涤干净并经过刀工处理的原料，放在盘碗里，不加汤水，仅放作料，直接蒸制的，叫做干蒸。将经初步加工的主料，加入主调料和适量的鲜汤上屉蒸熟的，叫做清蒸。把主料粘上米粉，再加入调料和汤汁，上笼屉蒸熟的，叫做粉蒸。

依照原料的不同质地和不同的烹调要求，蒸制菜肴时要使用不同的火候和不同的蒸法。

1. 旺火沸水速蒸

这种方法适用于蒸制质地较嫩的原料以及只要蒸熟不要蒸酥的菜肴，通常蒸制约15分钟即成，如清蒸鱼、蒸扣三丝、蒸童子鸡、蒸乳鸽等。

2. 旺火沸水长时间蒸

这种方法适用于制作粉蒸肉、香酥鸭、大白蹄等菜肴。这类菜肴原料质地比较老、形状大，而且要求蒸得酥烂。

3. 中小火沸水慢蒸

主要用于蒸制原料质地较嫩、要求保持原料鲜嫩的菜肴，如蒸鸡、蒸鸭等，蒸蛋糕、蒸参汤也适用此法。

需要注意的是，蒸制菜肴时要让蒸笼盖稍留缝隙，以便能使少量蒸汽逸出，这样能够防止蒸汽在锅内凝结成水珠流入菜肴的汤汁中，冲淡原味。

【上浆】

很多人在初学炒肉的时候，经常无法掌握好火候，不是将肉炒老了，就是外面焦了，里面却还没有断生。实际上，如果你学会了上浆，这一切就会变得非常简单了。

上浆就是在原料表面挂上一层薄薄的浆。浆主要是用淀粉、鸡蛋清制成，也可以用淀粉加酱油调制。还有人喜欢在浆里加上葱、盐等，这也是不错的方法。上浆时先将浆调好，然后加上主料（如肉等）抓匀，腌一会儿，再进行下一步加工。

肉在上浆以后，因为表面挂有薄薄的淀粉，所以导热性能降低，表面不易干糊，随着热量向内部的传入，可以使里外受热都很均匀。当继续升温后，肉的表面开始焦化，这时，你就可以起锅了。这样炒出来的肉，外焦里嫩，口感非常好。

【挂糊】

挂糊与上浆的原理差不多，最大的差别是挂糊是比较厚的。糊的原料主要是淀粉或其他面粉，甚至也有人用湿的原料沾干淀粉。

挂糊主要用于保持原料的鲜嫩和养分，可是一定要注意，原料本身不能有异味，否则，所有的异味在加热后都会留存在面糊内，几乎就无法食用了。上浆与挂糊的不同之处是上浆薄而挂糊厚，上浆适用于炒菜中鸡片、鱼片、肉丝、虾仁等爆炒原料；而挂糊主要用于干炸、焦熘、干烧、红烧等比较大的原料。

【勾芡】

勾芡也是用水淀粉浆来制作的，可是与上浆和挂糊不同，勾芡不是在炒菜的前期而是在后期使用，也就是在菜基本炒好、即将出锅之前使用。勾芡的目的是为了能够减少菜肴烹制中析出的汤汁，并适当地调味。

勾芡是否适当，对菜肴的质量影响非常大，所以勾芡是烹调的基本功之一。勾芡一般用于熘、滑、炒等烹调技法。这些烹调法的共同之处是旺火速成，用这种方法烹调的菜肴，几乎不带汤。但因为烹调时加入某些调料和原料自身出水，使菜品中汤汁增多，通过勾芡，可以让汁液浓稠并附于原料表面，从而达到菜肴光泽、滑润、柔嫩和鲜美的风味。

勾芡需要掌握以下几个要点：

第一是要掌握好勾芡的时间，一般应在菜肴九成熟时进行，过早勾芡会令卤汁发焦，过迟勾芡易使菜受热时间长，失去脆、嫩的口感；

第二是勾芡的菜肴用油不能太多，否则卤汁很难粘在原料上，无法达到增鲜、美形的目的；

第三是菜肴汤汁应该适当，汤汁过多或过少，都会导致芡汁的过稀或过稠，从而影响到菜肴的质量；

第四是用单纯粉汁勾芡的时候，一定要先将菜肴的口味、色泽调好，然后再淋入湿淀粉勾芡，这样才能保证菜肴的味美色艳。

【淋明油】

在菜肴成熟时勾好芡之后，再淋入各种不同的调味油，使之融合在芡内或附着于芡上，可以对菜肴起到增香、提鲜、上色、发亮的作用。使用时两者要结合好，应该根据菜肴的口味和色泽的需要，淋入颜色不同的食用油，如鸡油（黄色）、辣椒油（红色）、番茄油、香油、花椒油等。

淋油时应该注意，一定要在芡熟后淋入，才可以使芡亮油明。一次加油不能过多过急，否则会产生泌油现象。因为烹调方法不同，加油的方法也不同。一般熘、炒菜肴，多在即将出锅之前边颠勺边淋入明油；干烧菜，是在菜出勺后，将勺内余汁调入油泻开，然后再浇淋于菜肴上面。明油加入芡汁后，搅动颠翻不可太快，以防油芡分离。

中华美食菜谱

鲁　菜

【德州扒鸡】

1. 所需原料

1000 克左右的鸡 1 只，口蘑 5 克，花生油 1500 克，饴糖、姜、酱油、精盐各适量，用丁香、砂仁、草果、白芷、大茴香组成的五香药料 5 克。

2. 制作过程

（1）将鸡取出内脏，用清水洗净，将鸡的左、右翅自脖下刀口插入，使翅尖由嘴内侧伸出，别在鸡背上，然后再将腿骨用刀背轻轻砸断并起交叉，将两爪塞入鸡腹内，晾干水分。

（2）将饴糖加清水调匀抹在鸡身上。锅放在火上烧热加油至八成热，将鸡入油炸至金黄色捞出，沥干油。

（3）锅内加清水（以淹没鸡为宜），将炸好的鸡放入锅内，加入五香药料（用布包扎好），生姜、精盐、口蘑、酱油。以旺火烧沸，撇去浮沫，转为小火焖煮半小时，至鸡酥烂时即成。

【油焖大虾】

1. 所需原料

对虾 4~6 个，葱、姜、料酒、盐、味精、糖、醋各适量。

2. 制作过程

（1）把虾洗净后去须、腿，去除虾头顶部的沙包，顺虾脊剪开至尾部，取出沙线。

（2）在锅内放油烧热，将处理好的对虾煸过后加上葱末、姜块、料酒烹制，放入鸡汤，加盐、味精、糖、醋（一滴）。

（3）待汁将收尽时，取出大虾，把余汁中加入香油，搅匀，淋于虾上，即成。

【葱烧海参】

1. 所需原料

水发小海参1000克，鸡汤700克，熟猪油150克，大葱100克，青蒜20克，湿淀粉、姜末、姜汁、糊葱油各适量，精盐、味精、白糖、酱油、绍酒各少许。

2. 制作过程

（1）将水发嫩小海参洗净，整个放进凉水锅中，以旺火烧开，约煮5分钟捞出，沥净水，然后再用鸡汤煮软并使其入味后沥净鸡汤。

（2）将葱分别切成长5厘米的段和末。将青蒜切成长3.3厘米的段。

（3）炒锅放在旺火上，倒入熟猪油，烧至八成热时放入葱段，炸成金黄色时把葱段捞出，放到碗中加入鸡汤、绍酒、姜汁、酱油、白糖和味精，上屉用旺火蒸1~2分钟取出，滗去汤汁，留下葱段、葱油备用。

（4）将炒锅放在旺火上，倒入熟猪油，烧到八成热时，放入白糖，炒成金黄色，再下入葱末、姜末、海参煸炒几下，随即加上绍酒、鸡汤、酱油、姜汁、精盐、糊葱油和味精，待烧开后，改成小火燀5分钟，待汤汁剩下三分之二时，再改用旺火，边颠翻炒锅，边淋入已经调稀的湿淀粉勾芡，使芡汁均匀地挂在海参上，随即倒入盘中。

（5）将炒锅置于旺火上，倒入糊葱油，烧热后加上青蒜段和蒸好的葱段，略微煸炒一下，撒在海参上即可。

粤　菜

【卤猪蹄】

1. 所需原料

猪蹄 450 克，花生 40 克，香料 1 包，香菜少许，味精、冰糖、酱油、老抽各适量。

2. 制作过程

（1）将猪蹄切块后，用水烫过取出备用。

（2）将锅置于火上，放入猪蹄、味精、冰糖、酱油、海山酱、花生及香料一同以大火煮 15 分钟。

（3）将煮好的卤猪蹄放入大碗内，撒上香菜点缀。

【白斩鸡】

1. 所需原料

约 1000 克的嫩公鸡一只，姜茸、葱白丝各 5 克，精盐、花生油少许。

2. 制作过程

（1）将葱、姜切成细丝并与精盐分别盛入两个小碟，拌匀备用。

（2）将炒锅放在火上加热，下油烧至微沸，取出，分别淋在二小碟上，供佐膳用。

（3）将鸡洗净，放进水中净煮，中间提出两次，倒出腔中的水，以便能保持内外温度一致。鸡煮熟后，用铁钩钩起，再放在冷开水中浸没冷却，并洗净捞起。

（4）晾干表皮，刷上熟花生油，斩成小块，盛入碟中，摆成鸡形。食用时佐以姜茸、葱丝。

【百年好合】

1. 所需原料

赤小豆 300 克，百合 100 克，荸荠粉 25 克，白砂糖 100 克，陈皮 3 克。

2. 制作过程

（1）将百合用清水浸发好，放入滚水中煮 5 分钟，捞出用清水洗一下装入盘内，上笼蒸熟。

（2）荸荠粉加水 100 克搅匀备用。

（3）把赤小豆用清水浸泡 3 小时，将锅内加入清水，放入陈皮及浸泡赤小豆的水烧开后，放入赤小豆，煮约 2 小时。

（4）将赤小豆冷后放在筛内，擦出豆沙，豆壳扔掉。

（5）将陈皮剁成茸。

（6）将陈皮茸、豆沙、煮赤小豆的水烧开锅后加入糖、百合，放入荸荠粉水，开锅即可。

川　菜

【棒棒鸡】

1. 所需原料

嫩鸡一只，葱白丝适量，芝麻酱、红油辣椒、糖、麻酱油、花椒粉等各少许。

2. 制作过程

（1）把鸡取出内脏，洗净后用绳缠住腿翅，肉厚处用竹扦打眼，放进汤锅中煮熟，捞起冷却。

（2）用特制的小木棒把熟鸡脯肉、鸡腿肉轻轻拍松，撕成丝入盘，将葱白丝摆放在鸡肉的四周。

（3）把调料和匀调成味汁，浇在鸡丝上即可。

【红烧鲫鱼】

1. 所需原料

约200克的新鲜鲫鱼两条，蒜、姜、葱、红辣椒、豆瓣酱、白糖、酱油各适量。

2. 制作过程

（1）把鱼杀好洗干净，然后在鱼的两面划上斜刀。

（2）将姜蒜切成末，葱切成葱白和葱绿两部分，葱白用来煎鱼用，葱绿切成末用来做点缀和增香。

（3）将锅置于火上烧热，先倒入一点冷油润锅，然后再倒入色拉油，待油冒出青烟时，把葱姜蒜入锅煸香，然后把鱼投入煎至一边金黄，翻面煎另一面。

（4）煎至两边均呈金黄色，依次加入1勺料酒，红辣椒、生抽适量，白糖少许，热水一小碗，开大火，将汤收干，并用铲子不停地将汤汁推拨到鱼身上。

（5）直至汤汁浓稠并很少了，马上关火出锅，装盘撒上葱花即成。

【重庆辣子鸡】

1. 所需原料

鸡1000克，花椒、辣椒、大葱、姜、大蒜各适量，料酒、生抽、植物油、白砂糖、味精、盐各少许。

2. 制作过程

（1）将鸡洗净，全都切成小丁。

（2）把鸡丁放在碗内洒上生抽、盐和味精，调好味，放入料酒中腌制30分钟左右。

人间有味是清欢——饮食卷

（3）烧热油后，先放入葱、姜丝及蒜炝锅。

（4）再倒入腌制好的鸡肉大火翻炒。

（5）然后再放入干红辣椒、花椒，急火翻炒，煸出香味。

（6）即将出锅时放上盐、味精、白糖调味，盛出即可。

湘　菜

【红烧猪脚】

1. 所需原料

净猪脚800克，色拉油50克，盐、味精、料酒、酱油、白糖、葱花、姜块、葱白、桂皮、八角、整干椒适量。

2. 制作过程

（1）猪脚洗净，斩成块，焯水。

（2）姜切片，葱切段。

（3）锅置于火上放油加热，把姜、葱、桂皮、八角、整干椒炒香，再放猪脚煸干水分，加入料酒、白糖、酱油炒至上色加水，加盐调好味，小火烧至酥烂即可。

（4）食用时，拣出姜、葱及香料，盛碗中，撒葱花。

【毛氏红烧肉】

1. 所需原料

带皮的五花肉600克，大蒜、干辣椒、猪油、盐、红糖、味精、料酒、蜂蜜、高汤各适量。

2. 制作过程

（1）将五花肉整块放入沸水锅中煮，水开后撇去血沫，再开2分钟左右关火，趁热将肉皮上的杂物刮干净后，改刀成 2 厘米左右的正方形块。

（2）锅置于火上放入猪油加热，大蒜、干辣椒下锅中爆香，倒入切好的肉块翻炒，炒至肉皮变成粉红色即可。

（3）另一只炒锅内加入适量猪油加热，加入红糖，以小火慢熬成糖浆即可。

（4）迅速将爆香的肉块加入，迅速翻炒上色，加入盐、生抽，加入高汤或者水（以没过主料两指为宜），大火烧开后改中火炖。

（5）待肉熟后淋上少许蜂蜜、加上味精即成。

【香辣小龙虾】

1. 所需原料

小龙虾 600 克，黄瓜 300 克，姜片、葱节、料酒、盐、干辣椒、干花椒、蒜、豆瓣酱各适量。

2. 制作过程

（1）将龙虾用盐水搓洗，滤干，在虾背上划出一刀。

（2）将黄瓜切成细条，撒点盐腌一下。

（3）锅置于火上放油，烧到最高油温时，把滤干的虾倒进去炸，炸的时间不能长，十几秒就可以。然后捞出，放在盘里。

（4）锅里留下少许底油，烧热，将滤干的黄瓜倒进去以大火急炒，不用加调味料，炒好后，放在碗里备用。

（5）锅里放油，烧热，然后放入豆瓣酱，煸香后逐一加入葱、姜、蒜、干辣椒、干花椒，炒出香味后，倒入炸过的虾，炒的过程中加入料酒、盐，少量白糖、醋和水，将汁收干即可。

闽　菜

【福建荔枝肉】

1. 所需原料

瘦猪肉 350 克，荸荠 100 克，红糟 50 克，白醋、酱油、白砂糖各 15 克，葱、大蒜各适量，淀粉、味精、香油各少许，花生油 50 克。

2. 制作过程

（1）首先将精肉洗净，切成 10×5×1 厘米的厚片，划成十字花刀，然后再切为 3 片。

（2）荸荠切小块，每粒 2~3 块。

（3）将荸荠块与肉片用湿淀粉和剁细的红糟抓匀。

（4）酱油、白醋、白糖、味精、上汤、湿淀粉调卤汁待用。

（5）锅放在火上，下花生油烧至八成热时倒入上浆的肉片和荸荠块，用勺扒散，待肉剖花成荔枝状时，用漏勺捞起，沥干油。

（6）锅内留下底油，放入蒜末、葱白，煸一下加入卤汁烧沸，随即倒入荔枝肉和荸荠块翻炒几下即可。

【海蛎煎】

1. 所需原料

鲜海蛎 500 克，鸭蛋 4 个，肥膘肉 50 克，青蒜 20 克，盐、味精、香油、淀粉各适量，植物油 75 克。

2. 制作过程

（1）鲜海蛎洗净，去壳剔净，放入沸水锅余一下，捞起，沥干水分，晾冷备用。

（2）肥膘肉切成丁，大蒜切片，和氽过的海蛎、干淀粉、精盐、味精拌匀成浆。

（3）平锅放在小火上，下花生油烧至八成热时把海蛎浆下锅，摊平，煎一会儿，磕入两个鸭蛋，摊平后翻锅煎另一面，上面再磕入两个鸭蛋，煎熟后淋上香油即可。

【白炒墨鱼卷】

1. 所需原料

墨鱼400克，冬笋25克，青椒15克，盐、味精、胡椒粉、淀粉、大蒜、大葱各少许，花生油、骨汤各适量。

2. 制作过程

（1）将墨鱼宰杀洗净，划成十字花刀，切成6×3厘米长条。

（2）花菇、青椒分别去蒂、籽，洗净，切成菱形块；冬笋削皮、胡萝卜洗净，切片；取葱白切段，大蒜切成末。

（3）将锅放在旺火上，下花生油烧至七成热时倒入墨鱼，翻一下锅即倒入漏勺沥去油。

（4）锅内留下些许底油，先将蒜末、葱白下锅，煸炒一下，再放入花菇、冬笋、青椒、胡萝卜翻颠几下，逐一加入骨汤、调味品、湿淀粉（勾薄芡）、过油的墨鱼卷，快速翻炒几下即可。

浙　菜

【猴头四宝】

1. 所需原料

鲜猴头菇100克，干贝、鸡脯肉、浆虾仁各50克，净鸭掌10只，火腿25克，青菜心 12 颗，味精 3.5 克，精盐、绍酒、姜汁水、熟鸡油各 5 克，葱段 10 克，鸡蛋清 1 份，白汤 250 克，湿淀粉 15 克，熟猪油 500 克。

2. 制作过程

（1）将猴头菇片成厚片，以沸水焯过。

（2）将鸡脯肉切成薄片，以鸡蛋清、精盐搅匀，然后再用湿淀粉上浆。

（3）将火腿斜刀切成菱形薄片。

（4）把鸭掌蒸酥，去骨剔筋，对切开。

（5）青菜心洗净后对剖成两片。

（6）把炒锅放在中火上，下入熟猪油，烧到四成热（约 88℃）时，将虾仁和鸡片分别入锅滑散，然后把青菜浸炸成熟。

（7）将炒锅置于火上，放进熟猪油，投入葱段煸出香味后，勾芡出锅即可。

【烤兔肉】

1. 所需原料

兔腿肉 400 克，火腿 100 克，青菜叶 50 克，味精 1 克，胡椒粉 10 克，腐乳卤、葱段各 50 克，汾酒、姜丝各 25 克，香菜 5 克，精盐、干淀粉各 15 克。

2. 制作过程

（1）把兔腿肉去骨洗净，肉向两边片薄、拍平，然后再加入腐乳卤、汾酒、胡椒粉、味精和精盐腌制 15 分钟。

（2）将火腿切成薄片。

（3）把洗净的兔腿肉放在砧板上摊平，放上青菜叶，撒上干淀粉，再放上火腿片，而且在兔肉的一端放上葱段、姜丝，卷成兔腿形状，用细铁丝将兔腿捆扎住，以铁钩钩挂，放在烤炉内，烘烤约 30 分钟即熟。

（4）把烤熟的兔腿拆去铁丝之后，横切成片，摆放在盘中，两边衬以香菜叶即可。

【虎皮肉】

1. 所需原料

五花猪肉 1 千克，腌雪里蕻梗 50 克，植物油 1 千克，白糖 150 克，盐 50 克，料酒、酱油、葱、姜各 20 克，大料 1～2 枚。

2. 制作过程

（1）把肉放在火上烤黄后，放在温水中泡软，刮去黄焦皮，擦干，然后在肉皮上划出虎纹花刀，再以清水洗净待用。

（2）把姜拍疏，葱切成 3 厘米的长段。

（3）将腌雪里蕻梗除去根梢，切成 2 厘米长段之后，用凉水洗净，晾干之后用油炸焦待用。

（4）在锅内放入一些清水，用旺火烧开后，加入酱油、料酒、大料、白糖、葱、姜、盐，再放肉（皮朝上）。

（5）等到汤烧开之后，撇去浮沫，以文火煨至三至四成熟时，将肉翻过去再继续煨，待肉煨到八至九成熟时，捞出来将肉皮朝下，放入碗内，把汤汁倒在肉上，再加上雪里蕻梗，上屉以旺火再蒸 15～20 分钟。然后将肉皮朝上扣入盘里，把汤汁浇入炒勺中，待浓后浇在肉上即可。

苏　菜

【南京盐水鸭】

1. 所需原料

约 1500 克的肥嫩光鸭 1 只，八角 2 粒，料酒、食盐、葱结、姜、花椒适量。

2. 制作过程

（1）把鸭子斩去小翅和脚掌，再在右翅窝下开约 3 厘米长的小口，从刀口处取出内脏，拉出气管和食管，用清水冲洗干净，滤干待用。

（2）锅置于火上，放入盐、花椒炒热后备用。

（3）将炒热的椒盐取一半从翅下刀口处塞入鸭腹，摇晃均匀，将余下热椒盐的一半擦遍鸭身，再用剩下的热椒盐从颈部刀口和鸭嘴塞入鸭颈，然后把鸭放进缸中腌制（夏季2小时，春秋季4小时，冬季6小时）。然后取出挂到通风凉处吹干，用12厘米长的空心芦管插入鸭子肛门内，在翅窝下刀口处放入姜1片、葱结1个、八角1粒。

（4）放在火上加入6杯清水烧滚，放入生姜2片、葱结1个、八角1粒和料酒，然后把鸭腿朝上、鸭头朝下放进锅内，盖上锅盖，放在小火上焖20分钟。

（5）将鸭子取出拎起，使鸭腹内的汤汁从刀口处流出，滤干倒入锅内。

（6）把鸭子放进汤中，使鸭腹内重新灌入热汤，再放在小火上焖20分钟取出，抽出芦管，冷却后，装碟即成。

【松鼠鳜鱼】

1. 所需原料

鳜鱼500克，干淀粉、番茄酱、鲜汤、糖、香醋、酒、盐、蒜瓣末、笋丁、香菇、豌豆、猪油、虾仁、麻油各适量。

2. 制作过程

（1）鳜鱼去鳞及鳃，剖腹去内脏洗净后，将鱼齐胸鳍斜刀切下去，在头部下巴处剖开，用刀轻轻拍成稍扁形，再沿鱼身脊两侧用刀从头至尾平批（尾不能批开、批断），去掉鱼头、脊，然后将鱼皮朝下在鱼肉上先直剞，再斜剞，深至鱼皮成菱形刀纹，将绍酒、精盐调匀，抹在鱼头和鱼肉上，再滚上干淀粉，用手拎鱼尾抖去余粉。

（2）将番茄放进碗内加鲜汤、糖、香醋、酒、盐、湿淀粉拌成调味汁。

（3）锅放在火上烧热下猪油，烧至八成热时，先将两片鱼肉翻卷，翘起鱼尾，放入油锅稍炸使其成形，然后再将鱼全部放入油锅炸，直至金黄色捞起，放在盘中，装上鱼头拼成松鼠形。

（4）锅内留下适量底油，放葱段煸香后捞出，依次加入蒜瓣末、笋丁、香菇丁、豌豆炒熟，加入调味汁用大火烧浓后，放进猪油和虾仁拌和，淋上麻油，起锅浇在鱼身上即可。

【无锡排骨】

1. 所需原料

净排 300 克，葱、姜、桂皮、八角各适量，酱油 2 大匙，淀粉水、鸡精、米酒、细砂糖、番茄酱、盐各少许。

2. 制作过程

（1）葱洗净，整根拍碎，再切成长段；姜洗净，切成片状备用。

（2）净排洗净，切块，加入葱、姜、桂皮、八角抓拌一下，投入热油锅中炸成金黄色，捞出。

（3）锅内留些许余油烧热，放入葱、姜爆香，倒入净排和所有材料，再加入适量的水用大火煮滚，转中火将净排煮熟，挑出桂皮、八角及葱、姜片，留下净排及汤汁，然后加入酱油 2 大匙用大火烧开，勾上芡即可。

徽　菜

【蟹黄虾盅】

1. 所需原料

虾仁 200 克，蟹肉 300 克，蟹黄 30 克，肥膘肉 50 克，菠菜 15 克，鸡蛋清 50 克，姜、淀粉（玉米）、香醋、黄酒、猪油、鸡油、盐各适量。

2. 制作过程

（1）将虾仁洗净，挑选出 10 个大的另做他用；把蟹黄均匀分成 20 等份；每只蟹腿肉一切两段；菠菜择洗干净，切成与蟹腿肉同样大的20片。

（2）将虾仁和猪肥膘肉轻轻剁成细泥，放进大碗内加入适量的黄酒、盐和水50毫升搅匀，再加入鸡蛋清25克半搅打上劲，然后加入干淀粉搅匀。

（3）将10个大虾仁放在小碗里，加入鸡蛋清15克，盐、干淀粉适量浆拌好。

（4）取酒杯10只，每个杯内薄薄的抹一层猪油，先放进一段蟹腿肉，在蟹腿肉的一旁放一份蟹黄，另一边放一片菠菜叶，然后再盖上一份虾泥，抹平杯口放入大盘内，全部做完后上笼用旺火蒸5分钟，取下制成虾盅。

（5）大虾仁也随同虾盅一起上笼蒸好。

（6）将酒杯里的虾盅一个个覆扣在大盘里摆好，把10个大虾仁也均匀地摆放在盘边做陪衬。

（7）把锅置于火上，放入鸡汤20毫升，加盐适量烧开后，撇去浮沫，用湿淀粉调稀勾薄芡，淋上熟鸡油，起锅倒在虾盅上即可。搭配姜末、香醋一起上桌食用。

【炸鸡丝卷】

1. 所需原料

鸡胸脯肉150克，猪网油100克，籼米粉（干、细）、火腿、小麦面粉、鸡蛋清各自25克，鸡蛋60克，江米酒25克，猪油（炼制）50克，甜面酱20克，椒盐、味精、小葱、盐各适量。

2. 制作过程

（1）将鸡脯肉剔去筋膜切成丝，熟火腿切成丝备用。

（2）把鸡脯肉丝和火腿丝放进碗内，加入味精、鸡蛋清、江米酒、盐、葱和籼米粉浆拌好。

（3）猪网油洗净晾干，铺在案板上拍平，撒上面粉抹匀。

（4）将鸡丝、火腿丝置于网油上整理成长条，包卷成小指粗的长条4根，撒上面粉。

（5）将鸡蛋磕入碗内，加上籼米粉调制成蛋糊，均匀地涂抹在鸡丝卷上。

（6）锅放在火上加入熟猪油，烧至四成热，放入鸡丝卷炸至内熟外黄时捞起。

（7）将鸡丝蛋卷用斜刀切成厚片装盘，撒上花椒盐；上桌时，随带甜面酱一小碟佐食。

【冬笋麂丝】

1. 所需原料

麂子肉 250 克，冬笋 150 克，鸡蛋清 25 克，姜、盐、酱油、小葱、炼制猪油、白砂糖、黄酒各个适量。

2. 制作过程

（1）把洗净的麂肉切成 4 厘米长、0.3 厘米宽的丝后，放入鸡蛋清、姜末、黄酒、盐少量浆拌均匀腌制。

（2）把冬笋洗净，切成比麂肉丝稍细的丝。

（3）锅置于火上，放入熟猪油烧至五成热；把麂丝下锅走油，用手勺推开，当肉丝变色后，马上倒入漏勺沥油。

（4）锅内留少许底油，放入冬笋、酱油、盐少许和白糖翻炒几下，加上鸡汤焖半分钟左右，再放入麂丝，用湿淀粉调稀勾薄芡，颠翻几下，淋上香油起锅装盘，撒上葱末即成。